住房和城乡建设部"十四五"规划教材
普通高等教育"十一五"国家级规划教材
高等学校土木工程专业融媒体新业态系列教材

建筑工程制图（含习题集）
（第四版）

主　编　张　英　江景涛
副主编　于洪波　毛新奇　郭全花

中国建筑工业出版社

图书在版编目（CIP）数据

建筑工程制图：含习题集 / 张英，江景涛主编；于洪波，毛新奇，郭全花副主编. —4版. — 北京：中国建筑工业出版社，2021.7（2025.6重印）

住房和城乡建设部"十四五"规划教材 普通高等教育"十一五"国家级规划教材 高等学校土木工程专业融媒体新业态系列教材

ISBN 978-7-112-26052-2

Ⅰ.①建… Ⅱ.①张…②江…③于…④毛…⑤郭… Ⅲ.①建筑制图-高等学校-教材 Ⅳ.①TU204

中国版本图书馆CIP数据核字(2021)第064290号

责任编辑：赵 莉 张 晶 吉万旺
责任校对：赵 菲

住房和城乡建设部"十四五"规划教材
普通高等教育"十一五"国家级规划教材
高等学校土木工程专业融媒体新业态系列教材
建筑工程制图（含习题集）
（第四版）
主 编 张 英 江景涛
副主编 于洪波 毛新奇 郭全花

*

中国建筑工业出版社出版、发行（北京海淀三里河路9号）
各地新华书店、建筑书店经销
北京红光制版公司制版
北京同文印刷有限责任公司印刷

*

开本：787毫米×1092毫米 1/16 印张：35 字数：846千字
2021年9月第四版 2025年6月第五次印刷
定价：88.00元（含习题集，赠教师课件和习题集答案）
ISBN 978-7-112-26052-2
（37108）

版权所有 翻印必究
如有印装质量问题，可寄本社图书出版中心退换
（邮政编码100037）

本书以高等学校工科制图课程教学指导委员会制定的《画法几何及土木建筑制图课程教学基本要求》以及高等学校土木工程学科专业指导委员会编制的《高等学校土木工程本科指导性专业规范》为依据，按照2017年颁布的《房屋建筑制图统一标准》GB/T 50001—2017等最新国家标准，结合计算机应用技术的发展，总结近年来本课程教学改革的实践经验，邀请了山东奥荣工程项目管理有限公司的技术人员共同编写了此教材。

本书共分十一章，主要内容包括：绪论，点、直线、平面的投影，基本形体及截交线、相贯线，组合体的投影与构型设计，建筑形体的表达方法，轴测图，阴影，透视投影，建筑施工图，结构施工图，建筑设备施工图。

与本教材配套出版的还有《建筑工程制图习题集》及多媒体教学课件。该课件采用了大量的三维动画演示，教师和学生可以对三维动画任意旋转，从不同的角度观看各种构件的造型，并可以任意剖切观看内部结构，形象生动，使课程中的许多难点变得简单易懂。习题配有所有的答案及三维图形。部分习题附有二维码，帮助读者提高空间想象力。采用本书作为教材的任课教师，可通过以下方式获取教学课件、三维动画、习题答案等配套资源：1. 邮件：jckj@cabp.com.cn 或 jiangongkejian@163.com；2. 电话：(010) 58337285；3. 建工书院：http://edu.cabplink.com。

本书既可作为高等学校本科土建、测绘、工程管理等各专业的教材，也可供高等职业院校、成教学院、职工大学等其他类型学校师生参考使用，还可供相关工程技术人员参考使用。

第四版前言

根据高等学校工科制图课程教学指导委员会制定的《画法几何及土木建筑制图课程教学基本要求》的主要精神，结合近年来计算机应用技术的发展，参考国内外同类教材，总结多年的教学经验，特别结合本课程教学改革的实践经验，邀请了山东奥荣工程项目管理有限公司的技术人员共同编写了此教材。结合工程现场实践，最大限度使教学与工程一线相结合，简单易懂，实用性强。

教材采用2017年最新颁布的《房屋建筑制图统一标准》GB/T 50001—2017，在图例选择方面尽量选用了国家标准上出现的图例，本书在结构施工图中，参考并以中国建筑标准设计研究院制定的国家建筑设计标准图集为标准，在图样选择上尽量采用了国家标准16G101平法规则中的部分图形，详细介绍了16G101平法规则。在编写过程中力求循序渐进，层层剖析。习题集在施工图看图方面采用了两套不同结构的建筑施工图和结构施工图，这样能更好地帮助读者理解房屋施工图的含义。

本书与之配套出版的还有《建筑工程制图习题集》及课件。课件采用了大量的三维动画演示，教师和学生可以对三维动画任意旋转，从不同的角度观看各种构件的造型，并可以任意剖切观看内部结构，形象生动，使课程中的许多难点变得简单易懂（例截交线、相贯线部分、钢筋配置情况）。习题集配有所有的答案及三维图形。部分习题内容配备了二维码，帮助读者提高空间想象能力。

本书由山东奥荣工程项目管理有限公司、山东理工大学、青岛农业大学、河北建筑工程学院、中北大学等企业和院校共同编写，参加本版修订工作的人员有：于洪波（第十章）、刘继淼（第四章）、李军（第五章）、张英（第二章、第三章部分、第十章部分）、江景涛（第七章、第八章）、毛新奇（第九章、第十一章）、郭全花（第六章）、王万月（第一章、第三章）、刘永强（第十一章部分）、李素蕾（绪论）。全书由张英统稿。

在编写过程中，参考了一些国内同类教材，在此特向有关作者致谢。

由于编者水平有限，本书会存在一些错误和缺点，恳请读者和同行批评指正。（编者QQ：1075160657 或邮箱：sdlgdxzy@126.com）。

编　者
2020年10月

第三版前言

随着教育部制定的《面向 21 世纪高等工程教育教学内容和课程体系改革计划》的启动，为适应教学改革的发展，满足工科院校建筑工程类各专业的教学需要，根据高等学校工科制图课程教学指导委员会制定的《画法几何及土木建筑制图课程教学基本要求》的主要精神，结合近年来计算机应用技术的发展，参考国内外同类教材，总结多年的教学经验，特别是近年来本课程教学改革的实践经验编写了此书。

在编写本书时，以教育部全面推进素质教育，重在培养学生的创新精神和实践能力的教育思想为指导，从对学生知识结构全面提高的要求为前提确定了编写大纲。

教材采用 2011 年最新颁布的《房屋建筑制图统一标准》，在图例选择方面尽量选用了国家标准上出现的图例，本书在结构施工图中，详细介绍了 11G101—1 平法规则。习题集在施工图看图方面采用了两套不同结构的建筑施工图和结构施工图，这样能更好地帮助读者理解房屋施工图的含义。

本书与之配套出版的还有《建筑工程制图习题集》及课件。在保留原来用 Authorware 制作课件的基础上，这次又增加了用 Microsoft Office PowerPoint 软件制作的教学课件，这样各学校可以根据自己的情况灵活使用、修改课件，课件采用了大量的三维动画演示，教师和学生可以对三维动画任意旋转，从不同的角度观看各种构件的造型，并可以任意剖切款看内部结构，形象生动，使课程中的许多难点变得简单易懂（例如截交线、相贯线部分、钢筋配置情况）。习题配有所有的答案及三维图形。

参加编写工作的人员有：郭全花（教材第三、六章、习题集第二、三、四、六章部分），江景涛（教材第七、八、十一章部分、习题集第七、八、十一章），张英（教材第一、二、四、五章、教材第六、九章部分，习题集第一、二、三、四、五、六、九、十章部分），毛新奇（教材第九、十章部分、习题集第九、十章），刘永强（教材第十章、第十一章部分、习题集第十章部分），李素蕾（绪论、习题集第三章部分），周传鹏（第九章部分），郭树荣（教材第十二章、习题集第十二章），王万月（习题集第四章部分）。课件制作人员：张英、江景涛、毛新奇、郭全花、叶玲、张岩、饶静宜、李腾训、张玉涛、张慧、吴化勇等。二维和三维习题答案编写人员有：张英、郭全花、郭树荣、江景涛、胡心洁、刘永强、于洁、韩剑、董祥、喻晓、陈长冰等。翟胜秋、王玉琴、陶峰、董昌利、汪飞、宋亦刚、饶克勤等绘制了书中的部分图形。全书由张英统稿。

在编写过程中，参考了一些国内同类教材，在此特向有关作者致谢。

由于编者水平有限，本书会存在一些错误和缺点，恳请读者和同行批评指正。

编　者

2012 年 8 月

第二版前言

随着教育部制定的《面向 21 世纪高等工程教育教学内容和课程体系改革计划》的启动，为适应教学改革的发展，满足工科院校建筑工程类各专业的教学需要，根据高等学校工科制图课程教学指导委员会制定的《画法几何及土木建筑制图课程教学基本要求》的主要精神，结合近年来计算机应用技术的发展，参考国内外同类教材，总结多年的教学经验，特别是近年来本课程教学改革的实践经验编写而成的。

在编写本书时，以教育部全面推进素质教育，重在培养学生的创新精神和实践能力的教育思想为指导，从对学生知识结构全面提高的要求为前提确定了编写大纲。

教材采用最新颁布的《房屋建筑制图统一标准》，在图例选择方面尽量选用了国家标准上出现的图例，1996 年 11 月 28 日，中华人民共和国建设部批准由山东省建筑设计研究院和中国建筑标准研究所编制的《混凝土结构施工图平面整体表示方法制图规则和构造详图》（96G101）图集，作为国家建筑标准设计图集，在全国推广使用。本书在结构施工图中，详细介绍了平法规则。使本书成为在所有已出版的教材中是最先介绍平法作图的教材之一。

本书与之配套出版的还有《建筑工程制图习题集》及课件。该课件采用了大量的三维动画演示，教师和学生可以对三维动画任意旋转，从不同的角度观看各种构件的造型，并可以任意剖切观看内部结构，形象生动，使课程中的许多难点变得简单易懂（例截交线、相贯线部分、钢筋配置情况）。习题配有所有的答案及三维图形。

本书由山东理工大学、青岛农业大学、河北建筑工程学院、中北大学、山东农业大学等院校共同编写，参加编写工作的人员有：郭全花（教材第三、六章、习题集第二、三、四、六章部分、习题集答案第二、三、四、六章），江景涛（教材第七、八、十一章、习题集第七、八、十一章、习题集答案七、八、十一章），张英（教材第一、二、四、五章、第六、九章部分习题集第一、二、三、四、五、六、九、十章部分、习题集答案第一、五章），毛新奇（教材第九、十章、习题集第九、十章、习题集答案第九、十章），钱书香（第一、五章部分习题集第一章部分），李素蕾（绪论、习题集第三章部分），周传鹏（第十章部分），郭树荣（教材第九、十二章部分、习题集第九、十、十一、十二章部分），王万月（习题集第四章部分）。课件制作人员：张英、郭树荣、江景涛、郭全花、叶玲、张岩、饶静宜、李腾训、张玉涛等。董昌利、汪飞、宋亦刚、饶克勤等绘制了书中的部分图形。由张英、郭树荣任主编。

在编写过程中，参考了一些国内同类教材，在此特向有关作者致谢。

由于编者水平有限，本书会存在一些错误和缺点，恳请读者和同行批评指正。

编 者
2008 年 8 月

第一版前言

随着教育部制定的《面向21世纪高等工程教育教学内容和课程体系改革计划》的启动，为适应教学改革的发展，满足工科院校建筑工程类各专业的教学需要，根据高等学校工科制图课程教学指导委员会制定的《画法几何及土木建筑制图课程教学基本要求》的主要精神，结合近年来计算机应用技术的发展，参考国内外同类教材，总结多年的教学经验，特别是近年来本课程教学改革的实践经验编写而成的。

在编写本书时，以教育部全面推进素质教育，重在培养学生的创新精神和实践能力的教育思想为指导，从对学生知识结构全面提高的要求为前提确定了编写大纲。

教材采用最新颁布的《房屋建筑制图统一标准》，在图例选择方面尽量选用了国家标准上出现的图例，1996年11月28日，中华人民共和国建设部批准由山东省建筑设计研究院和中国建筑标准研究所编制的《混凝土结构施工图平面整体表示方法制图规则和构造详图》96G101图集，作为国家建筑标准设计图集，在全国推广使用。本书在结构施工图中，详细介绍了平法规则。在所有已出版的教材中是最先介绍平法作图的教材之一。

本书与之配套出版的还有张英、郭树荣主编的《建筑工程制图习题集》及课件。该课件采用了大量的三维动画演示，教师和学生可以对三维动画任意旋转从不同的角度观看各种构件的造型，并可以任意剖切观看内部结构，形象生动，使课程中的许多难点变得简单易懂（例如截交线、相贯线部分、钢筋配置情况）。

参加编写工作的人员有：张英、郭树荣、江景涛、钱书香、李腾训、宋亦刚、李素苗、叶玲、张岩等。由张英、郭树荣任主编，江景涛、钱书香任副主编。此外，董昌利、汪飞等绘制了书中的部分图形。多媒体课件制作人员：张英、叶玲、张岩、郭树荣、宋亦刚、李素蕾、张玉涛。

在编写过程中，得到淄博市规划设计、淄博怡康居装饰有限公司的大力支持，在此表示感谢。

在编写过程中，参考了一些国内同类教材，在此特向有关作者致谢。

由于编者水平有限，本书会存在一些错误和缺点，恳请读者和同行批评指正。

编 者
2004年11月

目　　录

绪论 ··· 1
第一章　制图的基本知识 ··· 6
　第一节　国家制图标准 ··· 6
　第二节　绘图工具和仪器的使用方法 ·· 21
　第三节　几何作图 ··· 26
　第四节　平面图形的分析及作图步骤 ·· 31
　第五节　徒手作图 ··· 32
第二章　点、直线、平面的投影 ··· 35
　第一节　投影的基本知识 ··· 35
　第二节　点的投影 ··· 37
　第三节　两点的相对位置和重影点 ··· 39
　第四节　直线的投影 ·· 41
　第五节　线段的实长 ·· 43
　第六节　直线上的点 ·· 45
　第七节　两直线的相对位置 ·· 46
　第八节　平面的投影 ·· 53
　第九节　平面上的点和直线 ·· 57
　第十节　平面与直线、平面与平面的相对位置 ·· 62
　第十一节　投影变换 ·· 76
第三章　基本形体及截交线、相贯线 ··· 82
　第一节　三视图的形成 ··· 82
　第二节　平面体的投影 ··· 84
　第三节　平面体的尺寸标注 ·· 86
　第四节　平面体表面的点和线 ·· 87
　第五节　平面与平面体表面的交线 ··· 89
　第六节　两平面体表面的交线 ·· 93
　第七节　曲面体的投影 ··· 98
　第八节　曲面体的尺寸标注 ·· 102
　第九节　曲面体表面的点和线 ··· 103
　第十节　平面与曲面体表面的交线 ··· 107
　第十一节　平面体与曲面体表面的交线 ··· 116
　第十二节　两曲面体表面的交线 ··· 119
　第十三节　螺旋楼梯的画法 ·· 127

第四章 组合体的投影与构型设计 … 132
第一节 组合体的形体分析 … 132
第二节 组合体的画法 … 135
第三节 组合体的尺寸标注 … 139
第四节 组合体的构型设计 … 142
第五节 组合体的读图方法 … 148

第五章 建筑形体的表达方法 … 156
第一节 建筑形体的视图 … 156
第二节 建筑形体的剖面图 … 159
第三节 建筑形体的断面图 … 169
第四节 建筑形体的简化画法 … 172
第五节 房屋建筑形体的表达方式 … 174

第六章 轴测图 … 177
第一节 轴测投影的基本知识 … 177
第二节 正等轴测图 … 179
第三节 斜二等轴测图 … 190
第四节 水平斜等轴测图 … 193
第五节 带剖切的轴测图 … 195

第七章 阴影 … 198
第一节 阴影的基本知识 … 198
第二节 点的影子 … 199
第三节 直线的影子 … 202
第四节 平面的影子 … 206
第五节 立体的阴影 … 208

第八章 透视投影 … 214
第一节 透视投影的基本知识 … 214
第二节 点、直线和平面的透视 … 216
第三节 透视图的种类及透视要素的选定 … 223
第四节 立体的透视作法 … 227

第九章 建筑施工图 … 233
第一节 概述 … 233
第二节 首页图及总平面图 … 237
第三节 建筑平面图 … 244
第四节 建筑立面图 … 253
第五节 建筑剖面图 … 258
第六节 建筑详图 … 261

第十章 结构施工图 … 268
第一节 概述 … 268
第二节 钢筋混凝土构件简介 … 271

第三节	梁构件识图	275
第四节	柱构件识图	290
第五节	板构件识图	294
第六节	基础构件识图	300
第七节	楼梯结构详图	312
第八节	钢结构图	315

第十一章 建筑设备施工图 323
- 第一节 概述 323
- 第二节 给水排水工程施工图 324
- 第三节 供暖、通风系统设备施工图 335
- 第四节 电气系统设备施工图 351
- 第五节 燃气工程施工图 357

主要参考文献 359

绪 论

一、建筑制图课程的地位、性质和任务

一切现代化的工程，不论是建造工厂、住宅、公路、铁路、水坝、水闸，或是制造机床、汽车、轮船、机车、飞机等，都不可能没有图样而进行建筑或制造。因为，即使是对工程对象的最为详尽的语言说明或文字描述，也不可能使人充分领会而得出关于该工程对象的完整而明确的概念。最有效而适用的办法，莫过于用图样来表达。因此工程图样被誉为"工程技术界的语言"，是表达和交流技术思想的重要工具，工程技术部门的一项重要技术文件，也是指导生产、施工管理等必不可少的技术资料。土木建筑工程，包括房屋、给水排水、道路与桥梁等各专业的工程建设，都是先进行设计，绘制图样，然后按图施工的。比如在建筑工程中，无论是建造巍峨壮丽的高楼大厦（如图 0-1 所示）或者简单的房屋，都要根据设计完善的图纸，才能进行施工。这是因为建筑物的形状、大小、结构、设备、装修等，都不能用人类的语言或文字来描述清楚。但图纸却可以借助一系列的图样，将建筑物的艺术造型、外表形状、内部布置、结构构造、各种设备、地理环境以及其他施工要求，准确而详尽地表达出来，作为施工的根据。

工程图不仅是工程界的共同语言，还是一种国际性语言，因为各国的工程图纸都是根据统一的投影理论绘制出来的。因此掌握一国的制图技术，就不难看懂他国的图纸。各国的工程界相互之间经常以工程图为媒介，进行讨论问题、交流经验、引进技术、技术改革等活动。总之，凡是从事建筑工程设计、施工、管理的技术人员都离不开图纸。没有图纸，就没有任何的工业建设。

图 0-2 所示是某一小学教学楼的一张建筑施工图。从图中的立面图、平面图和剖面图可以看到教学楼的长宽高度、南立面形状、内部间隔、教室大小、楼层高度、门窗楼梯的位置等主要施工资料，但还需要有总平面图来表示教学楼的位置、朝向、四周地形和道路等，建筑详图来表示门、窗、栏杆等配件的具体做法。除了建筑施工图之外，还需要一套结构施工图来表示屋面、楼面的梁板、楼梯、地基等构件的构造方法。此外还需有设备施工图来表示室内给水、排水、电气等设备的布置情况。只有这样，才能满足施工的要求。上述这些表示建筑物及其构配件的位置、大小、构造和功能的图，称为图样。在绘图用纸上绘出图样，并加上图标，能起指导施工作用，称为图纸。一般图样都是根据投影原理作出的正投影图。

因此，在高等学校土木建筑工程各专业的教学计划中，都设置了这门主干技术基础课，为学生的绘图和读图能力打下一定的基础，并在后继课程、生产实习、课程设计和毕业设计中继续培养和提高，使他们能获得在绘图和读图方面的工程师初步训练。

图 0-1 高楼大厦

本课程的任务主要在于：
培养绘制和阅读土木工程图样的基本能力。
具体地说，就是要在下列几个方面进行训练：
1. 正确使用绘图仪器和工具，掌握熟练的绘图技巧；
2. 熟悉并能适当地运用各种表达物体形状和大小的方法；
3. 学会凭观察估计物体各部分的比例而徒手绘制草图的基本技能；
4. 熟悉有关的制图标准及各种规定画法和简化画法的内容及其应用；
5. 掌握有关专业工程图样的主要内容及特点；
6. 培养空间思维能力和空间分析能力；
7. 培养认真负责的工作态度和严谨细致的工作作风。

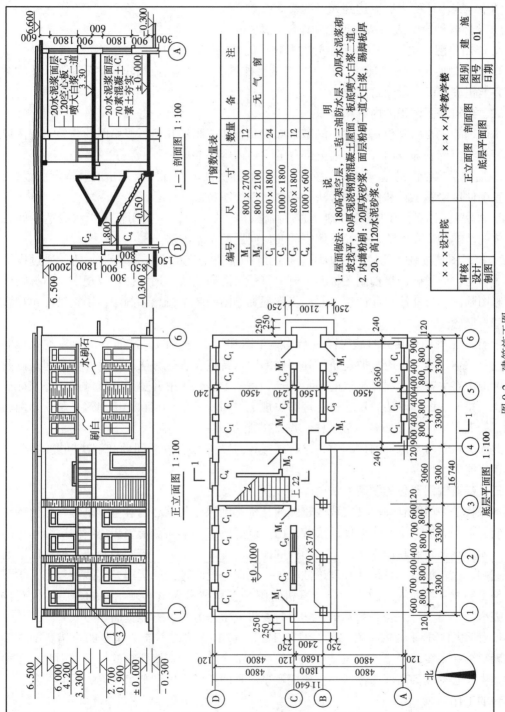

图 0-2 建筑施工图

在学习过程中，还应注意丰富和发展三维形状及相关位置的空间逻辑思维和形象思维能力，为今后进一步掌握现代化图形技术和学习计算机辅助设计打下必要的基础。

学生学完本课程之后应达到如下的要求：

1. 掌握各种投影法的基本理论和作图方法；
2. 能用作图方法解决空间度量问题和定位问题；
3. 能正确使用绘图工具和仪器，掌握徒手作图技巧，会画出符合国家制图标准的图纸，并能正确阅读一般建筑图纸。

二、建筑制图课程的内容和要求

本课程的主要内容包括：制图的基本知识和技能、画法几何、投影图、建筑工程图以及计算机绘图等五部分内容。上述五部分的主要内容与要求为：

1. 通过学习制图的基本知识和技能，应了解并贯彻国家标准所规定的基本制图规格，学会正确使用绘图工具和仪器的方法，基本掌握绘图技能。

2. 画法几何是制图的理论基础。通过画法几何的学习，学会用正投影法表达空间几何形体的基本理论和方法，以及图解空间几何问题的基本方法。

3. 投影图是按画法几何的投影理论和制图标准所规定的图样画法绘制的。通过投影制图的学习，应了解和贯彻制图标准中有关符号、图样画法、尺寸标注等规定，掌握物体的投影图画法、尺寸注法和读法，并初步掌握轴测图的基本概念和画法，了解第三角投影法的基本概念。

4. 建筑工程图包括建筑施工图、结构施工图和设备施工图，这部分是学习本课程的主要内容，通过学习，应掌握建筑工程图样的图示特点和表达方法，了解并熟悉建筑制图国家标准中有关符号、图样画法的图示特点和表达方法，了解并熟悉建筑制图、国家标准中的有关符号、图样画法、尺寸标注等有关规定。初步具备绘制和识读建筑平、立、剖面图和钢筋混凝土结构（如梁、板、柱）图样的能力。

此外，在学习本课程的过程中，还必须重视自学能力、分析问题和解决问题的能力，以及审美能力的培养。

三、建筑制图课程的学习方法

本课程是一门既有理论又实践性较强的技术基础课，其核心内容主要是学习如何用二维平面图形来表达三维空间形体的形状，由已画好的二维平面图形来想象空间三维形体的形状，初步掌握绘制和识读建筑工程图样的能力。本课程主要内容中的画法几何是制图的理论基础，比较抽象，系统性和理论性较强。制图是投影理论的运用，实践性较强，学习时要努力完成一系列的绘图作业。计算机绘图是工程技术人员必须掌握的一门近代新技术，需努力学习，打下较好的基础。学习时要讲究学习方法，方能提高学习效果。

1. 工程图样是重要的技术文件，是施工和制造的依据，不能有丝毫的差错。图中多画或者缺少一条线，写错或遗漏一个尺寸数字，都会给生产带来严重的损失。因此，在学习过程中，必须具备高度的责任心，养成实事求是的科学态度和严肃认真、耐心细致、一丝不苟的工作作风。

2. 绘图和读图能力的培养，主要是通过一系列的绘图实践，包括编写程序和上机操作来实现的。因此，应认真对待并及时完成每一次的练习或作业，逐步掌握绘图和读图方法，熟悉有关的制图标准规格。

3. 要养成正确使用绘图仪器和工具的习惯，严格遵守国家标准和规定，遵循正确的作图步骤和方法，不断提高绘图效率。

4. 投影制图部分，是土木工程制图部分的重点，也是学好有关专业图的重要基础，因此必须达到熟练掌握的程度。特别要注意掌握形体分析法，学会把复杂的形体分解为简单形体组合的思维方法，从而提高绘图和读图能力。

5. 建筑制图课程只能为学生制图能力的培养打下一定基础。学生还应在以后的各门技术基础课程和专业课程、生产实习、课程设计和毕业设计中，无论读图或绘图，都自始至终严格要求自己，并且尽可能采用计算机新技术。只有这样，才能完成国家培养合格工程师在制图能力方面的训练，毕业后能出色地为我国现代化建设服务。

应该强调的是：在本课程的学习过程中，要逐步增强自学能力，随着学习进度及时复习和小结。必须学会通过自己阅读作业指示和查阅教材来解决习题和作业中的问题，作为培养今后查阅有关的标准、规范、手册等资料来解决工程实际问题能力的起步。要有意识地逐步将中学时期的学习方法转变为适应于高等学校的学习方法。

第一章 制图的基本知识

第一节 国家制图标准

图样是工程界的技术语言,为了使工程图样达到基本统一,便于生产和技术交流,绘制工程图样必须遵守统一的规定,在全国范围内统一的规定就是国家制图标准,简称"国标"。

本书主要采用由住房和城乡建设部、国家质量技术监督检验检疫总局发布的《房屋建筑制图统一标准》GB/T 50001—2017、《总图制图标准》GB/T 50103—2010、《建筑制图标准》GB/T 50104—2010、《建筑结构制图标准》GB/T 50105—2010。下面介绍标准中的部分内容。

一、图纸幅面

1. 图纸幅面与图框

图纸幅面简称图幅,是指图纸尺寸的大小,为了使图纸整齐,便于保管和装订,在国标中规定了图幅尺寸。常见的图幅有 A0、A1、A2、A3、A4 等,详见表 1-1。

幅面及图框尺寸(mm)　　　　　　　　　　　表 1-1

幅面代号 尺寸代号	A0	A1	A2	A3	A4
$b \times l$	841×1189	594×841	420×594	297×420	210×297
c	10			5	
a	25				

由表可看出,A1 图幅是 A0 图幅的对裁,A2 图幅是 A1 图幅的对裁,其余类推。表

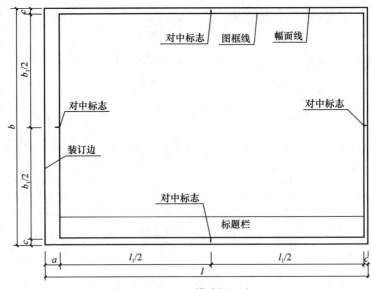

图 1-1　A0~A3 横式幅面之一

中代号意义如图 1-1 所示。

图纸以短边作为垂直边应为横式，以短边作为水平边应为立式，一般 A0～A3 图幅宜横式使用，如图 1-1 所示，必要时，也可竖式使用，A4 图幅必须立式使用，如图 1-2 所示。根据实际需要，图纸幅面的长边可适当加长，但不是任意的，须符合国标规定，详见表 1-2。

图纸中应有标题栏、图框线、幅面线、装订边线和对中标志，图纸的标题栏及装订边位置应按有关规定绘制。无论图纸是否装订，都应画出图框线（不留装订边的图框线尺寸参见有关标准，本书不再介绍）。

（1）横式幅面图纸有 3 种规定格式，如图 1-1 所示（其余两种见本教材所配置的课件）。

（2）立式幅面图纸使用有 3 种规定格式，如图 1-2 所示（其余两种见本教材所配置的课件）。

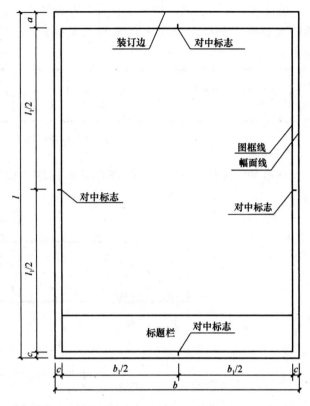

图 1-2　A0～A4 立式幅面之一

图纸长边加长尺寸（mm）　　　　　　　　　　　　　　　　表 1-2

幅面代号	长边尺寸	长边加长后的尺寸
A0	1189	1486（A0+1/4l）　1635（A0+3/8l）　1783（A0+1/2l） 1932（A0+5/8l）　2080（A0+3/4l）　2230（A0+7/8l）　2378（A0+1l）
A1	841	1051（A1+1/4l）　1261（A1+1/2l）　1471（A1+3/4l） 1682（A1+1l）　1892（A1+5/4l）　2102（A1+3/2l）
A2	594	743（A2+1/4l）　891（A2+1/2l）　1041（A2+3/4l）　1189（A2+1l） 1338（A2+5/4l）　1486（A2+3/2l）　1635（A2+7/4l）　1783（A2+2l） 1932（A2+9/4l）　2080（A2+5/2l）
A3	420	630（A3+1/2l）　841（A3+1l）　1051（A3+3/2l）　1261（A3+2l） 1471（A3+5/2l）　1682（A3+3l）　1892（A3+7/2l）

注：有特殊需要的图纸，可采用 $b×l$ 为 841mm×891mm 与 1189mm×1261mm 的幅面。

2. 标题栏与会签栏

（1）标题栏

应根据工程的需要选择标题栏、会签栏的尺寸、格式及分区，标题栏有 4 种规定格式，详见本教材所配置的课件。

将工程名称、图名、图号、设计号及设计人、绘图人、审批人的签名和出图日期等集中列表放在图纸右下角称为图标。其格式和内容可根据需要自行确定，如图 1-3 所示。

图 1-3　标题栏格式之一

在本课程的学习过程中，制图作业的标题栏建议采用图 1-4 所示的格式、大小和内容。

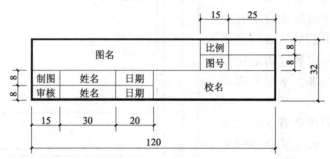

图 1-4　本书作业采用的标题栏

外边框用 $0.5b$ 粗实线绘制，分格线用 $0.25b$ 细实线绘制。

（2）会签栏

会签栏是为各工种负责人签字用的表格，如图 1-5 所示，不需要时可不设。制图作业不用会签栏。

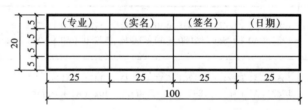

图 1-5　会签栏

二、图线

画在图上的线条统称图线，为了使图上的内容主次分明、清晰易看，在绘制工程图时，采用不同线型和不同粗细的图线来表示不同的意义和用途。

1. 线宽比与线宽组。

表 1-3 中图线的宽度"b"应根据图形的比例大小和复杂程度来决定，线宽应在 1.4、1.0、0.7、0.5、0.35、0.25、0.18、0.13mm 系列中选取。制图粗线型建议采用 0.7mm。先选定基本线宽 b，再选用相应的线宽组，详见表 1-3。

线宽组（mm） 表1-3

线宽比	线 宽 组			
b	1.4	1.0	0.7	0.5
$0.7b$	1.0	0.7	0.5	0.35
$0.5b$	0.7	0.5	0.35	0.25
$0.25b$	0.35	0.25	0.18	0.13

注：1. 需要缩微的图纸，不宜采用0.18mm及更细的线宽；
  2. 同一张图纸内，各不同线宽中的细线，可统一采用较细的线宽组的细线。

2. 工程建设制图应选用表1-4的图线（具体线型与有关专业图形有关）。

《房屋建筑制图统一标准》GB/T 50001—2017 中的图线 表1-4

名 称		线 型	线 宽	用 途
实线	粗	——————	b	主要可见轮廓线
	中粗	——————	$0.7b$	可见轮廓线、变更云线
	中	——————	$0.5b$	可见轮廓线、尺寸线
	细	——————	$0.25b$	图例填充线、家具线
虚线	粗	— — — —	b	见各有关专业制图标准
	中粗	— — — —	$0.7b$	不可见轮廓线
	中	- - - - -	$0.5b$	不可见轮廓线、图例线
	细	- - - - - -	$0.25b$	图例填充线、家具线
单点长画线	粗	—·—·—	b	见各有关专业制图标准
	中	—·—·—	$0.5b$	见各有关专业制图标准
	细	—·—·—	$0.25b$	中心线、对称线、轴线等
双点长画线	粗	—··—··—	b	见各有关专业制图标准
	中	—··—··—	$0.5b$	见各有关专业制图标准
	细	—··—··—	$0.25b$	假想轮廓线、成型前原始轮廓线
折断线	细	—/\—	$0.25b$	断开界线
波浪线	细	～～～	$0.25b$	断开界线

3. 图纸的图框线和标题栏线可采用表1-5的线宽。

图框线和标题栏线宽 表1-5

幅面代号	图框线	标题栏外框线	标题栏分格线
A0、A1	b	$0.5b$	$0.25b$
A2、A3、A4	b	$0.7b$	$0.35b$

4. 各种线宽应用如图1-6和图1-7所示。

（1）较简单的图形可采用两种线宽的线宽组，其线宽比宜为$b:0.25b$，如图1-6所示。

（2）复杂图形图线宽度选用示例，如图1-7所示。

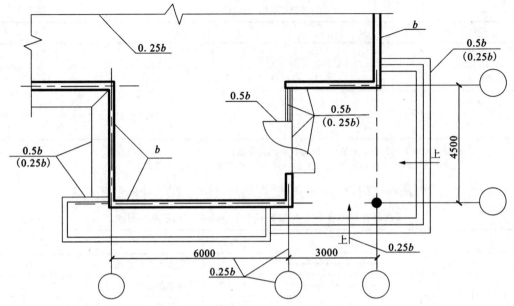

图 1-6 平面图图线宽度选用示例

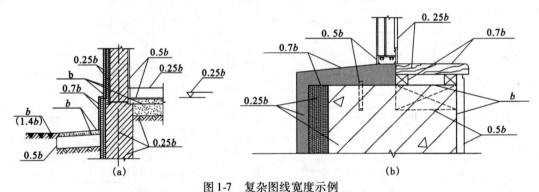

图 1-7 复杂图线宽度示例
(a) 墙身剖面图图线宽度选用示例；(b) 详图图线宽度选用示例

5. 画图线时要注意：
(1) 同一张图纸内，相同比例的各图样，应选用相同的线宽组。
(2) 相互平行的图线，其净间隙或线中间隙不宜小于 0.2mm。
(3) 虚线、单点长画线或双点长画线的线段长度和间隔，宜各自相等。其中虚线的线段长约 3~6mm，间隙约为 0.5~1mm，点画线或双点画线的线段长约 15~35mm，间隙约为 2~3mm。
(4) 各种线型相交时，均应交于线段处，但实线的延长线是虚线时，要留有空隙。它们的正确画法和错误画法如图 1-8 所示。
(5) 图线不得与文字、数字或符号重叠、相交，不可避免时应首先保证文字等的清晰。
(6) 单点长画线或双点长画线的两端不应是点。
(7) 单点长画线或双点长画线，当在较小图形中绘制有困难时，可用实线代替。

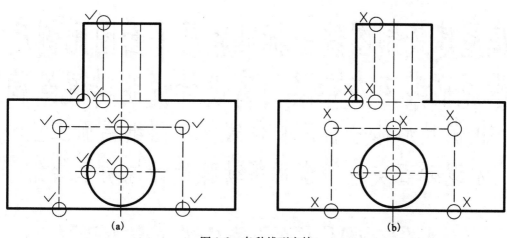

图 1-8 各种线型交接
（a）正确；（b）错误

三、字体

图纸上所需书写的文字、数字、符号等，均应笔画清晰、书写端正、排列整齐、间隔均匀。

1. 汉字

汉字应采用国家规定的简化汉字，并用长仿宋字体。文字的字高即字号，应从下列系列中选用：20、14、10、7、5、3.5mm。其字的高度和宽度的关系，应符合表 1-6 的规定。如需书写更大的字，其高度应按 $\sqrt{2}$ 的比值递增。

长仿宋字体字高宽关系（mm）　　　　　表 1-6

字高	20	14	10	7	5	3.5
字宽	14	10	7	5	3.5	2.5

写好长仿宋体字的基本要领为横平竖直、起落分明、结构匀称、填满方格。字体示例如图 1-9 所示。长仿宋体字和其他汉字一样，都是由八种笔画组成，见表 1-7，在书写时，要先掌握基本笔画的特点，注意在运笔时，起笔和落笔要有棱角，使笔画形成尖端或三角形，字体的结构布局，笔画之间的间隔均匀相称，偏旁、部首的比例适当，也是一个不可忽视的方面。要写好长仿宋体字，正确的方法是按字体大小，先用细实线打好框格，多描摹和临摹。多看、多写，持之以恒，自然熟能生巧。

长仿宋体字的基本笔画和写法　　　　　表 1-7

名称	横	竖	撇	捺	挑	点	钩
形状	一	丨	丿	丶	✓	八	乛乚
笔法	一	丨	丿	丶	✓	八	乛乚

2. 拉丁字母和数字

房屋建筑制图统一标准底层平面图比例尺
水泥砂浆石灰垫层门窗设计说明砖混结构
比例尺形体分析法长仿宋体字图纸幅面工业
水泥砂石灰浆门窗雨篷勒脚设计说明框架结

ABCDEFGHIJKLMNOP
QRSTUVWXYZ
abcdefghijklmnop
qrstuvwxyz
0123456789

图1-9　字体示例

在设计图纸中，所有涉及的拉丁字母、阿拉伯数字与罗马数字都可按需要写成直体字或斜体字，斜体字斜度应是从字的底线逆时针向上倾斜75°角，如图1-9所示。字高应不小于2.5mm。

四、比例

图样的比例应为图形与实物对应的线性尺寸之比。宜注写在图名的右侧，字的基准线应取平，比例的字高，应比图名的字高小一号或二号，如图1-10所示。

底层平面图 1:100　⑧ 1:20

图1-10　比例的注写

绘图时所用的比例,应根据图样的用途与被绘对象的复杂程度从表1-8中选用,并优先选用表中的常用比例。

绘图所用比例　　　　　　　　　　　　表1-8

常用比例	1:1、1:2、1:5、1:10、1:20、1:30、1:50 1:100、1:150、1:200、1:500、1:1000、1:2000
可用比例	1:3、1:4、1:6、1:15、1:25、1:30、1:40、1:60、1:80 1:250、1:300、1:400、1:600、1:5000、1:10 000、1:20 000 1:50 000、1:100 000、1:200 000

一般情况下,一个图样应选用一个比例。根据专业制图的需要,同一图样也可选用两种比例。

五、尺寸标注

图样除了画出建筑物及其各部分的形状外,还必须准确地、详尽地、清晰地标注尺寸,以确定其大小,作为施工时的依据。因此,尺寸标注是图样中的另一重要内容,也是制图工作中极为重要的一环,需要认真细致,一丝不苟。

1. 尺寸的组成

一个完整的尺寸由尺寸界线、尺寸线、尺寸起止符号、尺寸数字组成,如图1-11所示。

(1) 尺寸界线:表示尺寸的范围。一般用细实线画出,并垂直于被注线段。其一端应离开轮廓线不小于2mm,另一端伸出尺寸线外2~3mm,有时也可以借用轮廓线、中心线等作为尺寸界线,如图1-11中的尺寸58。

(2) 尺寸线:表示被注长度的度量线。尺寸线必须用细实线单独画出,不能用其他图线代替,也不能画在其他图线的延长线上;标注线性尺寸时,尺寸线必须与所注的尺寸方向平行,且与图形最外轮廓线距离不小于10mm;当有几条相互平行的尺寸线时,大尺寸要注在小尺寸的外面,以免尺寸线与尺寸界线相交。在圆或圆弧上标注直径尺寸时,尺寸线一般应通过圆心或其直径的延长线上。

(3) 尺寸起止符号:表示尺寸的起止位置。用中实线绘制,其长度约为2~3mm,其倾斜方向与尺寸界线顺时针方向呈45°角。

标注半径、直径、角度、弧长等尺寸时,尺寸起止符号用箭头表示。箭头画法如图1-12所示。

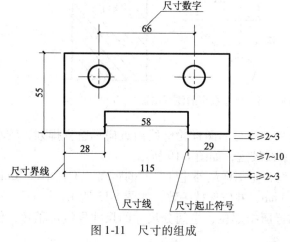

图1-11　尺寸的组成

图1-12　箭头

(4) 尺寸数字：表示线段的真实大小，与图样的大小及绘图的准确性无关。尺寸数字一律用阿拉伯数字书写，长度单位规定为毫米（即 mm，可省略不写）；线性尺寸的数字一般注在尺寸线的中部。水平方向的尺寸，尺寸数字要写在尺寸线的上面，字头朝上；垂直方向的尺寸，尺寸数字要写在尺寸线的左侧，字头朝左；倾斜方向的尺寸，尺寸数字字头要保持朝上的趋势，应按图 1-13（a）的形式书写；应避免在图中所示 30°范围内标注尺寸，当实在无法避免时，可按图 1-13（b）的形式书写。当尺寸界线间隔较小时，尺寸数字可注在尺寸界线外侧，或上下错开，或用引出线引出再标注，如图 1-13（c）所示。在剖面图中写尺寸数字时，应在空白处书写，而在空白处不画剖面线，如图 1-13（a）所示。

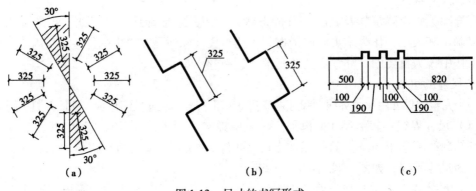

图 1-13 尺寸的书写形式

2. 尺寸的排列与布置

（1）尺寸宜标注在图样轮廓线以外，不宜与图线、文字及符号等相交，如图 1-14 所示。

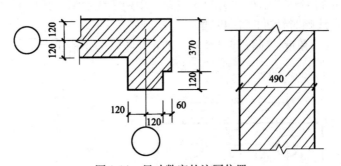

图 1-14 尺寸数字的注写位置

（2）互相平行的尺寸线，应从被注写的图样轮廓线由近向远整齐排列，较小尺寸应离轮廓线较近，较大尺寸应离轮廓线较远，如图 1-15 所示。

（3）图样轮廓线以外的尺寸线，距图样最外轮廓之间的距离，不宜小于 10mm。平行排列的尺寸线的间距，宜为 7～10mm，并应保持一致，如图 1-15 所示。

（4）总尺寸的尺寸界线应靠近所指部位，中间分尺寸的尺寸界线可稍短，但其长度应相等，如图 1-15 所示。

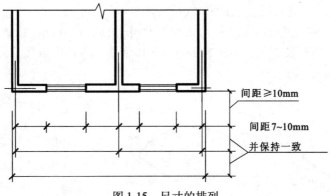

图1-15 尺寸的排列

3. 半径、直径、球的尺寸标注

(1) 小于或等于半圆的圆弧，其尺寸标注半径。半径尺寸线一端从圆心开始，另一端画箭头指向圆弧。半径尺寸数字前应加注半径符号"R"，如图1-16所示。当圆弧半径较大，圆心较远时，半径尺寸线可画成折线或断开线，但应对准圆心，如图1-16所示。

(2) 圆及大于半圆的圆弧应标注直径。在标注圆的直径尺寸数字前应加注直径符号"φ"，如图1-17所示。直径尺寸线应通过圆心，两端画箭头指向圆弧；较小圆的直径尺寸，可标注在圆外，其直径尺寸线也应通过圆心，两端所画箭头应从圆内或圆外指向圆弧，如图1-17所示。

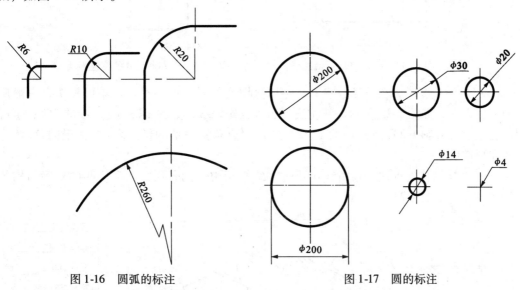

图1-16 圆弧的标注　　　　　图1-17 圆的标注

(3) 球的标注。标注球的直径或半径尺寸时，应在尺寸数字前加注符号"Sφ"或"SR"。注写方法与圆弧半径和圆直径的尺寸标注方法相同。

4. 弧度、弦长、角度的标注

(1) 弧度：标注弧长时，尺寸线应是该圆弧的同心圆弧，尺寸界线应垂直于该圆弧的弦，起止符号用箭头表示，弧长数字上方，应加圆弧符号"⌒"弦长，如图1-18所示。

(2) 弦长：标注圆弧的弦长时，尺寸线应是平行该弦的直线，尺寸界线应垂直于弦，起止符号用中粗45°斜短线表示，如图1-19所示。

（3）角度：标注角度时，角度的两边作为尺寸界线，尺寸线是以该角的顶点为圆心的圆弧，起止符号用箭头表示，如没有足够位置画箭头，可用圆点代替，角度数字一律水平注写，如图1-20所示。

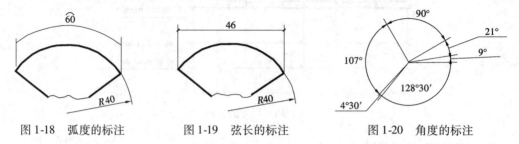

图1-18 弧度的标注　　　　图1-19 弦长的标注　　　　图1-20 角度的标注

5. 薄板厚度、正方形、坡度、非圆曲线等尺寸的标注

（1）在薄板板面标注板厚尺寸时，应在厚度数字前加厚度符号"t"，如图1-21所示。

（2）标注正方形的尺寸，可用"边长×边长"的形式，也可在边长数字前加正方形符号"□"，如图1-22所示。

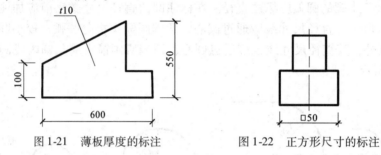

图1-21 薄板厚度的标注　　　　图1-22 正方形尺寸的标注

（3）标注坡度时，在坡度数字下，应加注坡度符号，坡度符号用单面箭头，一般应指向下坡方向，如图1-23所示。其注法可用百分比表示，如图1-23（a）中的2%；也可用比例表示，如图1-23（b）中的1∶2；还可用直角三角形的形式表示，如图1-23（c）中的屋顶坡度。

（4）多层结构的标注。指引线应通过并垂直于被引的各层，文字说明的次序与构造的层次一致，如图1-24所示。

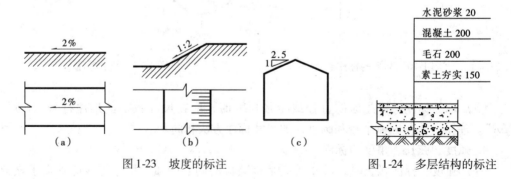

图1-23 坡度的标注　　　　图1-24 多层结构的标注

（5）外形为非圆曲线的构件，可用坐标形式标注，如图1-25（a）所示，复杂的图形可用网格形式标注尺寸，如图1-25（b）所示。

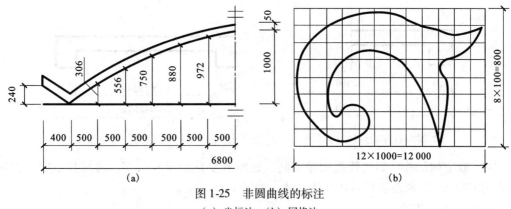

图 1-25 非圆曲线的标注
（a）坐标法；（b）网格法

6. 尺寸的简化标注

（1）杆件或管线的长度，在单线图（桁架简图、钢筋简图、管线简图）上，可直接将尺寸数字沿杆件或管线的一侧注写，如图 1-26 所示。

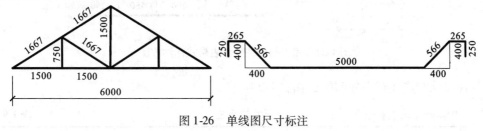

图 1-26 单线图尺寸标注

（2）连续排列的等长尺寸，可用"等长尺寸×个数＝总长"的形式标注，如图 1-27 所示。

（3）构配件内的构造因素（如孔、槽等）如相同，可仅标注其中一个要素的尺寸，如图 1-28 所示。

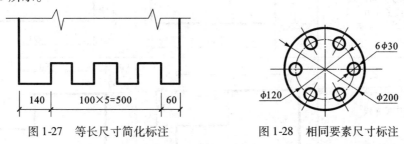

图 1-27 等长尺寸简化标注　　图 1-28 相同要素尺寸标注

（4）对称构配件采用对称省略画法时，该对称构配件的尺寸线应略超过对称符号，仅在尺寸线的一端画尺寸起止符号，尺寸数字应按整体全尺寸注写，其注写位置宜与对称符号对齐，如图 1-29 所示。

（5）两个构配件，如个别尺寸数字不同，可在同一图样中将其中一个构配件的不同尺寸数字注写在括号内，该构配件的名称也应注写在相应的括号内，如图 1-30 所示。

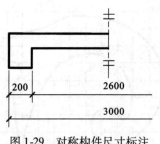
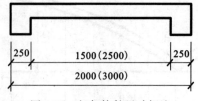

图 1-29 对称构件尺寸标注　　　　图 1-30 相似构件尺寸标注

（6）数个构配件，如仅某些尺寸不同，这些有变化的尺寸数字，可用拉丁字母注写在同一图样中，另列表格写明其具体尺寸，如图 1-31 所示。

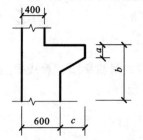

构件编号	a	b	c
Z-1	200	400	300
Z-2	250	450	350
Z-3	200	450	250

图 1-31 相似构配件尺寸表格式标注方法

标注尺寸时应注意一些问题，如表 1-9 所示。

尺寸的标注　　　　表 1-9

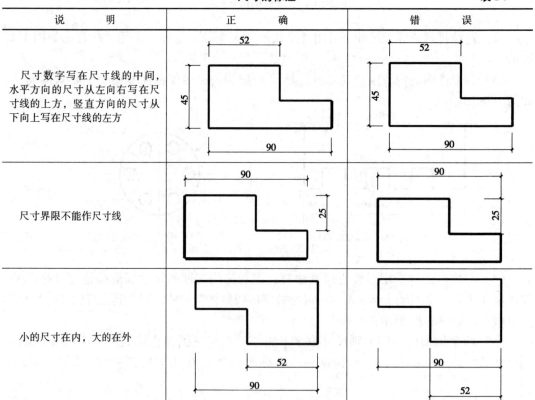

续表

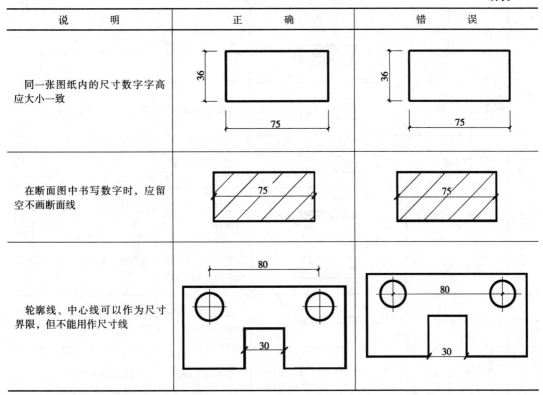

六、常用建筑材料

当建筑物或建筑材料被剖切时，通常在图样中的断面轮廓线内画出建筑材料图例，表 1-10 中列出了常用的建筑材料图例。图例中的斜线、短斜线、交叉斜线等均为 45°。

常用建筑材料图例　　　　　　　　表 1-10

序号	名　称	图　例	备　注
1	自然土壤		包括各种自然土壤
2	夯实土壤		—
3	砂、灰土		—
4	砂砾石、碎砖三合土		—
5	石材		—

续表

序号	名　称	图　例	备　注
6	毛石	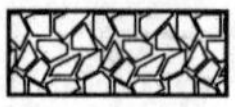	—
7	实心砖、多孔砖	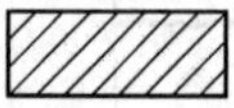	包括普通砖、多孔砖、混凝土砖等砌体
8	耐火砖	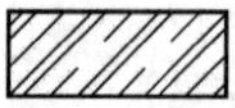	包括耐酸砖等砌体
9	空心砖、空心砌块	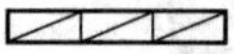	包括空心砖、普通或轻骨料混凝土小型空心砌块等砌体
10	加气混凝土	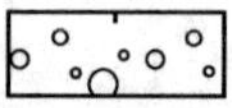	包括加气混凝土砌块砌体、加气混凝土墙板及加气混凝土材料制品等
11	饰面砖		包括铺地砖、玻璃马赛克、陶瓷锦砖、人造大理石等
12	焦渣、矿渣	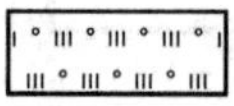	包括与水泥、石灰等混合而成的材料
13	混凝土	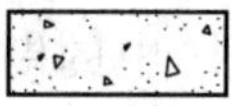	1 包括各种强度等级、骨料、添加剂的混凝土； 2 在剖面图上绘制表达钢筋时，则不需绘制图例线； 3 断面图形较小，不易绘制表达图例线时，可填黑或深灰（灰度宜70%）
14	钢筋混凝土		
15	多孔材料		包括水泥珍珠岩、沥青珍珠岩、泡沫混凝土、软木、蛭石制品等
16	纤维材料	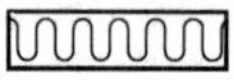	包括矿棉、岩棉、玻璃棉、麻丝、木丝板、纤维板等
17	泡沫塑料材料	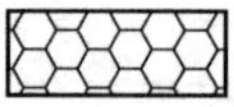	包括聚苯乙烯、聚乙烯、聚氨酯等多聚合物类材料
18	木材		1 上图为横断面，左上图为垫木、木砖或木龙骨； 2 下图为纵断面

20

续表

序号	名称	图例	备注
19	胶合板	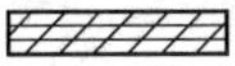	应注明为×层胶合板
20	石膏板	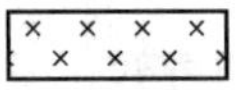	包括圆孔或方孔石膏板、防水石膏板、硅钙板、防火石膏板等
21	金属		1 包括各种金属； 2 图形较小时，可填黑或深灰（灰度宜70%）
22	网状材料		1 包括金属、塑料网状材料； 2 应注明具体材料名称
23	液体	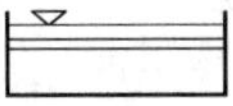	应注明具体液体名称
24	玻璃		包括平板玻璃、磨砂玻璃、夹丝玻璃、钢化玻璃、中空玻璃、夹层玻璃、镀膜玻璃等
25	橡胶		—
26	塑料		包括各种软、硬塑料及有机玻璃等
27	防水材料	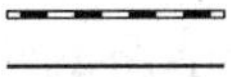	构造层次多或绘制比例大时，采用上面的图例
28	粉刷	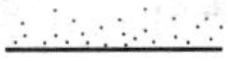	本图例采用较稀的点

第二节 绘图工具和仪器的使用方法

工程图样通常是用制图工具和仪器绘制的，正确使用制图工具和仪器，是保证图面质量和提高绘图速度的基础。以下简要介绍常用制图工具和仪器的使用方法。

一、图板

图板用于固定图纸。图板为矩形木板，要求板面平整，板边平直。绘图时其长边为水平方向，短边为垂直方向，左侧短边称为工作边，如图1-32所示。图纸要用胶带纸固定，较小图纸放在图板的偏左下方。

图板不能水洗或曝晒，更不能刻划，以免板面凹凸不平，影响图面质量。

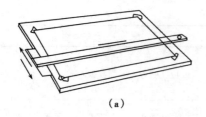 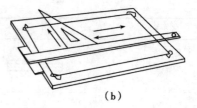

图1-32 图板与丁字尺
(a) 作水平线；(b) 作竖直线

二、丁字尺

丁字尺用于画水平线。丁字尺由尺头和尺身两部分组成，尺头的内边缘和尺身的上边缘为工作边。画水平线时，使尺头内边缘紧贴图板工作边，左手按住尺身，右手握笔沿尺身上边缘（工作边）从左向右画线。丁字尺沿图板工作边上下滑动，可画出多条水平线，顺序是先上后下，如图1-33所示。

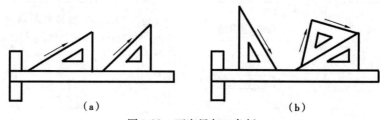

图1-33 丁字尺与三角板
(a) 作30°、45°斜线；(b) 作60°、75°、15°斜线

三、三角板

一副三角板有两块，分别按其最小锐角称为30°和45°三角板。

三角板与丁字尺配合用于画铅垂线和15°倍角的倾斜线，如图1-33所示。

两块三角板互相配合，可以画出任意直线的平行线和垂直线，如图1-34所示。

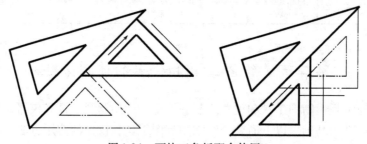

图1-34 两块三角板配合使用

四、比例尺

要把建筑物表达在纸上，必须按一定的比例缩小。比例尺就是用来缩小（也可用来放大）图形用的。常用的比例尺是三个面上刻有六种比例的三棱尺，单位为米，如图1-35所示；也有的比例尺做成直尺形状，叫作比例直尺。常用的百分比例尺有1∶100、1∶200、1∶500；常用的千分比例尺有1∶1000、1∶2000、1∶5000。

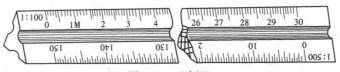

图 1-35 比例尺

我们在绘图时，不需通过计算，可以直接用它在图纸上量得实际尺寸。如已知图形的比例是 1∶100，画出一长度为 1500mm 的线段，就可用比例尺上 1∶100 的刻度去量取 15，即可得到该线段的长度 15mm，即 1500mm。

五、铅笔

绘图所用铅笔以铅芯的软硬程度来分，"B"表示黑，"H"表示软硬，其前面的数字越大，表示铅笔的铅芯越黑或越硬。

削铅笔时，应削成圆锥形或楔形（顶端为矩形，宽度等于线条宽度），注意保存有标号的一端，以便识别其硬度，如图 1-36（a）所示。

使用铅笔时，用力要均匀，用力过大会刮破图纸或在纸上留有凹痕，甚至折断铅芯。画线时，从侧面看笔身要铅直，如图 1-36（b）所示，从正面看笔身与纸面呈 60°角，如图 1-36（c）所示。画长线时，要一边画一边旋转铅笔，使线条保持粗细一致。

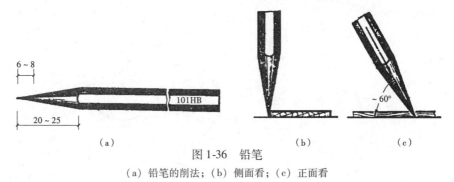

图 1-36 铅笔
(a) 铅笔的削法；(b) 侧面看；(c) 正面看

六、圆规

圆规是画圆或圆弧的工具，如图 1-37 所示。圆规有两条腿，无肘关节的腿装有定圆心用的钢针，有肘关节的腿可按需要换装铅笔插脚（画铅笔图用）、墨线插脚（画墨线图用）或钢针插脚（作分规用）。画大圆时，可在圆规上接一个延伸杆，如图 1-37（b）所示。

画圆或圆弧时，所用铅笔芯的型号要比画同类直线的铅笔软一号。为了圆规好用，应使针尖略长于铅芯，如图 1-37（b）所示。

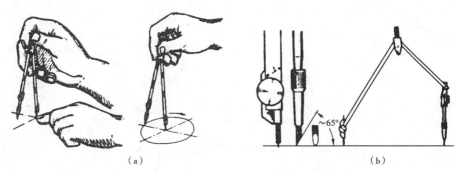

图 1-37 圆规

七、分规

分规主要用于量取线段和等分线段，如图 1-38 所示。

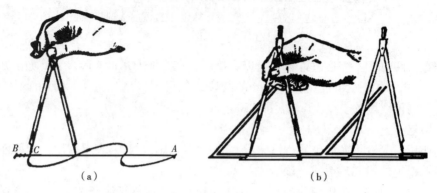

图 1-38 分规

八、曲线板

曲线板是用来画非圆曲线的，如图 1-39（a）所示。

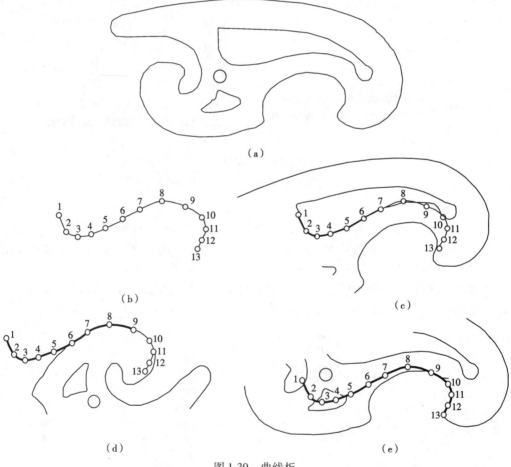

图 1-39 曲线板

如图1-39所示，已知曲线上各点，画图步骤如下：

（1）徒手用铅笔轻轻地依次把各点光滑连接，如图1-39（b）所示。

（2）根据曲线上各点的弯曲趋势，找出曲线板与曲线相吻合的线段。画线时最后一点不画，如图1-39（c）中的8点。

（3）依次找出曲线板与曲线相吻合的线段（每次尽量多吻合几点，包括前一次吻合的最后两点），并画线，如图1-39（d）和（e）所示。

九、鸭嘴笔

又名直线笔，传统用于画墨线图。笔尖的螺钉可以调节两叶片距离，以决定墨线的粗细。加墨水时，用吸管或小钢笔将墨水充入两叶片之间，并将叶片外边墨水擦净。墨水高度约5~6mm为宜。

使用鸭嘴笔时，笔杆前后方向应垂直纸面，并向前进方向稍微倾斜一点；笔杆切忌外倾或内倾，如图1-40所示。画线时速度要均匀，起落笔要轻、快，一条线要一次画完。

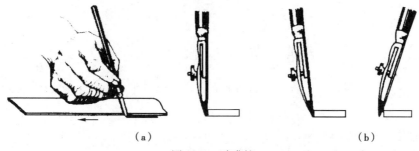

图1-40 鸭嘴笔
(a) 正确的笔位；(b) 不正确的笔位

鸭嘴笔用完后，应将螺母放松，叶片擦净，以保持叶片的弹性和防锈。

十、针管笔

针管笔是描图所用的一种新的绘图笔，见图1-41。针管笔的头部装有带通针的不锈钢针管，针管的内孔直径从0.1~1.2mm，有多种型号。把针管笔装在专用的圆规夹上还可画出墨线圆及圆弧，见图1-41。

图1-41 针管笔

针管笔需使用碳素墨水，不用时，应将管内墨水挤出，并用清水洗净。

十一、制图模板

为了提高制图的质量和速度，把制图时常用的一些图形、符号、比例等刻在一块有机玻璃上，作为模板使用。常用的模板有建筑模板、结构模板、轴测模板等。图1-42为建筑模板。

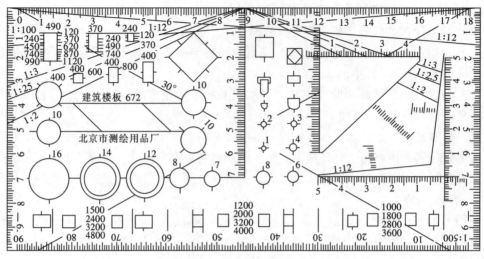

图 1-42 建筑模板

第三节 几 何 作 图

根据已知条件，画出所需要的平面图形为几何作图。几何作图是绘制各种平面图形的基础，也是绘制各种工程图样的基础。

下面介绍一些常用的几何作图方法。

一、等分直线段（图 1-43）

（1）已知直线段 AB。

（2）过 A 点作任意直线 AC，用直尺在 AC 上从点 A 截取任意长度为五等分，得 1、2、3、4、5 各点。

（3）连接 B5，然后过其他等分点分别作直线平行于 B5，交 AB 于五个等分点，即为所求。

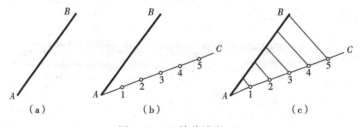

图 1-43 五等分线段 AB

二、分两平行线之间的距离为已知等分（图 1-44）

（1）已知平行线 AB 和 CD。

（2）置直尺 O 点于 CD 上，摆动尺身，使刻度 5 落在 AB 直线上，截得 1、2、3、4 各等分点。

（3）过各等分点作 AB（或 CD）的平行线，即为所求。

26

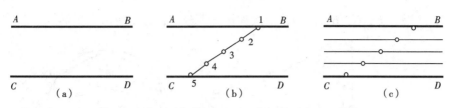

图 1-44 分两平行线 AB 和 CD 之间的距离为五等分

三、作圆的内接正多边形

1. 作圆的内接正五边形（图 1-45）

（1）已知圆 O。

（2）作出半径 OA 的中点 B，以 B 为圆心，BC 为半径画弧，交直径于 E。

（3）以 CE 为半径，分圆周为五等分。依次连接各五等分点，即得所求五边形。

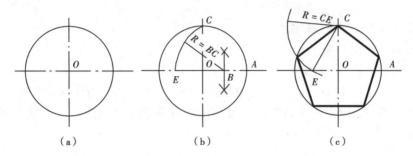

图 1-45 作圆的内接正五边形

2. 作圆的内接正六边形（图 1-46）

可以用两种方法求作：一种是用圆规作图，另一种是用三角板作图。

（1）已知圆 O。

（2）用 R 划分圆周为六等分。

（3）依次连接各等分点，即得所求六边形。

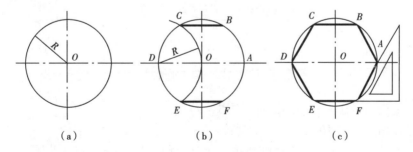

图 1-46 作圆的内接正六边形

3. 作圆的内接任意正多边形（图 1-47）

下面以作已知圆 O 的正七边形为例介绍：

（1）把直径 AB 分成七等分。再以 B 或 A 为圆心，BA 为半径画弧，与 CD 的延长线交于 K、K′两点。

（2）过 K、K′两点与直径 AB 上的偶数分点（或奇数分点）连线，并延长与圆周交于

A、B、C、D、E、F、G、H、I、J，依次连接各等分点，即得所求七边形。

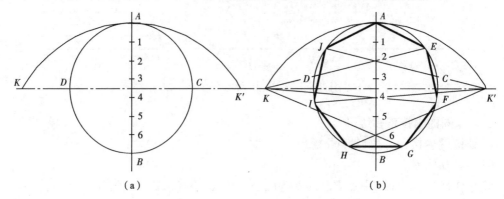

图 1-47　作圆的内接正多边形

四、已知椭圆长轴和短轴画椭圆

1. 同心圆法（图 1-48）

（1）已知椭圆长轴 AB 和短轴 CD。

（2）分别以 AB 和 CD 为直径作大小两圆，并等分两圆周为若干份，例如十二等分。

（3）从大圆各等分点作垂直线，与过小圆各对应等分点所作的水平线相交，得椭圆上各点。用曲线板连接起来，即得所求。

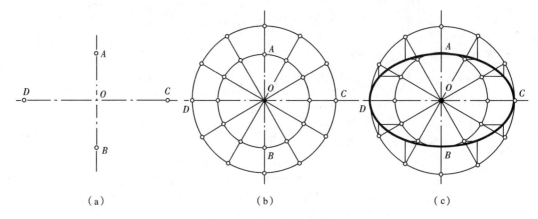

图 1-48　同心圆法画椭圆

2. 椭圆的近似画法——四心圆法（图 1-49）

（1）已知椭圆长轴 AB 和短轴 CD 延长。

（2）以 O 为圆心，OD 为半径画圆弧，交 OA 延长线于点 E。以 A 为圆心，AE 为半径画圆弧 EF 交 AD 于点 F。

（3）作 DF 的中垂线，与长轴、短轴（或延长线）分别交于两点 O_1、O_2，在 AB 上截 $OO_2 = OO_4$，在 CD 延长线上截 $OO_1 = OO_3$。

（4）分别以 O_1、O_2、O_3、O_4 为圆心，以 O_1D、O_2A、O_3D、O_4B 为半径，顺序作四段相连圆弧（两大两小四个切点在有关圆心连线上），即为所求。

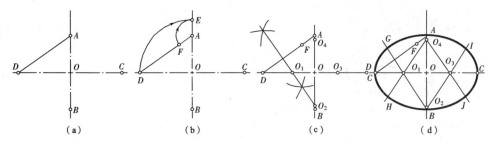

图 1-49 椭圆的近似画法（四心圆法）

五、圆弧连接

绘制平面图形时，经常需要用圆弧将两条直线、一圆弧一直线或两个圆弧光滑地连接起来，这种作图方法称为圆弧连接。这要求连接圆弧与已知直线或圆弧相切，且在切点处准确连接，切点就是连接点。圆弧连接的作图过程是：首先找连接圆弧的圆心，其次找切点，最后作出连接圆弧。

下面介绍圆弧连接的几种典型作图。

1. 用圆弧连接两相交直线（图 1-50）

（1）已知半径 R 和相交两直线 A、B。

（2）分别作出与 A、B 平行且相距为 R 的两直线，交点 O 即为所求圆弧的圆心。

（3）过点 O 分别作 A、B 的垂线，垂足 T_1、T_2 点即为所求切点。以 O 为圆心，以 R 为半径作圆弧 T_1T_2，即为所求。

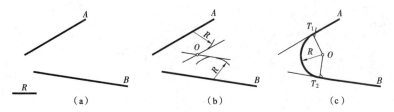

图 1-50 圆弧连接两相交直线

2. 用圆弧连接一直线与一圆弧（图 1-51）

（1）已知直线 L、半径为 R_1 的圆弧和连接圆弧的半径 R。

（2）作与 L 平行且相距为 R 的直线 M，又以 O_1 为圆心，以 $R+R_1$ 为半径作圆弧，交直线 M 于点 O。

（3）连 OO_1 交已知圆弧于切点 T_1，过点 O 作直线 L 的垂线，得另一切点 T_2。以 O 为圆心，以 R 为半径作圆弧 T_1T_2，即为所求。

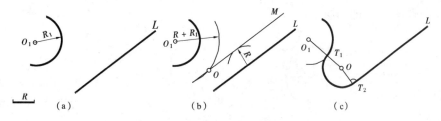

图 1-51 圆弧连接一直线与一圆弧

3. 用圆弧外切连接两圆弧（图 1-52）

(1) 已知连接圆弧的半径 R 和半径为 R_1、R_2 的已知圆弧。

(2) 以 O_1 为圆心，$R+R_1$ 为半径作圆弧，以 O_2 为圆心，$R+R_2$ 为半径作圆弧，两弧交于点 O。

(3) 连 OO_1 交圆弧 O_1 于切点 T_1，连 OO_2 交圆弧 O_2 于切点 T_2。以 O 为圆心，以 R 为半径作圆弧 T_1T_2，即为所求。

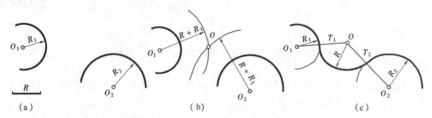

图 1-52　圆弧外切连接两圆弧

4. 用圆弧内切连接两圆弧（图 1-53）

(1) 已知连接圆弧的半径 R 和半径为 R_1、R_2 的已知圆弧。

(2) 以 O_1 为圆心，$|R-R_1|$ 为半径作圆弧，以 O_2 为圆心，$|R-R_2|$ 为半径作圆弧，两弧交于点 O。

(3) 延长 OO_1 交圆弧 O_1 于切点 T_1，延长 OO_2 交圆弧 O_2 于切点 T_2。以 O 为圆心，以 R 为半径作圆弧 T_1T_2，即为所求。

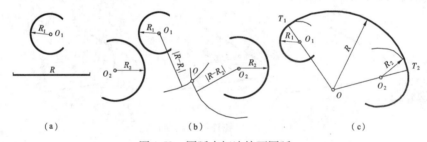

图 1-53　圆弧内切连接两圆弧

5. 用圆弧内切连接一圆弧，外切连接一圆弧（图 1-54）

(1) 已知内切圆弧的半径 R 和半径为 R_1、R_2 的已知圆弧。

(2) 以 O_1 为圆心，$|R+R_1|$ 为半径作圆弧，以 O_2 为圆心，$|R-R_2|$ 为半径作圆弧，两弧交于点 O。

(3) 连 OO_1 交圆弧 O_1 于切点 T_1，延长 OO_2 交圆弧 O_2 于切点 T_2。以 O 为圆心，以 R 为半径作圆弧 T_1T_2，即为所求。

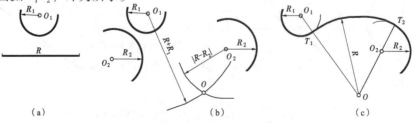

图 1-54　圆弧内外连接两圆弧

第四节　平面图形的分析及作图步骤

平面图形都是由若干直线线段和曲线线段按一定规则连接而成的，曲线线段以圆弧为最多。画图之前，应根据平面图形给定的尺寸，明确各线段的形状、大小、相互位置及性质，从而确定正确的绘图顺序。

一、平面图形的线段分析

平面图形上的线段分为三种：

1. 已知线段：定形尺寸、定位尺寸齐全，可以直接画出的线段，如图 1-55 中的尺寸 80、40、5、$R120$。

2. 中间线段：有定形尺寸，而定位尺寸则不全，还需根据与相邻线段的一个连接关系才能画出的线段。如图 1-55 中的圆弧 $R20$，由于只能根据定位尺寸 60，得到其圆心在水平方向的一个定位尺寸，而竖直方向的位置需要根据已知圆弧 $R120$ 画出后相切确定。

3. 连接线段：只有定形尺寸，而无定位尺寸，需要根据两个连接关系才能画出的线段。如图 1-55 中的小圆弧 $R10$，圆心两个方向的定位尺寸都未注，需根据其一端与 $R20$ 的中间线段相切，另一端与已知线段 5 的终点相交确定圆心。

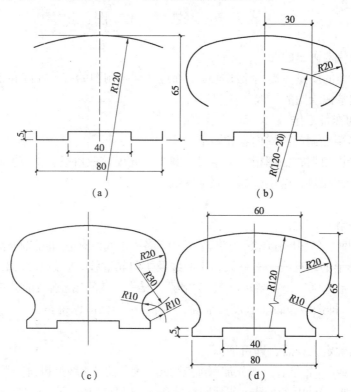

图 1-55　平面图形的画图步骤及尺寸线段分析

二、平面图形的尺寸分析

标注平面图形的尺寸时，要求正确、完整、清晰、齐全。要达到此要求，就需了解平面图形应标注哪些尺寸。平面图形中的尺寸，按其作用分为定形尺寸和定位尺寸两类。

1. 定形尺寸：确定平面图形各组成部分的形状和大小的尺寸，称为定形尺寸。如直线的长度、圆及圆弧的直径（半径）、角度的大小等。如图 1-55 中的尺寸 80、40、5、$R120$、$R20$、$R10$ 均为定形尺寸。

2. 定位尺寸：确定平面图形各组成部分之间相互位置的尺寸，称为定位尺寸。如图 1-55 中的尺寸 60、65 就是定位尺寸。

标注定位尺寸时，必须将图形中的某些线段（一般以图形的对称线、较大圆的中心线或图形中的较长直线）作为标注尺寸的基点，称为尺寸基准。如图 1-55 中尺寸 65 的基准是平面图形下部的水平线。通常一个平面图形需要水平和竖直两个方向的基准。

三、平面图形的作图步骤

画平面图形的步骤，可归纳如下：

1. 分析图形及其尺寸，判断各线段和圆弧的性质。
2. 画基准线、定位线、已知线段，如图 1-55（a）所示。
3. 画中间线段，如图 1-55（b）所示。
4. 画连接线段，如图 1-55（c）所示。
5. 擦去不必要的图线，标注尺寸，按线型描深，如图 1-55（d）所示。

第五节　徒 手 作 图

一、用绘图仪器画出的图

为了保证图样的质量，提高绘图速度，除遵守国家制图的有关标准和正确使用各种绘图仪器外，还应掌握绘图的一般方法和技巧。

1. 画图前的准备工作

（1）了解所要绘制的图样内容和要求。

（2）准备绘图仪器，如图板、丁字尺、圆规、分规、三角板、铅笔等。

（3）确定绘图比例，选定图幅，固定图纸。

2. 画底稿

（1）画图框和标题栏。

（2）布置图面，使图形在图纸上的位置适中。各图形间留有适当间隙和标注尺寸的位置。

（3）先画图形的基准线、对称线、中心线及主要轮廓线，再逐步画出细部。

用 H 或 2H 铅笔画底稿，要求"轻""准""洁"。"轻"指画线能分辨即可，擦去后不留痕迹；"准"即图线位置、长度要准确；"洁"指图面应保持整洁。

3. 铅笔加深

在检查底稿确定无误后，即可加深。

加深时用 B 或 2B 铅笔。一般先加深细点画线。为了使同类线型粗细一致，可以按线宽分批加深，先粗后细，先曲后直，先水平后竖直再倾斜，以及自上而下、从左到右的顺序进行。

二、徒手作图

徒手图也叫草图，是不用仪器，仅用铅笔以徒手、目测的方法绘制的图样。

草图是工程技术人员交谈、记录、构思、创作的有利工具，工程技术人员必须熟练掌握徒手作图的技巧。

草图上的线条也要粗细分明，基本平直，方向正确，长短大致符合比例，线形符合国家标准。

画草图用的铅笔要软些，例如 B、HB；铅笔要削长些，笔尖不要过尖，要圆滑些；画草图时，持笔的位置高些，手放松些，这样画起来比较灵活。

画水平线时，铅笔要放平些，初学画草图时，可先画出直线两端点，然后持笔沿直线位置悬空比划一两次，掌握好方向，并轻轻画出底线。然后眼睛盯住笔尖，沿底线画出直线，并改正底线不平滑之处。画铅直线与之方法相同。画水平线和竖直线的姿势如图 1-56 所示。

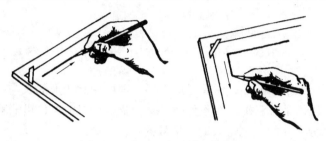

图 1-56　徒手画水平线和竖直线

画倾斜线时，手法与画水平线相似。可先徒手画一直角，再分别近似等分此直角，从而可得与水平线呈 30°、45°、60°的斜线，如图 1-57 所示。

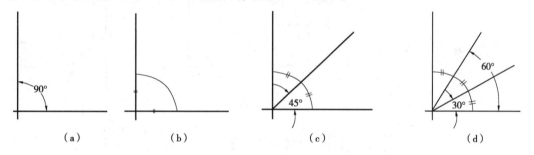

图 1-57　徒手画倾斜线
(a) 徒手画一直角；(b) 在直角处作一圆弧；(c) 分圆弧二等分，作 45°线；
(d) 分圆弧三等分，作 30°和 60°线

画圆和椭圆的方法如图 1-58、图 1-59 所示。

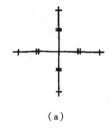 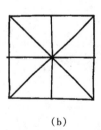 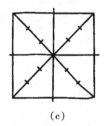 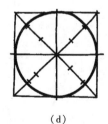

图 1-58　徒手画圆
(a) 徒手过圆心作垂直等分的二直径；(b) 画外切正方形及对角线；
(c) 大约等分对角线的每一侧为三等分；
(d) 以圆弧连接对角线上最外的等分点（稍偏外一点）和两直径的端点

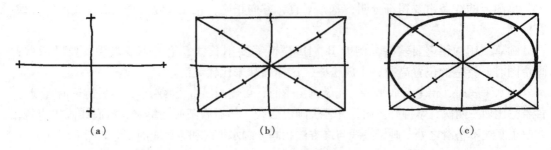

图 1-59 徒手画椭圆
(a) 先徒手画椭圆的长轴和短轴；(b) 画外切矩形及对角线，等分对角线的每一侧为三等分；
(c) 以光滑曲线连对角线上最外的等分点（稍偏外一点）和长短轴端点

画草图时，不要急于画细部，先要考虑大局。即要注意图形的长与高的比例，以及图形的整体与细部的比例是否正确。有条件时，草图最好用 HB 或 B 铅笔画在方格纸（坐标纸）上，图形各部分之间的比例可借助方格数的比例来解决。

画图步骤与用仪器和工具的画法基本相同，如图 1-60 所示。

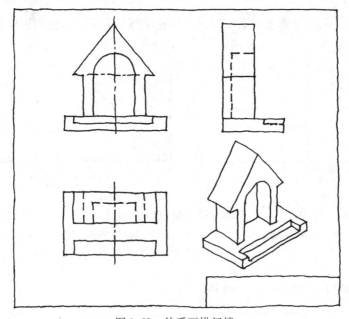

图 1-60 徒手画拱门楼

第二章 点、直线、平面的投影

第一节 投影的基本知识

在日常生活中，大家都知道影子的现象，物体在阳光或灯光的照射下，会在地面或者墙壁上呈现出影像，通过这一自然现象，我们知道要产生影子必须存在三个条件，即光线、物体、承影面。人们将这自然现象应用到工程制图上来，用相关的制图术语来形容这三个条件，投影线、形体、投影面，如图2-1所示。

建筑工程图的绘制是以投影法为依据的，工程上常用的投影法是中心投影法和平行投影法两大类。

一、中心投影法

投影线相交于一点为中心投影，见图2-1；图2-2表示图中的投影面在光源与物体之间，这时所得的投影又叫透视投影。

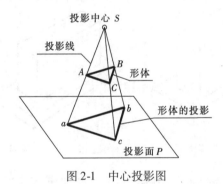

图2-1 中心投影图   图2-2 透视投影图

二、平行投影法

投影线互相平行时所得的投影为平行投影，平行投影法又分为两种，如图2-3所示。

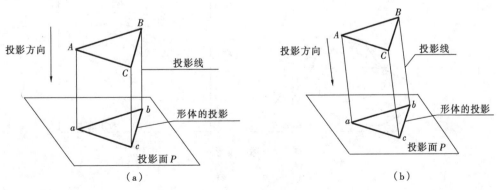

图2-3 平行投影图

1. 正投影——投影线与投影面垂直，见图 2-3（a）。

2. 斜投影——投影线与投影面倾斜，见图 2-3（b）。

在工程图样中用得最广泛的是正投影，本教材在以后的章节中都是以正投影理论进行讲述的。以后把正投影简称为投影。

三、各种投影法在建筑工程中的应用

建筑工程中最常用的四种投影图：多面正投影图、轴测投影图、透视投影图、标高投影图。

1. 多面正投影——用正投影法在两个或两个以上的投影面上投影所得的图形，是建筑工程中最主要的图样。这种图样能如实地反映形体各主要侧面的形状和大小，便于度量，但它缺乏立体感，需经过一定的训练才能看懂，如图 2-4 所示。

2. 轴测投影图——轴测图能反映出形体的长、宽、高，有一定的立体感，但作图烦琐，度量性差，只能作为工程上的辅助图样，如图 2-5 所示。

3. 透视投影图——是形体在一个投影面上的中心投影，形象逼真，但作图烦琐，不能作为施工依据，仅用于建筑设计方案的比较及宣传广告画等，如图 2-6 所示。

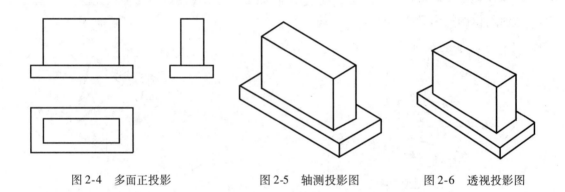

图 2-4 多面正投影　　图 2-5 轴测投影图　　图 2-6 透视投影图

4. 标高投影图——在建筑工程中常用来绘制地形图和道路、水利工程等方面的平面布置的图样，它是地面或土木建筑物在一个水平面上的正投影图，如图 2-7 所示。

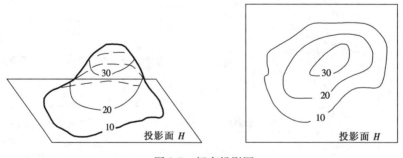

图 2-7 标高投影图

第二节 点 的 投 影

一、点在两投影面体系中的投影

1. 两投影面体系的建立

如图2-8所示,设立互相垂直的两个投影面,正投影面(简称正面或 V 面)和水平投影面(简称水平面或 H 面),构成两投影面体系。两投影面体系将空间划分为四个分角。本书只讲述物体在第一分角的投影。V 面和 H 面的交线称为投影轴 OX。

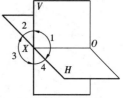

图2-8 空间分为四个分角

2. 点的两面投影

如图2-9(a)所示,由空间点 A 作垂直于 V 面、H 面的投射线 Aa'、Aa,分别与 V 面、H 面相交,交点即为 A 的正面投影(V 面投影)a' 和水平投影(H 面投影)a,即点 A 的两面投影。

空间点用大写字母如 A、B、C……表示,其水平投影用相应的小写字母如 a、b、c……表示,正面投影用相应的小写字母加一撇如 a'、b'、c'……表示。

为使点的两面投影画在同一平面上,需将投影面展开。展开时 V 面保持不动,将 H 面绕 OX 轴向下旋转90°,与 V 面展成一个平面,便得到点 A 的两面投影图,如图2-9(b)所示。投影图上的细实线 aa' 称为投影连线。

在实际画图时,不必画出投影面的边框和点 a_x,图2-9(c)即为点 A 的投影图。

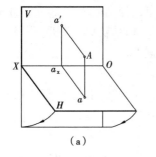 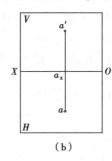 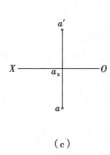

(a) (b) (c)

图2-9 点的两面投影

3. 点的两面投影规律

空间三点 A、a'、a 构成一个平面,由于平面 $Aa'a_xa$ 分别与 V 面、H 面垂直,所以这三个相互垂直的平面必定交于一点 a_x,且 $a_xa' \perp OX$,$aa_x \perp OX$。当 H 面与 V 面展平后,a、a_x、a' 三点必共线,即 $aa' \perp OX$。

又因 Aaa_xa' 是矩形,所以 $a_xa' = Aa$,$a_xa = Aa'$。亦即:点 A 的 V 面投影 a' 与投影轴 OX 的距离,等于点 A 与 H 面的距离;点 A 的 H 面投影 a 与投影轴 OX 的距离,等于点 A 与 V 面的距离。

由此可得出点的两面投影规律:

(1) 点的两面投影连线垂直于投影轴,即 $aa' \perp OX$。

(2) 点的投影到投影轴的距离,等于空间点到投影面的距离,即:$a_xa' = Aa$ $a_xa = Aa'$。

二、点在三投影面体系中的投影

1. 三投影面体系的建立

两面投影能确定点的空间位置，却不能充分表达立体的形状，所以需采用三面投影图。如图2-10（a）所示，再设立一个与V、H面都垂直的侧投影面（简称侧面或W面），将侧面向后旋转90°，将形成三投影面体系。它的三条投影轴OX、OY、OZ必定互相垂直。

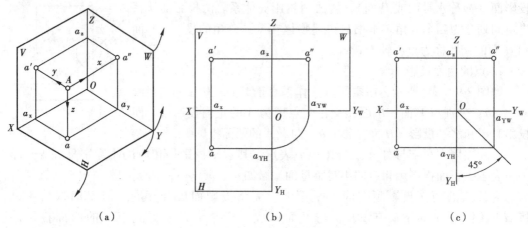

图 2-10　点在三投影面体系中的投影

2. 点的三面投影

点在三面投影体系中的投影：将一个点置于第一角中，分别向水平面、正面和侧面作投影，得到点的三面投影图，侧面投影用对应的小写字母加两撇表示，即 a''、b''、c''……如图2-10中的 a''。投影面展开时，W面绕OZ轴向右旋转90°和V面展成一个平面，得到三面投影图。

OY轴在H、W面上分别表示为 OY_H、OY_W。同样，不必画出投影面的边框，如图2-10（c）所示。

3. 点的三面投影规律

在三投影面体系中，$Aa a_x a' a_z a'' a_y O$ 构成一长方体，由于点在两投影面体系中的投影规律在三投影面体系中仍然适用，由此可得出如下关系：$aa' \perp OX$、$a'a'' \perp OZ$、$aa_{YH} \perp OY_H$、$a''a_{YW} \perp OY_W$、$aa_x = a''a_z$。

若把三投影面体系看作直角坐标系，则投影轴、投影面、点O分别是坐标轴、坐标面和原点。则可得出点 $A(x, y, z)$ 的投影与其坐标的关系：

$x = a_z a' = aa_{YH} =$ 点A到W面的距离 Aa''；

$y = aa_x = a_z a'' =$ 点A到V面的距离 Aa'；

$z = a_x a' = a''a_{YW} =$ 点A到H面的距离 Aa。

由此可得出点的三面投影规律：

点的投影连线垂直于相应的投影轴，即 $aa' \perp OX$、$a'a'' \perp OZ$。

点的投影到投影轴的距离，等于该点的某一坐标值，也就是该点到相应投影面的距离。

【例2-1】已知空间点A到三投影面W、V、H的距离分别为20、10、15，求作点A的三面投影。

【解】（1）画投影轴，根据点到投影面的距离与坐标值的对应关系，先作点 A（20，10，15）的两面投影：在 X 轴上量取 20，定出点 a_x，如图 2-11（a）所示；过点 a_x 作 OX 轴的垂线，自 a_x 顺 OY_H 方向量取 10，作出点 A 的水平投影 a，顺 OZ 轴方向在垂线上量取 15，作出点 A 的正面投影 a'，如图 2-11（b）所示。

（2）根据点的投影规律，作出点 A 的第三面投影 a''。按 $a'a'' \perp OZ$，过 a' 作 OZ 轴的垂线，交点为 a_z，并量取 $a_z a'' = aa_x$，得到 a''。也可通过 45°分角线确定 a''，如图 2-11（c）所示。

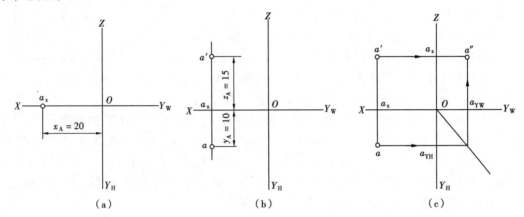

图 2-11　作点的三面投影

第三节　两点的相对位置和重影点

一、两点的相对位置

如图 2-12 所示，空间两点的投影不仅反映了各点对投影面的位置，也反映了两点之间左右、前后、上下的相对位置。由图可以看出，$X_B > X_A$，故点 B 在点 A 之左，同理，点 B 在点 A 之后（$Y_A > Y_B$）、之下（$Z_B < Z_A$）。所以，B 点在 A 点的左后下方。因此，也可用两点的坐标差来确定点的位置。

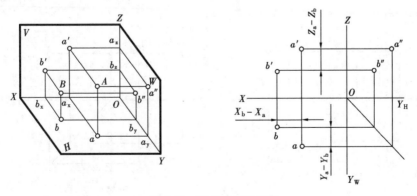

图 2-12　两点的相对位置

二、特殊位置点的投影

1. 投影面上的点——投影面上点的两个投影分别在投影轴上，另一个投影在相应的投影面上与空间点重合。如图2-13中的点A和B。

2. 投影轴上的点——投影轴上的点的两个投影在投影轴上，与空间点重合，另一个投影在原点处。如图2-13中的点C。

三、重影点

重影点是指两个空间点在某一投影面上的投影重合，即这两个点的空间x、y、z坐标中有两个相等。

如图2-14所示，点A位于点B的正上方，即$X_A = X_B$，$Y_A = Y_B$，$Z_A > Z_B$，A、B两点在同一条H面的投射线上，故它们的水平投影重合于一点$a(b)$，则称点A、B为对H面的重影点。同理，位于同一条V面投射线上的

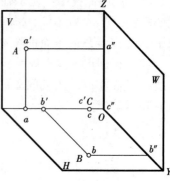

图2-13　特殊点的投影

两点称为对V面的重影点；位于同一条W面投射线上的两点称为对W面的重影点。两点重影，必有一点被"遮盖"，故有可见与不可见之分。因为点A在点B之上（$Z_A > Z_B$），它们在H面上重影时，点A投影a为可见，点B投影b为不可见，并用括号将b括起来，以示区别。同理，如两点在V面上重影，则y坐标值大的点其投影为可见点；在W面上重影，则x坐标值大的点其投影为可见点。

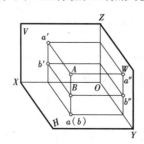 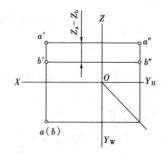

图2-14　重影点

【例2-2】判断图2-15中点投影的正确性。

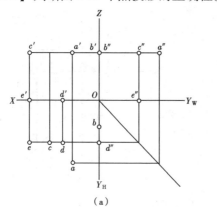 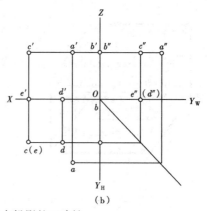

（a）　　　　　　　　　　（b）

图2-15　判断图中点投影的正确性

【解】 在图 2-15（a）中，点 A 的投影正确，因为 a 与 a' 在一条垂直于 X 轴的投影连线上，a' 与 a'' 在一条垂直于 Z 轴的投影连线上，a' 与 a'' 具有相同的 y 坐标。点 B 投影不正确，因为若 b' 与 b'' 都在 Z 轴上，点 B 应在 Z 轴上。水平投影 b 应在原点处。点 C 投影错，因为 c 与 c' 连线不垂直 X 轴。点 D 投影错，因为 d'' 应在 Y_W 轴上。点 E 投影正确，符合投影关系。见图 2-15（b）的正确答案。

第四节　直线的投影

从几何学知道，直线的长度是无限长的，我们在这里所指的直线是线段，直线的空间位置可由线上任意两点的位置确定，即两点定一直线，直线还可以由线上任意一点和线的指定方向（如平行于另一条直线）来确定，即直线的投影可由线上两点在同一投影面上的投影（同面投影）相连而得，所以要做出直线 AB 的三面投影，可先作出其两端点 A 和 B 的三面投影 a、a'、a'' 和 b、b'、b''，然后将其同面投影相连，即得 AB 直线的三面投影 ab、$a'b'$、$a''b''$，如图 2-16 所示。

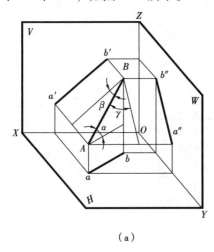 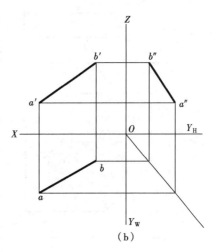

(a)　　　　　　　　　　　　　　　　(b)

图 2-16　一般位置直线
(a) 一般直线的轴测图；(b) 一般直线的投影图

一、直线对投影面的位置

1. 一般位置直线

如图 2-16 所示，一般位置直线为对三个投影面既不垂直也不平行的直线，投影长度小于直线的实际长度，且倾斜于投影轴。一般位置的直线对投影面的倾角，不反映该直线与投影面的倾角，α、β、γ 分别表示直线 AB 与 H 面、V 面和 W 面的倾角，则直线 AB 的三面投影长度与倾角的关系为：

$$ab = AB\cos\alpha, \quad a'b' = AB\cos\beta, \quad a''b'' = AB\cos\gamma$$

由此可知，一般位置直线的投影特性是：

(1) 直线的三面投影长度均小于实长。
(2) 三投影都倾斜于投影轴，但不反映空间直线与投影面的真实倾角。

2. 投影面平行线

平行于某个投影面，同时倾斜于另外两个投影面的直线，统称为投影面的平行线。按所平行的投影面不同它又可分为下列三种：

正平线——平行于 V 面，并与 H、W 面倾斜的直线。

水平线——平行于 H 面，并与 V、W 面倾斜的直线。

侧平线——平行于 W 面，并与 H、V 面倾斜的直线。

投影图如表 2-1 所列。

投影面平行线的投影特性 　　　　　　　　　　　　　　　表 2-1

名称	立体示意图	投影图	投影特征
正平线 //V面	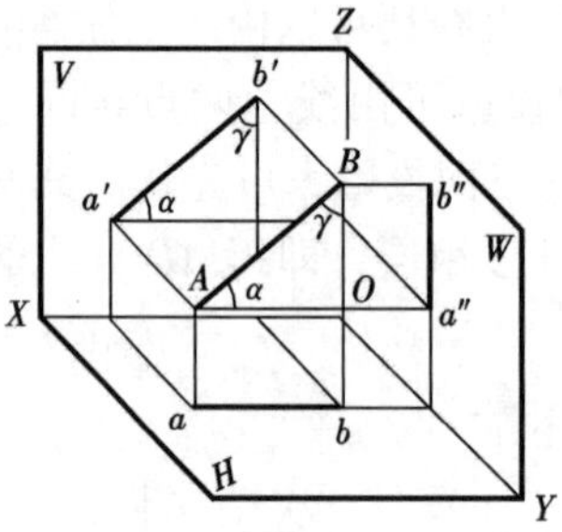	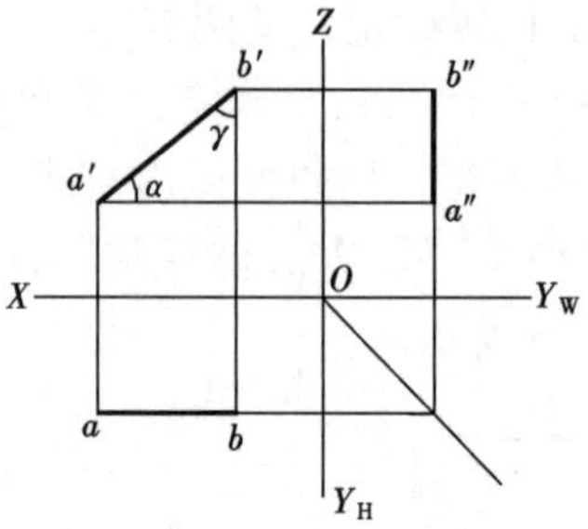	1. $a'b'$ 反映实长和 α 角、γ 角； 2. $ab//OX$，$a''b''//OZ$，且不反映实长
水平线 //H面	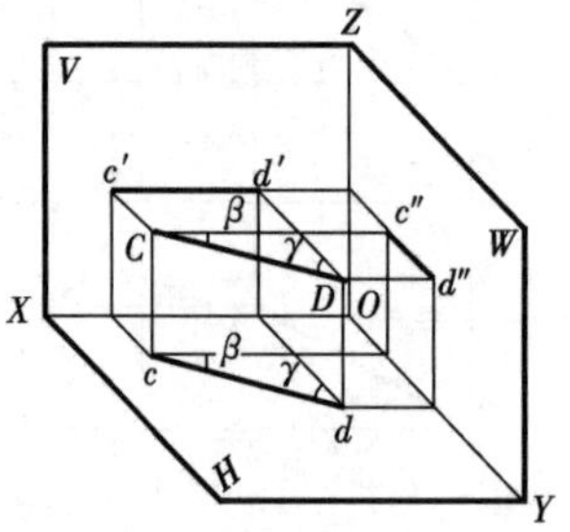	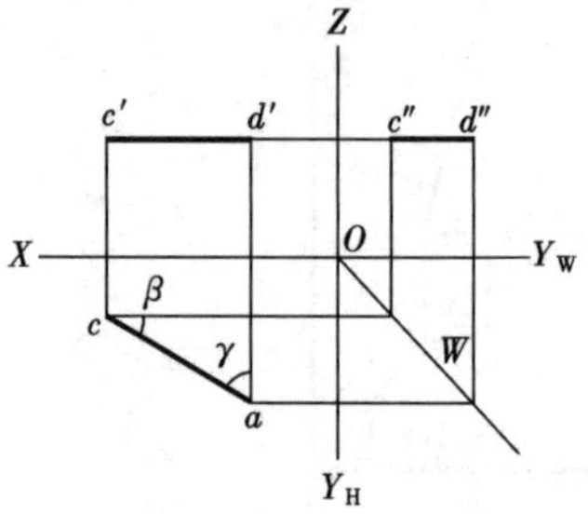	1. cd 反映实长和 β 角、γ 角； 2. $c'd'//OX$，$c''d''//OY_W$，且不反映实长
侧平线 //W面	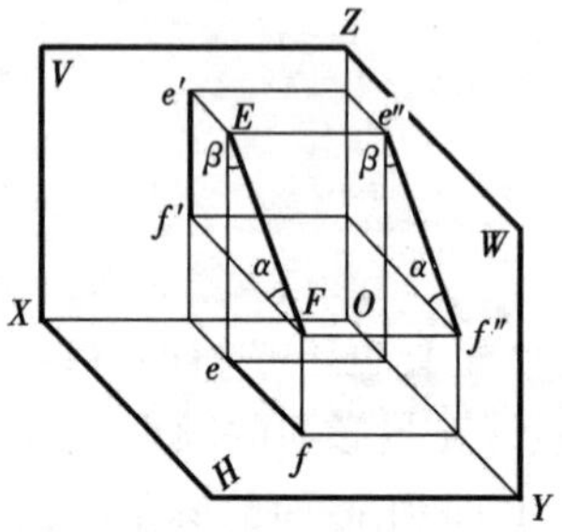	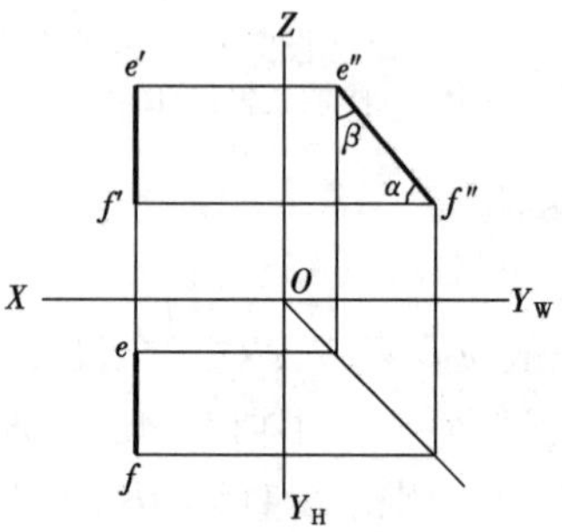	1. $e''f''$ 反映实长和 α 角、β 角； 2. $ef//OY_H$，$e'f'//OZ$，且不反映实长

投影特性：

（1）直线在所平行的投影面上的投影反映实长；并且它与两投影轴的夹角就是直线与相应投影面的倾角。

（2）直线在另外两个投影面的投影都小于空间线段的实长，并且平行于相应的投影轴。

3. 投影面垂直线

垂直于某个投影面的直线,并且与其他两个投影面平行,称为投影面垂直线。按所垂直的投影面不同它又可分为下列三种:

正垂线——垂直于 V 面,并与 H、W 面平行的直线。
铅垂线——垂直于 H 面,并与 V、W 面平行的直线。
侧垂线——垂直于 W 面,并与 H、V 面平行的直线。

投影图如表 2-2 所列。

投影面垂直线的投影特性　　　　表 2-2

名称	轴 测 图	投 影 图	投 影 特 征
正垂线	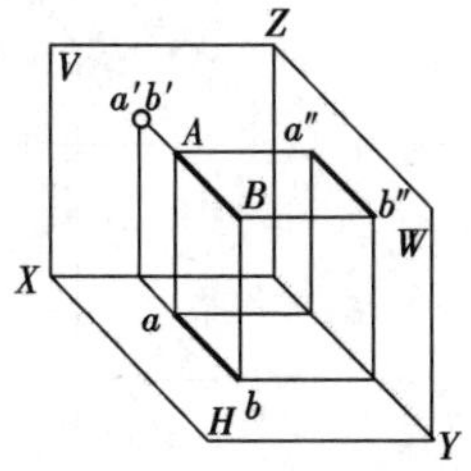	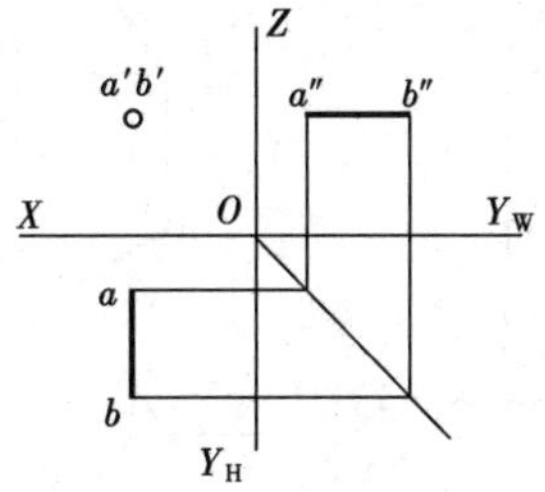	1. $a'b'$ 积聚为一点; 2. $ab//OY_H$,$a''b''//OY_W$,且反映实长
铅垂线	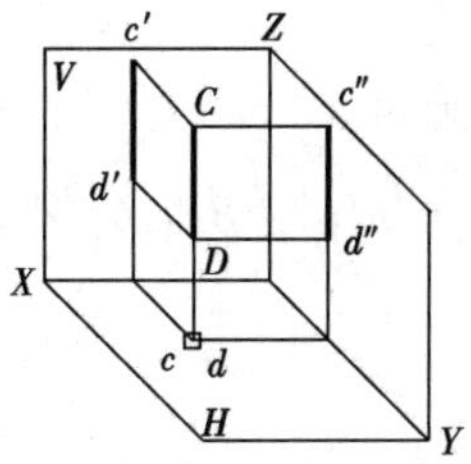	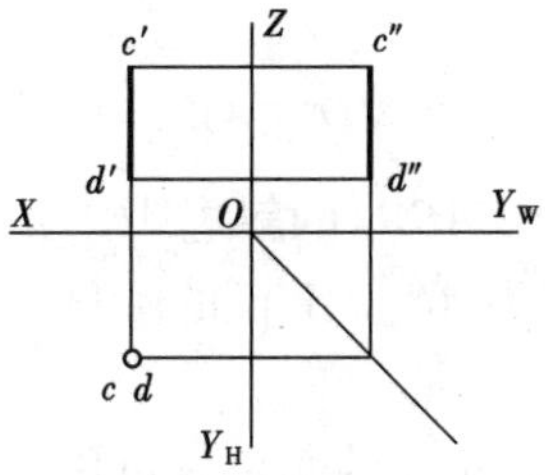	1. cd 积聚为一点; 2. $c'd'//OZ$,$c''d''//OZ_W$,且反映实长
侧垂线	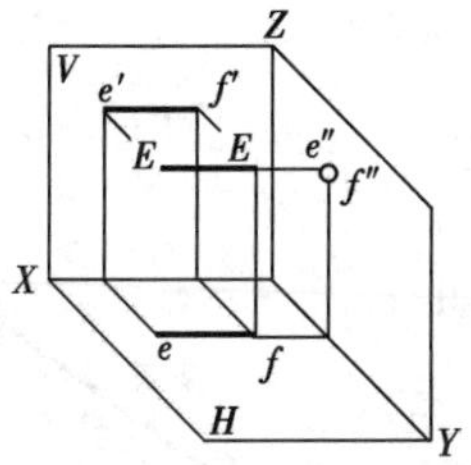	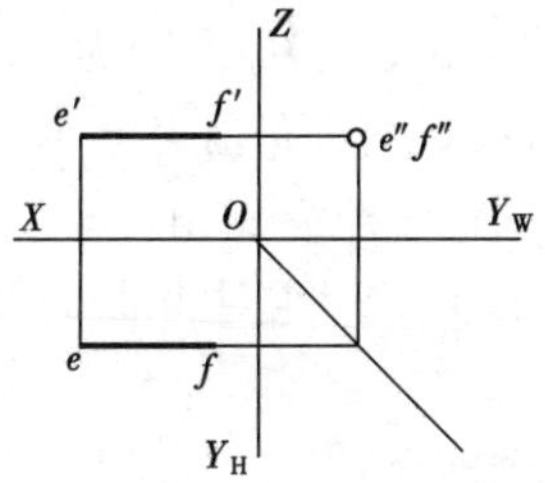	1. $e''f''$ 积聚为一点; 2. $e'f'//OX$,$ef//OX$,且反映实长

投影特性:
(1) 直线在所垂直的投影面上的投影,积聚为一个点。
(2) 直线平行于另外两个投影面上的投影,垂直于相应的投影轴,且反映实长。

第五节　线段的实长

由于一般位置直线的投影在投影图上不反映线段实长和对投影面的倾角。但在工程上往往要求在投影图上用作图方法解决这类度量问题。根据直线的投影求其实长及倾角的真实大小，在实际应用中，可采用直角三角形法求得。

一、几何分析

图 2-17（a）所示直线 AB 为一般位置直线，过 A 作 $AB_0 /\!/ ab$，即得一直角三角形 ABB_0，它的斜边 AB 即为其实长，$AB_0 = ab$，BB_0 即为 A、B 的 Z 坐标差（$Z_B - Z_A$），AB 与 AB_0 的夹角即为 AB 对 H 面的倾角 α。这种求实长和倾角的方法称为直角三角形法。

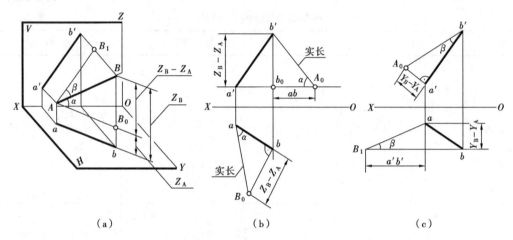

图 2-17 直角三角形法求实长及倾角

同理，另一直角三角形 ABB_1 的斜边 AB 为实长，$AB_1 = a'b'$，BB_1 为 Y 坐标差（$Y_B - Y_A$），AB 与 AB_1 的夹角即为 AB 对 V 面的倾角 β。

二、作图方法

求直线 AB 的实长和对 H 面的倾角 α 可用下列两种方式作图：

1. 如图 2-17（b）所示，过 b 作 ab 的垂线 bB_0，在此垂线上量取 $bB_0 = Z_B - Z_A$，则 aB_0 即为所求的直线 AB 的实长，$\angle B_0ab$ 即为 α 角。

2. 过 a' 作 X 轴的平行线，与 $b'b$ 相交于 b_0（$b'b_0 = Z_B - Z_A$），量取 $b_0A_0 = ab$，则 $b'A_0$ 也是所求直线的实长，$\angle b'A_0b_0$ 即为 α 角。

同理，用类似作法可作直线 AB 对 V 面的倾角 β，如图 2-17（c）所示。

求实长应该注意的几个问题：

（1）注意线段对投影面的倾角是线段的实长与其投影之间所夹的那个锐角。直角三角形中四个参数之间的对应关系如图 2-18 所示。

图 2-18 直角三角形法中参数之间的关系

（2）组成直角三角形的四个参数中，已知任意两个参数就可以作出此三角形，并可求得其他两个参数。

（3）利用线段 AB 的任何一个投影和相应的坐标差，均能求得线段的实长，但求得的倾角不同，分别为 α、β、γ。

【例 2-3】如图 2-19（a）所示，已知直线 AB 的 V、H 面投影，求出直线 AB 上距 A 点

15mm 的点 C 的两面投影。

【解】

（1）以 V 面投影 $a'b'$ 为一直角边，过 a' 作 $a'A_1 \perp a'b'$ 取 $a'A_1 = Y_B - Y_A$，连线 A_1b'，A_1b' 即为直线 AB 的实长，如图 2-19（b）所示。

（2）在 A_1b' 自 A_1 量取 15mm 得 C_1 点。

（3）过 C_1 点作 A_1a' 的平行线与 $a'b'$ 交于 c'，并由 c' 作出其水平投影 c。

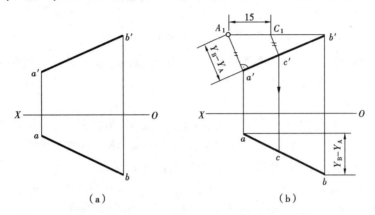

图 2-19 直角三角形法求定点

第六节 直线上的点

直线与点的相对关系有两种情况：点在直线上和点不在直线上。

点在直线上的几何条件：

1. 直线上的点，其投影必在该直线的同面投影上，且符合点的投影规律。如图 2-20 所示，点 C 在直线 AB 上，则点 C 的三面投影 c、c'、c'' 必分别在 AB 的三面投影 ab、$a'b'$、$a''b''$ 上，且 c、c'、c'' 符合点的投影规律。

2. 直线上的点分割直线之比，在投影后保持不变，如图 2-20 所示。

由于投射线 $Aa'//Cc'//Bb'$，$Aa//Cc//Bb$，$Aa''//Cc''//Bb''$

即：$AC:CB = ac:cb = a'c':c'b' = a''c'':c''b''$

由此可见，如果点在直线上，则点的各个投影必在直线的同面投影上，且点分线段之比等于点的投影分线段的投影之比。称为"定比关系"式。反之，如果点的各投影均在直线的同面投影上，且分直线各投影长度成相同之比，则该点必在此直线上。

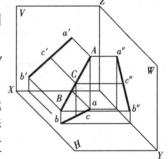

图 2-20 直线上点的投影

【例 2-4】已知直线 AB 的两面投影，点 K 分 AB 为 $AK:KB = 1:2$，求分点 K 的投影，如图 2-21 所示。

【解】由分割比可知，$AK:KB = ak:kb = a'k':k'b' = a''k'':k''b'' = 1:2$，用比例作图法可求得 k 和 k'。

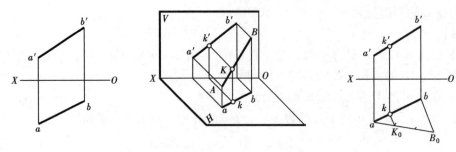

图 2-21 作分线段 AB 为 1∶2 的分点 K

【例 2-5】已知侧平线 AB 的两面投影 ab、a'b' 和直线上 S 点的 V 面投影 s'，求 S 点在 H 面上的投影 s，如图 2-22 所示。

【解】

方法一：由于 AB 是侧平线，因此不能由 s' 直接求出 s，但根据点在直线上的投影性质，s'' 必定在 a''b'' 上，如图 2-22（a）所示。画出第三面投影求出 s''，然后根据点的投影特性求出 s。

方法二：因为 S 点在 AB 直线上，所以必定符合 $a's' : s'b' = as : sb$ 的定比关系，如图 2-22（b）所示。首先在水平投影图上通过 a 点任作一条直线，截取 $ab_0 = a'b'$，连接 bb_0，然后再量取 $b_0s_0 = b's'$，求出 s_0 后，通过 s_0 作与 bb_0 平行的直线即可求出 s 点。

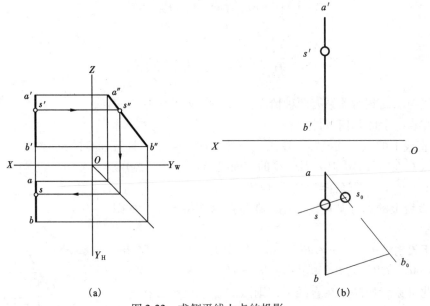

图 2-22 求侧平线上点的投影

第七节　两直线的相对位置

空间两直线的相对位置有：平行、相交和交叉三种情况，其中，平行、相交两直线为同面投影，而交叉两直线为异面两直线。

一、平行两直线

1. 投影特性——平行两直线的三个投影都相互平行，如图 2-23 所示。

因为两条平行的直线，向同一投影面投影时，构成两个相互平行的投影平面，所以与投影面的交线也必互相平行，即 AB//CD，则 ab//cd、a'b'//c'd'、a″b″//c″d″，反之，如果两直线的三组同面投影互相平行，则此两直线在空间一定互相平行。

2. 判别两直线的平行——在投影图上判别空间两直线是否平行时，如直线处于一般位置，则只要检查任意两组的直线投影是否平行即可确定。

如特殊直线的投影不能以此作为判断两直线平行的依据，例如图 2-24（a）的两条侧平线 AB、CD，它们在正面图和水平面图的投影都相互平行，即 a'b'//c'd'、ab//cd，但不能由此断定 AB//CD，必须通过作出侧面图的投影来确定空间的两条直线是否平行，如果侧面投影 a'b'//c'd'，则 AB//CD。

常用的两种方式：

（1）直接画出第三面投影，如图 2-24（a）所示。

（2）利用同面投影的特性，找出两直线的交点，看交点是否符合于点的投影特性，如图 2-24（b）所示。

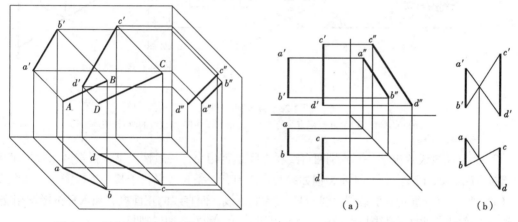

图 2-23 平行两直线的投影　　图 2-24 两条侧平线的投影

通过以上两种方式可以判断空间两直线 AB//CD。若第三面投影不平行，无交点或产生的交点不符合投影特性，则空间两直线不平行，如图 2-25 所示。

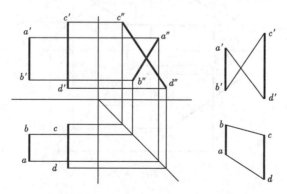

图 2-25 判断直线 AB 是否平行于直线 CD

互相平行的两直线，如果垂直于同一投影面，则它们的两组投影互相平行于相应的投影轴,而在两直线与之垂直的投影面上的投影积聚为两点,两点之间的距离反映两直线在空间的真实距离。

二、相交两直线

1. 投影特性——两相交直线的同面投影必相交,且交点符合点的投影特性。交点将两直线分别分成具有不同定比的线段,在各自的投影上也分成相应的同一比例,反之,如果两直线的各同面投影都相交,且各投影的交点符合点的投影规律,则此两直线在空间必相交。如图 2-26 所示。

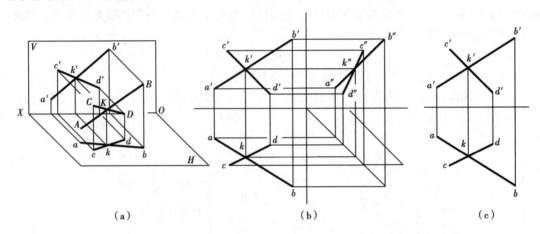

图 2-26 相交两直线
(a) 直观图;(b) 相交两直线的三面投影;(c) 相交两直线的两面投影

2. 判别两直线的相交——判别两直线在空间是否相交,一般情况下,根据两组投影就可以直接判断。如图 2-26 (c) 所示,但如果两直线中有一条直线平行于某一投影面时,如图 2-27 (a) 所示,CD 线为一般位置直线,AB 线为侧平线,两直线的正面投影和水平投影均相交,但还不能确定空间的两直线是否相交,此时可用以下两种方式加以判断:

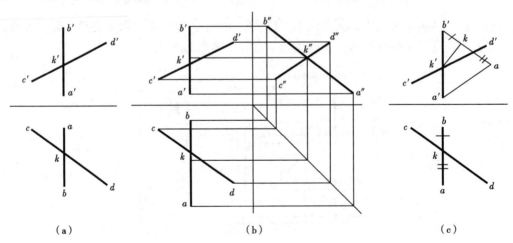

图 2-27 判别两直线是否相交
(a) 题目;(b) 求出第三投影判别;(c) 利用等比关系判别

（1）画出第三面投影如图 2-27（b）所示，求出 AB、CD 两直线的侧面投影的交点 k''，可以看出三面投影的交点不符合点的投影特性，所以空间两直线 AB、CD 不相交。

（2）利用定比关系法如图 2-27（c）所示，以 k' 分割 $a'b'$ 的同样比例分割 ab 求出 k_1，由于 k_1 和 k 不重合，同样可以断定 AB、CD 两直线不相交。

三、交叉两直线

在空间既不平行也不相交的两直线成为交叉两直线，即为异面两直线，如图 2-28 所示。

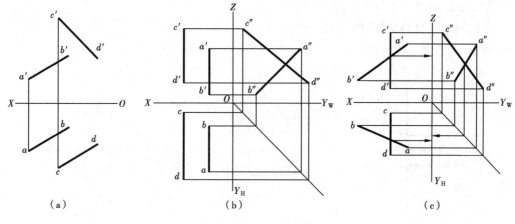

图 2-28 交叉两直线

1. 投影特性

（1）交叉两直线的投影可能会有一组或两组互相平行，但是交叉两直线的三组同面投影绝不会同时平行。一般情况下，在两个投影面上的两组直线投影互相平行，则空间两直线一定平行，如直线为投影面平行线，则一定要检查所平行投影面上的投影是否平行，如图 2-28（a）、(b) 所示。

（2）交叉两直线的投影可以相交，但是投影的交点绝不会符合空间同一点的投影规律，两交叉直线投影的交点实际上是两直线对投影面的重影点，所以判别重影点可见性的问题也是判别交叉两直线的一个重要组成部分，如图 2-28（c）所示。

2. 判别交叉两直线

判别交叉两直线的方法，只要空间两直线既不相交也不平行，则必定是交叉两直线。重影点可见性的判别：从图 2-29 可以看出，交叉两直线虽然在空间不相交，但在投影图上却出现交点，水平投影 ab 和 cd 的交点 1（2）是空间直线 AB 上的 I 点和 CD 直线上的 II 点对水平投影的重影点，根据点的投影特性可以分别求出 1（2）两点在正面投影中的投影 $1'$、$2'$ 点，在正面图上可以看出，$1'$ 点在上，$2'$ 点在下，故 1 点可见，2 点不可见。

不可见的点用括号括起。同理，正面图上 $a'b'$ 和 $c'd'$ 的交点是直线 AB、直线 CD 对 V 面的重影点，在水平面图上可以看出III点在前，IV点在后，所以IV点不可见。

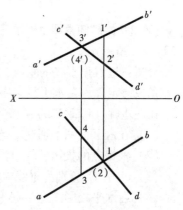

图 2-29 交叉两直线重影点的判别

四、垂直两直线

投影特性——若两直线垂直相交（交叉）线中有一条直线平行于某一投影面，则此两直线在该投影面上的投影互相垂直。反之，若相交（交叉）两直线在某一投影面上的投影互相垂直，且有一条直线平行于该投影面时，则此两直线在空间也一定互相垂直。如图 2-30，MN 为水平线，EF 为一般位置直线，$ef \perp mn$，则 $EF \perp MN$。

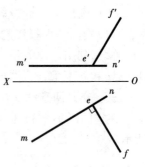

图 2-30 垂直两直线

【例 2-6】判断图 2-31 中的直线是否垂直。

通过分析，可以判断出图 2-31（a）、（b）、（d）、（f）两直线在空间相互垂直，图 2-31（c）、（e）两直线在空间不垂直。

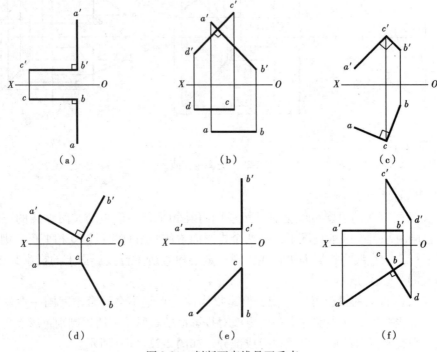

图 2-31 判断两直线是否垂直

【例 2-7】已知直线 AB 和直线外一点 C 的两面投影，求 C 点到直线 AB 的距离，如图 2-32（a）所示。

分析：过点作直线的垂线，垂线的实长即为点到直线的距离，因为 AB 为水平线，根据直角投影定理，在水平投影中过 C 点作直线 AB 的垂线，其水平投影反映直角。

作图步骤（图 2-32b）：

(1) 在水平面图上通过 c 点作 ab 的垂线得到交点 k，k 点即为垂足 K 的水平投影。

(2) 根据点的投影特性求出 k' 点。

(3) $c'k'$、ck 分别为垂线 CK 的正面投影和水平投影。

(4) 在水平投影图上根据直角三角形法求出垂线的实长，即为 C 点到直线 AB 的距离（也可以在正面图上求垂线的实长）。

【例 2-8】已知菱形 $ABCD$ 的一条对角线 AC 为正平线，菱形的一边位于直线 AM 上，

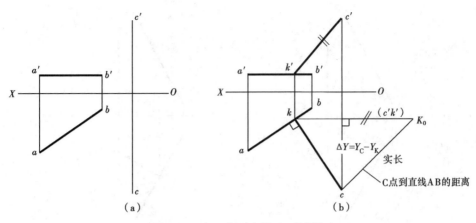

图 2-32 求 C 点到直线 AB 的距离

求该菱形的投影，如图 2-33（a）所示。

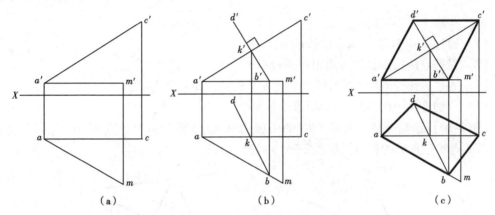

图 2-33 求菱形 ABCD 的投影

分析：菱形对角线互相垂直，且菱形四条边互相平行，故可根据此特点作图。

作图步骤：

(1) 在对角线 AC 上取中点 K，即，使 $a'k' = k'c'$，$ak = kc$。K 点也必为另一对角线的中点，如图 2-33（b）所示。

(2) AC 是正平线，故另一对角线的正面投影必定垂直 AC 的正面投影 $a'c'$。因此过 k' 作 $k'b' \perp a'c'$，并与 $a'm'$ 交于 b'，由 $k'b'$ 求出 kb，如图 2-33（b）所示。

(3) 在对角线 KB 的延长线上取一点 D，使 KD = KB，即 $k'd' = k'b'$，$kd = kb$，则 $b'd'$ 和 bd 即为另一对角线的投影。连接各点即为菱形 ABCD 的投影，如图 2-33（c）所示。

【例 2-9】求作已知铅垂线 AB 与一般位置直线 CD 的公垂线 EF，如图 2-34（a）所示。

分析：公垂线即为同时垂直于 AB 和 CD 的直线，因为 AB 是铅垂线，与铅垂线垂直的线段一定是水平线。因此，所求得公垂线 EF 为一条水平线，根据直角定理，在水平投影上 EF 与 CD 的水平投影一定为直角。

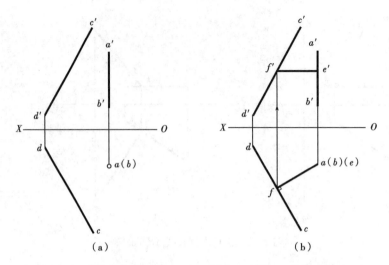

图 2-34 求作已知铅垂线 AB 与一般位置直线 CD 的公垂线 EF

作图步骤（图 2-34b）：
(1) 通过 a 点作与 cd 垂直的线段 ef。
(2) 根据点的投影特性，求出正面投影 f'。
(3) 通过 f' 作与 OX 轴平行的直线与 a'b' 相交，即可求出 e' 点。
(4) 分别连接 e'f'、ef，即为所求的公垂线。

【例 2-10】已知等腰三角形 ABC 的一腰为 AB，等腰三角形的底边 BC 在正平线 BD 上，求此等腰三角形的投影，如图 2-35(a) 所示。

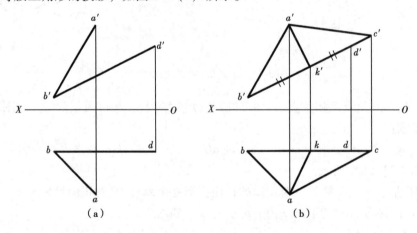

图 2-35 求等腰三角形的投影

分析：根据等腰三角形的高垂直平分底边，并且已知底边在正平线 BD 上，根据直角投影定理，可在正面图上直接作出等腰三角形的高。即由 A 点作 BD 线上的垂线 AK，再在 BD 线上求出 C 点即可求出等腰三角形 ABC。

作图步骤（图 2-35b）：
(1) 在正面图上过 a' 点作 a'k'⊥b'd'，并求出 ak，则 a'k'、ak 即为三角形高 AK 的投影。
(2) 由于底边 BD 为正平线，所以正面投影反映实长。可量取 b'k' = k'c'。并求出水平投影 c 点，即为等腰三角形的另一个点。

（3）连接 $a'c'$ 和 ac，即得所求等腰三角形的水平投影和正面投影。

第八节　平面的投影

平面在空间是广阔无边的，我们在书中所指的平面只是平面的一部分。

一、平面的表示方法

平面的空间位置可用两种方法来表示。

1. 几何元素表示法

平面的空间位置可由下列任何一组的几何元素来确定，如图 2-36 所示。

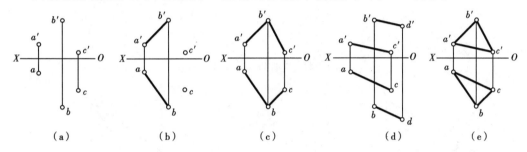

图 2-36　平面几何元素表示法

（1）不在同一条直线上的三个点，如图 2-36（a）所示。

（2）一直线与直线外的一点，如图 2-36（b）所示。

（3）相交两直线，如图 2-36（c）所示。

（4）平行两直线，如图 2-36（d）所示。

（5）任意平面图形，如三角形、四边形、圆形等，如图 2-36（e）所示。

以上用几何元素表示的五种形式可以互相转换的，如图 2-36（a）所示，连接 A、B 两点，即可由图 2-36（a）转换为图 2-36（b），再连接 B、C 又可转换为图 2-36（c）……然而，它们之间的转换只是形式上的变化，表示的仍然是空间的同一个平面。

2. 迹线表示法

迹线表示法是用平面上的特殊直线来表示平面的方法，即常用平面与投影面的交线，也称为平面的迹线来表示平面，如图 2-37 所示。

一般位置平面与 H、V、W 面相交得交线 P_H、P_V、P_W，分别称为水平迹线、正面迹线、侧面迹线。P_H、P_V、P_W 又两两相交于 x、y、z 轴上的一点，称为迹线集合点，分别以 P_x、P_y、P_z 表示。

迹线具有双重性：既是投影面内的一直线，也是某个平面上的一直线。如图 2-37（a）中的 P_H 既是 H 面上又是 P 平面上的一条直线，由于迹线在投影面内，便有一个投影和它本身重合，另外两个重影与相应的投影轴重合。如图 2-37（a）中 P_H，其水平投影与 P_H 重合，正面投影和侧面投影分别与 x 轴和 y 轴重合，一般不再标记。在投影图上，通常只将迹线与自身重合的那个投影画出，并用符号标记。这种用迹线表示的平面称为迹线平面。

用几何元素组表示的平面和用迹线表示的平面之间是可以互相转换的，如图 2-38 所示。

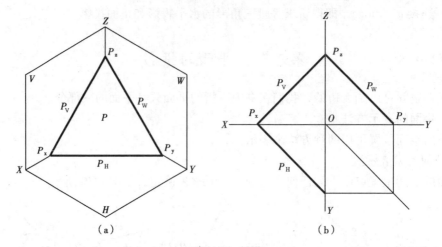

图 2-37 平面的迹线表示法

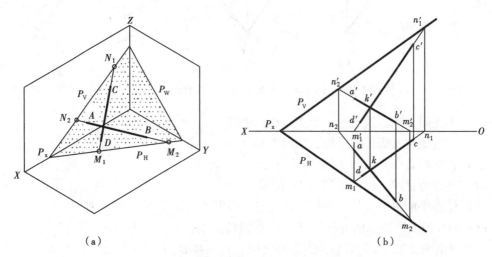

图 2-38 几何元素组表示的平面与迹线平面的转换

从图 2-38 可以看出，平面 P 由两相交直线 AB 和 CD 所确定，要把该平面转换成迹线平面。由于迹线是平面与投影面的交线，因此在 P 平面上求出任意两个在同一投影面上的点，通常是平面上两直线的同面迹点，则两迹点的连线即为此平面在该投影面上的迹线。

二、平面对投影面的相对位置

1. 一般位置平面

对三个投影面既不垂直也不平行的平面称为一般位置平面，投影图见图 2-39。

投影特性：

在三个投影面上的投影反映类似形，但不反映实形，并且不反映平面对投影面的倾角。

2. 投影面垂直面

垂直于某一个投影面而倾斜于另外两个投影面的平面称为投影面垂直面。

投影面垂直面根据它们所垂直的某一投影面的位置来命名，见表2-3。

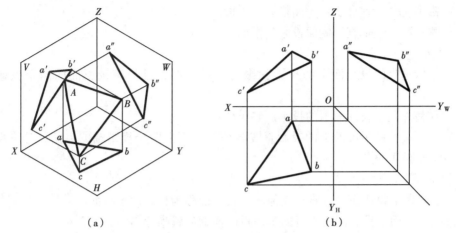

（a） （b）

图 2-39 一般平面的投影

投影面垂直面的投影特性　　　　　　　　　　　　　　　表 2-3

名称	轴测图	投影图	投影特性
正垂面			1. 在 V 面积聚为一条直线，并反映与 H、W 面的倾角 α、γ； 2. 水平面投影为类似形； 3. 侧面投影为类似形
铅垂面			1. 在 H 面积聚为一条直线，并反映与 V、W 面的倾角 β、γ； 2. 正面投影为类似形； 3. 侧面投影为类似形
侧垂面			1. 在 W 面积聚为一条直线，并反映与 V、H 面的倾角 β、α； 2. 正面投影为类似形； 3. 水平面投影为类似形

（1）正垂面——垂直于正面投影的平面。
（2）铅垂面——垂直于水平面投影的平面。
（3）侧垂面——垂直于侧面投影的平面。

投影特性：

（1）在所垂直的投影面上的投影积聚为一条直线，且与该投影面的两个投影轴都倾斜。

（2）在另外两个投影面上的投影反映类似形。

（3）在所垂直的投影面上的投影直线与该投影面上两个投影轴的夹角，分别反映该平面对相应投影面的夹角。

3. 投影面平行面

平行于某一个投影面而垂直于其他两个投影面称为投影面平行面。

投影面平行面根据它们所平行的某一投影面的位置来命名，见表2-4。

投影面平行面的投影特性　　　　表2-4

名称	轴测图	投影图	投影特性
正平面	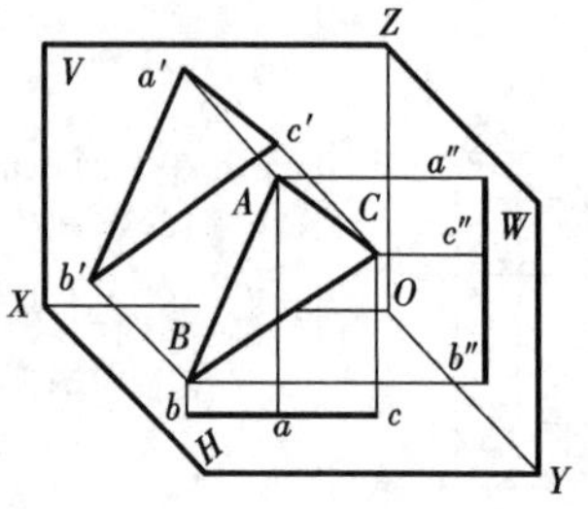	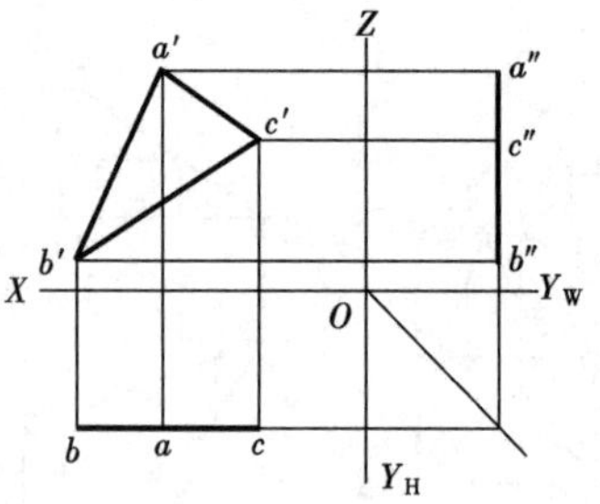	1. V 面反映实形； 2. H 面投影、W 面投影积聚为直线，并且分别平行于投影轴 OX、OZ
水平面	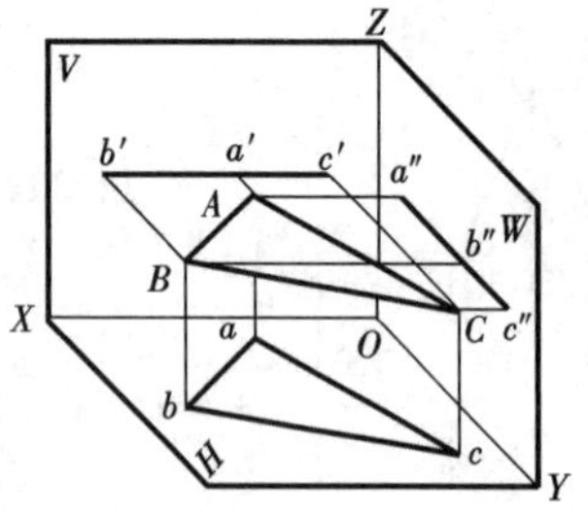	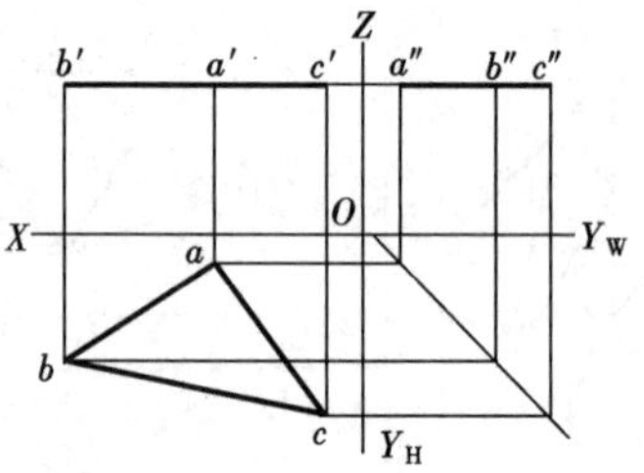	1. H 面反映实形； 2. V 面投影、W 面投影积聚为直线，并且分别平行于投影轴 OX、OY_W
侧平面	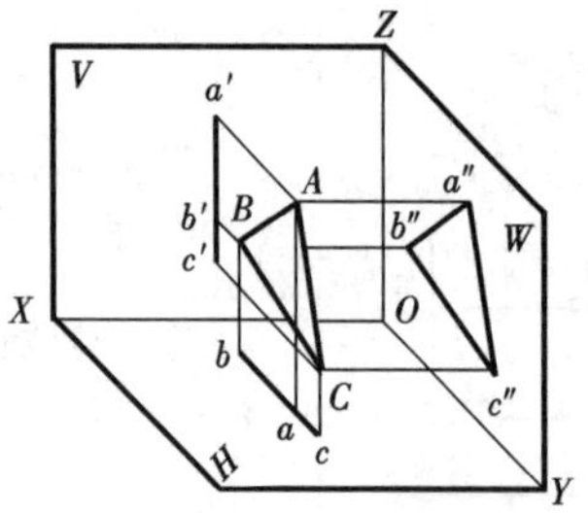	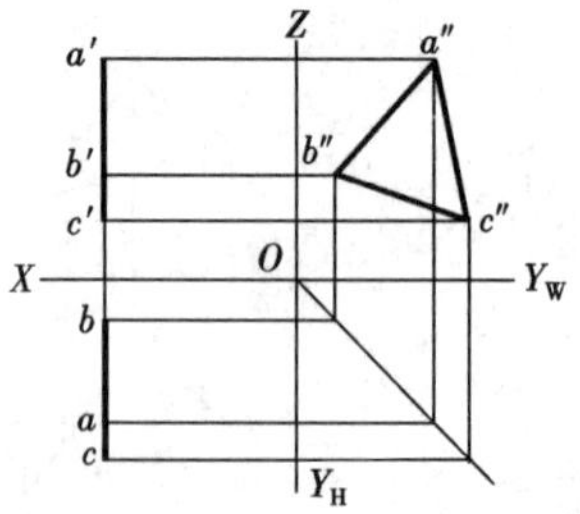	1. W 面反映实形； 2. V 面投影、H 面投影积聚为直线，并且分别平行于投影轴 OX、OY_H

（1）正平面——平行于正面投影的平面。
（2）水平面——平行于水平面投影的平面。
（3）侧平面——平行于侧面投影的平面。
投影特性：
（1）在所平行的投影面上反映实形。
（2）在另外两个投影面上分别积聚为一条直线，并且平行于相应的投影轴。

第九节　平面上的点和直线

一、平面上的点

几何条件：点在平面内的任一直线上，则点在平面上。

【例2-11】判断空间点Ⅰ、Ⅱ是否属于平面 ABC，如图2-40（a）所示。

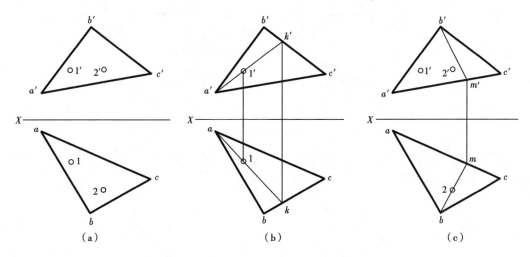

图2-40　判断空间点Ⅰ、Ⅱ是否属于平面 ABC

分析：根据平面内点的几何条件，可以分别通过1、2点作属于平面的直线，然后判断点是否在直线上，如果点在直线上，直线又属于平面，则点一定在平面上。

作图步骤：

（1）在正面图上通过1′点作直线 $a'k'$，然后根据投影特性作出水平投影的直线 ak，判断Ⅰ点是否在直线 ak 上，并且将Ⅱ′两点的投影连接起来，看是否符合点的投影特性，如图2-40（b）所示。

（2）通过作图可以看出空间点Ⅰ属于平面 ABC。

（3）同理，可以判断出空间点Ⅱ不属于平面 ABC，如图2-40（c）所示。

【例2-12】已知五边形平面 ABCDE 的水平投影 abcde 和正面投影 $a'b'c'$，又知其边 BC//AE，如图2-41（a）所示。试完成此五边形的正面投影。

分析：可在水平投影中任意作两条直线，求出这两条直线的交点，然后根据点的投影特性求出交点在正面图的投影，可使问题得到解决。

作图步骤：

(1) 首先在水平投影中作 ac、bd 两条直线,得交点 k,如图 2-41 (b) 所示。

(2) 在正面投影中连接 a'c',由 k 求出 k'。

(3) 通过 b'k'作直线的延长线,同时根据点的投影特性 dd'⊥OX 轴,d、d'两点的连线与 b'k'直线的延长线相交的点即为 d'点。

(4) 在正面投影中通过 a'点作平行于 b'c'的直线,同时根据点的投影特性 ee'⊥OX 轴,e、e'两点的连线与通过 a'点平行于 b'c'的直线相交的点即为 e'点。

(5) 最后连接 c'd'、d'e',即完成五边形 ABCDE 的正面投影 a'b'c'd'e'。

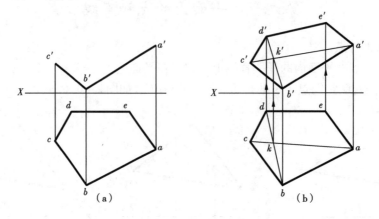

图 2-41 求五边形 ABCDE 的正面投影

【例 2-13】已知 △ABC 平面的两个投影,求在 △ABC 平面内取一点 K,使 K 点的坐标为:$X=50$mm,$Z=30$mm,如图 2-42 (a) 所示。

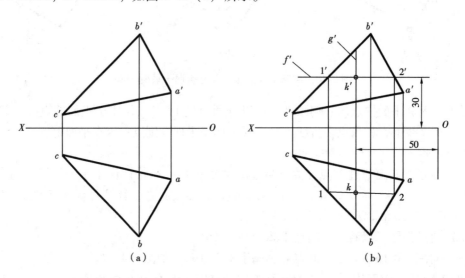

图 2-42 求 △ABC 平面内的点 K

分析:要求出点 K 的投影,可根据已知条件来确定,K 点的 X 坐标表示到 W 面的距离(即为到 OZ 轴的距离),K 点的 Z 坐标表示到 H 面的距离(即为到 OX 轴的距离)。

作图步骤(图 2-42b):

（1）在正面图中作一条与 OX 轴平行的直线 f'，相距为 30mm。并得到与 $\triangle ABC$ 平面的两个交点 $1'$、$2'$。

（2）作交点 $1'$、$2'$ 的水平投影。

（3）作一条与 OZ 轴平行的直线 g'，且距离等于 50mm。

（4）直线 G 与 I II 直线产生的交点即为所求的 K 点。

二、平面上的直线

几何条件：

1. 直线上的两点在平面上，则直线一定在平面上，如图 2-43 所示。

2. 直线上有一点在平面上，并且平行于平面内的某一条直线，则直线在平面上，如图 2-44 所示。

【例 2-14】判断直线 MN 是否属于平面 ABC，如图 2-43（a）所示。

作图步骤（图 2-43b）：

（1）首先在正面图上分别从 b' 点通过 m'、n' 作两条平面上的直线 $b'e'$、$b'f'$。

（2）在水平面图上求出 e、f 点，然后分别连接 be、bf。

（3）可以看出水平面上 m、n 两点分别在 be、bf 两条直线上，而 BE、BF 两条直线是属于平面 ABC 上的直线。所以 MN 直线属于平面 ABC。

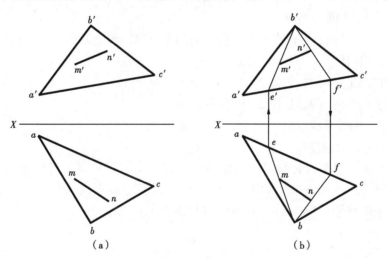

图 2-43 判断直线 MN 是否属于平面 ABC

【例 2-15】判断直线 EF 是否属于平面 ABC，如图 2-44（a）所示。

作图步骤（图 2-44b）：

（1）分别将 $e'f'$、ef 延长后交于平面 ABC 上的 c'、c 点。

（2）在正面图上任意作一条与直线 $e'f'$ 平行的直线 $m'n'$。其中 m'、n' 是平面 ABC 上的两个点。

（3）作出 M、N 点的水平投影 m、n。连接 mn，可以看出，$mn//ef$。符合几何条件 2，所以直线 EF 属于平面 ABC。

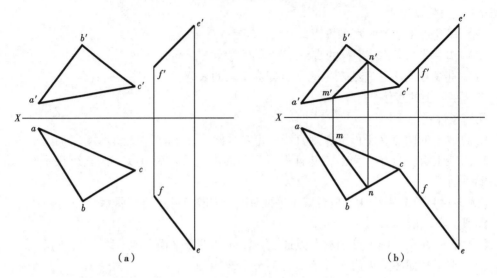

图 2-44 判断直线 EF 是否属于平面 ABC

三、平面上的投影面平行线和最大斜度线

1. 平面上的投影面平行线

对于任何一个平面，可以在其上作投影面的平行线，根据其所平行的投影面 H、V 或 W 面，可分为三种情况。

（1）平面上的水平线，如图 2-45（a）所示。

（2）平面上的正平线，如图 2-45（b）所示。

（3）平面上的侧平线。

2. 平面上的最大斜度线

众所周知，当下雨的时候，雨点落在斜坡屋面上，一定是沿着斜坡屋面对地面的最大斜度线的方向流淌下来，如图 2-46 所示。这就是我们所说的平面上的最大斜度线。最大斜度线与地面的夹角 α 即为屋面与地面的倾角。

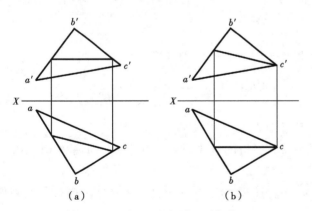

图 2-45 平面上的投影面平行线

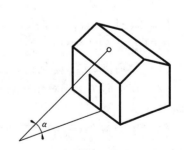

图 2-46 斜坡屋面对地面的最大斜度线

平面最大斜度线——平面上与投影面倾角为最大（即具有最大斜度）的直线称为最大斜度线。

最大斜度线可以分为三种情况（图2-47）：

（1）平面对 H 面的最大斜度线——垂直于该平面上的水平线和平面上的水平迹线 P_H，倾角为 α。

（2）平面对 V 面的最大斜度线——垂直于该平面上的正平线和平面上的正平迹线 P_V，倾角为 β。

（3）平面对 W 面的最大斜度线——垂直于该平面上的侧平线和平面上的侧平迹线 P_W，倾角为 γ。

最大斜度线的主要几何意义是可以利用它来测定平面的投影面的倾角。

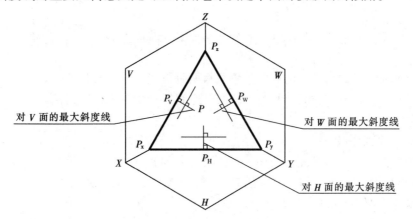

图 2-47　平面上的最大斜度线

【例 2-16】 已知平面 $\triangle ABC$，求平面 $\triangle ABC$ 与 H 面的倾角 α，如图 2-48（a）所示。

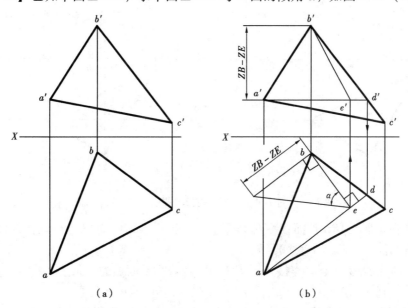

图 2-48　求平面 $\triangle ABC$ 与 H 面的倾角 α

分析：只要在△ABC平面上作一条水平线，然后求出最大斜度线，最大斜度线与水平面的倾角即为平面△ABC与H面的倾角α。

作图步骤（图2-48b）：

（1）首先在正面图上通过a'点作与OX轴平行的直线$a'd'$。

（2）求出D点的水平投影d，连接ad。直线AD即为平面△ABC上的一条水平线。

（3）在水平投影上通过b点作ad线的垂直线得到e点。be即为平面对H面的最大斜度线的水平投影。

（4）求出平面对H面的最大斜度线的正面投影$b'e'$。

（5）根据直角三角形法，求出直线BE对H面的倾角α，即为平面△ABC与H面的倾角α。

第十节 平面与直线、平面与平面的相对位置

直线与平面、平面与平面的相对位置只有两种可能：平行与相交，在相交中还包含着一种特殊情况——垂直。我们分平行、相交、垂直三种情况来进行讨论。

一、平行

1. 直线与平面平行

几何条件：如直线与平面上的任一直线平行，则此直线平行于该平面。

【例2-17】通过K点，作一水平线KG平行于△ABC平面，如图2-49（a）所示。

作图步骤（图2-49b）：

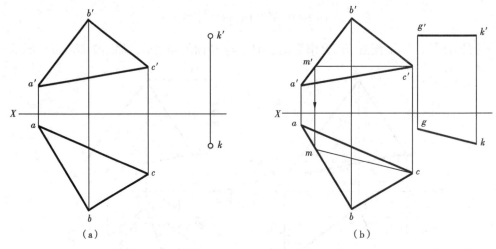

图2-49 过K点作一水平线KG平行于△ABC平面

（1）先在平面△ABC正面投影图中通过c'点作$c'm'$//OX轴（也可以在△ABC平面上任意作一条平行于OX轴的直线）。

（2）出水平投影m点，连接cm。CM即为△ABC平面上的一条水平线。

（3）分别通过k'、k点作$k'g'$//$c'm'$、kg//cm，KG的长度任意。

（4）根据直线与平面平行的几何条件，所作的直线KG平行于△ABC平面。

【例2-18】试判断直线EF是否平行于△ABC平面，如图2-50（a）所示。

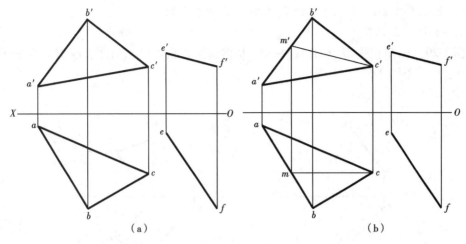

图 2-50 判断直线 EF 是否平行于 △ABC 平面

分析：要判断直线 EF 是否平行于△ABC 平面，可以看看能否在△ABC 平面上作一条与直线 EF 平行的直线。如果能作出来，即说明直线 EF 平行于△ABC 平面，反之，直线 EF 不平行于△ABC 平面。

作图步骤（图 2-50b）：

(1) 在△ABC 平面上作一直线 CM，使 $c'm'//e'f'$。

(2) 求出直线 CM 的水平投影 cm。

(3) 可以看出直线 CM 的水平投影 cm 不平行于 ef，所以可以判断出直线 EF 不平行于△ABC 平面。

【例 2-19】过 M 点作一铅垂面 P（用迹线表示），使之平行于 AB 直线,如图 2-51(a)所示。

分析：由于铅垂面的水平投影为一直线，并且要求平行于 AB 直线，所以铅垂面的水平投影必定平行于 ab。

作图步骤（图 2-51b）：

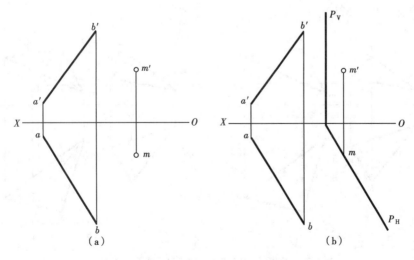

图 2-51 过 M 点作一铅垂面 P 平行于 AB 直线

(1) 在水平投影图中过 m 点作 P_H//ab，并交于 X 轴。
(2) 作 $P_V \perp X$ 轴。

【例 2-20】已知直线 AB 和直线外一点 M 的投影，根据已知条件求过 M 点作一平面平行于直线 AB，如图 2-52（a）所示。

作图步骤（图 2-52b）：

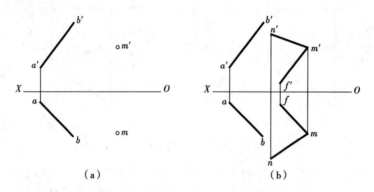

图 2-52 过 M 点作一平面平行于直线 AB

(1) 过 M 点的投影点分别作 m'f'//a'b'，mf//ab，则 MF//AB。
(2) 再过 M 点任意作一条直线 MN，由于直线 MN 可以作无数条，所以此题有多解。
(3) 平面 MNF 即为所求。

2. 平面与平面平行

几何条件：如果一个平面上的相交两直线平行于另外一个平面上的相交两直线，则此两平面互相平行。

【例 2-21】判断△ABC 平面和△GMN 平面是否平行，如图 2-53（a）所示。

分析：可以在任意平面上作两相交直线，然后在另外一个平面上看看能否找到与这两条相交直线相互平行的两相交直线。如果能找到，则两平面相互平行。

作图步骤（图 2-53b）：

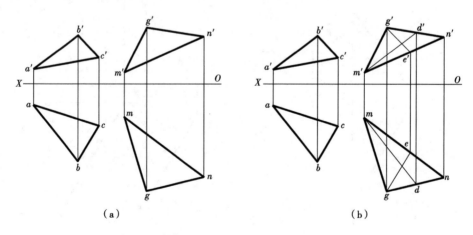

图 2-53 判断△ABC 平面和△GMN 平面是否平行

(1) 在△GMN平面上任意作两条相交直线MD、EG。

(2) 在△ABC平面上找到AB、BC两相交直线。可以看出AB//MD、BC//EG（也可以在△ABC平面上任意作两条与直线MD、EG相互平行的直线）。

(3) 由于两平面上的两对相交直线互相平行，故△ABC平面和△GMN平面互相平行。

【例2-22】过点K作△KMN平面并平行于△ABC平面，如图2-54（a）所示。

分析：如果一个平面有两条相交直线分别平行于另一个平面上的两相交直线，则两平面互相平行，因此，可以通过K点作两条相交直线分别平行于△ABC平面上的两条相交直线，即可确定△KMN平面并平行于△ABC平面。

作图步骤（图2-54b）：

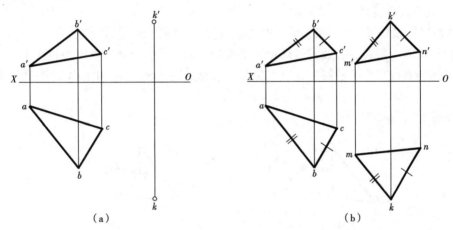

图2-54 过点K作△KMN平面并平行于△ABC平面

(1) 过K点分别作两条相交直线KN//BC、KM//AB。
(2) 即正面投影k'n'//b'c'、k'm'//a'b'、水平投影kn//bc、km//ab。
(3) △KMN平面平行于△ABC平面。

【例2-23】过K点作P平面（用迹线表示）平行于Q平面，如图2-55（a）所示。

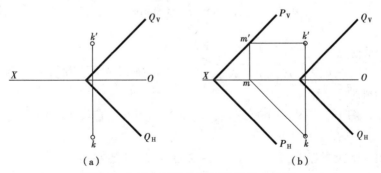

图2-55 过K点作P平面平行于Q平面

分析：可以根据两个平面的平行条件，作Q//P即可。

作图步骤（图2-55b）：

(1) 过水平投影k点作km//Q_H。
(2) 求出m'点。

(3) 过 m' 点作 $P_V//O_V$，延长至 X 轴。再作 $P_H//O_H$。则 P 平面即为所求。

二、相交

（一）直线与平面相交

直线与平面相交只有一个交点，交点既在直线上，又在平面上，是直线与平面的共有点。求直线与平面相交，关键是要求出交点，当直线与平面相交时，可能会出现有一部分直线被平面挡住看不见，因此，交点也是直线与平面可见与不可见的分界点。判别可见性的方法是：要判别哪个投影面上直线与平面的可见性，就在哪个投影面上交点的任一侧找一个重影点，然后找到重影点在另外一个投影面的位置，判别重影点的前、后、左、右或上、下的位置，从而确定直线与平面的可见性。

1. 一般直线与特殊位置平面相交

【例 2-24】求直线 EF 与铅垂面 ABC 的交点 K，如图 2-56（a）所示。

分析：这是一般位置直线与特殊位置平面相交的例子，铅垂面在水平投影上具有积聚性，故平面与直线在水平投影上交点可以直接求出，图 2-56（a）中的 k 即为交点 K 的水平投影。

作图步骤（图 2-56b）：

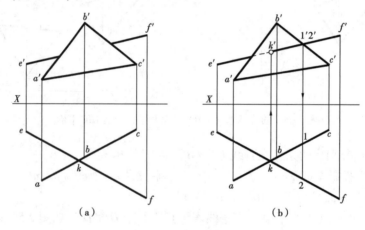

图 2-56　求直线 EF 与铅垂面 ABC 的交点 K

第一步：求交点 K

根据水平投影点 k 求出 k'，由于 K 为直线与平面的共有点，所以 k' 必定在直线上。

第二步：判别可见性

（1）在正面图上，任找一个重影点，例 $1'2'$。Ⅱ点在直线 EF 上，Ⅰ点在△ABC 平面上。

（2）求出水平投影点 1、2。可以看出：2 点在前，1 点在后。

（3）由于Ⅱ点在直线上，所以在正面投影图上，交点 k' 到 $1'2'$ 重影点这段，直线在平面的前面，直线可见。反之，交点的另一侧，直线被平面挡住，因此直线不可见，用虚线表示。

（4）水平投影不需要判别可见性。

2. 投影面垂直线与一般位置平面相交

【例 2-25】 求作铅垂线 MN 与一般位置 △ABC 平面的交点 k，如图 2-57（a）所示。

分析：这属于特殊位置直线与一般位置平面相交的例子，由于交点是共有点，而直线在水平面上的投影具有积聚性，所以可以很容易就确定出交点在水平面上的投影。再根据平面上求点的方法作出交点的正面投影，最后判别可见性。

作图步骤（图 2-57b）：

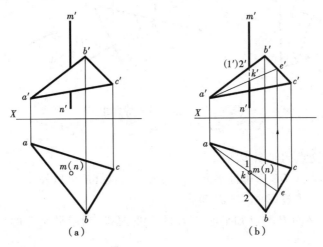

图 2-57　求作铅垂线 MN 与一般位置 △ABC 平面的交点 k

第一步：求交点 K

（1）由于直线在水平面上的投影具有积聚性，所以可以确定 k 点的投影与 m（n）在水平面上重合。

（2）在水平面上通过 k 点作 ae 直线，然后求出 e′，连接 a′e′，k′必定在 a′e′上。

（3）交点 K 即可求出。

第二步：判别可见性

（1）在正面图上在交点 k′的上方找一重影点 1′2′，Ⅰ点是直线 MN 上的一点，Ⅱ点是 △ABC 平面的一点。

（2）求出水平投影点 1、2。可以看出：2 点在前，1 点在后。

（3）由于Ⅰ点在直线上，所以在正面投影图上，交点 k′到 1′2′重影点这段直线在平面的后面，被平面挡住，因此直线不可见。用虚线表示。反之，交点的另一侧，直线可见。

（4）在水平投影上直线投影为一重影点，故不需要判别可见性。

3. 一般位置直线与一般位置平面相交

【例 2-26】 求一般线 DE 与一般面 △ABC 的交点 K，并判别可见性，如图 2-58（a）所示。

分析：这是一般位置直线 DE 与一般位置平面相交，它们与投影面都不垂直，故它们的投影没有积聚性，不能直接求交点，这样就要通过直线作一辅助平面，求出辅助平面 P 与已知平面 △ABC 的交线 MN，则 MN 与 DE 的交点 K 即为直线 DE 与平面 △ABC 的交点。为简化作图，取辅助平面 P 为特殊位置平面，以利用其投影积聚性作图。

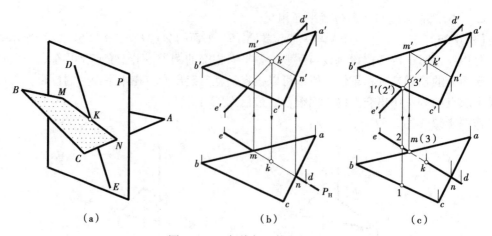

图 2-58 一般线与一般面相交
(a) 直观图;(b) 投影图(求交点);(c) 判别可见性

辅助平面法求交点的作图步骤如下:

(1) 包含已知直线 DE 作辅助平面 P。包含一般线 DE 可以作正垂面或铅垂面,这里作 P 为铅垂面,其积聚投影 P_H 与 de 重合。

(2) 求出辅助平面 P 与已知平面 ABC 的交线 MN。利用平面 P 的积聚性求得交线的投影。

(3) 求出交线 MN 与已知直线 DE 的交点 K。点 K 即为所求直线 DE 与平面△ABC 的交点。

(4) 判别直线投影的可见性。

如图 2-58(c) 所示,直线的两面投影均存在可见性问题。要判别水平投影的可见性,则在水平投影找一对重影点,如△ABC 的边 AB 上的点 M 和直线 DE 上的点Ⅲ是对 H 面的一对重影点。从正面投影中可以看出,点 M 在点Ⅲ的上方,故直线 DE 的水平投影 k3 段为不可见,交点的另一侧为可见;要判别正面投影的可见性,则在正面投影找一对重影点,如△ABC 的边 BC 上的点Ⅰ和直线 DE 上的点Ⅱ是对 V 面的一对重影点。从水平投影可看出,点Ⅰ在点Ⅱ的前方,故直线 DE 的正面投影 k'2'段为不可见,交点的另一侧为可见。

(二) 平面与平面相交

1. 两投影面垂直面相交

【例 2-27】 求△ABC 平面与△EFG 平面的交线,如图 2-59(a)所示。

分析:这是两个铅垂面相交,故两个平面的水平投影积聚为两条直线,两个铅垂面的交线必定是铅垂线,在水平投影中积聚为一点。

作图步骤(图 2-59b):

第一步:求交线 MN

(1) 根据以上分析,可以求出交线 MN 的正面投影 m'、n'。

(2) N 点在△ABC 平面的 AC 直线上,M 点在△ABC 平面的 BC 直线上。

第二步:判别可见性

(1) 水平投影面上具有积聚性不需要判别。

（2）正面投影图上在交线的右侧找一个重影点Ⅰ、Ⅱ（可以任意找），求出它们的水平投影1′、2′。可以看出，Ⅰ点在△EFG平面上并且在前，Ⅱ点在△ABC平面上并且在后，所以在交线MN右边的部分，两平面相交的范围内，△EFG平面可见，可见部分用实线画出。△ABC平面不可见。不可见部分用虚线画出，如图2-59（b）所示。

（3）为了增加立体感，不同的平面采用不同的填充符号来显示，如图2-59（c）所示。

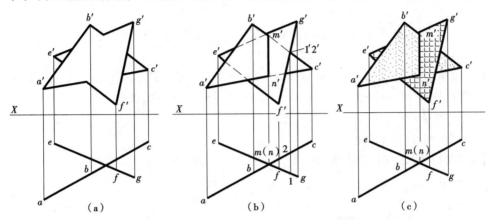

图2-59　求△ABC平面与△EFG平面的交线

2. 一般面与特殊位置平面相交

【例2-28】求铅垂面DEFG与一般位置平面ABC的交线，如图2-60（a）所示。

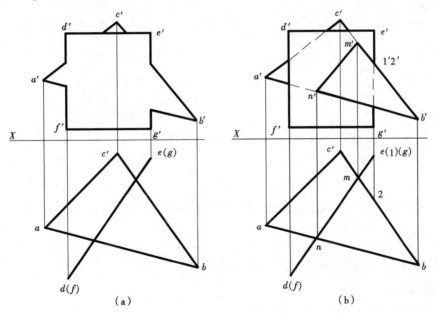

图2-60　求铅垂面DEFG与一般位置平面ABC的交线

分析：这是一个垂直平面和一般位置平面相交，铅垂面在水平投影中积聚为一条直线，故可以直接在水平面图上确定出两平面的交线MN，如图2-60（b）所示。

作图步骤（图2-60b）：

第一步：求交线 MN

（1）根据铅垂面的特性，在水平投影中可直接找到两平面的交线 MN。

（2）求出交线 MN 的正面投影 m'n'。

第二步：判别可见性

（1）在正面图中找一重影点 1'2'，Ⅰ点在铅垂面 DEFG 上，Ⅱ点在一般位置平面 ABC 上。

（2）在水平投影图中可以看出，Ⅱ点在前，Ⅰ点在后。所以在交线的左边，一般位置平面 ABC 在前。

（3）因此，在正面图上，交线 MN 到重影点Ⅰ、Ⅱ这一段，一般位置平面 ABC 可见。反之，铅垂面 DEFG 不可见。反之，交线 MN 的另一侧，一般位置平面 ABC 不可见，铅垂面 DEFG 可见。

3. 两个一般位置平面相交

【例 2-29】求 △ABC 平面与 △DEF 平面的交线，如图 2-61（a）所示。

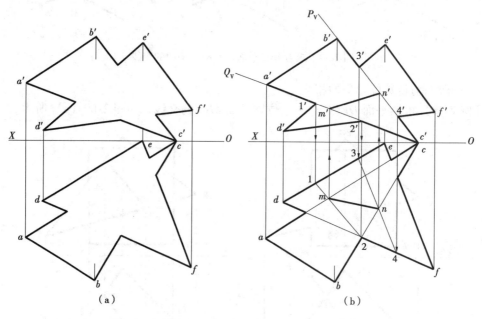

图 2-61　求 △ABC 平面与 △DEF 平面的交线（一）

分析：这是两个一般位置的平面相交，交线没有特殊性，因此，应利用辅助平面先分别求出交点，然后将交点相连，即为所求的交线。

作图步骤：

第一步：求交线，如图 2-61（b）所示。

（1）在正面图中分别通过 a'c'、b'c' 作两个辅助平面 Q_V、P_V，两辅助平面分别与 △DEF 平面产生两条交线ⅠⅡ、ⅢⅣ。如图 2-61（b）正面图上的 1'2'、3'4'。

（2）求出 1'、2'、3'、4' 点在水平面上的投影 1、2、3、4。交线ⅠⅡ、ⅢⅣ 分别与 △ABC 平面产生两个交点 M、N。

（3）分别连接 m'n'、mn，即为所求的 △ABC 平面与 △DEF 平面的交线。

第二步：判别可见性，如图2-62（a）所示。

（1）水平图上，在交点的一侧找一重影点5、6，Ⅴ点在△DEF平面上，Ⅵ点在△ABC平面上。

（2）通过正面图可以看出5'点在上，6'点在下，故△DEF平面在上，可见，画实线。△ABC平面在下，不可见，画虚线。

（3）同理，可以判别两平面在正面投影中的可见性，这里不再叙述。

（4）为了增加立体感，图2-62（b）将△ABC平面填充上其他不同的断面符号。

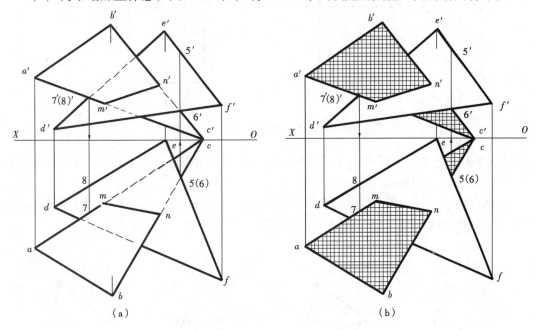

图2-62 求△ABC平面与△DEF平面的交线（二）

三、垂直

1. 直线与平面垂直

几何条件：若一直线垂直于平面内的任意两条相交直线（不论交点是否为垂足），则该直线垂直于此平面，同时，垂直于平面内的一切直线。由此可知，一直线垂直于一平面，则该直线的正面投影必定垂直于该平面上正平线的正面投影；直线的水平投影必定垂直于平面上水平线的水平投影。反之，直线的正面投影和水平投影分别垂直于平面上正平线的正面投影和水平线的水平投影，则直线一定垂直该平面。

【例2-30】已知正垂面ABCD和平面外一点K的正面投影和水平投影，求K点到正垂面ABCD的距离，如图2-63（a）所示。

分析：若一直线与平面垂直，而该平面又垂直于某一投影面时，则直线必平行于该投影。图中ABCD为一正垂面，故过K点作它的垂线必为正平线，它的正面投影与正垂面ABCD的正面投影呈直角。

作图步骤（图2-63b）：

（1）正面图中通过k'点作ABCD平面的垂直线，求得垂足m'点。

（2）求出水平面图中m点。

(3) $k'm'$ 反映 MK 的实长，即为 K 点到正垂面 ABCD 的距离。

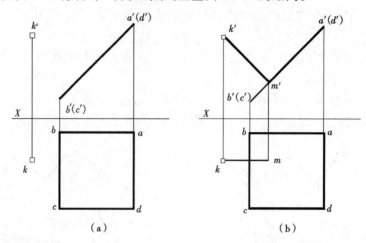

图 2-63　求 K 点到 ABCD 平面的距离

【例 2-31】 已知 △ABC 平面和平面外一点 K 的两个投影，求 K 点到 △ABC 平面的距离，如图 2-64（a）所示。

分析：由于 △ABC 为一般位置平面，则由 K 点作 △ABC 平面的垂线也是一般位置线，求出垂线与平面的垂足 R 后，利用直角三角形法求出 KR 的实长，即为所求。

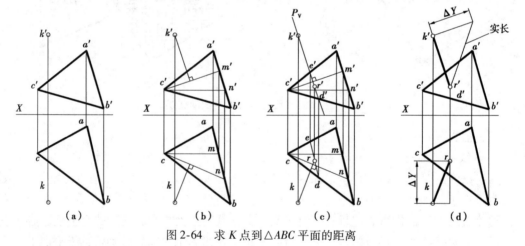

图 2-64　求 K 点到 △ABC 平面的距离

作图步骤（图 2-64b、c、d）：

(1) 分别作出 △ABC 平面上的正平线 CM 和水平线 CN，即 $c'm'$、cm、$c'n'$、cn。

(2) 分别通过 k' 点作 $c'm'$ 的垂线，通过 k 点作 cn 的垂线，如图 2-64（b）所示。

(3) 所作的正平线 CM 和水平线 CN 是用来确定垂线 KR 的方位的，根据直线与平面垂直的几何条件，可知，垂线一定分别垂直于正平线 CM 和水平线 CN。

(4) 在正面图上包含着通过 k' 点所作的垂线，作一辅助平面 P_V。

(5) 利用求直线与一般平面的交点的方法，即可求出垂线与平面的垂足 R，如图 2-64（c）所示。

(6) 最后利用直角三角形法求出垂线 KR 的实长，即为 K 点到 △ABC 平面的距离，如

图 2-64（d）所示。

2. 平面与平面垂直

几何条件：直线垂直于一平面，则包含这直线的一切平面都垂直于该平面。反之，如两平面互相垂直，则从第一平面上的任意一点向第二平面所作的垂线，必定在第一平面上。

【例 2-32】过定点 K 作平面垂直于 $\triangle ABC$ 平面，如图 2-65（a）所示。

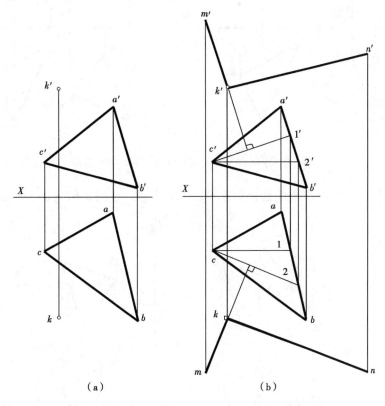

图 2-65 过定点 K 作平面垂直于 $\triangle ABC$ 平面

分析：可以先通过 K 点作一直线垂直于 $\triangle ABC$ 平面，然后根据平面与平面垂直的几何条件，包含所求的直线作一平面，则所作的平面一定垂直于 $\triangle ABC$ 平面。

作图步骤（图 2-65b）：

(1) 作 $\triangle ABC$ 平面内的正平线 $CⅠ$、水平线 $CⅡ$。

(2) 通过 K 点分别作 $m'k' \perp c'1'$、$mk \perp c2$。

(3) 最后通过 K 点任意作一条直线 KN。

(4) 即平面 MKN 垂直于 $\triangle ABC$ 平面（由于直线 KN 可以任意作出，故此题为多解）。

【例 2-33】判断 $\triangle ABC$ 平面是否垂直于 $\triangle DEF$ 平面，如图 2-66（a）所示。

分析：这是两个正垂面，它们在正面上的投影积聚为两条直线，只要它们的积聚投影互相垂直，则两平面互相垂直。

作图步骤（图 2-66b）：

(1) 在正面图上作 $a'b'c'$ 的延长线。可以看出两个积聚投影的直线互相垂直。

(2) 由此可判断△ABC平面垂直于△DEF平面。

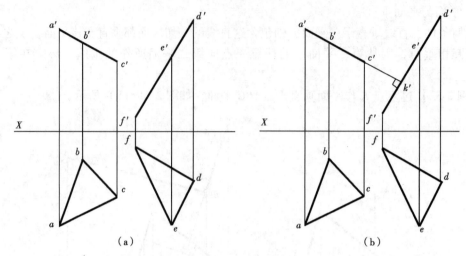

图2-66　判断△ABC平面是否垂直于△DEF平面

【例2-34】 判断△ABC平面是否垂直于△DEF平面，如图2-67（a）所示。

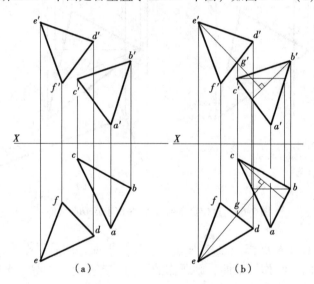

图2-67　判断△ABC平面是否垂直于△DEF平面

分析：这是两个一般位置平面的投影，判断△ABC平面是否垂直于△DEF平面，只需判断△DEF平面上是否包含一条△ABC平面的垂线。

作图步骤（图2-67b）：

(1) 在△ABC平面上作一条正平线和一条水平线。

(2) 在△DEF平面上过E点作一条直线分别垂直于△ABC平面上的正平线和水平线。

(3) 因为E点在△DEF平面上，所以△DEF平面上的直线EG垂直于△ABC平面上的两条相交直线，则△ABC平面垂直于△DEF平面。

四、点、直线、平面综合问题

空间几何问题大多是点、直线、平面各种几何元素间相对关系的综合问题，它们要同时满足若干条件。综合问题常分为定位问题和度量问题。解题时，首先要进行几何关系的空间分析，其次根据分析确定解题方案，最后运用有关的投影特性及作图方法逐步完成投影作图。

【例 2-35】 过点 M 作直线与平面 ABC 平行，并与直线 DE 相交，如图 2-68（a）所示。

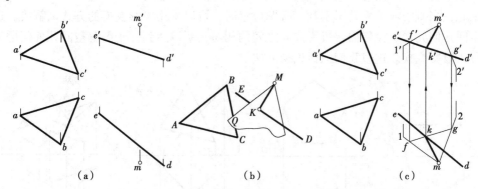

图 2-68 作直线与已知平面平行，并与已知直线相交
(a) 已知；(b) 空间分析；(c) 作图

分析：如图 2-68（b）所示，过点 M 可以做无数条直线与平面 ABC 平行，这些直线的轨迹是过点 M 与平面 ABC 平行的平面 Q。为使所作直线与已知直线 DE 相交，可求出平面 Q 与直线 DE 的交点 K，则点 K 与已知点 M 的连线 MK 即为所求。

作图步骤：（图 2-68c）：

（1）过点 M 作平面平行于平面 ABC。为此过点 $M(m, m')$ 分别作 $M\text{I}\ /\!/\ AB$，$M\text{II}\ /\!/\ BC$，则平面 $\text{I}M\text{II}\ /\!/$ 平面 ABC。

（2）求平面 $\text{I}M\text{II}$ 与直线 DE 的交点 $K(k, k')$。

（3）连直线 $MK(mk, m'k')$ 即为所求。

本题还可以用另一方法求解。如图 2-69 所示，过点 M 可以作无数直线与已知直线 DE 相交，这些直线的轨迹是点 M 和直线 DE 所确定的平面 P。为使所作的直线与平面 ABC 平行，则此直线一定位于平面 P 上，且平行于平面 ABC 与平面 P 的交线 FG。

作图步骤（投影作图请读者自行完成）：

（1）连接点 M 和直线 DE 为一平面 P。

（2）求平面 ABC 与平面 P 的交线 FG。

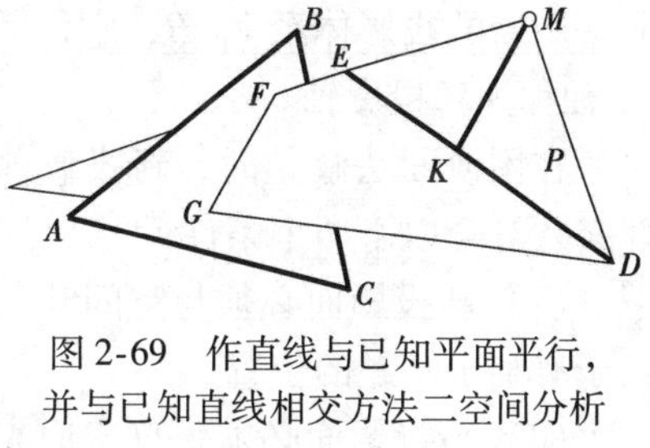

图 2-69 作直线与已知平面平行，并与已知直线相交方法二空间分析

（3）过点 M 作直线 MK 与交线 FG 平行，MK 即为所求。

由上例可见，点、线、面综合问题的解题方法有多种，作图繁简有差别，但解题思路一致。均先考虑题目的一个要求，找出其求解轨迹，然后再引进其他要求，找出同时满足所有要求的答案，使问题分解，这是求解复杂问题常用的方法。

第十一节 投影变换

一、投影变换概述

根据投影理论可知,当空间几何元素在投影体系中处于特殊位置时,其投影特性真实地反映某些几何特性,例如,直线和平面平行于投影面时,其投影反映实长或实形,当直线或平面垂直于投影面时,其投影具有积聚性,如图 2-70 所示。

因此,当直线或平面处于不利于解题位置时,可以采用投影变换的方式来解决,这种改变空间几何元素、投影面、投影方向之间的相对关系以达到便于图解空间几何问题的方法,称为投影变换。这里我们只讨论换面法。

图 2-70 空间几何元素处于特殊位置的投影

二、换面法的基本概念

换面法——几何元素保持不动,改动投影面的位置,使新的投影面的相对几何元素处于有利于解题的位置,如图 2-71 所示。

在图 2-71 中,V/H 面是原来的投影体系,在该体系中有一个铅垂面,它的两个投影都不反映实形,为了在投影图中反映其实形,根据投影特性,投影面应平行于该铅垂面,故可以作一个与铅垂面平行的新投影面 V_1 来替代原来的 V 面,形成一个新的投影体系 V_1/H,它们的交线 X_1 轴称为新投影轴。

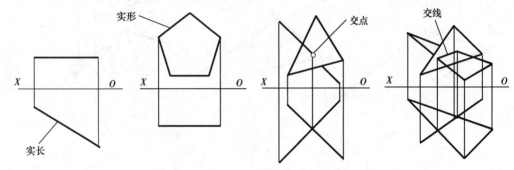

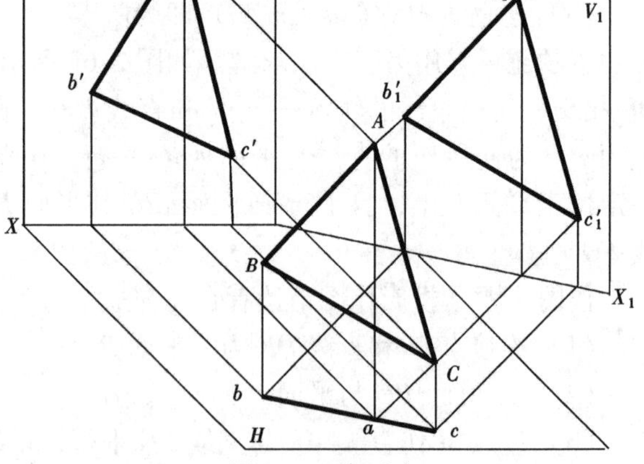

图 2-71 换面法

在用换面法解题时,新投影面的选择必须符合以下两个条件:

(1) 新投影面必须与空间几何元素处于有利于解题的位置。

(2) 新投影面必须垂直于原来投影面体系中的一个投影面,组成一个新的两面投影体系,前一个条件是解题需要,后一个条件是应用两投影面体系中的投影规律所必需的。

三、换面法的基本规律

1. 点的一次变换

点是构成空间形体的最基本的几何元素，必须首先掌握点在换面法中的投影变换规律。

在图 2-72(a) 所示的投影面 V/H 体系中，以 V_1 面代替 V 面，组成一个新的两投影面体系 V_1/H，然后将 A 点向 V_1 面作正投影，便得到 A 点在 V_1 面上的投影 a_1'，a_1' 与 a 是 A 点在新投影体系 V_1/H 中的两个投影。可以看出在 V/H、V_1/H 两个体系中 A 点到 H 面的距离（即 Z 坐标）是相同的，即 $a'a_x = Aa = a_1'a_{x1}$。a 与 a_1' 的投影连线垂直于新投影轴 X_1，如图 2-72(b) 所示。

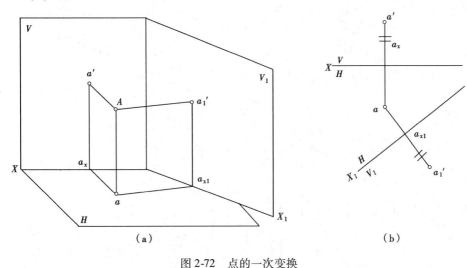

图 2-72 点的一次变换

根据以上的分析可以总结出换面法中的投影变换规律如下：

（1）点的新投影 a_1' 和不变投影 a 的连线垂直于新投影轴 X_1，即 $aa_1' \perp X_1$。

（2）点的新投影 a_1' 到新投影轴 X_1 的距离，等于被替代的旧投影 a' 到旧投影轴 X 的距离，即 $a'a_x = a_1'a_{x1}$。

2. 点的二次变换

运用换面法解决实际问题时，有时通过一次变换不能解决问题，需要变换两次或多次才能得到解答。两次或多次换面的作图方法与一次换面完全相同，但投影面必须交替进行，例第一次变换 V 面为 V_1 面，第二次就必须变换 H 面为 H_2 面……依次交替进行，如图 2-73(a) 所示。

由图 2-73(b) 可以看出：$a'a_x = a_1'a_{x1}$，$aa_{x1} = a_{x2}a_2$。

四、换面法的四种基本应用

1. 一般位置直线变换为投影面平行面（图 2-74）。
2. 投影面平行线变换为投影面垂直线（图 2-75）。
3. 一般位置平面变换为投影面垂直面（图 2-76）。
4. 投影面垂直面变换为投影面平行面（图 2-77）。

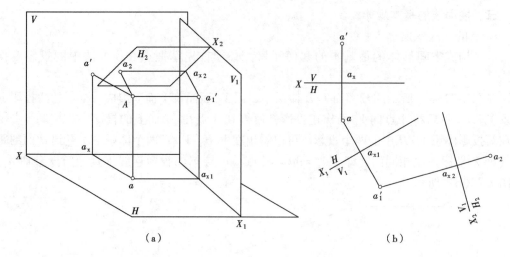

图 2-73 点的二次变换

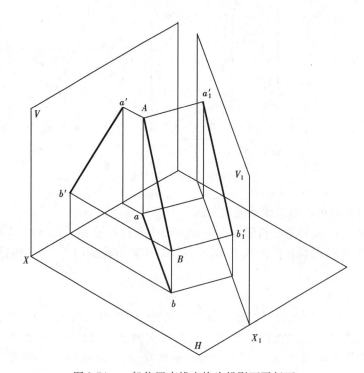

图 2-74 一般位置直线变换为投影面平行面

五、换面法的实际应用

应用换面法解题时,首先要进行题意分析,弄清楚给出的空间几何元素在原投影体系中的空间位置,以及在新投影面体系中处于怎样的相对位置时,才最有利于解题,然后确定具体的作图步骤。

【例 2-36】 求 K 点到 AB 直线的距离,如图 2-78(a)所示。

分析:求 K 点到 AB 直线的距离就是点到直线的垂线的实长,可以将 AB 直线先变换成平行线,然后再将平行线变换成垂直线,利用直角定理,可以确定出垂足 E 的投影,

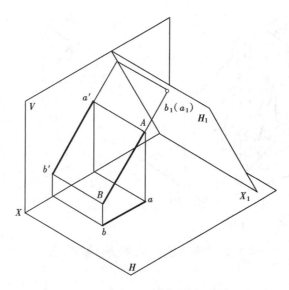

图 2-75 投影面平行线变换为投影面垂直线

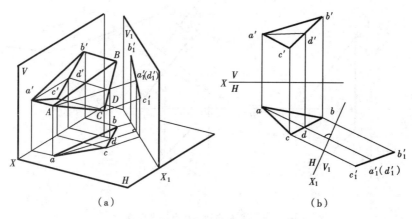

图 2-76 一般位置平面变换为投影面垂直面

这样就可以求出点到直线的距离了。此题第一步先变换 H 面,将 AB 变换成水平线,第二步再变换 V 面,将 AB 再变换成垂直线。当然,第一步也可以先变换 V 面,请读者自己分析。

作图步骤(图 2-78b):

(1) 作 X_1 轴平行于 $a'b'$,在 H_1 投影面中将 AB 直线变换成水平线 a_1、b_1。

(2) 作 X_2 轴垂直于 a_1、b_1,在 V_2 投影面中将直线变换成正垂线 a'_2、b'_2。

(3) 在 H_1 投影面上根据直角定理从 K 点作 AB 直线的垂直线交于 E 点,即 $k_1e_1 \perp a_1b_1$。

(4) E 点在 V/H 投影体系中的投影可以返回作出。

【例 2-37】 求 △ABE 平面的实形,如图 2-79(a)所示。

分析:根据投影特性,要求出平面的实形必须使平面与某个投影面平行,在本题中 △ABE 平面是一般位置平面,可以先将 △ABE 平面转换为垂直面,然后再转换为平行面。

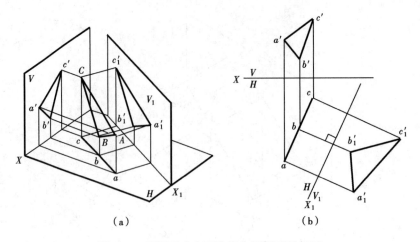

图 2-77 投影面垂直面变换为投影面平行面

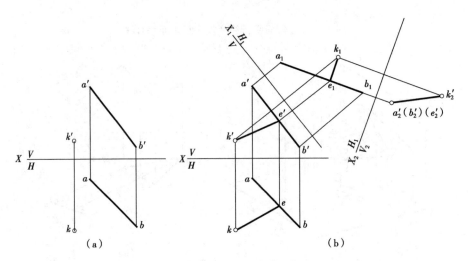

图 2-78 求 K 点到 AB 直线的距离

需进行两次投影变换。

作图步骤（图 2-79b）：

（1）在 △ABE 平面上作一水平线 AK。

（2）作新的投影体系 V_1/H，X_1 轴垂直于 ak，将 △ABE 平面变换为正垂面。

（3）作另一个新的投影体系 V_1/H_2，X_2 轴平行于 $e'_1b'_1$。此时，△ABE 平面平行于 H_2 投影面，反映实形。

【例 2-38】已知交叉两输油管道 AB 和 CD，现要在两管道之间用一根最短的管子将它们连接起来，求连接点的位置和连接管的长度，如图 2-80（a）所示。

分析：交叉两输油管道 AB 和 CD 都是一般位置的直线，求它们之间最短的距离，实际上就是求两直线公垂线的问题。可以先将其中的一根管道变换为垂直线，然后根据直角定理，即可求出两直线间的距离。

作图步骤（图 2-80b）：

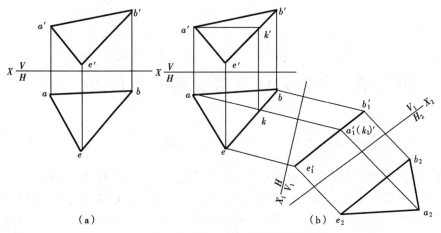

图 2-79 求 △ABE 平面的实形

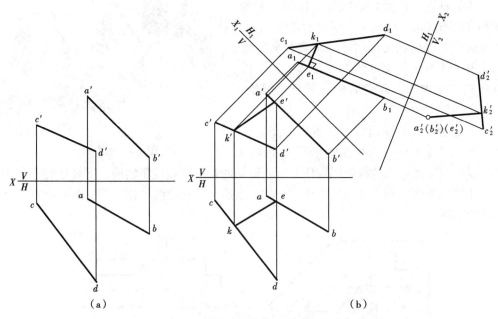

图 2-80 求交叉两管道连接点的位置和连接管的长度

(1) 首先变换 H 面,将直线 AB 变换成水平线。
(2) 再变换 V 面,将直线 AB 变换成正垂线。
(3) 在 H_1/V_2 投影体系中,通过 a_2' 点作 $c_2'd_2'$ 的垂直线,得到 k_2'。
(4) 求出 k_1,通过 k_1 作 a_1b_1 的垂直线,得到 e_1。
(5) $k_2'e_2'$ 即为连接管连接点的位置和连接管的长度。

第三章 基本形体及截交线、相贯线

第一节 三视图的形成

在前面内容中,介绍了点、线、面的投影,而实际的物体都是立体的,立体是由一些线面组合而成的,尽管立体的形状是千变万化的,但是按照立体表面的几何形状的不同可以分为两类:一类是平面体,即表面全部为平面的立体;另一类是曲面体,即表面为平面和曲面或者全部为曲面的立体。

立体是具有三维坐标的实体,任何复杂的实体都可以看成由一些简单的基本形体组成的。因此在研究立体的投影的时候,就要先研究这些基本形体的投影。常见的基本形体中,平面体有棱柱、棱锥等,而曲面体有圆柱、圆锥、圆球、圆环等,如图 3-1 所示。

立体是由一些线面组合而成的,对于立体的投影图,只要按照投影规律画出各个表面的

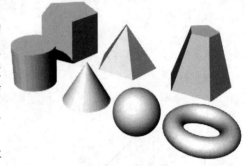

图 3-1 基本形体

投影,就可以完成立体的投影图。作图时,可见的轮廓线画成粗实线,不可见的轮廓线画虚线,当可见轮廓线和不可见轮廓线重合时,按照可见轮廓线绘制。图 3-2 所示为一个平面体的投影图。

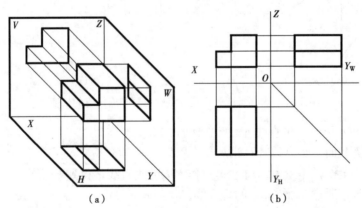

图 3-2 平面体的投影图
(a) 立体图;(b) 投影图

这个平面体共有 8 个平面,2 个正平面,3 个水平面,3 个侧平面,根据投影规律,作出这 8 个面的三面的投影,得到立体的投影图。

由这个立体的三面投影图可以看出,三面的投影的形状及大小与立体在空间的位置没有关系,即形体与投影面的距离不影响形体的投影。因此,画立体的三面投影图时,经常

不画投影轴，这样得到的一组图形就叫立体的三视图。其中的每一面投影都叫作视图，在建筑制图中，三个视图分别叫作正立面图、平面图和左侧立面图，如图3-3所示。注意，虽然省略了投影轴，但作图时，以正立面图为基准，平面图配置在正立面图的正下方，左侧立面图配置在正立面图的正右方。

视图：国家标准规定，用正投影法绘制的物体的图形叫作视图。

正立面图：由前向后投影所得的图形，也就是正面投影得到的图形。

平面图：由上向下投影所得的图形，也就是水平面投影得到的图形。

侧立面图：由左向右投影所得的图形，也就是侧面投影得到的图形。

一、三视图的投影规律

物体都有长、宽、高三个方向的尺寸，将 X 轴方向的尺寸作为长度，Y 轴方向的尺寸作为宽度，Z 轴方向的尺寸作为高度。由三视图可知：每个视图反映形体两个方向的尺寸，即正立面图反映形体的高度和长度；平面图反映形体的长度和宽度；侧立面图反映形体的高度和宽度。也就是说：形体的长度是由正立面图和平面图同时反映出来的，形体的高度是由正立面图和侧立面图同时反映出来的，形体的宽度是由平面图和侧立面图同时反映出来的，因此三视图之间尺寸的对应关系是：

正立面图和平面图长度相等且对正；正立面图和侧立面图高度相等且平齐；侧立面图和平面图宽度相等且对应；简称"长对正、高平齐、宽相等"。

不仅整个形体的三视图符合上述投影规律，而且形体上的每一组成部分的三个投影也符合上述投影规律。

二、方位对应关系

形体在空间有六个方位，上、下、左、右、前、后。三视图中的每一个视图都能反映形体的两个空间方位，如图3-4所示。

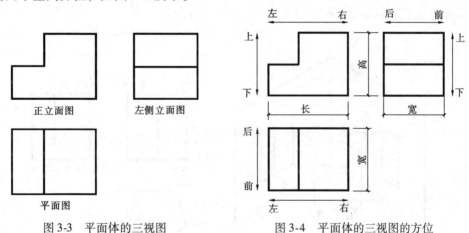

图3-3 平面体的三视图　　　图3-4 平面体的三视图的方位

正立面图：反映形体的上、下和左、右方位；

平面图：反映形体的前、后和左、右方位；

侧立面图：反映形体的上、下和前、后方位。

读者需要灵活掌握三视图的投影规律，搞清楚三个视图之间的六个方位关系，对以后的绘图、读图、判断形体之间的相对位置十分重要。

第二节 平面体的投影

平面体表面由平面多边形组成,这个表面称为棱面;棱面两两相交的交线称为棱线;棱线的交点称为顶点。画平面体的三视图,就是画出棱面、棱线、顶点的三面的投影,将可见的棱线画成粗实线,不可见的棱线画成虚线。

一、棱柱的投影

棱柱:上、下底面互相平行,其余每相邻侧面交线互相平行的平面体叫棱柱。

正棱柱:上、下底面为正多边形,相邻侧面交线都与底面垂直的平面体叫正棱柱。

以图 3-5 所示的正五棱柱为例,分析棱柱的形成及投影特点和作图方法。

1. 形成及投影特点

棱柱是在多边形的基础上沿着某个方向拉伸而成。例如图 3-5 所示的正五棱柱,特征图五边形在水平面上,然后沿着 Z 轴方向拉伸而成。

正五棱柱形成后有五个棱面和顶面、底面各一个。当五棱柱处于如图 3-5(a)所示的位置时,五棱柱的顶面和底面均为水平面,其水平投影反映正五边形的实形。

五棱柱的侧棱线 AA_0 为铅垂线,水平投影积聚为一点 $a(a_0)$,正面及侧面投影都反映实长,即:$a'a'_0 = a''a''_0 = AA_0$。顶面和底面的边及其他的棱线读者可以进行类似的分析。

2. 作图

根据棱柱的形成特点,作图的时候先画出反映多边形的图形。然后再根据长对正、宽相等、高平齐的投影原则绘制出棱柱在其他投影面的图形。

(1)图 3-5 所示的五棱柱根据分析可知,在水平面的投影,也就是平面图,反映正五棱柱的特征,是一个正五边形,所以作图的时候先画出水平投影的正五边形,然后根据投影关系画出五边形的正面、侧面投影,如图 3-6(a)所示。

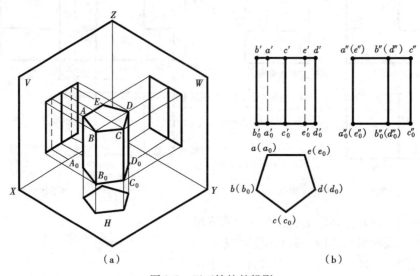

图 3-5 正五棱柱的投影
(a)立体图;(b)三视图

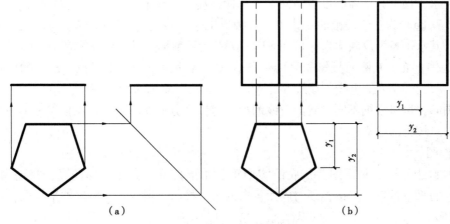

图 3-6 正五棱柱三视图的作图过程
(a) 作平面图；(b) 作正立面图及侧立面图

（2）根据三视图的投影规律作出其他的两个投影，即正立面图和侧立面图，如图 3-6（b）所示。

按"长对正"的投影关系及五棱柱的高度画出正立面图，按"高平齐，宽相等"的投影关系画出侧立面图。

作棱柱投影图时，一般先画出反映棱柱底面实形的投影，即多边形，然后再根据三视图的投影规律作出其余两个投影，并判别可见性。各投影间应严格遵守"长对正，高平齐，宽相等"的投影规律。

二、棱锥的投影

棱锥与棱柱的区别是侧棱线交于一点——锥顶。

棱锥：底面是多边形，各个棱面都是有一个公共顶点的三角形的平面体叫棱锥。

正棱锥：底面是正多边形，顶点在底面的投影位于多边形的中心的棱锥叫正棱锥。

以图 3-7 所示的正三棱锥为例，分析棱锥的形成及投影特点和作图方法。

1. 形成及投影特点

棱锥是在多边形的基础上沿着某个方向向一个点拉伸，例如图 3-7（a）的平面图形

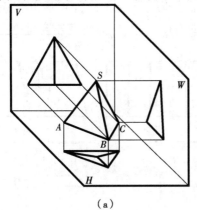

(a)

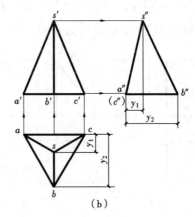

(b)

图 3-7 正三棱锥的投影
(a) 立体图；(b) 三视图

△ABC 在水平面上，沿着高度方向向 S 点拉伸，形成三棱锥。

图 3-7（a）为正三棱锥的立体图。三棱锥的锥顶点为 S，底面 ABC 为正三角形，是水平面，其水平投影反映实形；棱面 SAB、SBC 为一般面，其三面投影都为类似形；后棱面 SAC 为侧垂面，其侧面投影积聚为一条直线，其他投影为类似形；三棱锥的底边 AB、BC 为水平线，AC 为侧垂线，棱线 SA、SC 为一般线，棱线 SB 为侧平线。

作图时，可以根据不同位置的直线的投影特性来分析作图。也可以根据三视图的投影规律作出三棱锥的三视图。

2. 作图

（1）画出△ABC 平面图。作底面实形正三角形，分别做三角形的高，找到中心点，即锥顶 S 的水平投影，连接锥顶与底面各点的水平投影，得到正三棱锥的平面图，如图 3-7（b）所示。

（2）作出其他两个视图。先画出△ABC 平面有积聚性的正面、侧面投影，再根据三棱锥的高及三视图的投影规律，确定锥顶 S 的正面及侧面投影，连接锥顶与底面各点的同面投影，则得到三条棱线的投影，从而画出正三棱锥的正立面图及侧立面图。

作棱锥投影图时，一般是先确定棱锥所要拉伸的多边形在哪个投影面上，就在那个投影面上画出多边形，再画出顶点的投影，然后再根据投影特性画出其他投影面的投影，并判别可见性，完成棱锥的三视图。各投影间应严格遵守"长对正，高平齐，宽相等"的投影规律。

第三节　平面体的尺寸标注

视图表达了形体的形状，而形体的真实大小是由图样上所标注的尺寸来决定的。

由于平面体都具有长、宽、高三个方向的尺寸，因此在视图上标注基本几何尺寸时，应将三个方向的尺寸标注齐全，但是，每个尺寸只需要在某一个视图上标注一次。一般把尺寸标注在反映形体端面实形的视图上，再标注其高度（或长度）的尺寸，如图 3-8 所示平面体的尺寸标注。图 3-8（a）为一个四棱柱，需标注长、宽、高三个尺寸；图 3-8（b）为一个三棱柱，也需标注长、宽、高三个方向的尺寸；图 3-8（c）是一个正六棱柱，一般标注前后两个平行棱面之间的距离 s 及棱柱的高度尺寸 z，而将其外接圆的直径（e）

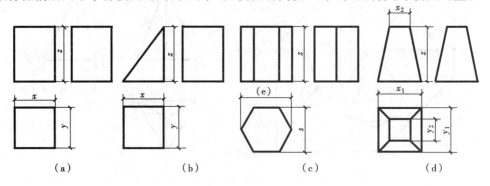

图 3-8　平面体的尺寸标注
(a) 四棱柱；(b) 三棱柱；(c) 正六棱柱；(d) 正四棱台

加上括号,表示参考尺寸;图 3-8(d)为一个正四棱台,一般标注上、下底面的长 x_1、x_2 和宽 y_1、y_2 及棱台的高度尺寸 z;如果是正棱锥,则就标注底面的尺寸和棱锥的高度了。

第四节 平面体表面的点和线

在平面体表面上取点,其原理和方法与第二章介绍的在平面上取点相同。关键在于首先要根据点的投影位置和可见性确定点位于平面体的哪个表面上,找出这个表面在三视图的投影,然后按照平面上取点的方法来作出平面体表面上点的投影。

对于特殊位置平面上点的投影,可以利用平面的积聚性投影作出,对于一般位置平面上的点,则需作辅助线求出。

【例 3-1】 如图 3-9(a)所示,已知正五棱柱表面的四个点 A、B、C、D 的一面投影,求作这四点的其他两面投影。

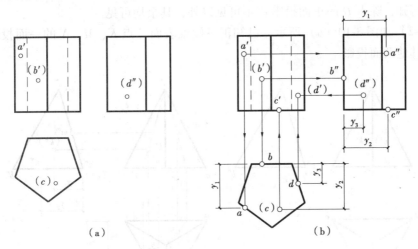

图 3-9 正五棱柱表面取点
(a)已知;(b)作图过程

分析:

由图 3-9(a)可知,点 A 在正立面图是可见的,可以判断点 A 在棱柱的左前棱面上,该棱面为铅垂面,水平投影具有积聚性,点 A 的水平投影必在其积聚投影的直线上,该棱面的侧面投影是一个类似形,需要根据投影规律,利用"宽相等,高平齐",找出 Y 坐标差,求出点 A 的侧面投影。

点 B 在正立面图是不可见的,可以判断点 B 在棱柱的后棱面上,该棱面为正平面,水平投影和侧面投影具有积聚性,点 B 的水平投影就在其积聚投影的直线上,侧面投影也在其侧面积聚投影的直线上。

点 C 在平面图上是不可见的,可以判断点 C 是在棱柱的下底面上,该底面是一个水平面,水平投影反映实形,正面和侧面投影具有积聚性,因此,点 C 的正面和侧面投影在下底面的同面积聚投影的直线上。

点 D 在侧立面图是不可见的,可以判断点 D 位于棱柱的右后棱面上,该棱面为铅垂面,水平投影具有积聚性,点 D 的水平投影就在其积聚投影的直线上,棱面的正面投影是一个类似形,利用"长对正,高平齐"求出点 D 的正面投影。

作图(图 3-9b):

(1) 过 a' 作"长对正"线与左前棱面的水平积聚投影线相交求得 a,再利用"高平齐,宽相等"由 a'、a 求得 a'';

(2) 过 b' 作"长对正,高平齐"线与后棱面的水平、侧面积聚投影线相交求得 b、b'';

(3) 过 c 作"长对正"线与下底面的正面积聚投影线相交求得 c',再利用"宽相等"由 c 在下底面的侧面积聚投影线上求得 c'';

(4) 利用"宽相等"由 d'' 在右后棱面的水平积聚投影线上求得 d,再利用"长对正,高平齐"由 d、d'' 求得 d';

(5) 判别可见性:可见性判别原则是:若点所在表面的投影可见,则点的投影亦可见。由此可知,除点 D 的正面投影 d' 不可见以外,其余均可见。

【例 3-2】 如图 3-10(a)所示,已知正三棱锥表面三点 K、M、N 的一面投影,求作这三点的其他两面投影。

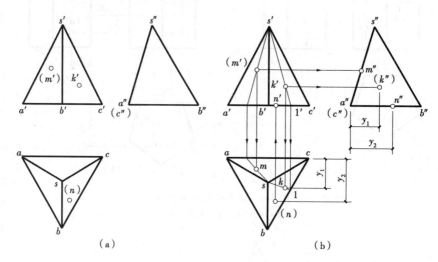

图 3-10 正三棱锥表面取点
(a) 已知;(b) 作图过程

分析:

点 K 在正立面图的投影是可见的,可以判断点 K 在三棱锥的右前棱面 △SBC 上,该棱面是一般面,三面投影都是三角形,因此需要借助在平面上作辅助线的方法求出点 K 的另两面投影。

点 M 在正立面图的投影是不可见的,可以判断点 M 在三棱锥的后棱面 △SAC 上,该棱面是侧垂面,其侧面的投影积聚为一条直线,因此可以利用积聚性先求出点 M 的侧面投影,继而求得水平投影,也可以利用辅助线法求得。

点 N 在平面图的投影是不可见的,可以判断点 N 在三棱锥的底面上,该底面是水平面，可以利用积聚性求得点 N 的两面投影。

作图（图 3-10b）：

（1）在 $\triangle SBC$ 上过点 K 作辅助线 $S\text{I}$，即连线 $s'k'$ 交底边 $b'c'$ 于 $1'$，并求得辅助线的水平投影 $s1$，由 k' 作"长对正"线在 $s1$ 上求得 k（也可以作 $\triangle SBC$ 某一边的平行线为辅助线求得 k，读者可自己分析作图），再利用"高平齐，宽相等"由 k'、k 求得 k''；

（2）点 M 所在的表面 $\triangle SAC$ 具有积聚性，过 m' 向侧面作"高平齐"线与 $\triangle SAC$ 的侧面投影相交即得 m''，再利用"长对正，宽相等"由 m' 和 m'' 求得 m，或者利用作辅助线的方法求得 m；本例用辅助线法求得 m；

（3）点 N 的作法与上例棱柱表面的点 C 的作法相同；

（4）判别可见性。棱面 $\triangle SBC$ 的侧面投影不可见，因此点 K 的侧面投影 k'' 不可见，其余所求点的各面投影均可见。

在平面体表面取直线时，应首先确定直线段位于立体的哪一个表面上，其次运用在立体表面取点的作图方法，分别作出直线段端点的投影，最后同面投影连线，并判别可见性。

第五节　平面与平面体表面的交线

平面与立体相交，可以看作是平面截切立体，该平面通常称为截平面，它与立体表面的交线称为截交线。截交线所围成的平面图形称为截断面或断面，如图 3-11 所示。研究平面与立体相交，其主要内容就是求截交线的投影，有时需要求出截断面的实形。立体的形状、大小及截平面与立体相对位置不同，所产生的截交线的形状也不同。

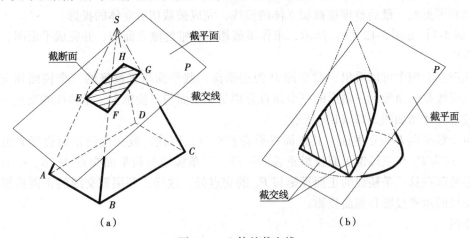

图 3-11　立体的截交线
(a) 平面体的截交线；(b) 曲面体的截交线

截交线的几何性质：

（1）共有性：截交线既在截平面上，又在立体表面上，因此截交线是截平面与立体表面的共有线，截交线上的点是截平面与立体表面的共有点。

（2）封闭性：立体表面是封闭的，因此截交线一般是封闭的图线，截断面是封闭的平面图形。

截交线的形状取决于立体表面的形状及截平面与立体的相对位置。

在这里只是介绍平面体的截交线，曲面体的截交线在后面介绍。

平面与平面体相交，其截交线是封闭的多边形。多边形的各边是截平面与平面体表面的交线，而多边形的各顶点是截平面与平面体各棱线或底边的交点。如图 3-11 所示，平面 P 与四棱锥相交后，其截交线是一个四边形。其中，围成截交线的每一直线段，都是四棱锥的棱面与截平面 P 的交线；截交线上的每一个顶点，都是四棱锥的棱线与截平面 P 的交点。

因此，求平面体的截交线实际是求截平面与平面体各棱线或底边的交点，然后按顺序连线。

求平面体截交线的一般步骤为：

（1）分析截平面位置

通常为利于解题，截平面为特殊位置平面，因此其投影具有积聚性。根据截交线是截平面与立体表面的共有线这一基本性质，截平面具有积聚性的投影必与截交线在该投影面上的投影重合。这时，截交线的一个投影为已知，利用这个已知投影便可以作出截交线的其他投影。

（2）分析截交线的形状

平面体的截交线是封闭的多边形。根据截平面与立体的相对位置分析截平面与立体的几个表面相交，进而确定截交多边形的边数。也可以根据截平面与立体相交的棱线、边线来判断截交多边形的边数。

（3）投影作图

利用直线与平面相交求交点的作图方法分别作出截交线上的每个顶点，然后按顺序连线并判断可见性，最后整理被截切立体的棱线，完成被截切后立体的投影。

【例 3-3】 如图 3-12（a）所示，求作被截切三棱锥的侧立面图，并完成平面图。

分析：

从正立面图中可以看出，截平面 P 为正垂面，截平面与三棱锥的三个棱面相交。因此，截交线是三角形，三角形的三个顶点分别是截平面与三棱锥上三条棱线的交点。被截切三棱锥立体图如图 3-12（b）所示。

由于截平面 P 为正垂面，其正面投影有积聚性，因此，截交线的正面投影必重影于 P_V 上，且为 P_V 与三棱锥正面投影重叠的一段。三条棱线与截平面交点 A、B、C 的正面投影必然落在这三条棱线的正面投影与 P_V 的交点处。这样，利用截交线的正面投影可求出截交线的水平投影和侧面投影。

作图：

（1）补画完整三棱锥的 W 投影，如图 3-12（c）所示。

（2）求截交线的各顶点的投影，如图 3-12（c）所示。

在截平面有积聚性的投影上确定出截交线三个顶点的投影 a'、b'、c'。然后根据直线上点的投影性质，由各顶点的正面投影 a'、b'、c' 分别求出其他两面投影 a、b、c 和 a''、b''、c''。其中点 b 可以利用 b'、b'' 求得，也可过 b' 作平行于底边的辅助线求得。

（3）将各顶点的同面投影依次相连，并判断可见性，即可得截交线的水平投影 abc 和侧面投影 $a''b''c''$，它们是断面 ABC 的类似形，如图 3-12（d）所示。

截交线各顶点连线的原则是：位于立体同一表面上的点依次相连。本例每两点分别位于三棱锥的同一表面，因此可两两连线。

判断截交线某个投影的可见性，就是判断这条截交线所在的棱面在该投影面上投影的可见性，棱面投影可见，则截交线投影可见。由于三个棱面的水平投影均可见，故截交线的水平投影 abc 为可见；AB、AC 所在棱面的侧面投影可见，故 a″b″、a″c″可见，BC 所在棱面的侧面投影不可见，但三棱锥被截切后，BC 线最高，因此 b″c″也可见。

（4）整理被截切立体的棱线。去掉被截平面切去的棱线，完成被截切后立体的投影，如图 3-12（d）所示。

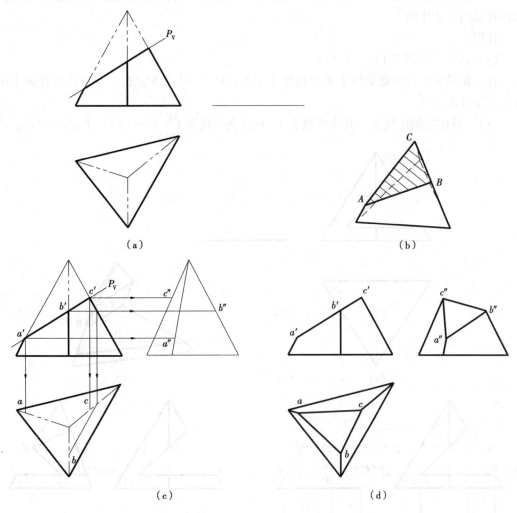

图 3-12 求三棱锥的截交线
(a) 已知；(b) 立体图；(c) 求点；(d) 连线，整理棱线

【例 3-4】已知带切口三棱锥的正立面图，如图 3-13（a）所示。补全该三棱锥的平面图及侧立面图。

分析：

由正立面图可知，三棱锥的缺口是由正垂面 P 和水平面 Q 二平面共同截割而成。截平面 P、Q 分别与三棱锥的三个棱面相交，同时截平面 P 与 Q 也相交，因此截平面 P、Q

截切三棱锥形成的截交线均为四边形，这两个四边形有一个公共边，即截平面 P 与 Q 的交线。

带切口三棱锥的立体图如图 3-13（b）所示。平面 P 截切三棱锥形成的四边形为 Ⅰ、Ⅱ、Ⅲ、Ⅳ；平面 Q 截切三棱锥形成的截交线为 Ⅵ、Ⅴ、Ⅲ、Ⅳ。P 与 Q 相交于直线 Ⅲ、Ⅳ。

缺口三棱锥的正面投影为已知，故 P、Q 平面截切三棱锥所得截交线的正面投影也为已知。要求截交线的水平、侧面投影，可利用已知平面上的直线和点的一个投影，求作其余两投影的方法作图。

作图：

（1）求点，如图 3-13（c）所示。

在已知投影上标出截交线上各点投影 $1'$、$2'$、$3'$、$(4')$、$5'$、$6'$。利用已知投影求出各点未知投影。

点 Ⅰ、Ⅵ 在左侧棱线上，其水平投影 1、6 及侧面投影 $1''$、$6''$ 可由 $1'$、$6'$ 直接求得；点

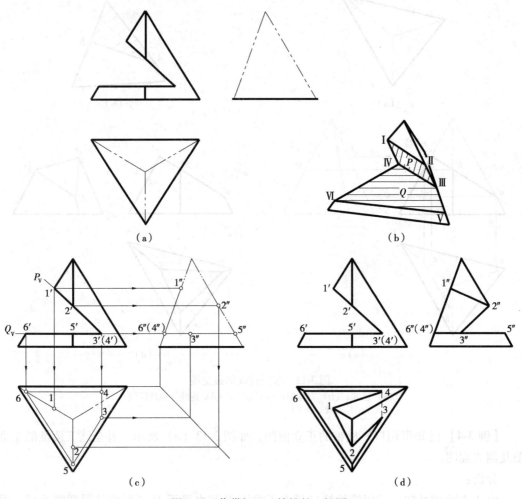

图 3-13 作带切口三棱锥的三视图
(a) 已知；(b) 立体图；(c) 求点；(d) 连线，整理棱线

Ⅱ、Ⅴ在前侧棱线上,可由2′、5′先求得侧面投影2″、5″,再根据点的投影规律,求出水平投影2、5;点Ⅲ、Ⅳ分别在前后棱面上,利用面上求点的方法(作平行于底边的辅助线)求出Ⅲ、Ⅳ点的水平投影3、4及侧面投影3″、4″,Ⅱ、Ⅴ点的水平投影2、5也可以用作辅助线的方法求出。

(2)连线,如图3-13(d)所示。

按照截交线连线原则依次连接各点,并判断可见性。

连线顺序Ⅰ—Ⅱ—Ⅲ—Ⅳ—Ⅰ,Ⅳ—Ⅵ—Ⅴ—Ⅲ—Ⅳ,分别连接各点的水平投影和侧面投影。由于是切口体,除两截平面的交线Ⅲ、Ⅳ的水平投影3、4不可见外,其余各线段的水平及侧面投影均可见。

(3)整理棱线,完成被截切后三棱锥的三面投影图,如图3-13(d)所示。

前侧棱线ⅡⅤ段被切,因此线段25和2″5″不存在;左侧棱线ⅠⅥ段被切,因此线段16和1″6″不存在;右侧棱线未参与相交,其侧面投影与左侧棱线投影重合,因此完整画出。

由上例可见,在求组合截平面截切立体的截交线时,需要对截平面逐一进行分析,求出每个截平面与立体的交线,逐步画出组合截交线,完成被截切立体的投影。注意:截平面之间的交线不要漏画。

第六节 两平面体表面的交线

有些建筑形体是由两个或两个以上相交的基本形体组合而成的。当两立体相交时,在它们的表面上产生交线,该交线称为相贯线,相交的立体称为相贯体。根据立体表面性质不同,相贯两立体有三种组合:平面立体与平面立体相贯、平面立体与曲面立体相贯、曲面立体与曲面立体相贯,如图3-14所示。

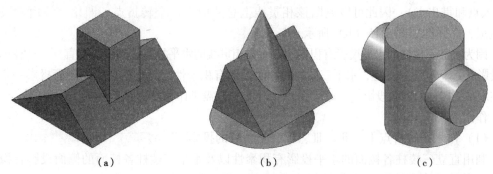

图3-14 两立体表面的交线
(a)两平面体全贯;(b)平面体和曲面体互贯;(c)两曲面体全贯

当一个立体全部贯穿另一个立体时,这样的相贯称为全贯,如图3-14(a)、(c)所示,两立体全贯且贯通时,其相贯线有两组,如图3-14(c)所示;当两个立体互相贯穿时,则称为互贯,如图3-14(b)所示,互贯的立体有一组相贯线。

由于相贯体的组合形式和相对位置不同,相贯线也表现为不同的形状和数目。但任何两立体的相贯线都具有下列两个基本特性:

(1)封闭性:因为两立体都是由若干表面围成的,所以一般情况下相贯线是封闭的。

(2) 共有性：相贯线是相交两立体表面的共有线，相贯线上的点是两立体表面的共有点。因此可以根据这个特性来求相贯线。

两平面体相贯，其相贯线在一般情况下是封闭的空间折线。由图3-14（a）可以看出，组成相贯线折线的每一段直线都是甲平面体的一个棱面与乙平面体的一个棱面的交线，而折线的每一个顶点是甲平面体上参与相交的棱线与乙平面体棱面的交点，或是乙平面体上参与相交的棱线与甲平面体棱面的交点。因此，求作两平面体相贯线，实质上仍归结为直线与平面求交点或平面与平面求交线的问题。

求两平面体相贯线的步骤：

(1) 分析甲、乙两立体参与相交的棱线和表面。

(2) 求出甲立体上参与相交的各棱线与乙立体表面的交点（即相贯线上的转折点），以及乙立体上参与相交的各棱线与甲立体表面的交点。

(3) 依次连接各交点的同面投影，即可得到相贯线。连接各点时应遵循：只有当被连接的两点既位于甲立体同一表面，又位于乙立体同一表面上时，方可进行连接，否则不能连接。

(4) 连线时还要判别各段折线的可见性，其判别方法是：只有位于两立体皆可见表面上的交线才可见，否则不可见。

(5) 整理棱线，完成作图。相贯的两个立体是一个整体，所以一个立体穿入另一个立体内部的贯入线不画出。

【例3-5】求直立三棱柱与水平三棱柱的相贯线，如图3-15（a）所示。

分析：

从平面图和侧立面图可以看出，两个三棱柱互贯，相贯线是一组封闭的空间折线。水平三棱柱的A棱、C棱和直立三棱柱的F棱参与了相交，参与相交的每条棱线有两个交点（贯入点和贯出点），因此可以判断该相贯线上总共应有六个转折点，即相贯线由六段直线组成，立体图如图3-15（b）所示。

因为直立三棱柱的水平投影有积聚性，所以相贯线的水平投影必然积聚在直立三棱柱的水平投影（$\triangle def$）上；同理，水平三棱柱的侧面投影有积聚性，因此相贯线的侧面投影一定积聚在水平三棱柱的侧面投影（$\triangle a''b''c''$）上。于是，只需求作相贯线的正面投影。

作图（图3-15c）：

(1) 作六个转折点Ⅰ、Ⅱ、Ⅲ、Ⅳ、Ⅴ、Ⅵ的投影。

利用直立三棱柱各棱面的水平投影有积聚性以及水平三棱柱各棱面的侧面投影有积聚性，在水平和侧面投影上确定转折点Ⅰ、Ⅱ、Ⅲ、Ⅳ、Ⅴ、Ⅵ的投影。水平投影为1、(6)、2、(5)、3、(4)，侧面投影相应为1″、(3″)、2″、5″、6″、(4″)。由转折点的水平投影和侧面投影求出它们的正面投影1′、2′、3′、4′、5′、6′。

(2) 根据连线原则，依次连接六个转折点的正面投影并判别可见性。

Ⅰ、Ⅱ两点既在AB棱面上，又在DF棱面上，符合连线原则，因此可把1′、2′连接起来。同理，2′—3′、3′—4′、4′—5′、5′—6′、6′—1′等各点也都可以连接。这样就把所求出各点连成一条封闭的空间折线。

判别可见性：在正立面图中，水平三棱柱的AC棱面是不可见的，因此，位于此棱面上的线段ⅠⅥ和ⅢⅣ的正面投影1′6′和3′4′为不可见，画成虚线。而其他棱面，如棱面

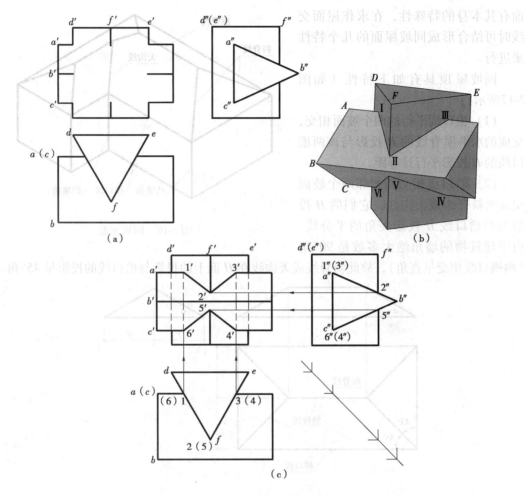

图 3-15 两个三棱柱相贯
(a) 已知；(b) 立体图；(c) 作图过程

AB 和 BC，以及直立三棱柱的棱面 DF 和 EF，它们的正面投影皆为可见，所以位于这些棱面上的线段的正面投影 $1'2'$、$2'3'$、$4'5'$、$5'6'$ 等，皆为可见，一律画成实线。

(3) 整理棱线，完成作图。

将相交二立体作为一个整体，整理各条棱线。水平三棱柱中，棱线 A 和 C 在交点Ⅰ、Ⅲ和Ⅵ、Ⅳ之间不应有线（$1'$、$3'$ 和 $6'$、$4'$ 之间不应有线），棱线 B 未参与相交，正面投影可见，实线画出；直立三棱柱中，棱线 F 在交点Ⅱ、Ⅴ之间不应有线（$2'$、$5'$ 之间不应有线），棱线 D、E 未参与相交，但其正面投影 d'、e' 各有一段被其前面的水平三棱柱遮住，不可见，应画成虚线。

在房屋建筑中，坡屋面是常见的一种屋顶形式。在通常情况下，屋顶檐口的高度处在同一水平面上，各个坡面的水平倾角又相同，故又称为同坡屋面。

同坡屋顶的基本形式有二坡和四坡。坡屋面的交线是两平面体相贯的工程实例，坡屋面各种交线的名称，如图 3-16 所示。一个简单的四坡屋面，实际上就是一个水平放置的截断三棱柱体，若为两个方向相交的坡屋面，则可看作是三棱柱体的相贯，但由于同坡屋面有其本身的特殊性，在求作屋面交线时可结合形成同坡屋面的几个特性来进行。

同坡屋顶具有如下特性（如图3-17所示）：

（1）檐口线平行的两个坡面相交，交成的水平屋脊线的 H 投影与该两檐口线的 H 投影平行且等距。

（2）檐口线相交的相邻两个坡面交成的斜脊线或天沟线，它们的 H 投影为两檐口线 H 投影夹角的平分线。由于建筑物的墙角绝大多数是90°角（两檐口线相交呈直角），故此斜脊线或天沟线在 H 面上的投影与檐口线的投影呈45°角。

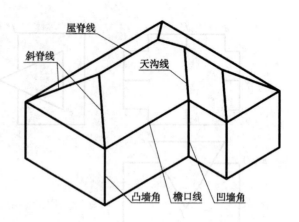

图3-16 同坡屋面

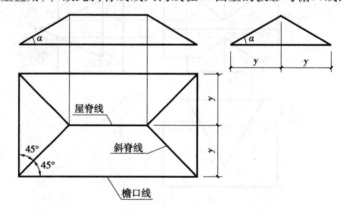

图3-17 同坡屋顶的投影特性

（3）在屋面上如果有两斜脊、两天沟或一斜脊和一天沟相交，在交点处必然有第三条线即屋脊线通过。这个点就是三个相邻屋面的共有点。

【例3-6】 如图3-18（a）所示，已知四坡顶房屋檐口线的水平投影及各坡面的水平倾角 $\alpha=30°$，试作出该同坡屋顶的三视图。

分析：

由已知条件可知，此屋顶是由两个四坡屋面垂直相交形成的，根据同坡屋面的特性作出屋面的三视图。

作图：

（1）作屋面交线的 H 投影。

先将屋面的 H 投影划分为两个矩形 $abcd$ 和 $dgfe$，然后根据同坡屋面的特性，经每一屋角作45°分角线。在凸墙角上作的是斜脊线 $a1$、$b1$、$c2$、$d2$、$e4$、$f4$；在凹墙角上作的是天沟线 $g3$。其中 $d3$ 线段位于两个重叠的坡面上，实际是不存在的，如图3-18（b）所示。最后作每一对檐口线（前后或左右）的中线，即屋脊线12、34，如图3-18（c）所示，完成屋面的平面图。

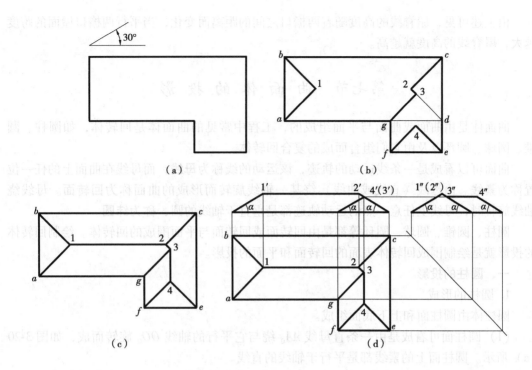

图 3-18 作同坡屋顶的三视图
(a) 已知；(b) 作斜脊线和天沟线的 H 投影；(c) 作屋脊线的 H 投影；(d) 作屋面的 V、W 投影

(2) 作屋面的 V、W 投影。

根据给定的坡屋面倾角 α 和已求得的平面图，可作出屋面的其余两个视图，如图3-18 (d) 所示。一般先作出具有积聚性屋面的 V（或 W）投影，再加上屋脊线的 V（或 W）投影即得屋面视图。

根据同坡屋面的同一周界不同尺寸，可以得到四种典型的屋面划分，如图 3-19 所示：

(1) $ab < ef$，如图 3-19 (a) 所示；
(2) $ab = ef$，如图 3-19 (b) 所示；
(3) $ab > ef$ 且 $ab = ac$，如图 3-19 (c) 所示；
(4) $ab > ef$ 且 $ab > ac$，如图 3-19 (d) 所示。

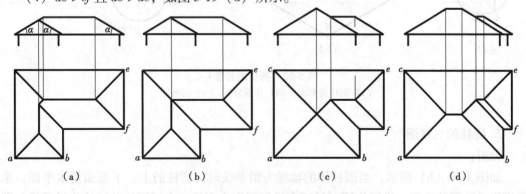

图 3-19 同一周界不同尺寸的同坡屋面的四种情况
(a) $ab < ef$；(b) $ab = ef$；(c) $ab = ac$；(d) $ab > ac$

由上述可见，屋脊线的高度随着两檐口之间的距离而变化，当平行两檐口屋面的跨度越大，屋脊线的高度就越高。

第七节 曲面体的投影

曲面体是由曲面或曲面与平面组成的，工程中常见的曲面体是回转体，如圆柱、圆锥、圆球、圆环以及由它们组合而成的复合回转体。

曲面可以看成是一条线运动的轨迹，该运动的线称为**母线**，而母线在曲面上的任一位置称为**素线**。由母线（直线或曲线）绕某一轴线旋转而形成的曲面称为**回转面**。母线绕轴线旋转时，母线上任意一点的运动轨迹都是垂直于轴线的圆，称为**纬圆**。

圆柱、圆锥、圆球、圆环等都是由回转面或回转面与平面围成的回转体。绘制回转体的投影就是绘制围成回转体表面的回转面和平面的投影。

一、圆柱的投影

1. 圆柱的形成

圆柱体由圆柱面和上下底面组成。

（1）圆柱面可看成是由一条直母线 AA_0 绕与它平行的轴线 OO_0 旋转而成，如图 3-20 (a) 所示。圆柱面上的素线都是平行于轴线的直线。

（2）圆柱的特征视图是圆平面，也可以看成圆平面沿着某一方向拉伸而成。

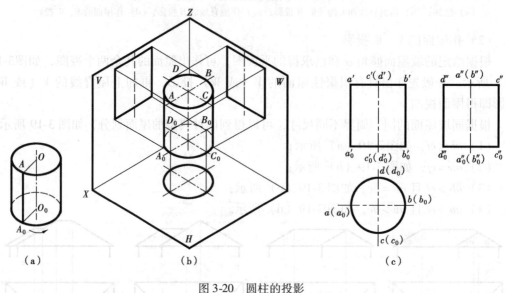

图 3-20 圆柱的投影
(a) 圆柱的形成；(b) 作图分析；(c) 三视图

2. 圆柱的三视图

分析：

如图 3-20 (b) 所示，当圆柱体的轴线为铅垂线时，圆柱的上、下底面是水平面，水平投影反映圆的实形，投影为圆，另两个投影积聚为直线；由于圆柱的轴线为铅垂线，即圆柱面上的素线是铅垂线，因此，圆柱面的水平投影积聚在圆周上，与上、下底圆的投影重合，圆柱面的正面及侧面投影是两个相等的矩形，矩形的高等于圆柱的高，矩形的宽等于圆柱的直径。

作图：

注意，在画圆柱及其他回转体的投影图时，应先画中心线和轴线，再画投影为圆的视图，最后画其余两个视图。圆柱投影作图步骤如图 3-20（c）所示：

（1）画平面图的中心线及正立面图和侧立面图的轴线（细点画线）；

（2）画投影为圆的平面图；

（3）按圆柱体的高根据"长对正，高平齐，宽相等"关系画出另两个视图（矩形）。

3. 轮廓线的投影分析及圆柱面可见性的判断

如图 3-20（c）所示，正立面图中，矩形的左右边线 $a'a_0'$、$b'b_0'$ 是圆柱面上最左、最右两素线 AA_0、BB_0 的投影，而与它们对应的侧面投影 $a''a_0''$、$b''b_0''$ 则与轴线的侧面投影重影，不画出，以中心线表示；侧立面图中，矩形的前后边线 $c''c_0''$、$d''d_0''$ 是圆柱面上最前、最后两素线 CC_0、DD_0 的投影，而与它们对应的正面投影 $c'c_0'$、$d'd_0'$ 则与轴线的正面投影重影，仍以中心线表示。

圆柱正立面图的矩形为前后两半圆柱面的重合投影，圆柱的最左、最右素线 AA_0、BB_0 是圆柱面的正面投影可见与不可见部分的分界线，前半个圆柱面的正面投影可见，后半个圆柱面的正面投影不可见；圆柱侧立面图的矩形为左右两半圆柱面的重合投影，圆柱的最前、最后素线 CC_0、DD_0 是圆柱面侧面投影可见与不可见的分界线，左半个圆柱面的侧面投影可见，右半个圆柱面的侧面投影不可见。

二、圆锥的投影

1. 圆锥的形成

圆锥体由圆锥面和底面组成，如图 3-21（a）所示。

（1）圆锥面可看成是由一条直母线 SA 绕与它相交的轴线 OO_0 旋转而成。圆锥面上的素线均交于锥顶。

（2）圆锥体也可以看成由一个圆平面沿着某个方向向一个点拉伸而成。

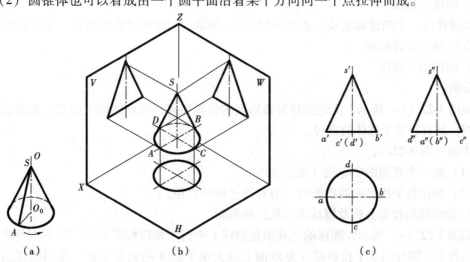

图 3-21 圆锥的投影
(a) 圆锥的形成；(b) 作图分析；(c) 三视图

2. 圆锥体的三视图

分析：

如图 3-21（b）所示，当圆锥体的轴线为铅垂线时，圆锥的底面是水平面，水平投影反映圆的实形，投影为圆，其正面投影和侧面投影积聚为直线；圆锥面的水平投影为圆，与底圆的实形投影重合，圆锥面的正面投影和侧面投影是两个相等的等腰三角形，等腰三角形的高等于圆锥的高，等腰三角形的底边长等于圆锥底圆的直径。

作图（图 3-21c）：

（1）画平面图的中心线及正立面图和侧立面图的轴线（细点画线）；

（2）画投影为圆的平面图；

（3）根据圆锥体的高确定顶点 S 的位置，根据"长对正，高平齐，宽相等"关系画出另两个视图（等腰三角形）。

3. 轮廓线的投影分析及圆锥面可见性的判断

如图 3-21（c）所示，正立面图中，等腰三角形的两腰 $s'a'$ 和 $s'b'$ 分别是圆锥面上最左、最右两条素线 SA 和 SB 的投影，而与它们对应的水平投影 sa 和 sb 与圆的水平中心线重合，侧面投影 $s''a''$ 和 $s''b''$ 与轴线投影重合，均不画出，以中心线表示；侧立面图中，等腰三角形的两腰 $s''c''$ 和 $s''d''$ 分别是圆锥面上最前、最后两条素线 SC 和 SD 的投影，它们的水平投影 sc 和 sd 与圆的竖直中心线重合，正面投影 $s'c'$ 和 $s'd'$ 与轴线投影重合，均不画出，以中心线表示。

圆锥正立面图的等腰三角形为前后两半圆锥面的重合投影，圆锥的最左、最右素线 SA、SB 是圆锥面的正面投影可见与不可见部分的分界线，前半个圆锥面的正面投影可见，后半个圆锥面的正面投影不可见；圆锥侧面投影的等腰三角形为左右两半圆锥面的重合投影，圆锥的最前、最后素线 SC、SD 是圆锥面侧面投影可见与不可见的分界线，左半个圆锥面的侧面投影可见，右半个圆锥面的侧面投影不可见。

三、圆球的投影

1. 圆球的形成

圆球体由一个圆球面组成。如图 3-22（a）所示，圆球面可看成是由一条半圆曲线绕它的直径 OO_0 旋转而成。

2. 圆球的三视图

分析：

如图 3-22（b）所示，无论圆球对投影面的位置如何，圆球体的三面投影都是大小相等的圆，其直径等于球体的直径。

作图（图 3-22c）：

（1）画三个视图的中心线（细点画线）；

（2）画出各个投影面的投影圆（直径等于圆球直径）。

3. 轮廓线的投影分析及圆球面可见性的判断

如图 3-22（c）所示，圆球的三视图是圆球上平行于相应投影面的三个不同位置的轮廓圆的投影。圆球的水平投影圆 a 是球面上最大水平圆 A 的实形投影，该圆的正面投影 a' 和侧面投影 a'' 均积聚成一直线，与中心线重合；圆球的正面投影圆 b' 是球面上最大正平圆 B 的实形投影，该圆的水平投影 b 与侧面投影 b'' 均积聚成一直线，并与中心线重合；圆

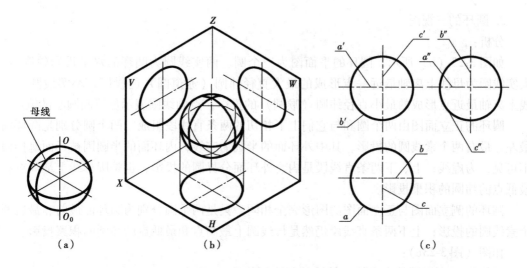

图 3-22 圆球的投影
(a) 圆球的形成；(b) 作图分析；(c) 三视图

球的侧面投影圆 c'' 是球面上最大侧平圆 C 的实形投影，该圆的水平投影 c 和正面投影 c' 均积聚成一直线，与中心线重合。

圆球平面图的轮廓圆 A 是圆球面水平投影可见与不可见的分界线，上半球面的水平投影可见，下半球面的水平投影不可见；圆球正立面图的轮廓圆 B 是圆球面正面投影可见与不可见的分界线，前半球面的正面投影可见，后半球面的正面投影不可见；圆球侧立面图的轮廓圆 C 是圆球面侧面投影可见与不可见的分界线，左半球面的侧面投影可见，右半球面的侧面投影不可见。

四、圆环的投影

1. 圆环的形成

圆环由一个圆环面组成。如图 3-23（a）所示，圆环面可看成由一条圆曲线绕与它共面但不相交的直线 OO_0 为轴线旋转而成。其中，外半圆旋转形成外圆环面，内半圆旋转形成内圆环面。

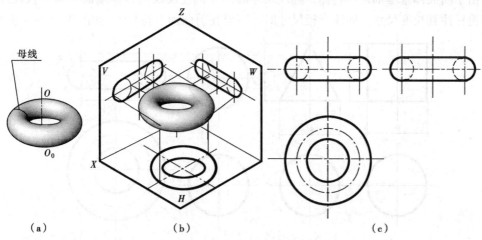

图 3-23 圆环的投影
(a) 圆环的形成；(b) 作图分析；(c) 三视图

2. 圆环的三视图

分析：

如图 3-23（b）所示，圆环的平面图为三个圆。两实线圆为圆环的水平投影轮廓线，大实线圆为母线上离轴最远一点形成的最大直径纬圆（赤道圆）的投影，小实线圆为母线上离轴最近点形成的最小直径纬圆（喉圆）的投影；点画线圆表示母线圆圆心的轨迹。

圆环的正立面图由两个圆和与它们上下相切的两条直线段组成。两个圆分别是圆环面最左、最右两个素线圆的投影，其中外环面的半圆为实线，内环面的半圆因被环面遮挡而不可见，为虚线；上、下两条直线段是内、外环面分界圆的投影，也是圆母线上最高点和最低点的纬圆的积聚投影。

圆环的侧立面图与正立面图的图形完全相同。只是两个圆分别为圆环面最前、最后两个素线圆的投影；上下两条直线段仍然是母线圆上最高点和最低点的纬圆的积聚投影。

作图（图 3-23c）：

(1) 画三个视图的中心线和轴线（细点画线）；
(2) 确定母线圆圆心到轴线的距离，画出各个投影面的轮廓圆；
(3) 作出正面投影和侧面投影中两圆的公切线，并将不可见部分用虚线画出。

3. 轮廓线的投影分析及圆环面可见性的判断

如图 3-23（c）所示，平面图中，轮廓线赤道圆、喉圆把圆环面分为可见的上半部分和不可见的下半部分；正立面图中，左、右两素线圆把圆环面分为前后两部分，外环面的前半部分可见，其余均不可见；侧立面图中，前、后两素线圆把圆环面分为左右两部分，外环面的左半部分可见，其余均不可见。

赤道圆、喉圆的正面投影及侧面投影均积聚为直线段，重合于水平中心线，母线圆上最高点和最低点的纬圆的水平投影重合于点画圆。

第八节 曲面体的尺寸标注

由于曲面体基本都是回转体，标注尺寸时，先标注反映回转体端面为圆的直径尺寸，然后再标注其长度尺寸。标注直径尺寸时，需要在前面加上符号φ。如图 3-24 所示曲面体

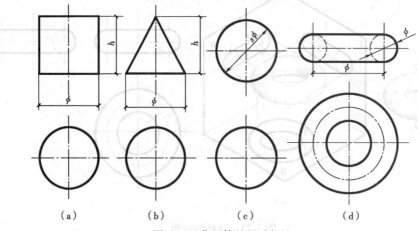

图 3-24　曲面体的尺寸标注
(a) 圆柱；(b) 圆锥；(c) 圆球；(d) 圆环

的尺寸标注，图 3-24（a）为圆柱，需标注直径和高度两个尺寸；图 3-24（b）为圆锥，也需标注直径和高度两个尺寸；图 3-24（c）为圆球，一般只标注直径尺寸，在尺寸数字前面加符号 $s\phi$；图 3-24（d）为圆环，需标注母线圆的直径和母线圆圆心轨迹的直径。

第九节　曲面体表面的点和线

曲面体表面取点，与平面体表面上取点类似，应先根据点的已知投影，分析该点在曲面上所处的位置。若曲面的投影有积聚性，则利用其投影的积聚性来作图，若曲面的投影无积聚性，则需要通过作辅助线的方法求解。

曲面体表面取线问题，是通过求出线上一系列点完成的。首先定出线上的特殊点，其次确定一般点，最后，根据可见性，将这些点顺序连接，这种方法称为描点法。

【例 3-7】如图 3-25（a）所示圆柱的三视图，现已知圆柱表面的四点 A、B、C、D 的一面投影，求作这四点的其他两面投影。

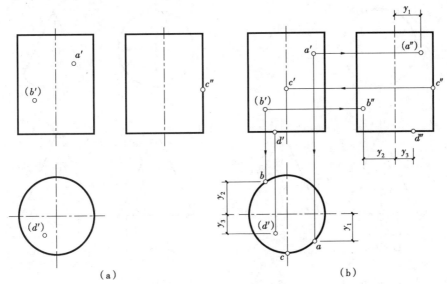

图 3-25　圆柱表面上的点
(a) 已知；(b) 作图过程

分析：

根据点 A、B 的正面投影 a'、(b') 的可见性及它们的位置可知，点 A 在右前圆柱面上，点 B 在左后圆柱面上；根据点 C 的侧面投影 c'' 的位置可知，点 C 在圆柱的侧面投影轮廓线上，即圆柱面最前素线上；点 D 的水平投影不可见，可以判断点 D 在圆柱的下底面上。

作图（图 3-25b）：

在圆柱表面取点，可以利用圆柱面的积聚投影作图。点投影的可见性，取决于该点所在表面投影的可见性。

（1）作 A、B、C 三点的水平投影。由于圆柱面的水平投影有积聚性，所以三点的水平投影 a、b、c 落在圆周上；

(2) 作点 A、B 的侧面投影。根据 A、B 的正面投影和水平投影求出其侧面投影 a''、b''。因点 A 在右半圆柱面上,点 B 在左半圆柱面上,故 a'' 不可见,b'' 可见;

(3) 作点 C 的正面投影。点 C 的正面投影 c' 位于轴线上,可见;

(4) 作点 D 的正面及侧面投影。底面是一个水平面,其正面及侧面投影积聚为一条直线,由"长对正,宽相等"作出 d'、d''。

【例 3-8】如图 3-26(a)所示,已知圆锥表面上的三点 A、B、C 的一面投影,求它们的其他两面投影。

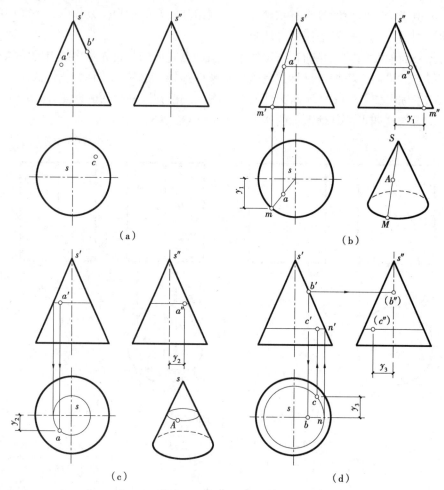

图 3-26 圆锥表面上的点
(a) 已知;(b) 素线法求点 A;(c) 纬圆法求点 A;(d) 求点 B 及点 C

分析:

由于圆锥面的三个投影都无积聚性,所以不能像圆柱那样利用积聚性求得。在圆锥面上取点,除位于轮廓线上的点一般可直接求出外,对于其他位置点,需通过作辅助线的方法求出。辅助线可采用圆锥面上的素线或纬圆。

(1) 素线法:过已知点作圆锥的素线,先求素线的投影,然后利用线上定点的方法求点的投影。这种利用素线作为辅助线来确定点的投影的方法,称为素线法。

(2) 纬圆法:过点作锥面上垂直于轴线的纬圆,求出纬圆的各个投影。由于点在纬圆上，则点的投影一定在纬圆的同面投影上。这种利用纬圆作为辅助线来确定点的投影的方法，称为纬圆法。

本例先要确定各点在圆锥面上所处的位置。由图3-26（a）可知，点A的正面投影a'可见，且在左边，因此点A在圆锥面的左前方，可以用素线法或纬圆法求出其他两面投影；点B的已知投影b'位于圆锥正面投影轮廓线上，因此其另外两面投影可直接求出；因为点C的水平投影c可见，且在右后位置，所以点C位于圆锥面的右后方，同样可以用素线法或纬圆法求出另外两面投影。

这里提出一个问题，如果点C水平投影不可见，那么如何作出点C的其他投影？

作图：

（1）用素线法求点A的两面投影，如图3-26（b）所示。过点A作素线SM三面投影：先过a'作素线的正面投影$s'm'$，然后求出水平投影sm和侧面投影$s''m''$。由于点A在素线SM上，则点A的投影在素线SM的同面投影上，由此，在sm、$s''m''$上定出a、a''；或者只作素线SM的正面和水平投影，由a'求出a，然后根据"高平齐，宽相等"求出a''。

判断可见性：圆锥面的水平投影可见，故a可见；点A在左半圆锥面上，故a''可见。

（2）用纬圆法求点A的两面投影，如图3-26（c）所示。过点A作纬圆，则正面、侧面投影积聚成一直线，水平投影反映纬圆的实形。为此，过a'作纬圆的正面投影（直线），确定纬圆的半径，然后作纬圆的水平投影（圆）和侧面投影（直线）。由于点A在纬圆上，则点A的投影在纬圆的同面投影上，因此可求得a和a''。

（3）求点B的水平投影b和侧面投影b''，如图3-26（d）所示。b在圆的水平中心线上且可见；b''在轴线上，由于点B在最右轮廓线上，故b''不可见。

（4）求点C的两面投影，如图3-26（d）所示。过c作纬圆与水平中心线交于n，由"长对正"作出纬圆的正面投影（积聚直线），c'在纬圆的积聚投影上，继而求得c''。由于点C位于圆锥面的右、后方，故c'、c''均不可见。

【例3-9】如图3-27（a）所示，已知圆球面上点A、B、C的一面投影，试求它们的

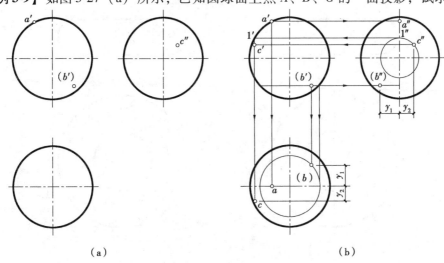

图3-27 圆球表面上的点
(a) 已知；(b) 作图过程

另两面投影。

分析：

圆球面的三个投影都无积聚性，在圆球面上取点，除位于投影轮廓线上的点一般可直接求出外，对于其他位置点，需通过作辅助线的方法求出。球面上不存在直线，只能采用纬圆法，即球面上任一点，一定在过该点的纬圆上。在球面上可以分别作平行于三个投影面的三种纬圆为辅助线。

由已知条件可知，点 A 位于圆球正面投影轮廓线上，可直接求出其另外两面投影；点 B 位于圆球面的右后下方，需作纬圆为辅助线求出另两投影；点 C 在圆球面的前上左方，同样利用辅助纬圆法求出其另外两面投影。

作图（图3-27b）：

（1）求点 A 的两面投影。点 A 的水平投影 a 落在水平中心线上，侧面投影 a'' 落在竖直中心线上，点 A 在球面的左上方，故 a、a'' 均可见。

（2）求点 B 的两面投影。过点 B 作纬圆为辅助线（过点 B 可以作水平、正平和侧平三种纬圆为辅助线，每种纬圆都是在平行的投影面上反映纬圆实形，另外两投影具有积聚性，所得结果相同），这里作水平纬圆为辅助线，为此过 b' 作水平纬圆的正面投影（积聚为直线段），该直线段交于圆球的正面投影轮廓圆上，这就是水平纬圆的直径，然后作出纬圆的水平投影圆，利用"长对正"求得 b（注意点 B 位于后半球面），由"高平齐，宽相等"求得 b''。由于点 B 位于球面的右下部，故 b 和 b'' 均不可见。

（3）求点 C 的两面投影。过点 C 同样可以作三种纬圆为辅助线，这里作侧平纬圆为辅助线，为此过 c'' 作纬圆的侧面投影圆，该圆与球面上正面投影轮廓线的侧面投影（竖直中心线）交于 $1''$，由 $1''$ 利用"高平齐"求得 $1'$，过 $1'$ 作该侧平纬圆的正面投影（积聚为直线段，注意点 C 在前半球面），然后根据点的从属性及投影规律求得 c' 和 c。由于点 C 位于球面的前上部，故 c' 和 c 均可见。

【例3-10】如图3-28（a）所示，已知圆环面上点 A、B、C 的一面投影，求它们的另

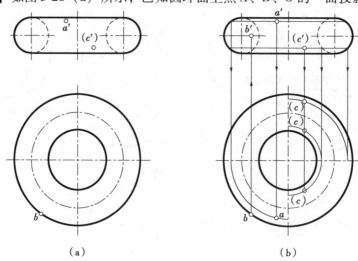

图3-28 圆环表面上的点
（a）已知；（b）作图过程

一面投影。

分析：

圆环面上取点，除位于投影轮廓线上的点一般可直接求出外，对于其他位置点，只能采用纬圆法。

因 a' 可见，点 A 必在前半外环面上，且由 a' 的位置可知点 A 在环面的上半部，故其水平投影 a 可见；点 B 位于赤道圆前半部，由 b 可以直接求得 b'，且为可见；由点 C 的正面投影（c'）可知，点 C 的位置有三处，外环面后半部、内环面前半部和后半部，且因点 C 在下半环面上，所以水平投影均不可见。点 A、C 的水平投影均需用纬圆法作图求得。

作图（图 3-28b）：

（1）求 a。过 a' 作纬圆的积聚投影为一水平直线段，与外环面的正面投影轮廓线相交，在水平投影作出纬圆实形投影，由 a' 利用"长对正"作投影连线与纬圆前半圆相交，求得 a。

（2）求 b'。由 b 向上作投影连线与水平中心线交于一点，即为 b'。

（3）求 c。过 c' 作水平直线段，分别与外环面、内环面的正面投影轮廓线相交，在水平投影作出两纬圆实形投影，由 c' 向下作投影连线与外环面后半圆、内环面前、后半圆分别相交，得（c）。

第十节　平面与曲面体表面的交线

平面与曲面体表面的交线，其实就是求平面与曲面体的截交线，前面已经讲述截交线的形成及性质，这里只是说明曲面体截交线的求法。

平面与曲面体相交，其截交线在一般情况下是平面曲线或平面曲线与直线段围成的平面图形，特殊情况为直线段围成的多边形。

我们学习的曲面体均为回转体。平面截切回转体所得到的截交线的形状取决于回转体表面形状和截平面与回转体的相对位置。当截平面与回转体的轴线垂直时，任何回转体的截交线都是圆，这个圆就是纬圆。

截交线是曲面体表面和截平面的共有点的集合。求回转体截交线的一般步骤是：

（1）根据回转体的形状及截平面与回转体轴线的相对位置，判断截交线的形状和投影特征。

（2）作出截交线上直线段的端点和曲线上一系列点的投影。为了较准确地得到曲线的投影，一般用描点法作图，即作出曲线上特殊位置点的投影，如最高点、最低点、最左点、最右点、最前点、最后点、可见性分界点以及截交线本身固有的特殊点（如椭圆的长、短轴端点，抛物线顶点等）；为准确作图，根据需要再作出曲线上几个一般位置点的投影。截交线上的点可以通过回转体表面取点的方法来求得。

（3）正确连接各点，并判断其可见性，便得出截交线的投影。两点之间若是直线，就用直线连接两点，若是曲线，就将一系列点依次光滑地连成曲线。

（4）整理轮廓线，完成被截立体的投影。

一、圆柱的截交线

平面截切圆柱时,根据截平面与圆柱轴线的相对位置不同,其截交线有三种形状,如表 3-1 所示。

(1) 当截平面通过圆柱轴线或平行于圆柱轴线时,截交线为矩形,截平面与圆柱面的交线为两条素线;

(2) 当截平面垂直于圆柱轴线时,截交线为一纬圆;

(3) 当截平面倾斜于圆柱轴线时,截交线为一椭圆(椭圆短轴垂直于圆柱轴线,其长度等于圆柱直径;长轴倾斜于圆柱轴线,其长度随截平面对圆柱轴线的倾斜程度而变化)。

圆柱截交线的三种情况　　　　　　　　　　　　　表 3-1

截平面的位置	截平面平行于圆柱轴线	截平面垂直于圆柱轴线	截平面倾斜于圆柱轴线
截交线的形状	矩形	圆	椭圆
立体图	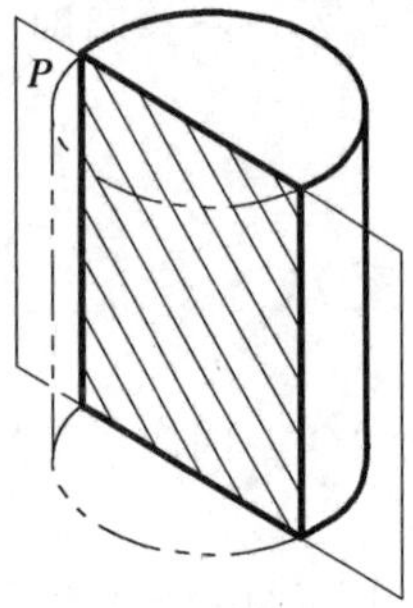	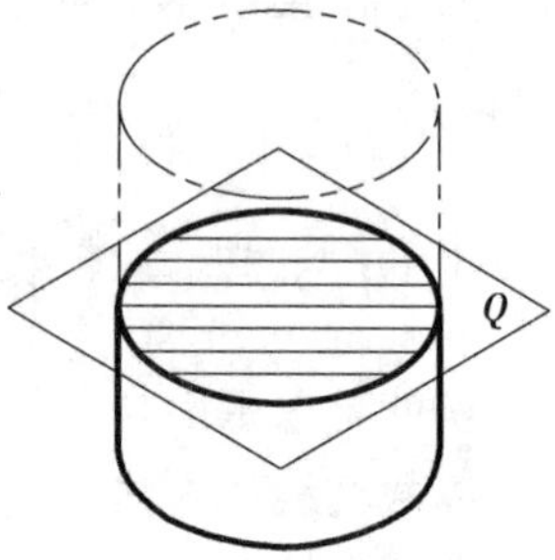	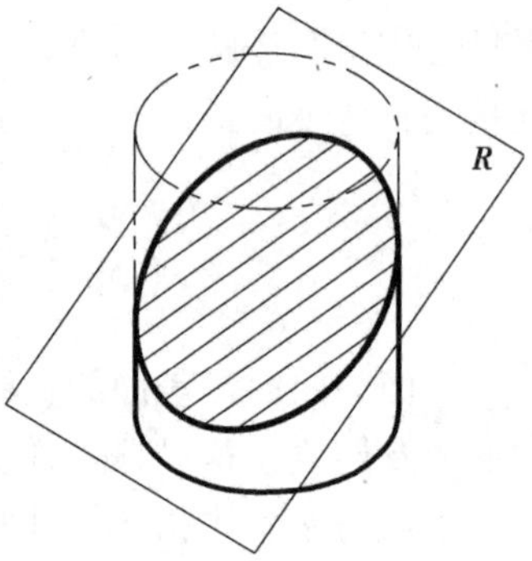
投影图	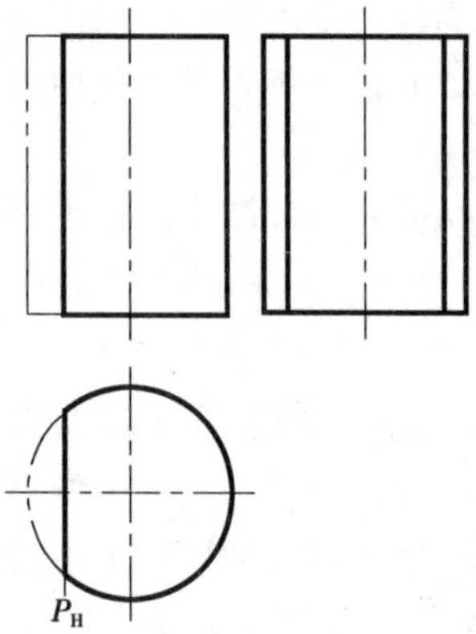	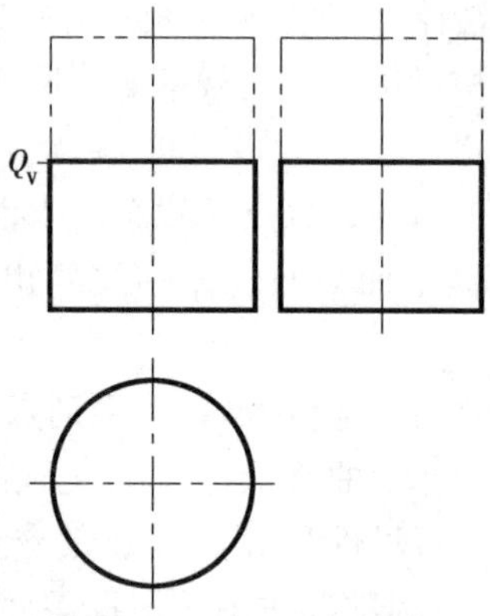	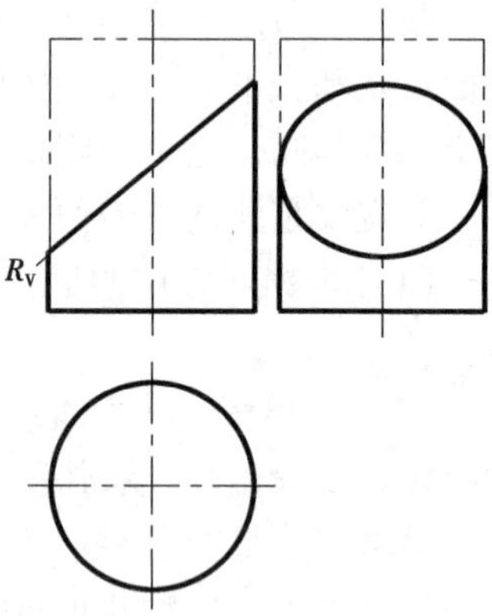

【例 3-11】 已知圆柱被截切后的平面图和正立面图,如图 3-29(a)所示,作出侧立面图。

分析:

由图 3-29(a)可知,圆柱的轴线为铅垂线,截平面 P 为正垂面,与圆柱轴线斜交,截交线的空间形状为椭圆。截交线的正面投影与截平面 P 的正面投影 P_V 重合，是一段直线；截交线的水平投影与圆柱面具有积聚性的水平投影重合，是一个圆；截交线的侧面投影仍是椭圆（但不反映实形），需用描点法作图。利用截交线的两个已知投影，作出截交线上一系列点的侧面投影，然后依次光滑相连即可。

值得注意的是，若截平面与圆柱轴线呈45°角相交时，截交线仍为椭圆，但侧面投影为圆，其直径与圆柱直径相等，可直接画出。

作图（图3-29b）：

(1) 求特殊点Ⅰ、Ⅱ、Ⅲ、Ⅳ。

特殊点控制曲线的范围，一般位于回转体的投影轮廓线上。点Ⅰ和点Ⅲ分别是截交线的最高、最低点，点Ⅱ和点Ⅳ分别是截交线的最前、最后点，它们也是截交线椭圆长短轴的端点。其正面投影和水平投影可利用积聚性直接求得，正面投影1′、2′、3′、(4′)重合在 P_V 上，水平投影1、2、3、4重合在圆柱面的水平投影圆上；继而求得侧面投影1″、2″、3″、4″。由于1″3″和2″4″互相垂直平分，且2″4″>1″3″，所以截交线的侧面投影中以2″4″为长轴，1″3″为短轴。

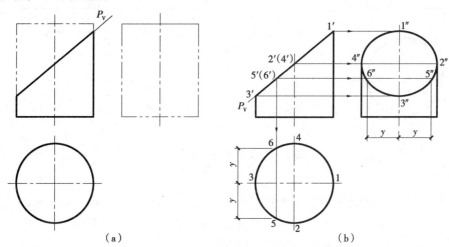

图3-29 作圆柱被截切后的侧立面图
(a) 已知；(b) 作图过程

(2) 求一般点。

为使作图准确，还须作出椭圆上若干一般点。为此，可先在正面投影上取点，如5′、(6′)，找出对应的水平投影5、6，继而确定侧面投影5″、6″。用同样方法还可作出其他若干点。

(3) 连线，并判断可见性。

在侧面投影上，依次光滑连接1″—2″—5″—3″—6″—4″—1″，均为可见，即得截交线的侧面投影。

(4) 整理投影轮廓线，完成视图。

根据已知的正立面图整理侧面投影的轮廓线。侧面投影轮廓线的正面投影在轴线上，由正面投影可以看出，侧面投影轮廓线由点Ⅱ、Ⅳ以上被截掉，圆柱上底面也被截去，因此被截切后圆柱的侧面投影在点2″、4″以上轮廓线及上底面积聚线均不存在。

【例 3-12】 如图 3-30（a）所示，作出圆柱被截切后的平面图和侧立面图。

分析：

如图 3-30（a）所示，圆柱体被三个截平面所截，上面的截平面是一个侧平面，截交线是一个矩形，正面和水平投影具有积聚性，投影为直线，侧面投影反映矩形的实形；中间的截平面是一个正垂面，截交线是部分椭圆，正面投影积聚为一条直线，水平投影随圆柱面积聚在圆周上，因截平面与圆柱轴线呈 45°角，所以侧面投影为圆弧；最下面的截平面是一个水平面，截交线是圆弧，正面和侧面投影都积聚为一条直线，水平投影随圆柱面积聚在圆周上。

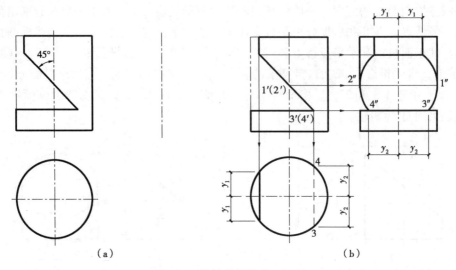

图 3-30 作被截圆柱的三视图
(a) 已知；(b) 作图过程

注意：三个截平面之间的交线都是正垂线，上面的交线是矩形的底边，水平和侧面投影均可见，而下面的交线，水平投影不可见，用虚线画出，侧面投影可见。在作图的过程中，一般先作上下两个截平面的截交线，因为这两个截平面是投影面平行面。

作图（图 3-30b）：

（1）作侧平截平面与圆柱面交线——矩形。先作出其水平投影的直线，找出矩形的四个点的投影，利用投影规律，求出这些点的侧面投影，顺序连接，均可见。与正垂截平面的交线，就是矩形的下边线。

（2）作水平截平面与圆柱面交线——圆弧及与正垂截平面的交线Ⅲ、Ⅳ。先找出交线的两个端点的水平投影 3、4，继而求得侧面投影 3″、4″。可以看出，交线的水平投影不可见，用虚线画出；圆弧的水平投影随圆柱面积聚在圆周上，侧面投影积聚为一条直线。

（3）作正垂截平面与圆柱面交线——椭圆弧。其水平投影随圆柱面积聚在圆周上，因截平面与圆柱轴线夹角为 45°，故侧面投影为圆弧，可直接画出，圆弧的半径等于圆柱的半径，且过轮廓线上点 1″、2″，并与上下两交线端点相连。

（4）整理轮廓线。由正立面图可以看出，圆柱下底面完整，故水平投影轮廓圆完整；圆柱侧面投影轮廓线由点Ⅰ、Ⅱ至水平截平面之间部分被切除，因此侧面投影中这部分的轮廓线就没有了，其余轮廓线及上下底面的积聚线均应画出。

二、圆锥的截交线

平面截切圆锥时，根据截平面与圆锥轴线的相对位置不同，其截交线有五种形状，如表 3-2 所示。

圆锥截交线的五种情况　　　　　　　　　　　　　　　　表 3-2

截平面的位置	截平面过圆锥锥顶	截平面不过锥顶			
		垂直于圆锥轴线（$\theta=90°$）	与圆锥面上所有素线相交（$\theta>\alpha$）	平行于圆锥面上一条素线（$\theta=\alpha$）	平行于圆锥面上两条素线（$\theta<\alpha$ 或 $\theta=0$）
截交线的形状	等腰三角形	圆	椭圆	抛物线加直线段	双曲线加直线段
立体图	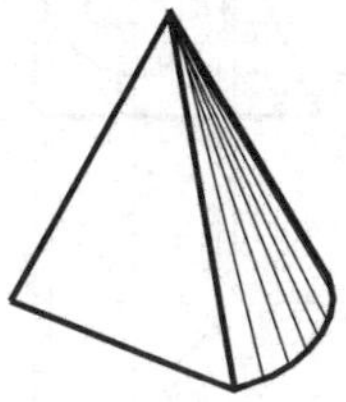	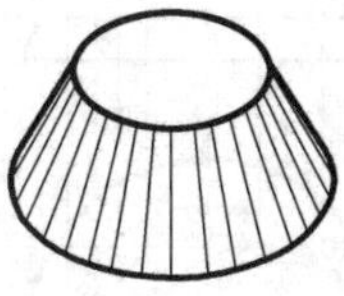	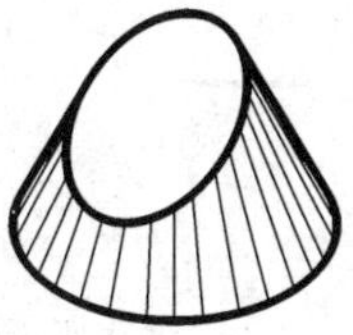	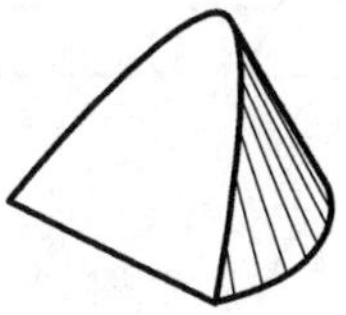	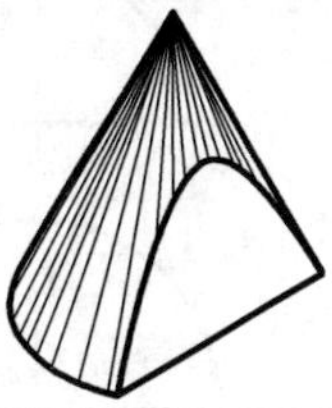
投影图	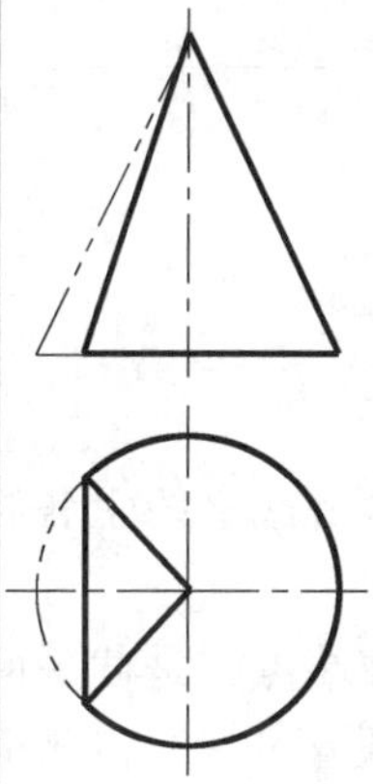	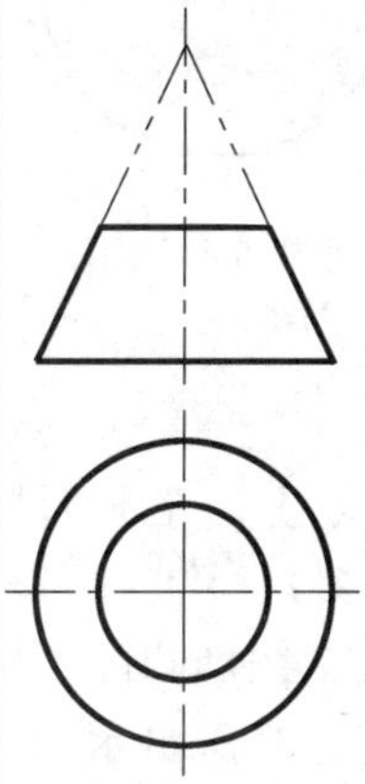	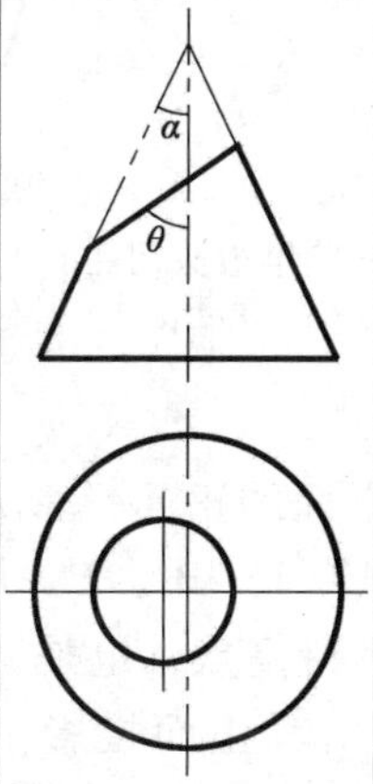	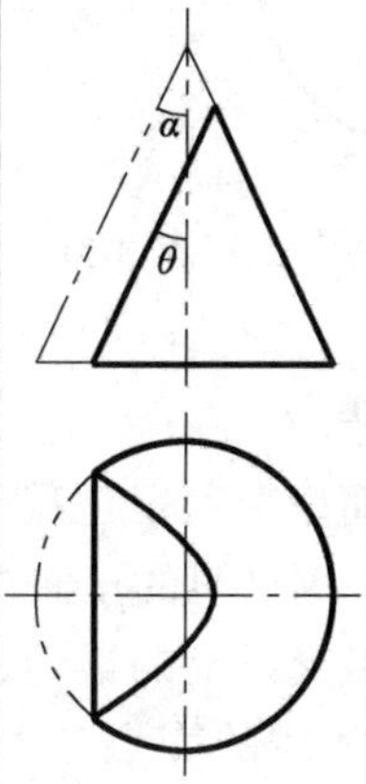	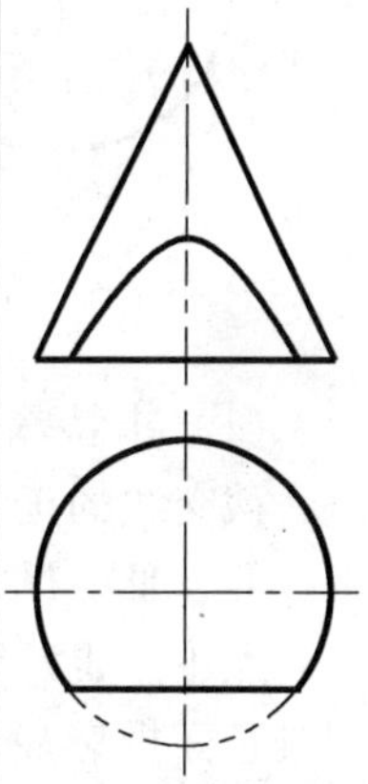

（1）当截平面通过圆锥锥顶时，截交线为三角形，截平面与圆锥面的交线为两条素线；

（2）当截平面垂直于圆锥轴线时，截交线为一纬圆；

（3）当截平面与圆锥面上的所有素线相交，即 $\theta>\alpha$ 时，截交线为一椭圆；

（4）当截平面平行于圆锥面上的一条素线，即 $\theta=\alpha$ 时，截交线为抛物线与直线组成的平面图形；

（5）当截平面平行于圆锥面上的两条素线，即 $\theta<\alpha$，包括 $\theta=0$（截平面平行于圆锥轴线）时，截交线为双曲线与直线组成的平面图形。

截交线的形状不同，其作图方法也不一样。交线为直线时，只需求出直线上两点的投影连直线即可；截交线为圆时，应找出圆心和半径，直接画出；当截交线为椭圆、抛物线和双曲线时，需作出截交线上特殊点和一般点的投影，用描点法按曲线性质光滑连线。

【例 3-13】 如图 3-31（a）所示，已知被切割圆锥的正立面图，完成平面图和侧立面图。

分析：

圆锥轴线为铅垂线，截平面 P 是正垂面，与圆锥轴线斜交并与圆锥面上所有素线相交（$\theta > \alpha$），所以截交线为一椭圆。椭圆的长轴就是截平面与圆锥前后对称面的交线（正平线），其端点在最左、最右素线上；而短轴则是通过长轴中点的正垂线。椭圆的正面投影与截平面 P 的正面投影 P_V 重合，其水平投影及侧面投影是椭圆（但不反映实形）。

作图（图3-31b）：

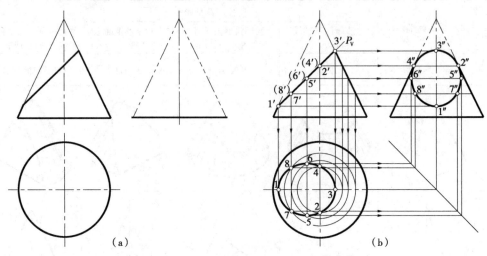

图3-31 作圆锥被截切后的平面图和侧立面图
(a) 已知；(b) 作图过程

（1）求特殊点。

截交线的正面投影积聚在截平面的正面投影 P_V 上，在 V 面标出截交线上各特殊点 Ⅰ、Ⅱ、Ⅲ、Ⅳ、Ⅴ、Ⅵ的正面投影 $1'$、$2'$、$3'$、$(4')$、$5'$、$(6')$。

点Ⅰ、Ⅲ是截交线上的最低、最高点，也是截交线椭圆的长轴端点，是截平面 P 与圆锥正面投影轮廓线的交点，可由其正面投影 $1'$、$3'$ 作出水平投影 1、3 和侧面投影 $1''$、$3''$；

点Ⅱ、Ⅳ是截平面 P 与圆锥侧面投影轮廓线的交点，由正面投影 $2'$、$(4')$ 可作出 $2''$、$4''$，再由 $2'$、$(4')$ 和 $2''$、$4''$ 求得 2、4，或者利用纬圆法由 $2'$、$(4')$ 求得 2、4；

点Ⅴ、Ⅵ是截交线椭圆的短轴端点，也是截交线上的最前、最后点，其正面投影 $5'$、$(6')$ 应在 $1'3'$ 的中点处，水平投影 5、6 可利用纬圆法（或素线法）求得，再根据 $5'$、$(6')$ 和 5、6 求得 $5''$、$6''$。

（2）求一般点。

求一般点是为了准确作图，在特殊点之间空隙较大的位置上作出适当数量的一般点。此处先在正面投影中取一般点Ⅶ、Ⅷ的投影 $7'$、$(8')$，再利用纬圆法作出水平投影 7、8，继而求得侧面投影 $7''$、$8''$。

（3）连线并判别可见性。

按Ⅰ—Ⅶ—Ⅴ—Ⅱ—Ⅲ—Ⅳ—Ⅵ—Ⅷ—Ⅰ的顺序将所求各点的水平投影及侧面投影光滑连接成椭圆（注意对称性），两面投影均为可见。

（4）整理投影轮廓线，完成作图。

圆锥水平投影轮廓线为底圆投影，底圆未参与相交，所以水平投影轮廓圆完整；侧面投影中，由正立面图可以看出，侧面投影轮廓线由点Ⅱ、Ⅳ以上部分被截去，因此侧面投影轮廓在2″、4″以上部分不存在，只画出以下部分及底圆的积聚投影。

三、圆球的截交线

平面截切圆球所得的截交线总是圆，但由于截平面与投影面的相对位置不同，截交线圆的投影可以是直线、圆或椭圆。当截平面为某一投影面的平行面时，截交线在该投影面上的投影反映截交线圆实形，另两投影则积聚为长度等于该圆直径的直线段；当截平面为某一投影面的垂直面时，截交线在该投影面上的投影为一长度等于截交线圆直径的直线段，另两投影均为椭圆。

【例 3-14】 已知圆球被截切的正立面图，如图 3-32（a）所示，作出截切后圆球的平面图和侧立面图。

分析：

截平面 P 为正垂面，截交线为一个位于该正垂面上的圆。该圆的正面投影积聚为一直线段，与 P_V 重合，其长度即为截交圆的直径。截交圆的水平投影和侧面投影均为椭圆，需用描点法作图。立体图如图 3-32（b）所示。

作图：

（1）确定投影椭圆长、短轴的端点，如图 3-32（c）所示。

在正立面图中标出点 1′、2′，点Ⅰ、Ⅱ是截交线的最左、最右、最上和最下点，由于它们在球面的正面投影轮廓线上，故由正面投影 1′、2′可求出水平投影 1、2 和侧面投影 1″、2″。1、2 和 1″、2″就是截交圆水平投影和侧面投影中椭圆短轴的端点。

在 1′2′中点处标出点 3′、(4′)。ⅢⅣ为截交圆内与直径ⅠⅡ相垂直的直径，点Ⅲ、Ⅳ是截交线的最前和最后的点。过 3′、(4′) 作辅助纬圆，可得Ⅲ、Ⅳ的水平投影 3、4 和侧面投影 3″、4″。34 和 3″4″的长度都反映截交圆的直径实长，3、4 和 3″、4″就是截交圆水平投影和侧面投影中椭圆长轴的端点。

（2）作投影轮廓线上的点，如图 3-32（c）所示。

在正立面图中可直接找出球面水平投影轮廓线与截平面 P 的交点 5′、(6′)，由 5′、(6′) 可求出水平投影 5、6，进而求得侧面投影 5″、6″。点 5、6 是截交线的水平投影椭圆与圆球水平投影轮廓线的切点。

同理，由球面侧面投影轮廓线与截平面 P 的交点的正面投影 7′、(8′) 可求得侧面投影 7″、8″和水平投影 7、8。点 7″、8″是截交线的侧面投影椭圆与圆球侧面投影轮廓线的切点。

（3）作一般点。

在正立面图的适当位置取几对一般点，用纬圆法求出其水平投影和侧面投影，请读者自己完成。

（4）连线并判别可见性，如图 3-32（d）所示。

按照Ⅰ—Ⅴ—Ⅲ—Ⅶ—Ⅱ—Ⅷ—Ⅳ—Ⅵ—Ⅰ的顺序光滑连接各点的同面投影（注意椭圆曲线的对称性），截交线的两面投影均可见。

（5）整理投影轮廓线，完成作图，如图 3-32（d）所示。

由正立面图可知，水平投影轮廓线以点Ⅴ、Ⅵ为界，以左部分被截掉；侧面投影轮廓线以点Ⅶ、Ⅷ为界，以上部分被截掉。加粗可见图线，完成作图。

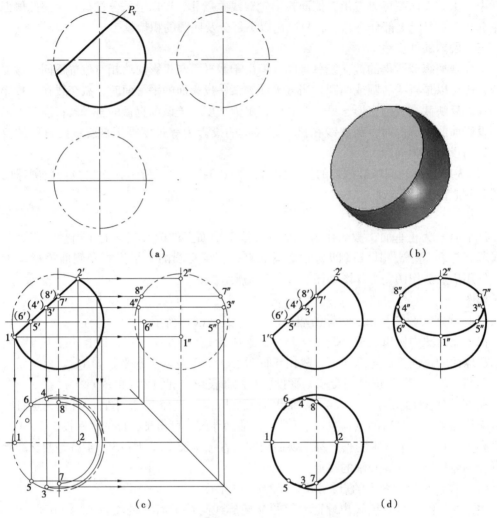

图 3-32 作圆球被截切后的平面图和侧立面图
(a) 已知；(b) 立体图；(c) 求点；(d) 连线，整理

【例 3-15】 如图 3-33 (a) 所示为圆头螺钉头部的正立面图，完成其平面图和侧立面图。

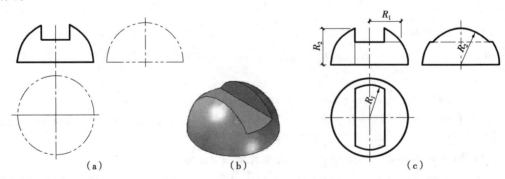

图 3-33 圆头螺钉头部三视图
(a) 已知；(b) 立体图；(c) 作图过程

分析：

圆头螺钉头部是半球被两个以轴线对称的侧平面及一个水平面切割而成。每一个截平面截切半球形成的交线均为圆弧，且在各自平行的投影面上反映实形，在其他投影面上有积聚性，立体图如图3-33（b）所示。

三个截平面的正面投影都积聚为直线，因此截交线的正面投影为已知，根据正面投影找出截交圆弧的半径，完成其他投影。

作图（图3-33c）：

（1）作水平截平面截切半球形成的截交线。

水平截平面截切半球形成的截交线为前后两段水平的圆弧和两条直线段组成的平面图形。水平投影反映圆弧的实形，半径为 R_1；侧面投影积聚为直线，不可见部分为虚线。

（2）作两侧平截平面截切半球形成的截交线。

两侧平截平面截切半球形成的截交线为平行于侧面的圆弧和直线段组成的平面图形，两截交线侧面投影重合，且反映圆弧的实形，半径为 R_2；水平投影积聚为两条直线段。

（3）整理投影轮廓线，完成作图。

由正立面图可知，半球底面未参与相交，故水平投影轮廓线完整画出；半球侧面投影轮廓线在水平截平面以上部分被切去，因此该部分的侧面投影不应画出。

四、组合回转体的截交线

组合回转体是由若干基本回转体组成的。作图时首先要分析各部分的曲面性质，然后分析截平面与其截切的位置，确定其截交线的形状，再分别作出其投影。

【例3-16】 如图3-34（a）所示，完成组合回转体被切割后的正立面图。

分析：

形体为一组合回转体，立体图如图3-34（b）所示。它是由同轴的球体、圆锥体和圆柱体所组成，其中圆锥体与球体相切。该回转体在前、后对称的位置被两个正平面各切掉一部分，因此，得到两条完全相同的截交线。截交线由两段曲线组成封闭的平面图形，一段为圆弧（与球面部分的截交线），另一段为双曲线（与圆锥面部分的截交线），圆柱面部分未被截切。这两段曲线在球面和圆锥面的分界线处连接，作图时先要在图上确定球面与圆锥面的分界线。

截平面的水平投影和侧面投影都积聚为直线，因此，截交线的水平投影和侧面投影为已知，与截平面的积聚投影重合，需求作截交线的正面投影。

作图（图3-34c）：

（1）找出球面与圆锥面的分界线，作球面的截交线并找出两段截交线的结合点 I 和 II。

球面及圆锥面的分界圆是两个曲面的公共纬圆。先在正面投影中找出这两个曲面投影轮廓线的切点，为此过球心作圆锥面投影轮廓线的垂线，垂足 a'、b' 即为切点，连线 $a'b'$ 得到球面与圆锥面的分界线——侧平纬圆。

截平面与球面的截交线为一段正平圆弧，其半径 R 可从平面图或侧立面图中直接量出，该圆弧与球面及圆锥面的分界线（正面投影为直线 $a'b'$）的交点即为两段截交线的结合点 I、II，其正面投影为 $1'$、$2'$。

（2）作圆锥面的截交线（双曲线）。

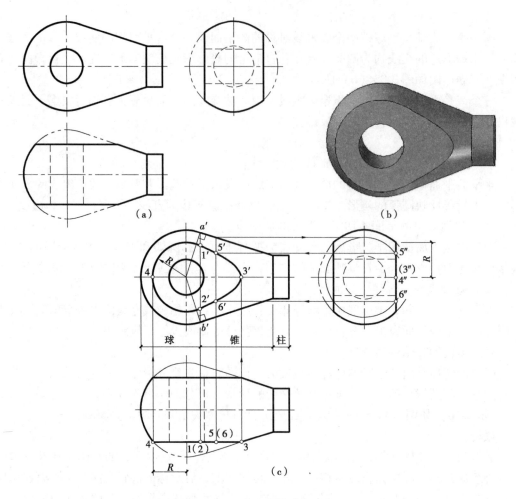

图 3-34 组合回转体的截交线
(a) 已知；(b) 立体图；(c) 作图过程

先确定双曲线上的顶点Ⅲ。由平面图中截平面的积聚投影与圆锥投影轮廓线的交点 3 作"长对正"，即得到点Ⅲ的正面投影 3′。

用纬圆法作双曲线上的一般点Ⅴ、Ⅵ。在正立面图中 3′和 1′、2′之间适当位置作圆锥面上的一个侧平纬圆，侧面投影反映纬圆实形，该纬圆与截平面的积聚投影交于点 5″、6″，然后按投影关系求出 5′、6′。

按 1′—5′—3′—6′—2′的顺序依次光滑连接双曲线。

（3）整理投影轮廓线，完成作图。

前后两截交线的正面投影重合在一起，以粗实线画出。截平面与组合回转体的正面投影轮廓线未相交，因此正面投影轮廓完整。

第十一节 平面体与曲面体表面的交线

平面体与曲面体相交，所得的相贯线一般情况下是：

(1) 由若干段平面曲线组成的空间封闭线；

(2) 由若干段平面曲线和直线组成的空间封闭线。

如图 3-14（b）所示，圆锥与三棱柱相交，相贯线由椭圆弧、直线、圆弧组成。

相贯线上每一段平面曲线（或直线）都是平面体的一个棱面或底面与曲面体表面的交线（截交线）；相邻两段平面曲线（或直线）的转折点是平面体的棱线与曲面体表面的交点。因此，求作平面体与曲面体的相贯线，可以归结为求作平面体的各个表面与曲面体形成截交线的组合，注意，各段截交线的结合点是平面体的棱线对曲面体表面的交点。

【例 3-17】求作圆锥形薄壳基础的表面交线，如图 3-35（a）所示。

分析：

圆锥形薄壳基础可看成由四棱柱和圆锥相交而成，四棱柱与圆锥全贯，未贯通。由于四棱柱的四个棱面皆平行于圆锥轴线，因此，四棱柱和圆锥的相贯线是由四段双曲线组合而成，四段双曲线的转折点是四棱柱的四条棱线与圆锥面的交点，立体图如图 3-35（b）所示。

由于四棱柱各棱面的水平投影有积聚性，因此相贯线的四段双曲线的水平投影与各棱面的水平投影重合（矩形），只需求作相贯线的正面及侧面投影。对于正面投影，前后两段双曲线投影重合，左右两段双曲线分别积聚在四棱柱的左右棱面的正面投影上；对于侧面投影，相贯线的左右两段双曲线投影重合，前后两段双曲线分别积聚在四棱柱的前后两个棱面上。作图时应注意双曲线的对称性。

作图：

(1) 求转折点Ⅰ、Ⅱ、Ⅲ、Ⅳ及双曲线上特殊点Ⅴ、Ⅵ、Ⅶ、Ⅷ，如图 3-35（c）所示。

四棱柱的四条棱线均为铅垂线，因此相贯线上的四个转折点（也是最低点）Ⅰ、Ⅱ、Ⅲ、Ⅳ的水平投影 1、2、3、4 为已知，用纬圆法（四点位于圆锥面上的一个水平纬圆上）求出它们的正面投影（1'）、2'、3'、(4')，再求出其侧面投影 1"、2"、(3")、(4")。

作各段双曲线上的顶点（最高点）。前、后两段双曲线上的顶点Ⅴ、Ⅶ正好位于两立体左、右对称平面内，它们是圆锥面上最前、最后两条素线与四棱柱前、后棱面的交点，可直接在水平投影和侧面投影中定出，即 5、7 和 5"、7"，再求出其正面投影 5'、(7')；同理，左、右两段双曲线上的顶点Ⅵ、Ⅷ是圆锥面上最左、最右两条素线与四棱柱左、右棱面的交点，可直接标出它们的水平投影 6、8 和正面投影 6'、8'，再求出其侧面投影 (6")、8"。

(2) 求双曲线上一般点，如图 3-35（c）所示。

可用素线法（或纬圆法）求出前、后两段双曲线上两个处于对称位置的一般点 A、B。先在水平投影中取 a、b 两点，通过 a、b 分别作出圆锥面上的两条素线，再在两条素线的正面投影上定出 a'、b'。同样的方法可以作出左、右双曲线上的一般点。

(3) 连线，并判别可见性，如图 3-35（d）所示。

正面投影中，光滑连接前段双曲线 2'—a'—5'—b'—3'，与后段双曲线 (1')—(7')—(4') 投影重合；连接左、右两段双曲线的积聚直线 2'8'、3'6'，分别与后半部分积聚线 (1') 8'、(4') 6' 投影重合。

侧面投影中，光滑连接左段双曲线 1"—8"—2"，与右段双曲线 (4")—(6")—

(3″) 投影重合；连接前、后两段双曲线的积聚直线 2″5″、1″7″，分别与右半部分积聚线 (3″) 5″、(4″) 7″投影重合。

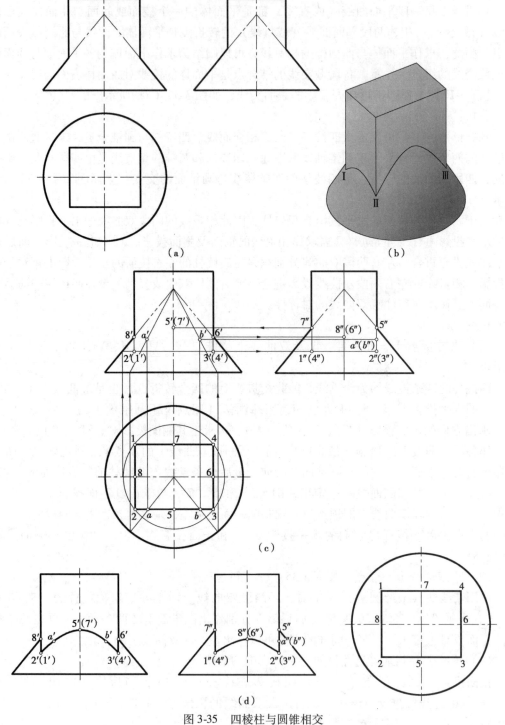

图 3-35 四棱柱与圆锥相交
(a) 已知；(b) 立体图；(c) 求点；(d) 连线，整理

（4）整理四棱柱的棱线以及圆锥的投影轮廓线，完成作图，结果如图 3-35（d）所示。

四棱柱四条棱线分别画至交点Ⅰ、Ⅱ、Ⅲ、Ⅳ，正面投影前后棱线重合，侧面投影左右棱线重合；圆锥正面投影轮廓线画至8′、6′，侧面投影轮廓线画至5″、7″。

第十二节　两曲面体表面的交线

两曲面体相交，其相贯线一般情况下是封闭的空间曲线，如图 3-36（a）所示；特殊情况下，相贯线可能是平面曲线或直线，如图 3-36（b）所示。

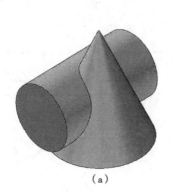

图 3-36　两曲面体相交
(a) 一般情况；(b) 特殊情况

相贯线的形状不仅取决于相交两曲面体的几何形状，而且也和它们所处的相对位置有关。即使是两个形状相同的曲面体相交，当它们的相对位置不同时，其相贯线的形状也要随之变化。因此，在求相贯线时，首先要分析两相交曲面体的几何形状及相对位置，对相贯线形成的情况（一般情况、特殊情况）进行初步判断，然后根据相贯线的形状进行作图。

由相贯线的性质可知，相贯线是两立体表面的共有线，相贯线上的点是两个相交立体表面的共有点。因此，求两曲面体相贯线的实质就是求两立体表面共有点的集合。

求作两曲面体的相贯线的投影时，一般先作出两曲面体表面上一系列共有点的投影，然后再连成相贯线的投影。在求作相贯线上点的投影时，应首先作出相贯线上的一些特殊点，即确定相贯线的投影范围和变化趋势的点，如最高、最低、最左、最右、最前和最后等极限位置点，投影轮廓线上的点，可见与不可见的分界点等；为了作图准确，还需要再求作相贯线上的若干一般点；最后将求出的上述各点的同面投影依次光滑连接并判别可见性，得到相贯线的投影。可见性的判别原则：只有同时位于两个立体均可见表面上的线才是可见的，否则不可见。

求两曲面体相贯线上点的常用方法有：表面取点法和辅助平面法。

一、表面取点法求相贯线

两曲面体相交，如果其中有一个立体表面的投影具有积聚性，则相贯线在该投影面上的投影一定重影在有积聚性的立体表面的投影上。这时，可以把相贯线看成是另一立体表面的曲线，利用在曲面体表面取点的方法作出相贯线上一系列点的其他投影。这种在曲面体表面取点求相贯线上点的方法称为表面取点法。

两曲面体相交中，两圆柱或圆柱与其他回转体相交的情况很多，但只要其中有圆柱的轴线垂直于某一投影面时，则相贯线在该投影面上的投影就一定重影在圆柱的积聚投影上，使相贯线的这一投影成为已知，利用这一已知投影，就可利用在另一曲面体表面取点的方法作出相贯线的其他投影。

具体作图时，先在圆柱面的积聚投影上标出相贯线上的特殊点和一般点；然后把这些点看作另一曲面体表面的点，用表面取点的方法，求出这些点的其他投影；最后，把这些点的同面投影依照可见性光滑地连接起来，即得到相贯线的投影。

【例3-18】完成两正交圆柱面的表面交线投影，其中一个的轴线垂直于水平面，如图3-37（a）所示。

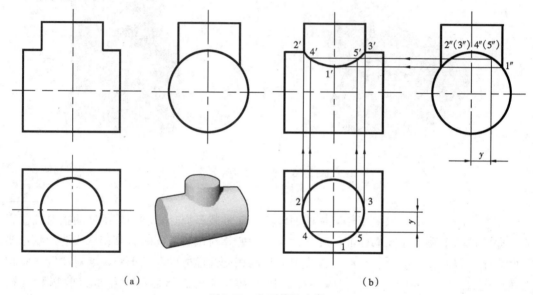

图 3-37　曲面体的交线
（a）原图；（b）作图过程

分析：

这是铅垂圆柱和水平圆柱相交，其轴线垂直相交，相贯线的水平投影重影在铅垂圆柱面的水平投影的圆上，侧面投影在水平圆柱的侧面投影圆上。

作图：

（1）求特殊位置的点。Ⅰ点是铅垂圆柱面最前素线与水平圆柱面的交点，它是最前点，也是最下点，可以直接求出；Ⅱ、Ⅲ点为铅垂圆柱面最左素线和最右素线与水平圆柱面的交点，它们是最高点，可以直接求出。

（2）求一般位置的点。在铅垂圆柱面的水平投影圆弧上取4、5两点，它们的侧面投影为4″、5″，其正面投影可以根据投影规律求出。

（3）顺次光滑地连接2′、4′、1′、5′、3′点，就是相贯线的正面投影。擦去多余的作图线，整理完成全图。

二、辅助平面法求相贯线

辅助平面法求作两曲面体的相贯线是比较普遍的方法,既可以用表面取点法求解,也可以采用辅助平面求解。如图 3-38 所示,为求两曲面体的相贯线,可以作一辅助平面,使辅助平面与两曲面体都相交,求出辅助平面与两立体的截交线,再作出两截交线的交点,两截交线的交点即为两立体表面的共有点,该共有点是根据三面共点的原理求出的,它既在截平面上,又在两曲面体表面上,它就是所求相贯线上的点。用辅助平面求相贯线上点的方法称为辅助平面法。

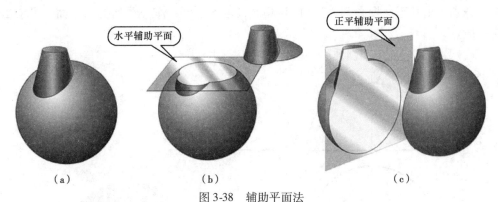

图 3-38　辅助平面法
(a) 圆球与圆台相交;(b) 水平辅助平面;(c) 正平辅助平面

由上述作图原理可得辅助平面法求相贯线上点的作图步骤:
(1) 设立合适的辅助平面;
(2) 分别作出辅助平面与两曲面体的截交线;
(3) 求出两条截交线的交点——相贯线上的点。

显然,每设立一个辅助平面就可以求出一些共有点。解题时,可根据需要设立若干个辅助平面,从而求出一系列属于相贯线上的点,然后把这些点光滑地连接起来,即得到两曲面体的相贯线。

应当指出,用辅助平面法求共有点的三个作图步骤中,第一步是至关重要的,关键是选择好恰当的辅助平面。为简化作图,所选择的辅助平面与两立体表面所产生的截交线的投影应该是简单易画的圆或直线。如图 3-38 中的水平面与圆台和球的截交线都为圆;正平面(过圆台轴线)与圆台和球的截交线分别为直线和圆。

【例 3-19】 求圆台与半球的相贯线,如图 3-39(a)所示。

分析:

由已知条件可知,圆台的轴线不过球心,但圆台和半球有公共的前后对称面。圆台与半球全贯但未贯通,因此相贯线是一条前后对称的封闭的空间曲线,立体图如图 3-39(b)所示。由于这两个立体的三面投影均无积聚性,相贯线的三面投影均未知,所以不能用表面取点法求作相贯线的投影,但可以用辅助平面法求得。

作图:

(1) 求特殊点,如图 3-39(c)所示。

由图 3-39(a)可知,圆台的正面投影轮廓线和半球的正面投影轮廓线相交,交点 Ⅰ、Ⅱ(相贯线上的最低、最高点)的正面投影 1′、2′可直接得出,由此求出其水平投影1、2及侧面投影1″、(2″)。

最前点Ⅲ和最后点Ⅳ在圆台的侧面投影轮廓线上，可过圆台锥顶作侧平面 P 为辅助面，由 P 与圆台、半球的截交线（分别为梯形和半圆）的交点确定其侧面投影3″、4″，再求出其正面投影3′、(4′)，继而求得其水平投影3、4。

（2）求一般点，如图3-39（d）所示。

在特殊点之间的适当位置上作水平面 Q 为辅助面，它与圆台和半球的截交线均为圆，作出两圆水平投影的交点就是相贯线上两个一般点Ⅴ、Ⅵ的水平投影5、6，再根据投影关系，分别求出其正面投影5′、(6′)和侧面投影5″、6″。作一系列的水平面，可求出若干个一般点。

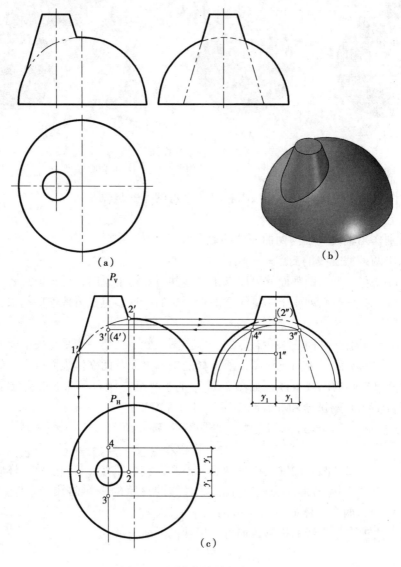

图3-39　圆台与半球相交（一）
(a) 已知；(b) 立体图；(c) 求特殊点

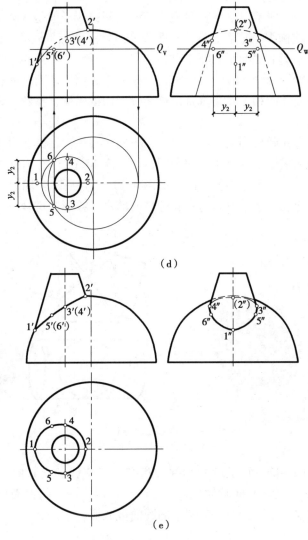

图 3-39 圆台与半球相交（二）
(d) 求一般点；(e) 连线，整理

（3）连线，整理两立体投影轮廓线，完成作图，如图 3-39（e）所示。

按 Ⅰ—Ⅴ—Ⅲ—Ⅱ—Ⅳ—Ⅵ—Ⅰ 的顺序依次连接各点的同面投影，并判断可见性。当两回转体表面都可见时，其上的交线才可见。按此原则，相贯线的正面投影前后对称，曲线段 1′—5′—3′—2′ 与 1′—(6′)—(4′)—2′ 重合，只需按顺序光滑连接前面可见部分各点的投影；相贯线的水平投影全部可见，按 1—5—3—2—4—6—1 的顺序连接，即得相贯线的水平投影；相贯线的侧面投影以点 3″、4″ 为分界点，下段 4″—6″—1″—5″—3″ 可见，用粗实线依次光滑连接；上段 4″—(2″)—3″ 不可见，用虚线依次光滑连接。

圆台正面投影轮廓线画至点 1′、2′，侧面投影轮廓线画至点 3″、4″，与半球重影部分为可见；半球正面投影轮廓线 1′、2′ 之间为贯入线，不画，侧面投影轮廓线未参与相交，但与圆台重影部分不可见，画成虚线。

三、两曲面体相交的特殊情况

两个曲面体相交，一般情况下相贯线为封闭的空间曲线，但是在某些特殊情况下，也可能是平面曲线（圆或椭圆）或者直线。这里仅介绍常见的相贯线的特殊情况。

1. 两个公切于同一球面的回转体的相贯线

当两个回转体的轴线相交，且轴线面平行于某一投影面，若两个回转面公切于同一个圆球面，则这两个曲面体的相贯线是垂直于这个投影面的椭圆，椭圆在该投影面上的投影为直线。

最常见的是两个等径圆柱相交，两圆柱公切于同一圆球面，其相贯线是两个椭圆。当两圆柱轴线正交时，相贯线由两个相同的椭圆，如图3-40（a）所示；当轴线斜交时，相贯线为两个短轴相等、长轴不相等的椭圆，如图3-40（b）所示。椭圆的正面投影为两圆柱投影轮廓线交点的连线，水平投影与直立圆柱面的水平投影圆重合。

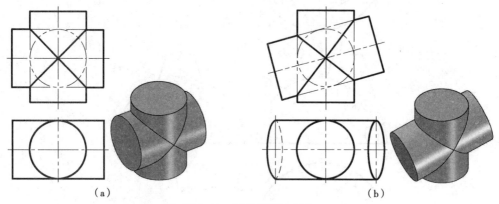

图3-40 两等径圆柱相交
（a）两圆柱正交；（b）两圆柱斜交

同样，当公切于同一圆球面的圆柱和圆锥相交（正交或斜交）时，它们的相贯线也是两个大小相等或大小不等的椭圆，如图3-41所示。这些椭圆的正面投影仍然是两立体投影轮廓线交点的连线，水平投影则是两个椭圆的类似形。

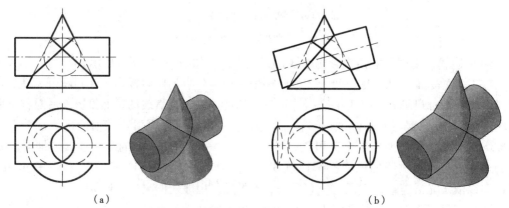

图3-41 公切于同一球面的圆柱与圆锥相交
（a）圆柱与圆锥正交；（b）圆柱与圆锥斜交

工程上常用圆锥过渡接头连接两个不同直径的圆柱管道结构，如图3-42所示。两圆柱分别与圆锥过渡接头公切于圆球面,它们的相贯线(椭圆)的投影为直线段。

工程上常见由圆柱面组成的屋顶交线,如图 3-43 所示。图中屋顶是由两个直径相等、轴线正交的半圆柱组成的,屋顶的交线是两个相等的半椭圆。

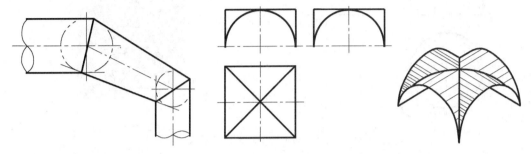

图 3-42　过渡接头连接管道　　　　图 3-43　圆柱面组成的屋顶交线

2. 两同轴回转体的相贯线

两同轴回转体(轴线在同一直线上的两个回转体)相交,其相贯线是垂直于轴线的圆。当轴线平行于投影面时,交线圆在该投影面上的投影积聚为一条直线段;当轴线垂直于投影面时,交线圆在该投影面上的投影为圆。如图 3-44 所示,(a)是圆锥和球同轴相交而成的相贯线;(b)是由圆柱和球、圆柱孔和球同轴相交而成的相贯线。

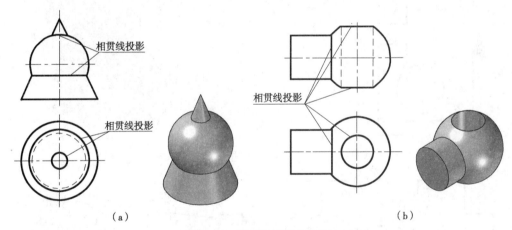

图 3-44　两同轴回转体相交
(a) 同轴圆锥和球相交;(b) 同轴圆柱和球相交

3. 两轴线平行的圆柱的相贯线

两轴线平行的圆柱相交时,两圆柱面的交线为平行于圆柱轴线的直线。如图 3-45 所示,两圆柱的相贯线由两条平行直线 AB、CD 和一段圆弧 AC 组成,因两圆柱底面共面,故相贯线不封闭。

四、立体表面交线的综合举例

在实际工程中,有时会遇到两个以上的立体相交的情况,如图 3-46 所示。求多个立体相交的相贯线,其作图方法和求两个立体相交的相贯线一样,在作图前,首先要分析各相交立体的形状和相对位置,确定每两个相交立体的相贯线的形状,然后分别求出各部分相贯线的投影。

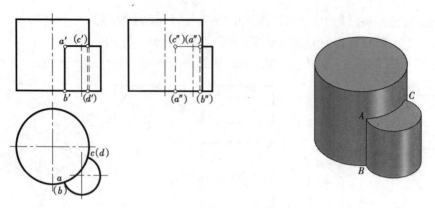

图 3-45 两轴线平行的圆柱相交

【例 3-20】 如图 3-46（a）所示，求三个互交的圆柱的交线。

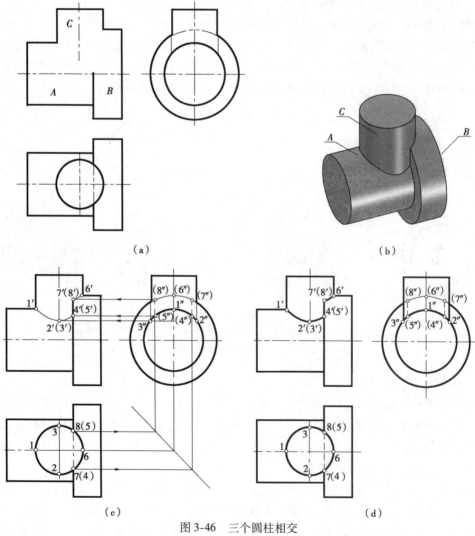

图 3-46 三个圆柱相交
(a) 已知；(b) 立体图；(c) 求交线；(d) 整理轮廓线

分析：

圆柱 A 和圆柱 B 同轴（轴线为侧垂线），直立圆柱 C 分别与圆柱 A、B 正交，立体图如图 3-46（b）所示。圆柱 C、A 的相贯线和圆柱 C、B 的相贯线都是空间曲线，其正面投影表现为向圆柱 A 和 B 内弯曲（因圆柱 C 的直径较小）；圆柱 B 的左端面（平面）与圆柱 C 的轴线平行，其交线为圆柱 C 上的两条素线。通过以上分析可知，三个圆柱之间的交线由两段空间曲线和两条直线段组成。

作图：

（1）求圆柱 C 与 A 的相贯线及圆柱 C 与 B 的相贯线，如图 3-46（c）所示。

圆柱 C 的水平投影和圆柱 A 的侧面投影均有积聚性，所以它们的相贯线 Ⅳ—Ⅱ—Ⅰ—Ⅲ—Ⅴ 的水平投影（4）—2—1—3—（5）和侧面投影（4″）—2″—1″—3″—（5″）都分别重影在相应的圆弧上，利用水平投影和侧面投影可求出相贯线的正面投影 4′—2′—1′—（3′）—（5′），其中 Ⅰ 为圆柱 C 和 A 正面投影轮廓线上的点，Ⅱ、Ⅲ 为圆柱 C 侧面投影轮廓线上的点；同理，可求出圆柱 C 与 B 相贯线 Ⅶ—Ⅵ—Ⅷ 的三面投影。两段相贯线都是前后对称，正面投影分别前后重合，按可见画出。

（2）求圆柱 B 的左端面与圆柱 C 的截交线，如图 3-46（c）所示。

圆柱 C 及圆柱 B 左端面水平投影有积聚性，截交线 Ⅶ—Ⅳ、Ⅷ—Ⅴ 是铅垂线，其水平投影积聚为点 7、（4）和 8、（5）；侧面投影为直线段（7″）—（4″）和（8″）—（5″），均不可见；正面投影为 7′—4′和（8′）—（5′），两线段重合，按可见画出。

（3）整理投影轮廓线，完成作图，结果如图 3-46（d）所示。

圆柱 C 侧面投影轮廓线应画到 2″、3″；圆柱 B 的侧面投影中，与圆柱 C 重影部分的圆弧应画成虚线；圆柱 B 左端面 Ⅶ—Ⅷ 段为贯入线，但端面下部积聚投影不可见，因此画成虚线，正面投影向上画至 7′、（8′）。

第十三节　螺旋楼梯的画法

一、圆柱螺旋线

圆柱螺旋线是工程上应用最广泛的空间曲线。

1. 圆柱螺旋线的形成

当一动点 M 沿着一根母线作匀速直线运动，同时，该母线绕与它平行的轴线作匀速旋转运动，动点的运动轨迹即为一根圆柱螺旋线，如图 3-47 所示。母线旋转时形成一圆柱面，圆柱螺旋线就是位于圆柱面上的空间曲线。该圆柱面称为圆柱螺旋线的导圆柱。

2. 圆柱螺旋线的三要素

形成圆柱螺旋线必须具备三个要素：

（1）导圆柱的直径 D。

（2）导程 S。当母线旋转一周时，动点沿母线移动的距离称为圆柱螺旋线的导程，用 S 表示。

（3）旋向。分右旋和左旋两种旋向。以拇指表示动点沿母线移动的方向，其他四指表示母线的旋转方向，若符合右手情况时，称为右螺旋线（图 3-47a）；若符合左手情况时，称为左螺旋线（图 3-47b）。

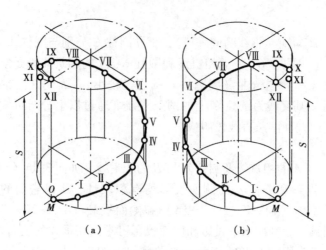

图 3-47 圆柱螺旋线的形成
(a) 右螺旋线；(b) 左螺旋线

3. 圆柱螺旋线的投影

设圆柱螺旋线的轴线垂直于 H 面，导圆柱直径为 D，导程为 S，右旋，求作旋转一周的圆柱螺旋线的 H、V 投影。作图步骤如下：

(1) 由导圆柱直径 D 和导程 S 作出导圆柱的 H 和 V 面投影，如图 3-48（a）所示。圆柱螺旋线是圆柱面上的线，所以圆柱螺旋线的水平投影重合在圆柱面的水平投影圆周上，不必另求，现只需作出圆柱螺旋线的正面投影。

(2) 将圆柱面的水平投影——圆周分为若干等分（如 12 等分），并按旋转方向编号 0、1、2、…、11、12，再在正面投影中将导程 S 作同样数目的等分，如图 3-48（b）所示。

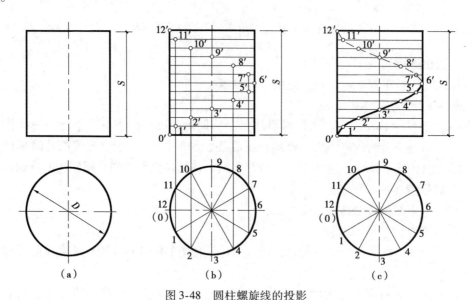

图 3-48 圆柱螺旋线的投影
(a) 作导圆柱的投影；(b) 作螺旋线上各等分点的投影；(c) 连线，完成投影

(3) 从圆周上各等分点作投影联系线，与正面投影中过相应各等分点作的水平线相交，得到螺旋线上各点的正面投影 0′、1′、2′、…、11′、12′，如图 3-48（b）所示。

(4) 用光滑曲线顺次连接各点的正面投影 0′、1′、2′、…、11′、12′，便得到螺旋线的正面投影。这是一根余弦曲线，在圆柱后面部分的一段螺旋线因不可见用虚线画出，如图 3-48（c）所示。

二、平螺旋面

1. 平螺旋面的形成和分类

平螺旋面是一种锥状面。它的曲导线为一根圆柱螺旋线，而直导线为该螺旋线的轴线。母线运动时，一端沿着曲导线，另一端沿着直导线，但始终平行于轴线所垂直的平面 P，形成的曲面称为平螺旋面，如图 3-49（a）所示。

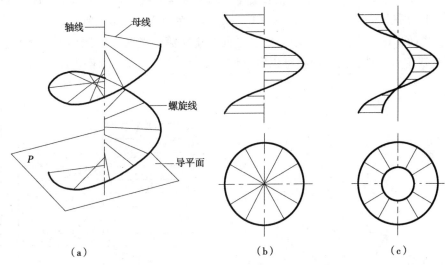

图 3-49　平螺旋面
(a) 立体图；(b) 投影图；(c) 空心平螺旋面投影图

2. 平螺旋面的投影

首先画出圆柱螺旋线及其轴线的两面投影，再画出曲面上若干条素线的投影，就得到平螺旋面的投影，具体画法如下，如图 3-49（b）所示：

(1) 将螺旋线的水平投影圆周分成若干等分（图中为 12 等分），各分点与圆心连线，即为平螺旋面上各素线的水平投影。

(2) 由螺旋线上各分点的水平投影作出正面投影，然后过各分点的正面投影作水平线与轴线相交，即得平螺旋面上各素线的正面投影。各素线为水平线。

如果螺旋面被一个同轴的小圆柱面所截，它的投影图如图 3-49（c）所示。小圆柱面与螺旋面的交线，是一根与螺旋曲导线有相等导程的螺旋线。

螺旋楼梯是平螺旋面在建筑工程中的应用实例，下面举例说明螺旋楼梯投影图的画法。

【例 3-21】已知螺旋楼梯所在内、外两个导圆柱的直径分别为 d 和 D，沿螺旋上行一圈有十二个踏步，导程为 H，设梯板厚度为 $H/12$。作出该螺旋楼梯（左旋）的两面投影。

分析：

在螺旋楼梯的每个踏步中，踏面为扇形，踢面为矩形，两端面是圆柱面，底面是平螺旋面；将螺旋楼梯看成是一个踏步沿着两条圆柱螺旋线上升而形成的，底板的厚度可认为是由底部螺旋面下降一定高度形成的，如图 3-50（a）所示。

设第一踏步的扇形踏面四个角点为 $A_1B_1C_1D_1$，踢面为 $OA_1B_1O_1$；第二踏步的扇形踏面四个角点为 $A_2B_2C_2D_2$，踢面为 $D_1A_2B_2C_1$。

作图：

（1）根据导圆柱直径 D 和 d 及导程 H，作出同轴两导圆柱的两面投影。

（2）将内、外导圆柱在 H 面的投影（两个圆）12 等分，得 12 个扇形踏面的水平投影。

（3）分别在内、外导圆柱的 V 面投影上，作出外螺旋线的正面投影 $o'd_1'd_2'd_3'$……及内螺旋线的正面投影 $o'c_1'c_2'c_3'$。步骤（1）~（3）如图 3-50（b）所示。

（4）过 OO_1 作正平面，过 D_1C_1 作水平面，交得第一踏步。其踢面的正面投影为 $o'a_1'b_1'o_1'$ 反映实形，踏面的正面投影积聚成水平线段 $a_1'c_1'$，弧形内侧面的正面投影为 $o_1'b_1'c_1'$。

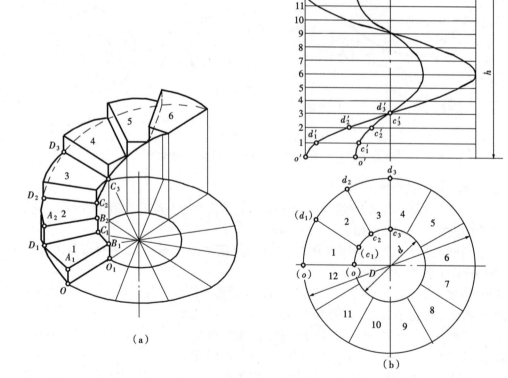

图 3-50 螺旋楼梯的投影图（一）
(a) 立体图；(b) 作内外螺旋线的投影

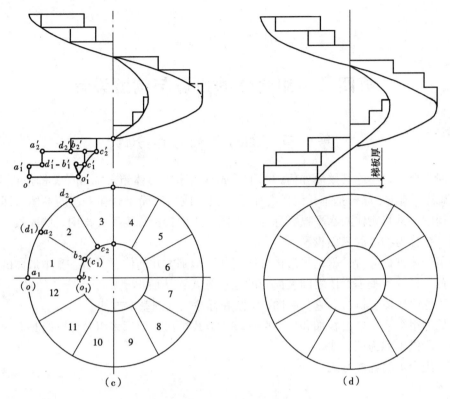

图 3-50 螺旋楼梯的投影图（二）
(c) 作踏步的投影；(d) 作底板的投影，描深图线

(5) 过点 D_1、C_1 作铅垂面，过 D_2、C_2 作水平面，交得第二踏步。其踢面的正面投影为 $d_1'a_2'b_2'c_1'$，踏面的正面投影积聚成水平线段 $a_2'c_2'$，同法作出其他踏步。

从第 4 至第 9 级踏步，由于本身的遮挡，踏步的 V 面投影大部分不可见，而可见的是底面的螺旋面。步骤（4）～（5）如图 3-50（c）所示。

(6) 将可见螺旋线段铅垂下移一个梯板厚度。

(7) 描深踏步及楼梯，完成作图。步骤（6）～（7）如图 3-50（d）所示。

第四章　组合体的投影与构型设计

第一节　组合体的形体分析

任何组合体，不论其繁简如何，都可看成是由基本形体组合而成的，即由许多棱柱、棱锥、圆柱、圆锥、球等基本几何体叠加（堆积）或切割而组合在一起的形体，即为组合体。工程图中常将物体的水平投影称为平面图，正面投影称为正立面图，侧面投影称为侧立面图，统称为物体的三面投影。

对组合体进行分析，就是将形体分解成若干个基本几何体，分析各基本形体的形状及相互位置，以及各基本形体之间表面间的连接方式，从而得出整个组合体的形状与结构，这种方法称为形体分析法。它是画图、读图和标注尺寸的基本方法。

常见的组合体主要由叠加和切割两种基本方式组成，但很多组合体同时具有这两种组合方式，所以也称为综合式。

一、组合体的组成方式

1. 叠加

叠加就是把基本几何体重叠地摆放在一起而构成组合体。

如图 4-1(a) 所示挡土墙，可看成是由底板、直墙和支撑板三部分叠加而成，其中底板是一个四棱柱，在底板上右边叠加了一个四棱柱直墙，左边叠加了一个三棱柱支撑板，如图4-1(b) 所示。

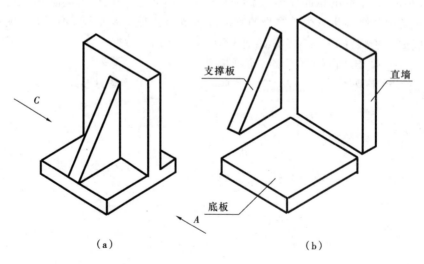

图 4-1　叠加

2. 切割

切割是指由一个或多个截平面对简单基本几何体进行截割，使之变为较复杂的形体，如图4-2(a)所示的条形基础,是在一个大四棱柱的基础上前后对称地各切割去一个小四棱柱和一个小三棱柱而形成的,如图4-2(b)所示。

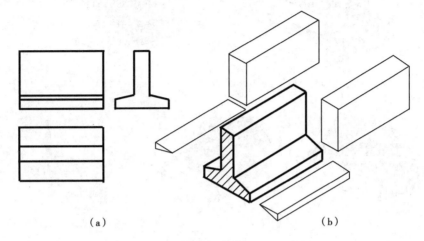

图 4-2 切割

3. 综合式

大多数组合体都是由切割和叠加组合而成的,如图4-3的台阶,可以看成综合式的组成方式。

二、组合体表面间的连接方式

各基本形体在组合的时候,表面之间由于过渡的方法不同,表面间的连接方式也不一样,在画图时,必须注意分析表面间的连接关系,才能不多线,不漏线。同理,读图时,也必须分出各基本形体表面间的连接关系,才能想出物体的形状。

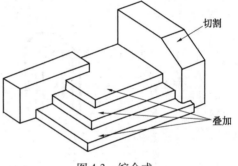

图 4-3 综合式

1. 各基本形体表面间的连接关系

具体可分为四种:不平齐、平齐、相交、相切,如图4-4所示。

2. 各基本形体表面间连接关系的画法

在读图和画图的时候,要注意分析各形体表面间连接关系的画法。

(1) 平齐

当两基本几何体上的两个平面互相平齐地连接成一个平面时,则它们在连接处(是共面关系)而不再存在分界线。因此在画它的视图时不应该再画它们的分界线。如图4-4(b)所示,底板和直墙的前端面连成一个共同的表面(即平齐),没有间隔,故其间不应画线。

(2) 相切

相切是指两基本体的表面光滑过渡,形成相切组合面。如图4-5所示的隧洞,由两个四棱柱与半个圆柱相切而成。注意由于两个基本体相切的地方没有轮廓线,因此形体间的切线不画。又如图4-6所示两圆柱表面相切,不画交线。

133

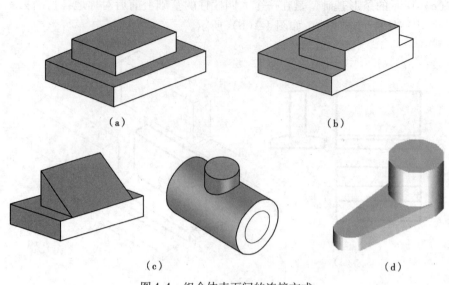

图 4-4 组合体表面间的连接方式
(a) 不平齐；(b) 平齐；(c) 相交；(d) 相切

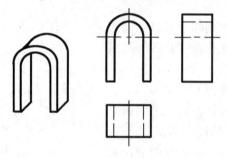

图 4-5 相切形式一

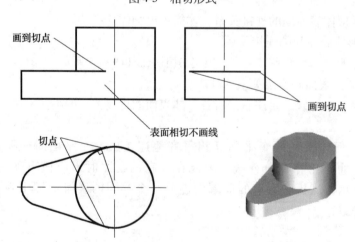

图 4-6 相切形式二

(3) 相交

相交是指两基本体的表面相交。如图 4-7(a) 所示的烟囱与坡屋面相交，其形体可看成是由四棱柱与五棱柱相交而成，其交线是一条闭合的空间折线。表面交线是它们的表面分界线，图上必须画出它们交线的投影，如图4-7（b）、图4-8所示。

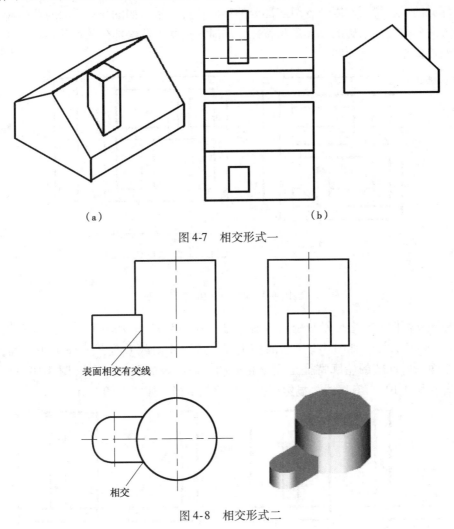

图 4-7 相交形式一

图 4-8 相交形式二

第二节 组合体的画法

画组合体的视图经常采用的是形体分析法，就是按照组合体的特点，假想将一个复杂的组合体分解为若干个基本形体，分析出各个基本形体的形状，以及各基本形体的相对位置和表面间的连接关系，并据此进行画图。

一般的组合体，可用三面投影图来表示。组合体投影的选择按以下几步考虑。

一、组合体画图的方法

1. 确定形体的安放位置

一般形体按自然位置或工作位置安放。如图 4-1、图 4-3 都是选择底面与 H 面平行。

有些形体按加工制作时的位置放置，如预制桩一般平放。

2. 选择正立面图

正立面图通常作为形体的主要投影，因此要求它的投射方向能尽量反映物体总体或主要组成部分的形状特征，以及各组成部分的相对位置关系。如图 4-9 所示的花格砖，箭头所指的方向不仅反映了砖的总体形状特征，同时也反映了花格部分的形状特征，所以选择该方向的投影作为正立面图。

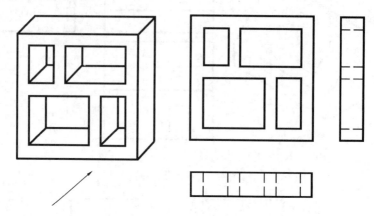

图 4-9 正立面图的选择

选择正立面图时，应尽量减少图中虚线的出现，因虚线表示不可见部分的轮廓线，虚线过多，不利于读图。如图 4-1 所示的挡土墙，选择 A 向或 C 向投影作为正立面图方向时，正立面图所反映的轮廓特征是完全相同的，但前者的侧立面图（图 4-10a）中无虚线，后者（图 4-10b）有虚线，显然选择 A 向比较恰当，如图 4-10 所示。

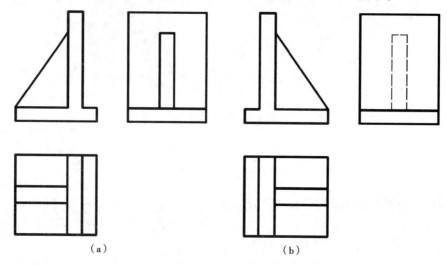

图 4-10 正立面图方向的选择
(a) A 向投影无虚线；(b) C 向投影虚线多

3. 合理布置图纸

此外，画正立面图时还要合理利用图纸。如图 4-11 所示的条形基础，一般选择较长的一面作为正立面图，这样投影所占的图幅较小，图形间匀称、协调，如图 4-11(a) 所示，而图 4-11(b) 显然图面布置不合理，右下角空白太多。

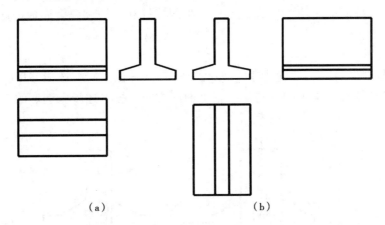

图 4-11 图面布置
(a) 图面布置合理；(b) 图面布置不合理

4. 确定投影数量

确定投影数量的原则是：在完整、清晰地表达物体形状的条件下，投影数量应尽量减少。如图 4-10 所示挡土墙，画出正立面图后，底板和支撑板还必须用平面图或侧立面图表示形状和宽度，而直墙则必须用平面图和侧立面图确定其形状和宽度，综合起来需要用三个投影表示。

二、组合体的画图举例

以图 4-12 所示的板式基础为例，介绍组合体的画图步骤。

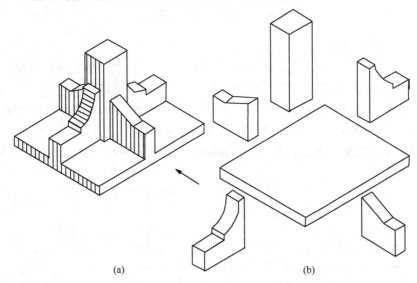

图 4-12 板式基础的形体分析

1. 形体分析

如图 4-12(a) 所示，该板式基础由底板、中柱、左右主梁和前后次梁四部分组成，其中底板是一个四棱柱；中柱在底板的中央，也是一个四棱柱；左右主梁在中柱左右两侧的中央,在两个大小不同的四棱柱叠合的基础上再在小的四棱柱上边各切割四分之一圆柱;前后次梁位于中柱的前后两侧中央,由一个小四棱柱和三棱柱叠合而成,如图 4-12(b)所示。

2. 选择投影

该板式基础按正常施工位置放置,使底板底面与 H 面平行。选能够反映基础各组成部分的形状特征及相对位置的方向作为正立面图方向。按上述步骤选定的三面投影,如图 4-13 所示。

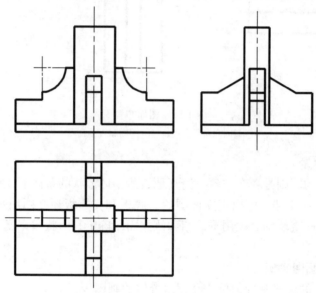

图 4-13　板式基础的三面投影

3. 画三面投影图底稿

选定了三面投影后,应根据形体的大小和注写尺寸所占的位置,选择适宜的图幅和比例,画图框和标题栏,布置各投影的位置,然后画底稿。画底稿的次序是:先画出各投影的基准线,如图 4-14(a) 所示;然后从主要形体入手,按各自之间的相互位置及"先主后次、先大后小、先整体后细部"的顺序逐个画出各基本体的投影。如图 4-12 所示的基础,应先画底板,如图 4-14(a) 所示;再在底板上方画出中柱,如图 4-14(b) 所示;然

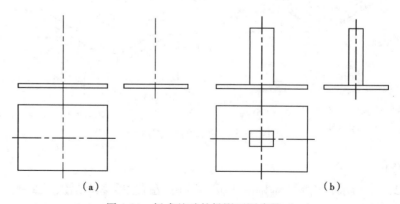

(a)　　　　　　　　　　(b)

图 4-14　板式基础的投影画图步骤(一)

后在中柱左右两侧中央画出左右主梁，如图 4-14(c) 所示；最后在中柱前后两侧中央画出前后次梁，如图4-14(d) 所示。

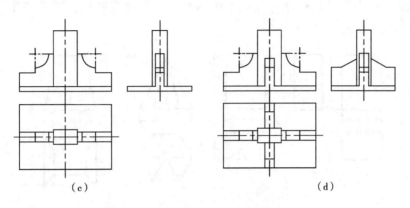

图 4-14　板式基础的投影画图步骤（二）

画图的一般顺序是：根据形体分析的结果先画主要部分，后画次要部分；先画大形体，后画小形体；先画整体形状，后画细节形状；先画反映圆的视图，再画非圆视图。先画实线，再画虚线。

4. 检查形体表面间的连接关系

画完底稿后，一定要检查形体表面间的连接关系，看看是否平齐、相交、相切等。

5. 加深

底稿完成后，检查各部分的投影是否完整，各投影之间是否符合投影规律。在校核无误后，擦去多余图线，按规定将线型加深，如图 4-13 所示。

第三节　组合体的尺寸标注

组合体的投影图虽然已清楚地表达了形体的形状和各部分的相互关系，但还需要标注尺寸表示形体的大小和各部分的相互位置。

尺寸是施工的重要依据，所以标注尺寸要求做到以下几点：

（1）尺寸正确——是指投影图上标注的尺寸应符合制图国家标准中关于尺寸标注的基本规定。

（2）尺寸完整——是指这些尺寸标注可以确定形体的形状、大小及各部分的相互位置。

（3）尺寸清晰——是指标注的所有尺寸在投影图中的位置明显、整齐、有条理并符合施工的要求。

为此，在标注尺寸时，要考虑两个问题：一是形体上应标注哪些尺寸，二是尺寸应标注在投影图的什么位置。

一、尺寸的种类

在投影图上所标注的尺寸要能完全表达出形体的大小和各部分的相互位置，需在形体分析的基础上标注以下三类尺寸：

1. 定形尺寸

确定形体各组成部分大小的尺寸。由于组合体是由多个基本形体进行叠加或切割而成的，因此，定形尺寸的标注应以基本形体的尺寸标注为基础，图 4-15 是一些常见的基本形体的尺寸标注。

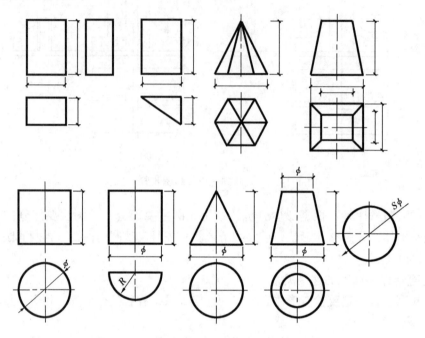

图 4-15　常见基本形体的尺寸标注

2. 定位尺寸

确定形体各部分之间相对位置的尺寸。前面说过，标注定位尺寸要有基准，通常把形体的底面、侧面、对称轴线、中心轴线等作为尺寸的基准。图 4-16 是各种定位尺寸标注的示例，说明如下：

图 4-16（a）所示形体是由两个长方体组合而成的，因它们有共同的底面，所以高度方向不需标定位尺寸，但需要标注出前后和左右两个方向的定位尺寸 a 和 b。它们的基准可分别选后面长方体的后面和左侧面。

图 4-16（b）所示的形体是由两个长方体叠加而成的，因它们有一重叠的水平面，所以高度方向不需标定位尺寸，但需要标注出前后和左右两个方向的定位尺寸 a 和 b。它们的基准可分别选下面长方体的后面和左侧面。

图 4-16（c）所示的形体，组成它的两个长方体前后对称，其前后位置可由对称线确定，不必标注前后方向的定位尺寸，只需标注左右方向的定位尺寸 b 即可，其基准为下面长方体的右侧面。

图 4-16（d）所示形体是由圆柱和长方体叠加而成的。叠加时前后、左右对称，相互位置可由两中心线确定。因此，不必标注任何方向的定位尺寸。

图 4-16（e）所示形体是在长方体上切割出两个圆孔而成的，由于两圆孔上下贯通，因此需要标注两圆孔在长方体上的前后、左右位置，即圆心的定位尺寸。在前后方

向上,以长方体的后面为基准,标注定位尺寸 a;在左右方向上,先以长方体的左侧面为基准标出左边圆孔的定位尺寸 b,再以左边圆孔的圆心为基准标出右边圆孔的定位尺寸 c。

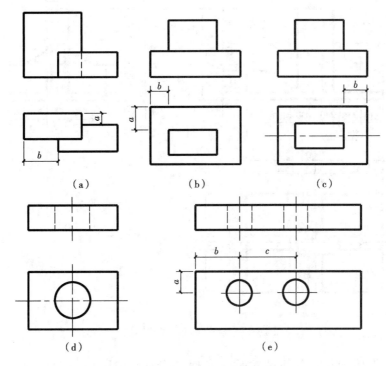

图 4-16　各种形体的定位尺寸标注

3. 总体尺寸

在形体中除以上两类尺寸外,还常需要标注出形体的总体尺寸:总长、总宽、总高。

二、尺寸标注的原则

(1) 尺寸标注要严格遵守国家制图标准的有关规定。

(2) 尺寸标注要齐全,即所标注的尺寸完整不遗漏、不多余、不重复。

(3) 尺寸尽量标注在反映该形体特征的投影图上,并将表示同一部分的尺寸集中在同一投影图上。

(4) 尺寸尽量标注在轮廓线之外,但又要靠近被标注的基本形体。

(5) 应尽量避免在虚线上标注尺寸。

(6) 与两投影图有关的尺寸尽量标注在两投影图之间。并将同一方向的尺寸组合起来,排成几道,小尺寸在内,大尺寸在外,相互间要平行、等距。

(7) 尺寸线与尺寸线间距应不小于 7mm。

三、尺寸标注的步骤

1. 进行形体分析

运用形体分析法分析形体的各组成部分以及相对位置,进而分析形体的尺寸。

2. 标注定形尺寸

3. 标注定位尺寸

4. 标注总体尺寸

下面以图 4-17 板式基础为例,介绍组合体尺寸标注的方法和步骤。

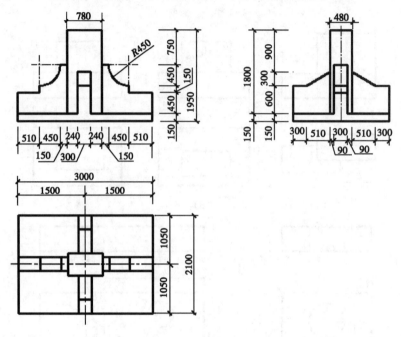

图 4-17 板式基础的尺寸标注

首先进行形体分析,分析清楚后,先标注定形尺寸。底板的长、宽、高分别是 3000mm、2100mm、150mm;中柱的长、宽、高分别是 780mm、480mm、1800mm;左右主梁的长度方向的尺寸有 510mm、450mm、150mm,高度尺寸有 450mm、150mm、450mm,宽度为 300mm;前后次梁宽度方向的尺寸有 300mm、510mm,高度尺寸有 600mm、300mm,长度为 300mm,所有这些尺寸均为定形尺寸。

再标注定位尺寸。在实际施工中,为了测量放线需标注长度和宽度中心线的定位尺寸 1500mm、1500mm 和 1050mm、1050mm,同时也是中柱和主次梁长度方向和宽度方向的定位尺寸,它们的高度方向的定位尺寸为 150mm。主梁上被切割的四分之一圆柱的定位尺寸有:长度方向为 510mm,高度方向为 750mm。

最后标注总体尺寸。基础的总长、总宽、总高分别为 3000mm、2100mm、1950mm。

尺寸标注的位置如图 4-17 所示。

第四节 组合体的构型设计

组合体是由两个或两个以上基本形体组合而成的形体,而基本形体又分为平面体和曲面体,组合体的构型设计是将基本形体按照一定的构型方法组合出一个新的几何形体,并用适当的图示方法表达出来的设计过程。它是产品设计、建筑设计及其他工程设计的基础。通过组合体构型设计的学习和训练,可以开发空间思维,培养和提高想象力和创造力,初步建立工程设计能力。

一、构型设计原则

1. 以基本几何体构型为主

在抽象形态中,几何形体块的造型是最基本的构成法。立体几何形的单独体可以分为:球体、立方体、圆柱体、圆锥体、方柱体和方锥体等几种基本形体。可以是实心的单独体块,也可以是体现空间的空心体块。建筑的平面形状基本的有正方形、矩形、三角形、圆形等,或者是由上述几种形式的演变和组合体。平面造型主要取决于建筑师的总体构思,所设计对象的功能要求与面积,建筑技术条件和地址具体环境。按几何平面的形状、数量以及各个几何图形之间的相互关系来组合、组群,在平面构成上又可分为单体式、双体式、变平面式、群体及自由式。如把这些相同的和不同的单体、综合体加以组合,将能变化产生出丰富的造型形态。如图4-18

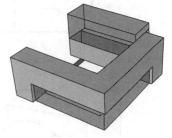

图 4-18　几何体构型

所示的图形刚开始构型是可以看作几个长方体组成基本的框架,然后在这个基础上再进行分割、拉伸处理形成建筑立面的造型。如图 4-19 所示。

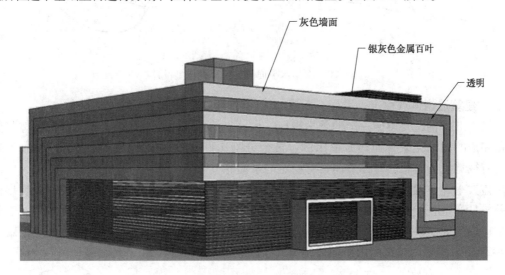

图 4-19　几何体构型变化

2. 多样、新颖、独特

构成组合体所使用的基本体种类、组合方式和相对位置应尽可能多样和变化,充分发挥想象力,突破常规的思维方式,力求构思出新颖、独特的造型方案。例如,要求按给定的平面图(图4-20a)设计组合体。由于所给视图含有六个封闭线框,故可构想该形体有六个上表面,它们可以是平面,也可是曲面,位置可高可低,还可倾斜;整个外框表示底面,它也可以是平面、曲面或斜面,这样就可以构想出许多方案:

图 4-20(b) 所示方案均是由平面体叠加构成,由前向后逐层拔高,富有层次感,但显得单调;

图 4-20(c) 所示方案也是叠加构成,但含有圆柱面、球面,且高低错落有致,形体变异多样;

图 4-20(d) 方案则采用圆柱切割而成,既有平面截切,又有曲面截切,构思新颖、独特。

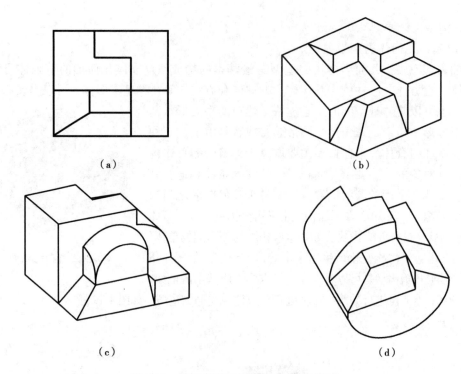

图 4-20　根据水平面图进行多种构型设计

3. 建筑造型体现稳定、平衡、活泼、美的艺术法则

建筑形体构造要遵循一定的美学规律，设计出的形体才能给人以美感。任何物体只要具备和谐的比例关系（如均方根比例、黄金分割比例、中间值比例、费波纳齐级数等），就会有视觉上的美感。对称形体具有稳定与平衡感（图 4-21），构造非对称形体时，应注意形体大小和位置分布，以获得视觉上的平衡（图 4-22）。运用对比的手法可以表现形体的差异，产生直线与曲线、凸与凹、大与小、高与低、实与虚、动与静的变化效果，避免造型单调。如图 4-23（a），在以平面体为主的构型中，局部设计成曲面，其造型效果就比图 4-23（b）所示的单纯的用平面体构型富于变化。

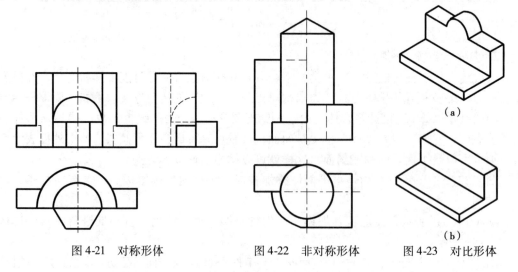

图 4-21　对称形体　　　图 4-22　非对称形体　　　图 4-23　对比形体

4. 构成的形体应符合实际

各个形体组合时应牢固连接、构成实体，不能出现点接触、线接触或面连接，如图 4-24(a) 所示的线接触、图 4-24(b) 所示的面连接在建筑设计中都是不允许出现的。形体放置要平稳，在建筑设计中不要出现点、线立足（图 4-24c 即为点立足，图 4-24d 为线立足）。

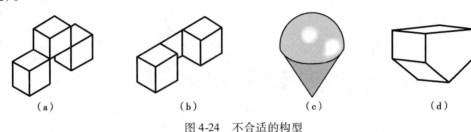

图 4-24　不合适的构型

二、构型的基本方法

1. 切割法：一个基本形体经数次切割，可以构成一个组合体，切割形体有多种方式：平面切割、曲面切割（包括贯通）、曲直综合切割、凸向切割、凹向切割等。采用不同的切割方式或变换切割位置，会产生形态各异的立体造型。

图 4-25(a) 表示用宽窄不同的平面对正立方体进行垂直和水平方向的切割，形成大小、厚薄、高低错落的对比变化；同样，经过曲面切割的平面体（图 4-25b、d）或平面切割的曲面体（图 4-25c）都能反映出曲、直的对比，增强了形体变化的美感。

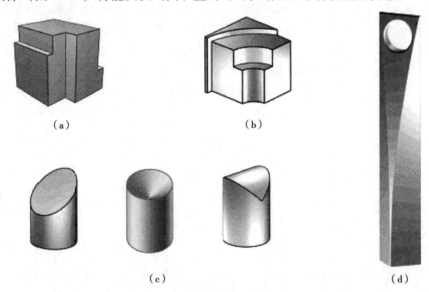

图 4-25　基本形体切割构型

(a) 平面切割正方体；(b) 圆柱面切割正方体；(c) 平面、曲面切割圆柱；(d) 曲面切割立方体

2. 叠加法：形体叠加是构型的一种主要形式。单一形体可以采用重复、变位（图 4-26a）、渐变、相似等组合方式构成新的形体；不同形体可以通过变换位置构成叠合、相切、相交（相贯）等组合关系，如图 4-26(b) 所示。

3. 综合法：同时运用切割和叠加构成的组合体称为综合法，这也是组合体构型常用的方法。

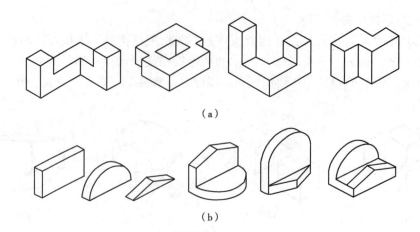

(a)

(b)

图 4-26 基本形体的叠加
(a) 相同形体（四个长方体）叠加组合；(b) 不同形体叠加组合

三、构型设计举例

【例 4-1】 由形体的正面投影（图 4-27）构思出形式多样的组合体，并画出它们的水平投影、侧面投影。

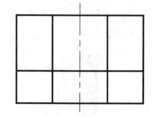

图 4-27 已知正面投影

形体分析：所给视图整体形状可以看成有上下两个矩形线框组成。该形体可以从两个角度进行构思：一是由一个整体经过几次切割构成，二是由若干个基本体叠加，再经过切割而构成。对应外框是矩形的形体——柱体（棱柱或圆柱、半圆柱），与上、下两个矩形线框对应的截平面可以是平面、圆柱面或是平面与圆柱面的组合面，截平面可以直切、斜切；对应内框的矩形可以看成切割或叠加，这样构思就可以设计出多种组合形体（图 4-28a、b、c）。

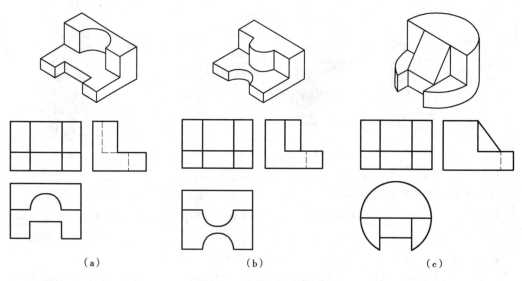

(a)　　　　　　　(b)　　　　　　　(c)

图 4-28 由单面投影构型

【**例4-2**】在平板上制有三个孔（方孔、三角孔、圆孔）（图4-29），试设计一个形体，使它能沿三个不同方向不留间隙地通过这三个孔，画出该形体的三视图。

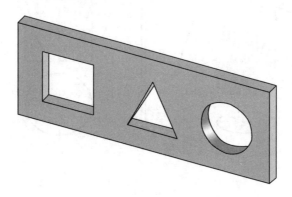

图4-29　三孔板

形体分析：要设计一个形体沿三个不同方向不留间隙地通过这三个孔，一般先从形状简单、容易构型的大孔入手，想象出尽可能多的能穿过此孔的形体，然后用排除法剔除不符合其他两个孔条件的形体，再用切割法对留下来的形体按孔形进行切割，以达到穿孔要求。这里，先从最大的方孔开始构思形体，能沿前后方向通过方孔的形体很多，如长方体、圆柱、三棱柱等（图4-30），但能上下通过圆孔的只有圆柱（图4-30），故可以剔除长方体和三棱柱，留下圆柱体，而要使圆柱沿左右方向通过三角孔，只需用两个侧垂面切去圆柱的前后两块即可，如图4-30所示。将平板上的三个孔作为形体三视图的外轮廓（图4-31a），只需补全视图中的漏线，即得形体的三视图（图4-31b）。形体沿三个不同方向不留间隙穿孔效果图如图4-32所示。

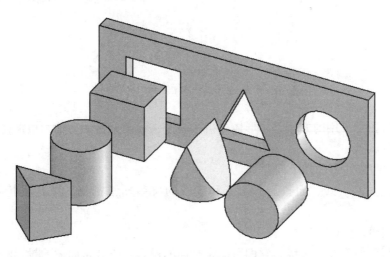

图4-30　分向穿孔构型设计

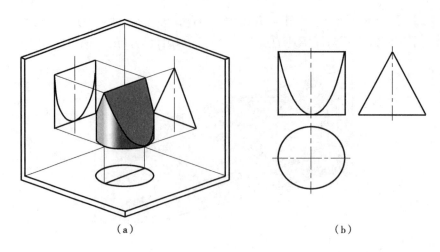

图 4-31 设计的形体三视图

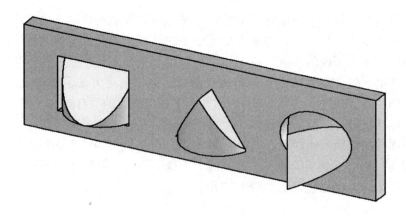

图 4-32 形体穿三孔效果图

第五节　组合体的读图方法

组合体读图常采用的方法是以形体分析法为主,线面分析法为辅,根据视图想象出物体在空间的形状。

一、读图时应注意的几个问题

前面介绍过点、线、面投影,由于和读图的关系非常密切,在这里特别作为问题提出。

1. 视图上的线与线框

图中的每一条实线或虚线,它们可能是平面的投影,或者是曲面的投影轮廓线,或是两面的交线,三者必居其一。

图中一个封闭的线框,一般对应着物体上的一个表面(平面或曲面),相邻的两个线框,一般对应着物体两个相交的表面或者是前后、上下、左右错位的两个表面,如图4-33 所示。

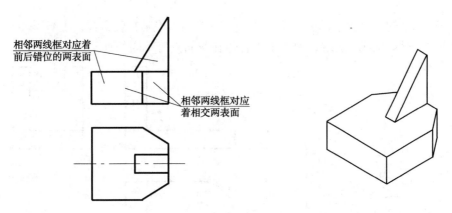

图 4-33　视图线框分析

2. 物体上的平面多边形

在形体上的平面多边形，它的投影可能是一条直线，或者是一个边数相同的多边形。因此，视图中的多边形线框如果对应着另一视图中的投影是水平线段或者是垂直线段，则表示是形体上的投影面平行面，如所对应的是一斜直线，所表示的是形体投影面垂直面，如所对应的是相同的多边形，所表示的是投影面垂直面或者是一般位置平面，要根据第三投影来确定。

3. 读图时要几个视图结合起来看

在没有标注尺寸的情况下，只看一个视图是不能确定物体的形状，必须两个视图结合起来看，但是两视图如果选的不合适，也不能确定物体的形状，如图 4-34 所示的图形，正立面图和平面图不能确定形状，而正立面图和侧立面图可以确定物体的形状，所以读图时还要注意抓住特征视图来读图。

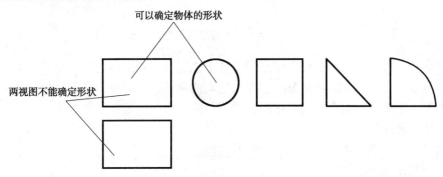

图 4-34　选择合适的视图确定形状

4. 抓住特征视图读图

特征视图就是反映物体特征形状的视图，如图 4-34 所示的圆柱、三棱柱等视图的特征视图是圆、三角形等，读图只要抓住特征视图，再结合其他视图，就能较快地想象出物体的形状了。但组成形体的各个形状特征并非总是集中在一个视图上，如图 4-35 所示的物体由底板和立板两部分组成，正立面图反映了物体的整体形状，平面图反映了底板的特征形状，侧立面图反映了立板的特征形状。

5. 要注意视图表面间的连接关系

在前面介绍过各组合体表面间连接关系，在读图时要特别注意分析，如图 4-36(a)、

149

(b)、(c) 所示的三个投影图，水平面投影是一样的，但是在正立面图上各基本形体表面之间分别是无线、虚线、实线，说明了组合体在空间具有不同的形状和位置。

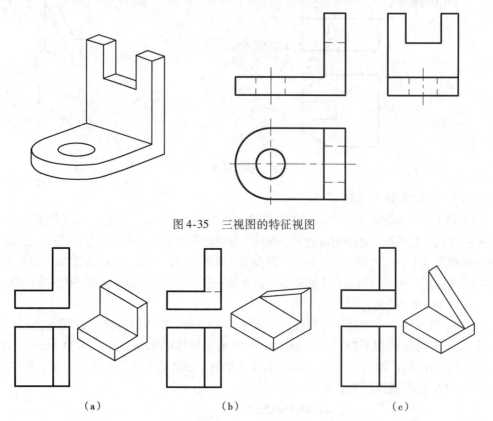

图 4-35 三视图的特征视图

（a）　　　　　　　　（b）　　　　　　　　（c）

图 4-36 形体表面间连接关系的变化

综上所述：读图时，一般先粗略地看看各个视图，明确视图之间的投影关系，根据视图的投影特点，分成几个组成部分，想象出它们的形状，最后综合各部分的形状及其相互之间的位置关系想象出组合体的整体形状。下面介绍组合体基本读图步骤。

二、形体分析读图法

形体分析法一般适用于叠加式组合体的读图。

形体分析法读图步骤：

（1）首先看组合体由哪几个视图来表达，明确它们之间的相互关系。

（2）运用形体分析法从最能反映物体形状特征的视图上入手，将视图分解为若干个线框，然后按照长对正、高平齐、宽相等的原则找出它们在其他视图上相应的投影。

（3）根据各个线框投影的特点，确定每个线框在空间的形状。

（4）再根据各部分结构形状以及它们的相对位置和表面间的连接方式，综合起来想出物体在空间的整体形状。

【例 4-3】分析如图 4-37 所示的房屋投影图。

（1）分线框

读图时，可以从组合体反映形状特征比较明显的水平投影图入手，从图中可以看出在水平投影图中有三个线框，即中间的矩形线框 2、左右两个 L 形线框 1、3。

(2) 对投影、想形状

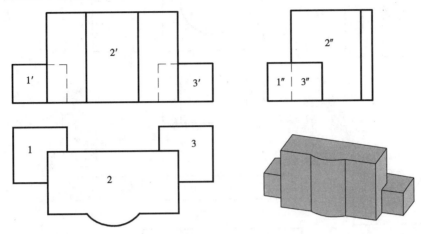

图 4-37 房屋投影图

分完线框后，利用三视图长对正、高平齐、宽相等的投影特性，在正立面图和侧立面图中找出各部分对应的投影，将每一个线框所对应的投影分别单独画出，分别想出每个简单基本形体的形状，如图 4-38 所示。

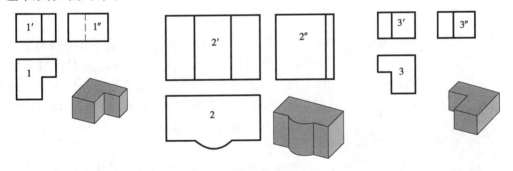

图 4-38 各基本形体的形状

(3) 综合起来想整体

分析完各个基本形体的形状后，再根据投影图各形体的相对位置将它们组合起来，想象出房屋的空间形状，如图 4-37 所示。

(4) 分析表面间的连接关系

最后要根据形体表面的连接关系分析两形体表面之间是否有交线。

【例 4-4】分析如图 4-39 所示的组合体投影图。

图 4-39 反映形状特征较多的是正面图，将正面图分为 Ⅰ、Ⅱ、Ⅲ、Ⅳ 个线框，然后利用三视图长对正、高平齐、宽相等的投影特性，找出这 4 个线框所对应的水平投影和侧面投影，想象出它们的形状，如图 4-40 所示。

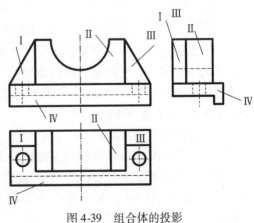

图 4-39 组合体的投影

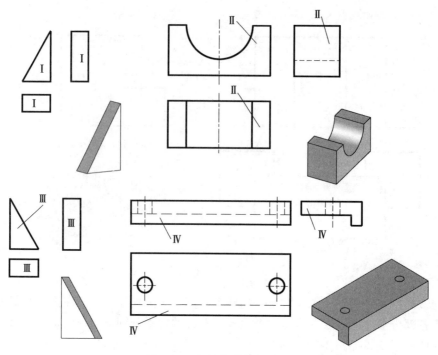

图 4-40 各基本形体的形状

在看懂每块形状的基础上,再根据整体三视图的相互位置关系,想象出整体形状。从投影图上可以看出,形体Ⅳ在最下面,形体Ⅱ在形体Ⅳ的上面,后面靠齐,形体Ⅰ、Ⅲ在形体Ⅳ的上面,分别在左右两侧,也是后面靠齐。这样综合起来即可以想象出整体形状,如图 4-41 所示。

三、线面分析读图法

线面分析法一般用于切割式组合体或局部形状比较复杂的叠加式组合体读图。

一般情况下,大多数组合体采用形体分析法就能看懂,对于比较复杂的组合体,在运用形体分析法的同时,对于投影图上一些比较复杂的部分,还通常要用线面分析法来帮助想象和读懂这些局部的形状。

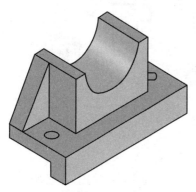

图 4-41 组合体的空间形状

在前面讲过,根据平面和曲面的投影规律,一般情况下,视图上一个封闭的线框代表物体上的一个表面,利用线和面的投影特性(显实性、积聚性、类似性)去分析物体表面的性质和相对位置,同时还要分析面与面的交线性质及画法,这种方法就叫作线面分析法,图 4-42 所示为各线框的含义。

线面分析法读图步骤:

(1)首先用形体分析法粗略地分析一下组合体在没有切割之前的完整形状。

(2)然后按照长对正、高平齐、宽相等的原则在视图中逐一分析每一条线、每一个线框的含义。一步一步地从完整的形状进行切割,进一步分析细节形状。分步画出每一部分的形状。

(3) 最后根据物体上每一个表面的形状和空间位置，综合起来想整体。下面以几个例子介绍线面分析法在读图中的应用。

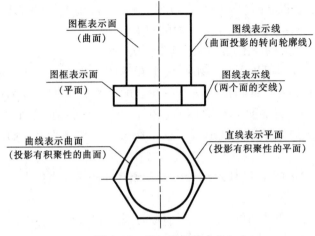

图 4-42　线与线框的含义

【**例 4-5**】分析图 4-43(a) 所示挡土墙的三面投影，说明用线面分析法读图的方法和步骤。

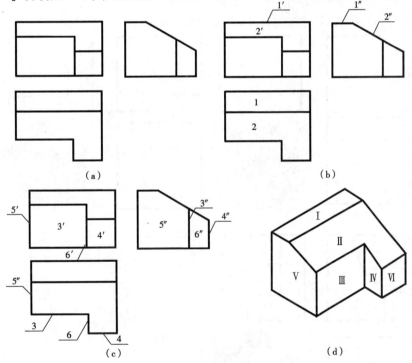

图 4-43　线面分析法读图示例一

(1) 根据投影图上的线框，找出它们的对应投影，分析形体上各个面的形状和空间位置。

如图 4-43(b) 所示，平面图上有 1、2 两个线框，按投影图之间的三等关系，找出 1 所对应的正立面图上的水平直线 1′ 和侧立面图上的水平直线 1″。可知 Ⅰ 面是一个水平面，1 反映该水平面的实形；线框 2 在正立面图上对应线框 2′，在侧立面图上对应斜线 2″，可知 Ⅱ 面是一个侧垂面，2′ 和 2″ 是它的类似图形。如图 4-43(c) 所示，正立面图上除线框

153

2′外，还有3′、4′两个线框，找出它们在平面图上的水平直线3、4和侧立面图上的竖直线3″、4″，可知Ⅲ和Ⅳ面都是正平面，3′和4′分别反映这两个正平面的实形。侧立面图上还有线框5″、6″，对应着正立面图上的竖直线5′、6′和平面图上的铅直线5、6，可知Ⅴ、Ⅵ都是侧平面，5″、6″分别反映这两个侧平面的实形。

（2）分析形体各面的相互位置，想出整体的形状。

对照形体的三个投影可以看出，水平面Ⅰ在形体的最上面，侧垂面Ⅱ在Ⅰ的前方，两个正平面Ⅲ和Ⅳ一前一后在Ⅱ的前面的下方，Ⅲ和Ⅳ之间有侧平面Ⅵ连接，侧平面Ⅴ在形体的左侧，再加上底面的水平面，后面的正平面和右侧的侧平面，就形成了这个组合体的整体形状，如图4-43(d)所示。

【例4-6】补画出如图4-44所示组合体的左侧立面图，并想象出其结构形状。

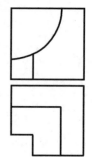

图4-44 补画左侧立面图

（1）根据正立面图和平面图可以分析出原形是个正方体。先画出原形的左侧立面图是一矩形。如图4-45(a)所示。

（2）从正面图可以看出在正方体的左上方的前面挖去了1/4的圆柱体。根据投影画出左侧立面图。如图4-45(b)所示。

（3）从水平面图可以看出在左前方又切去一角，一直切到圆柱面。如图4-45(c)所示。

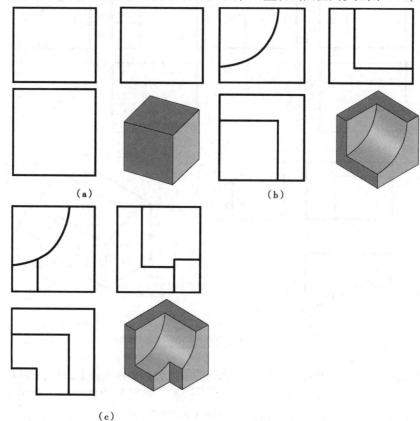

图4-45 线面分析法读图示例二
(a) 原形；(b) 挖去1/4圆柱体；(c) 切去左下角

【例 4-7】 已知如图 4-46 所示组合体的正立面图和侧立面图，求该组合体的水平面图。

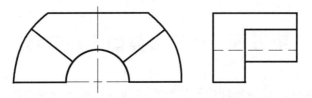

图 4-46 求该组合体的水平面图

（1）首先分析该组合体的原形是半个圆柱筒，如图 4-47(a) 所示。
（2）从正立面图上看圆筒的上部分被切掉，如图 4-47(b) 所示。
（3）结合正立面图和侧立面图可以看出从圆筒的左前下方和右前下方分别切去两块，如图 4-47(c) 所示。
（4）从图 4-47(c) 所示的轴测图形中可以看出，圆筒最左、最右和孔的最左、最右分别被切去了，整理图形得到最终结果，如图 4-47(d) 所示。

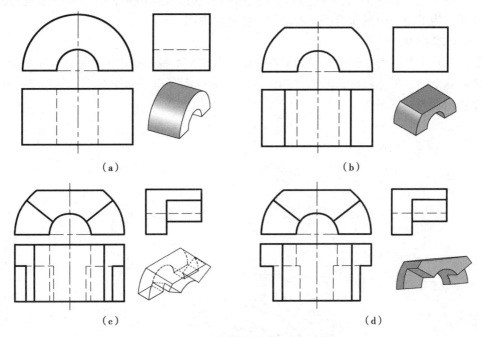

图 4-47 组合体平面图的求解步骤
(a) 原形；(b) 上部切去一部分；(c) 左前下、右前下切去一部分；(d) 删去多余的线，完成图形

第五章 建筑形体的表达方法

在建筑工程建造中，建筑物和构筑物的形状和结构是比较复杂的，为了正确、完整、清晰、规范地将建筑形体的内外形状表达出来，国家标准《技术制图》《建筑制图》中规定了各种画法，如基本视图、剖面图、断面图、简化画法等，本章将逐一举例进行介绍。

第一节 建筑形体的视图

在建筑工程制图中常把建筑形体在某个投影面上的投影称为视图，在前面基本形体投影部分已经介绍了形体的三面视图的形成及投影关系，但建筑物的形体有时比较复杂，例如房屋的几个立面形状不同，要想将每个立面的形状都表达出来，三个视图是远远不够的，因此，为了便于画图和读图，需增加一些基本视图。

一、基本视图

形体在基本投影面上的投影称为基本视图。所谓基本视图是指国家标准规定的组成正六面体的六个面，形体放在正六面体内，向六个面投影可得到六个视图，如图 5-1 所示。这六个视图即为基本视图。

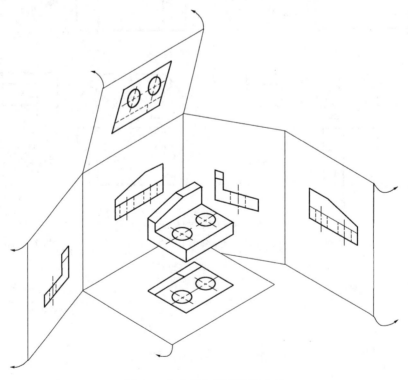

图 5-1 六个基本视图及其展开

前面介绍的三视图就是这六个视图中的三个。自前方 A 投影称为正立面图，自上方 B 投影称为平面图，自左方 C 投影称为左侧立面图，自右方 D 投影称为右侧立面图，自下方 E 投影称为底面图，自后方 F 投影称为背立面图，如图 5-2(a) 所示。如在同一张图纸上绘制若干个视图时，各视图的位置宜按图 5-2（b）的顺序进行配置。每个视图一般均应标注图名。图名宜标注在视图的下方或一侧，并在图名下用粗实线绘一条横线，其长度应以图名所占长度为准，如图 5-2（b）所示。使用详图符号作图名时，符号下不再画线，如图5-3所示。

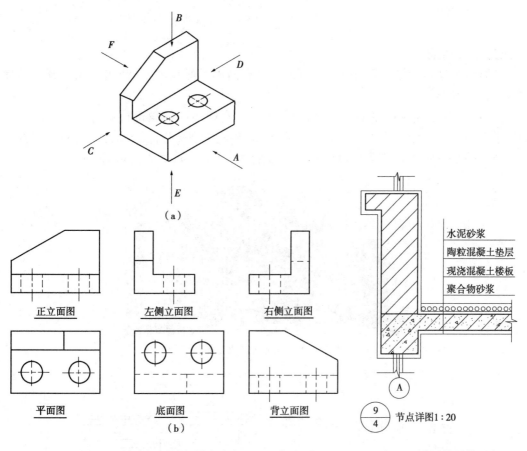

图 5-2　基本视图的投影方向与配置　　　　图 5-3　详图符号作图名

二、镜像视图

在建筑工程图中一般不采用底面图，但有些建筑物在下面是看不见的，如梁、柱是在楼板的下面，如果直接作正投影图绘制平面图，这些梁、柱等建筑构件就要用虚线画出（图 5-4b），这样会给读图带来不便，而且虚线太多，图形显得杂乱，如果将底面当成镜面，柱、梁、板的投影在镜面中会得到一个垂直映像，如图 5-4（a）所示，这就是镜像投影。用镜像投影法绘制的图形应在图名后注写"镜像"二字（图 5-4b），或按图 5-4(c) 画出镜像投影识别符号。

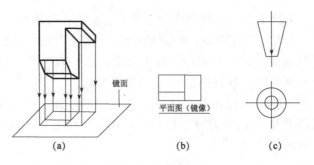

图 5-4 镜像投影
(a) 镜像投影法；(b) 平面图（镜像）；(c) 镜像投影识别符号

三、展开视图

当形体上具有倾斜部分时（如图 5-5 的左右两侧是倾斜的），也可采用展开视图反映该部分的实形。

把图 5-5 所示房屋的平面图中（图 5-6b）左右两边的倾斜部分旋转到与中间部分同一平面内，然后作房屋的正立面图，即得到此房屋的展开视图。展开视图的配置与基本视图的配置相同，但是必须在图名后加注"展开"，如图 5-6(a) 所示。

图 5-5 带有倾斜侧翼的某办公楼

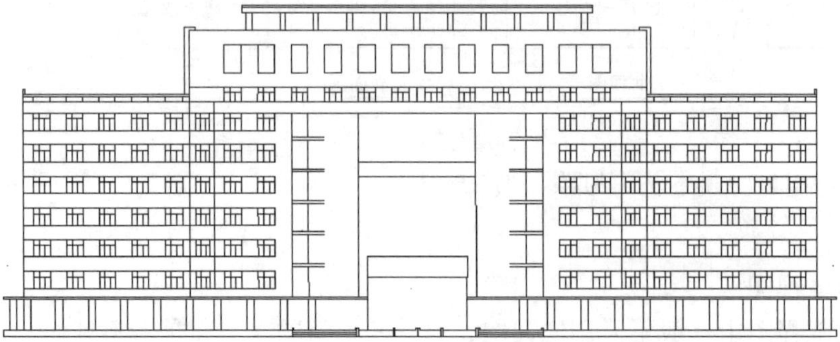

南立面图(展开)1∶100

(a)

图 5-6 房屋的展开视图（一）
(a) 南立面图（展开）

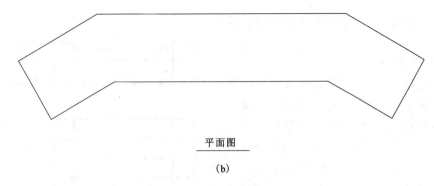

平面图

(b)

图 5-6 房屋的展开视图（二）
(b) 房屋平面图

第二节 建筑形体的剖面图

建筑形体上不可见部分的投影，在视图中是用虚线表示的，若形体的内部结构较复杂，在视图中就会出现很多虚线，这些虚线往往与其他线型重叠在一起，使得图面上虚实线交错，混淆不清，而影响图形的清晰，既影响读图又不便于尺寸标注，甚至产生差错。为了解决这一问题，国家标准规定采用剖面图来表达形体的内部形状。

一、剖面图的形成

假想用一剖切平面在形体的适当位置将形体剖开，移去剖切平面与观察者之间的部分，将剩余的部分投射到投影面上，所得到的投影图称为剖面图，如图 5-7 所示。

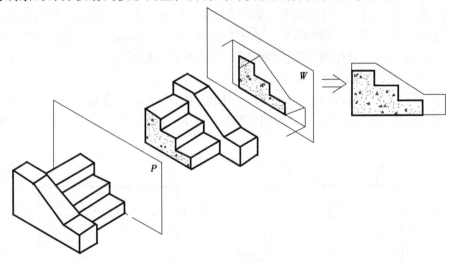

图 5-7 剖面图的形成

二、剖面图的内容

1. 断面

剖切平面与形体接触的部分称为断面，在断面图上要画上材料图例，材料图例要根据材料进行绘制，当不需要在断面区域表示材料的类别时，可采用通用断面线表示，通用断面线一般为间隔均匀的 45°平行细实线，如果剖面图中主要轮廓线为 45°时，通用断面线应画成60°或45°间隔相等的平行细实线。

2. 剖面图的画法

剖面图除应画出剖切平面切到部分的图形外，还应画出沿投射方向看到的部分，被剖切平面切到部分的轮廓线用粗实线绘制，剖切面没有切到但沿投射方向可以看到的部分，用中实线绘制，如图5-8所示为台阶剖面图。

3. 剖切符号

剖面图的图形是由剖切位置和剖视方向决定的，均应以粗实线绘制。为了便于读图，还

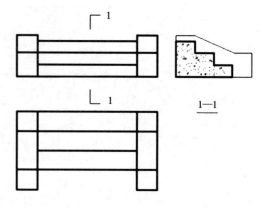

图5-8 台阶的剖面图

要对剖切符号进行编号，并在相对应的剖面图上用该编号作图名。也可以采用国际统一和常用的剖视方法，如图5-9(b)所示。

（1）剖切位置：剖切符号由剖切位置线和投射方向线组成。剖切位置线表示剖切平面的剖切位置，用粗实线绘制，剖切位置线的长度宜为6~10mm，并且不能与图中的其他图线相交，如图5-9(a)所示。

（2）投射方向：表示剖切后的投射方向，投射方向线应垂直于剖切位置线，长度应短于剖切位置线，用粗实线垂直地画在剖切位置线的两端，长度约4~6mm，其指向即为投射方向，如图5-9(a)所示。

（3）剖切符号的编号宜采用粗阿拉伯数字，一般按从左到右、从下向上的顺序连续编排，并应注写在投射方向线的端部，如图5-9(a)所示；剖切位置线需要转折时，应在转角的外侧加注与该符号相同的编号，如图5-9(a)所示；剖面图或断面图，如与被剖切图样不在同一张图内，可在剖切位置线的另一侧注明其所在图纸的编号，也可以在图上集中说明，如图5-9(a)所示的"建施–5"。

（4）建（构）筑物剖面图的剖切符号应注在±0.000标高的平面图或首层平面图上。

（5）局部剖面图（不含首层）的剖切符号应注在包含剖切部位的最下面一层的平面图上。

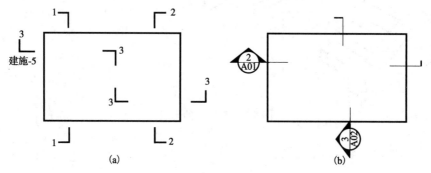

图5-9 剖视的剖切符号

4. 画剖面图应注意的事项

（1）作剖面图时，为了把形体的内部形状准确、清楚地表达出来，一般剖切平面要

平行于基本投影面，剖切位置应通过物体的孔、洞、槽的中心线。

（2）由于剖面图是假想被剖开的，所以某个视图画成剖面图时，在画其他视图时，应按完整的形体画出，如图5-10所示。

（3）剖面图中已表达清楚的形体内部形状，在其他视图中投影为虚线时，一般不再画出，如图5-10所示。但对没有表达清楚的内部形状，仍应画出必要的虚线，如图5-11所示。

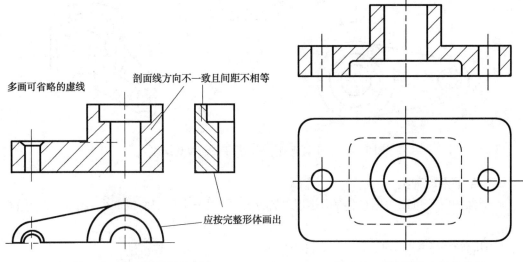

图5-10 剖面图错误的画法　　　　图5-11 剖面图中应画的虚线

（4）建筑材料图例线应间隔均匀，疏密适度，做到图例正确，表示清楚。不同品种的同类材料使用同一图例时（如某些特定部位的石膏板必须注明是防水石膏板时），应在图上附加必要的说明。同一个形体材料图例必须一致，如图5-10所示。

（5）常用建筑材料的图例画法，对其尺度比例不作具体规定。使用时，应根据图样大小而定。

（6）两个相同的材料图例相接时，图例线宜错开或使倾斜方向相反，如图5-12所示。

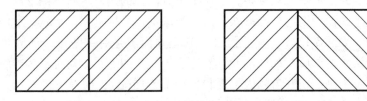

图5-12 相同图例相接时的画法

（7）两个相邻的涂黑图例（如混凝土构件、金属件）间，应留有空隙。其宽度不得小于0.5mm，如图5-13所示。

（8）当选用标准中未包括的建筑材料时，可自编图例。但不得与本标准所列的图例重复。绘制时，应在适当位置画出该材料图例，并加以说明。

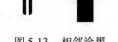

图5-13 相邻涂黑图例的画法

（9）剖切平面后面的可见轮廓线必须画出，初学者往往容易漏画这些线型，必须给予特别注意，如图5-14所示。

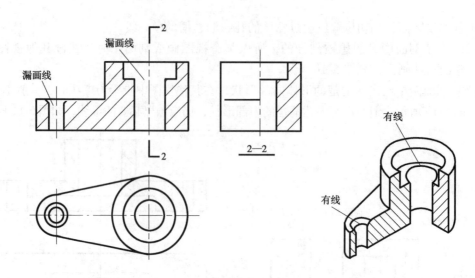

图 5-14 不要漏画剖切平面后面的可见轮廓线

三、剖面图的种类

画剖面图时，可以根据形体的不同形状特点，采用一个剖切面或 2 个以上剖切面进行剖切。

1. 用一个剖切面剖切

（1）全剖面图

对于不对称的组合体，或虽然对称但外形较简单，或在另一投影中已将其外形表达清楚时，可以假想用一个剖切面将形体全剖切开，然后画出形体的剖面图，这样的剖面图称为全剖面图。如图 5-8 所示台阶的 1—1 剖面图和图 5-11 的剖面图。

全剖面图一般应进行标注，但当剖切平面通过形体的对称线，且又平行于某一基本投影面时，可不标注。

（2）半剖面图

当形体的内、外部形状均较复杂，且在某个方向上的投影为对称图形时，可以在该方向的投影图上一半画没剖切的外部形状，另一半画剖切开后的内部形状，此时得到的剖面图称为半剖面图。如图 5-15（a）所示沉井，其正立面图是对称图形，可假想用一正平面作剖切平面，沿沉井的前后对称线剖开，然后在正立面图上，以对称线为界，一半画沉井的外部形状，另一半画剖切开后的内部形状，如图 5-15（d）；同样可得剖切开后的平面图 1—1，如图 5-15（c）和侧立面图。由于剖切位置在图形左右、前后对称线上，所以剖切标注省略。

画半剖面图时要注意：

1）半剖面图的标注方法同全剖面图一样。

2）在半剖面图中，规定用形体的对称线（细点画线）作为剖面图和投影图之间的分界线。

3）半剖面图中的半个剖面图通常画在图形的垂直对称线的右方或水平对称线的下方。

4）由于在剖面图一侧的图形已将形体的内部形状表达清楚。因此，在投影图一侧不应再画表达内部形状的虚线。

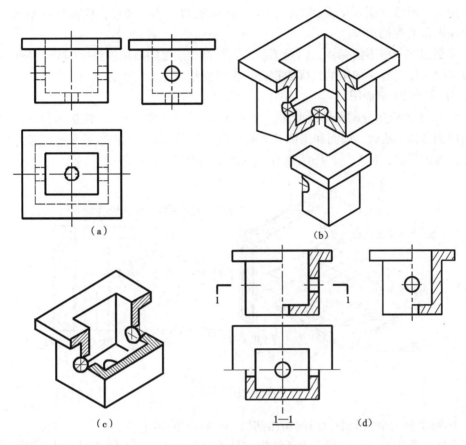

图 5-15 沉井的半剖面图

5)对于同一图形来说,所有剖面图的工程材料图例要一致。

(3)局部剖面图

当形体某一局部的内部形状需要表达时,但又没必要作全剖面图或不适合作半剖面图时,可以保留原投影图的大部分,用剖切平面将形体的局部剖切开而得到的剖面图称为局部剖面图。如图 5-16 所示的杯形基础,其正立剖面图为全剖面图,在断面上详细表达了

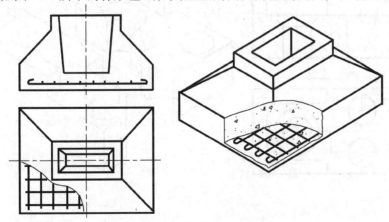

图 5-16 杯形基础的局部剖面图

163

钢筋的配置，所以在画水平面图时，保留了该基础的大部分外形，仅将其一角画成剖面图，反映内部的配筋情况。

局部剖面图一般不需标注，但局部剖面图与投影图之间要用波浪线隔开。需要注意的是，波浪线不能与投影图中的轮廓线重合，也不能超出图形的轮廓线。

2. 分层剖切的剖面图

图 5-17 表示应用分层局部剖面图，反映地面各层所用的材料和构造的做法，多用来表达房屋的楼面、地面、墙面和屋面等处的构造。分层局部剖面图应按层次以波浪线将各层分开，波浪线也不应与任何图线重合（这种剖面图属于局部剖面图）。

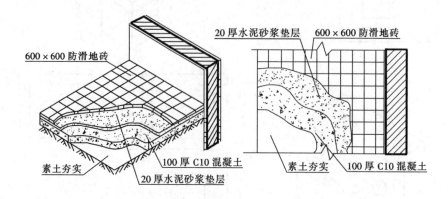

图 5-17　分层局部剖面图

3. 用两个或两个以上平行的剖切面剖切——阶梯剖面图

当形体上有较多的孔、槽等内部结构，且用一个剖切平面不能都剖到时，则可假想用几个互相平行的剖切平面，分别通过孔、槽等的轴线将形体剖开，所得的剖面图称为阶梯剖面图，可以见全剖面图或半剖面图。如图 5-18 所示。

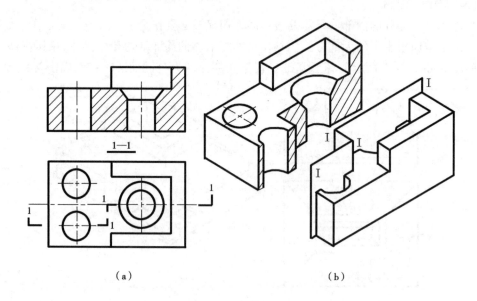

（a）　　　　　　　　　　　（b）

图 5-18　阶梯剖面图

在阶梯剖面图中,不能把剖切平面的转折平面投影成直线,并且要避免剖切平面在图形轮廓线上转折。阶梯剖面图必须要进行标注,其剖切位置的起、止和转折处都要用相同的阿拉伯数字标注,如图5-18所示。

4. 用两个相交的剖切面剖切——展开剖面图

采用两个或两个以上的相交平面把形体剖开,并将倾斜于投影面的断面及其所关联部分的形体绕剖切面的交线旋转到与基本投影面平行后再进行投射,所得的剖面图称为展开剖面图,用此法剖切时,应在图名后注明"展开"字样。如图5-19(a)的2—2剖面图。

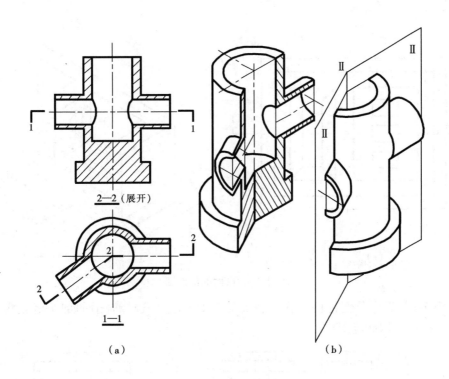

图5-19 展开剖面图

四、剖面图的读图

【例5-1】图5-20所示为一组合体,为了清楚表达形体的内部形状,从平面图上的剖切位置线可知,它采用了两个剖切平面。因该形体前后是对称的,故把侧立面图改用半剖面图表示,即图5-20(a) 2—2剖面。因该形体的左右不对称,故把正立面图改用全剖面图表示,即1—1剖面。此外因为形体中部的三个圆孔的形状已由两个剖面图表示清楚,故平面图中只要画出圆孔的三条轴线即可;又因为底板的底面上的两条转折线,已由两个剖面图所确定,所以在平面图上不再画出虚线。

图5-20(b)所示为该组合体的轴测剖面图。

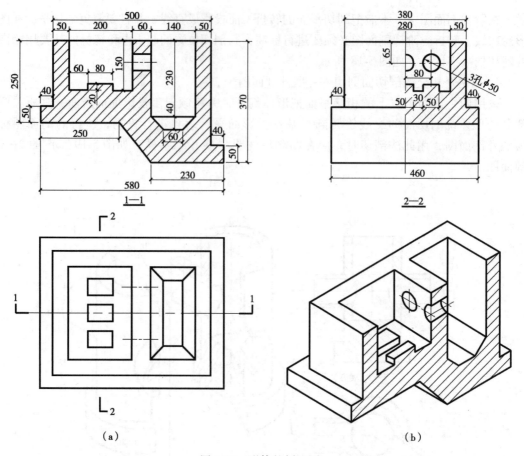

图 5-20 形体的剖面图

【例 5-2】看懂化污池的三视图，如图 5-21 所示，选择合适的剖切将化污池改为剖面图。材料为钢筋混凝土。

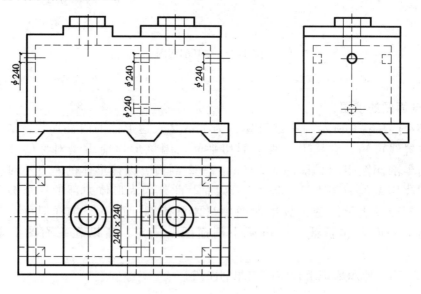

图 5-21 化污池的三视图

读图步骤：

1. 形体分析：该形体可以看成由四部分组成。现自下而上逐个分析：

(1) 长方体底板：底板下方四角有四个四棱台墩子，近中间处下方有一个四棱柱，由于它们都在底板下所以画成虚线，如图 5-22 所示。

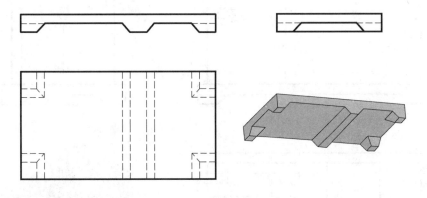

图 5-22 长方体底板

(2) 长方体池身：底板上部有一个箱形长方体池身，近中间处有一块隔板将内部分为两个空间，构成了两个池子，左右外壁上各有一个 φ240 的小圆柱孔，位于前后对称的中心线上，隔板上下有两个 φ240 的小圆柱孔。在隔板的前后端，有两个对称的方孔，其大小是 240×240，高度与隔板上部小孔的位置一样，如图 5-23 所示。

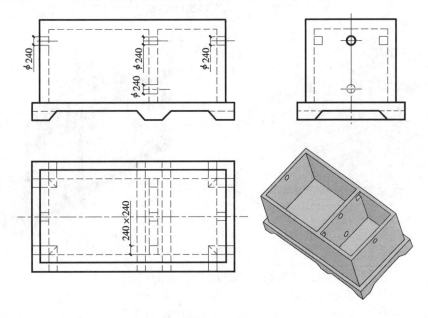

图 5-23 箱形长方体池身

(3) 长方体池身顶面：顶面有两块四棱柱板，左边一块横放，右边一块纵放，如图 5-24 所示。

(4) 长方体池身顶面圆柱通孔：在长方体顶面两块四棱柱板上，各有一个圆柱体，其中又挖去一个圆柱通孔，与箱内池身相通。综合分析后，即可确定化污池整体形状，如图 5-25 所示。

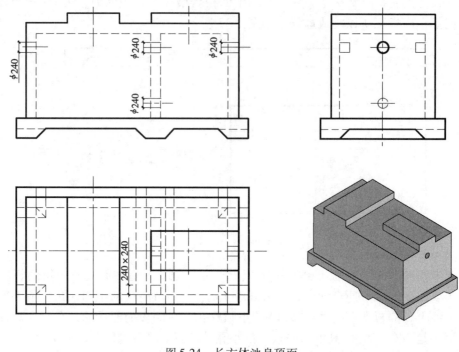

图 5-24　长方体池身顶面

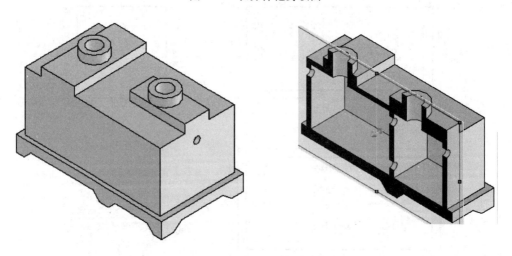

图 5-25　化污池的整体形状

2. 选择剖面方式

分析完化污池的形状后，可以看出正面外形较为简单，所以正立面图采用全剖面，平面图前后方向对称，外部形状和内部结构都需要表达，故采用半剖面图。左侧立面图在外壁上有一小圆柱孔，所以也可采用半剖面图来表达，如图 5-26 所示。

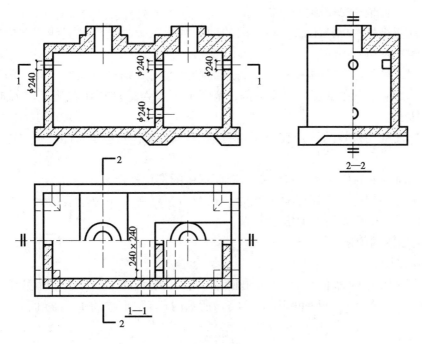

图 5-26 化污池的剖面图

第三节 建筑形体的断面图

一、断面图的概念

前面讲过，用一个剖切平面将形体剖开之后，剖切平面与形体接触的部位称为断面，如果把这个断面投射到与它平行的投影面上，所得到的投影，表示出断面的实形，称为断面图，如图 5-27 所示的 1—1 断面。与剖面图一样，断面图也是用来表示形体的内部形状的。

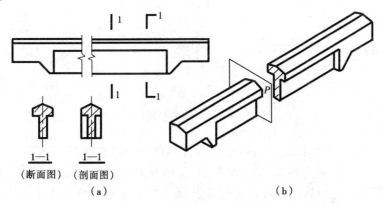

图 5-27 剖面图与断面图的区别

如图 5-27 所示，剖面图与断面图的区别在于：
（1）断面图只画出形体被剖开后断面的投影，是面的投影。而剖面图要画出形体被剖开后整个余下部分的投影，是体的投影。

（2）剖切符号的标注不同。断面图的剖切符号只画出剖切位置线，并应以粗实线绘制，长度宜为6～10mm，不画投射方向线。

（3）用编号的注写位置来表示剖切后的投射方向。编号所在的一侧应为该断面的剖视方向，如编号写在剖切位置线下侧，表示向下投射；注写在右侧，表示向右投射。如图5-27所示。

（4）断面剖切符号的编号宜采用阿拉伯数字，按顺序连续编排，并应注写在剖切位置线的一侧。

（5）剖面图中的剖切平面可转折，断面图中的剖切平面则不转折。

（6）断面图如与被剖切图样不在同一张图内，可在剖切位置线的另一侧注明其所在图纸的编号，也可以在图上集中说明。

二、断面图的画法

1. 移出断面

画在投影图外的断面，称为移出断面。移出断面的轮廓线用粗实线绘制，如图5-28(a)所示的1—1断面和图5-29(a)所示的"T"形梁的1—1断面。

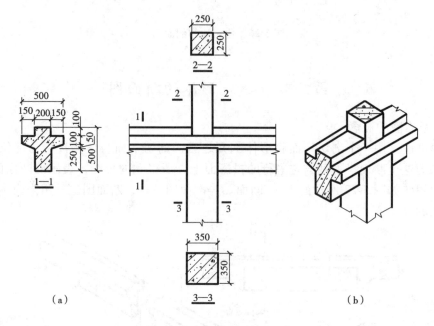

图5-28 梁、柱节点断面图

一个形体有多个断面图时，可以整齐地排列在投影图的四周。如图5-28所示为梁、柱节点构件图，花篮梁的断面形状如1—1断面所示，上方柱和下方柱分别用2—2、3—3断面图表示。这种处理方式，适用于断面变化较多的形体，并且往往用较大的比例画出。

形体较长且断面没有变化时，可以将断面图画在投影图中间断开处。如图5-29(b)所示，在"T"形梁的断开处，画出梁的断面，以表示梁的断面形状。这样的断面图不需标注。

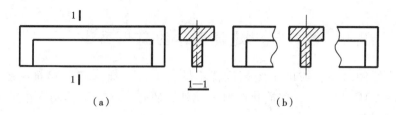

图 5-29 断面图
(a) 移出断面；(b) 中间断面

2. 重合断面

断面图直接画在图形内，这时可以不加任何标注，只需在断面图的轮廓线之内画出材料图例，如图 5-30(a) 所示。当断面尺度较小时可将断面图涂黑，如图 5-31 所示，这种断面称为重合断面。重合断面的图线与投影图的图线应有所区别，当重合断面的图线为粗实线时，投影图的图线应为细实线，反之则用粗实线。

【例 5-3】如图 5-30(a) 所示，可在墙壁的正立面图上加画断面图，比例与正立面图一致，表示墙壁立面上装饰花纹的凹凸起伏状况。图中右边小部分墙面没有画出断面，以供对比。这种断面是假想用一个与墙壁立面相垂直的水平面作为剖切平面，剖开后向下旋转到与立面重合的位置得出来的。这种断面图不需标注。

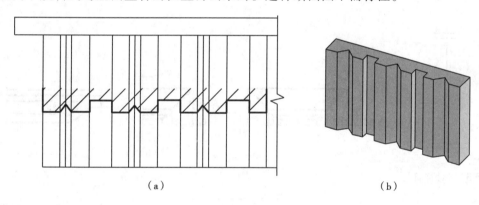

图 5-30 重合断面图一

【例 5-4】如图 5-31 所示为屋顶平面图，是假想用一个垂直屋脊的剖切平面将屋面剖开，然后将断面向左旋转到与屋顶平面图重合的位置得出来的。

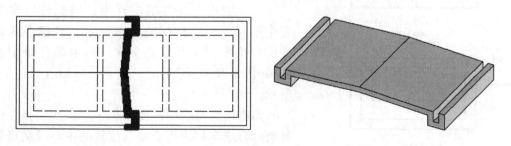

图 5-31 重合断面图二

第四节　建筑形体的简化画法

为了节省绘图时间，或由于图幅位置不够，国家标准《房屋建筑制图统一标准》GB/T 50001—2017 规定了一些简化画法，此外，还有一些在工程制图中惯用的简化画法。现简要介绍如下。

一、对称图形的画法

1. 对称符号

对称符号由对称线和两端的两对平行线组成。对称线用细点画线绘制；平行线用细实线绘制，其长度宜为 6~10mm，每对间距宜为 2~3mm；对称线垂直平分于两对平行线，两端超出平行线宜为 2~3mm，如图 5-32 所示。

2. 对称图形的画法

构配件的对称图形，可以对称中心线为界，只画出该图形的一半，并画上对称符号，如图 5-33（a）所示。如果图形不仅左右对称，而且上下也对称，还可进一步简化，只画出该图形的四分之一，但此时要增加一条竖向对称线和相应的对称符号，如图 5-33（b）所示。对称图形也可稍超出对称线，此时不宜画对称符号，而在超出对称线部分画上折断线，如图 5-33（c）所示。

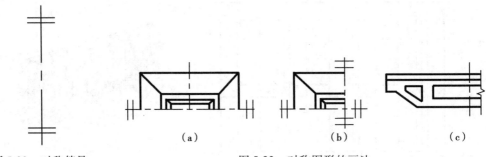

图 5-32　对称符号　　　图 5-33　对称图形的画法

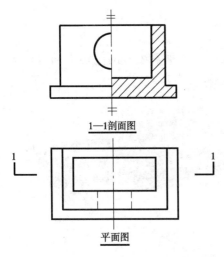

图 5-34　一半画视图，一半画剖面图

对称的形体，需画剖面（断面）图时，也可以对称中心线为界，一半画外形图，一半画剖面（断面）图，如图 5-34 所示。

二、相同构造要素的画法

工程物或构配件的图样中，构配件内多个完全相同而连续排列的构造要素，可仅在两端或适当位置画出其完整形状，其余部分以中心线或中心线交点表示，如图 5-35（a）、（b）所示。

如连续排列的构造要素少于中心线交点，则其余部分应在相同构造要素位置的中心线交点处用小圆点表示，如图 5-35（c）、（d）所示。

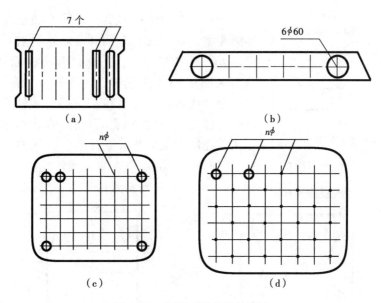

图 5-35 相同要素的省略画法

三、较长构件的画法

较长的构件,如沿长度方向的形状相同,或按一定规律变化,可折断省略绘制。断开处应以折断线表示,如图 5-36 所示。应注意:当在用折断省略画法所画出的图样上标注尺寸时,其长度尺寸数值应标注构件的全长。

四、构件的分部画法

绘制同一个构件,如幅面位置不够,可分成几个部分绘制,并以连接符号表示相连。连接符号用折断线表示需连接的部位,并以折断线两端靠图样一侧用大写拉丁字母表示连接编号。两个被连接的图样,必须用相同的字母编号,如图 5-37 所示。

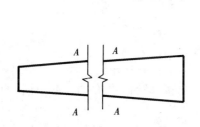

图 5-36 较长构件的画法

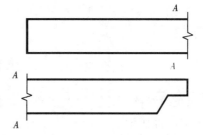

图 5-37 同一构件的分部画法

五、构件局部不同的画法

当两个构配件仅部分不相同时,则可在完整地画出一个后,另一个只画不相同部分,但应在两个构配件的相同部分与不同部分的分界处,分别绘制连接符号。两个连接符号应对准在同一直线上,如图 5-38 所示。

六、相贯线投影的简化画法

在不致引起误解时,允许简化相贯线投影的画法,例如用圆弧或直线代替非圆曲线。图 5-39 所示的是两个最常见的实例。图 5-39(a) 是两个半径差既不很小,又不很

173

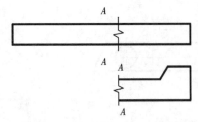

图 5-38 构件局部不同省略画法

大的轴线正交的圆柱相贯,相贯线在正立面图中应是非圆曲线。制图时,常用圆心在小圆柱的轴线上,半径为大圆柱的半径 R,并通过两圆柱面外形线交点,凸向大圆柱的圆弧代替。图 5-39(b)是一个大圆柱,被一个轴线与大圆柱轴线正交的小圆柱孔贯通,大圆柱的直径 ϕ_1 比小圆柱孔的直径 ϕ_2 大得多,其相贯线在正立面图中也应是非圆曲线。制图时,则常用直线来代替,也就是用大圆柱面的外形线延伸过孔口的这段直线来代替。

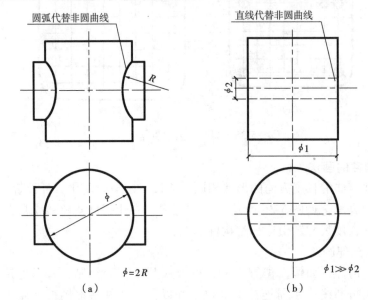

图 5-39 相贯线投影的简化画法示例
(a) 非圆曲线简化为圆弧;(b) 非圆曲线简化为直线

第五节 房屋建筑形体的表达方式

按照正投影的理论,根据建筑形体的基本表达方式,绘制出如图 5-40 所示的传达室的 1—1 剖面图形。

要将一幢房屋内外结构完整地表达清楚,需要画出平面图,房屋的不同朝向的立面图(图 5-40A~D 立面图是房屋的右侧立面图),剖面图。

一、平面图的形成

房屋建筑平面图假想用剖切水平面沿着窗台上方的位置将房屋剖开,移去上半部分,将剩下的部分由上向下向水平面投影所得到的水平剖面图,称为平面图,如图 5-41 所示。

二、立面图的形成

在与房屋各立面平行的投影面上所作的房屋正投影图,称为建筑立面图,简称立面图。其中反映主要出入口或房屋显著外貌特征的那一面的立面图,称为正立面图,其余

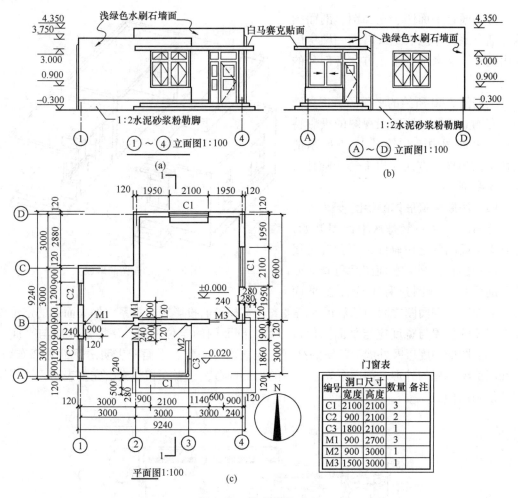

图 5-40　某大学传达室

的立面图相应地称为背立面图和侧立面图。有定位轴线的建筑物，立面图也宜按轴线编号来命名，如①~④立面图或Ⓐ~Ⓓ立面图等。无定位轴线的建筑物也可按房屋的朝向来命名，如南立面图、北立面图、东立面图和西立面图等。

三、剖面图的形成

假想用侧平面或正平面将房屋垂直剖开，移去处于观察者和剖切面之间的部分，把余下的部分向投影面投射所得投影图，称为剖面图，如图 5-42 所示。

平面图、立面图和剖面图是房屋建筑图中最基本的图样，它们各自表达了不同的内容，平面图表明房屋各部分的位置和长度、宽度方向的尺寸，但不能反映房屋的高度；立面图主要表明房屋外形的高度方向的尺寸，不能反映房屋的内部构造；而剖面图则能表明房屋的内部主要构件在高度方向的各部分尺寸。因此，在绘制和识读房屋建筑图

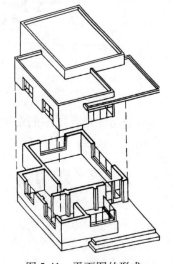

图 5-41　平面图的形成

时，必须通过平面图、立面图、剖面图的仔细对照，才能表达或看懂一幢房屋从内到外，从水平到垂直方向各部分的全貌。

根据图5-40所给的平面图、正立面图、右侧立面图，按照三视图的投影特性绘制平面图中剖切符号1—1所示的剖切位置和投射方向作出1—1剖面图，如图5-43所示。

四、房屋建筑形体的绘图步骤

绘图的顺序一般是从平面图开始，先画出平面图的定位轴线，再画墙身线和门窗的位置，画完平面图后再画立面图和剖面图，画图过程中应注意平面

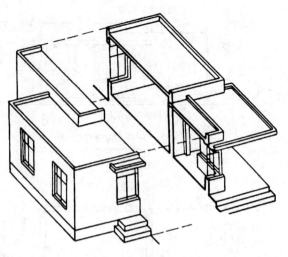

图5-42 剖面图的形成

图、立面图、剖面图之间的长对正、高平齐、宽相等的投影对应关系。如立面图的定位外墙上门窗的位置与宽度应与平面图保持一致，剖面图的定位轴线，房屋总宽应与平面一致，剖面图的高度以及外墙上门窗的高度应与立面图一致。平面图表明房屋的内部布局，立面图反映房屋的外形，剖面图表达房屋的内部构造，三者互相补充，完整表达一幢房屋的外形和结构。

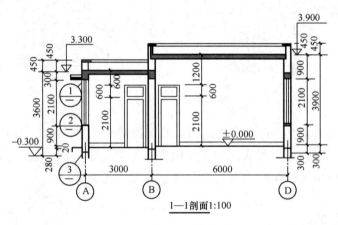

图5-43 1—1剖面图

有关房屋建筑图中的常用符号，如定位轴线、索引符号、详图符号将在第九章作详细的介绍。

第六章 轴 测 图

第一节 轴测投影的基本知识

图 6-1（a）为形体的三视图，图 6-1（b）为同一形体的轴测图。正投影图的优点是能够完整地、准确地表达建筑形体的形状和大小，且作图方便，又便于标注尺寸，但这种图样直观性差，不具有一定读图能力的人，难以看懂。为了帮助看图，工程上还常采用的一种图样就是轴测图，轴测图是一种能同时反映形体的长、宽、高三个方向且用平行投影原理绘制的一种单面投影图。这种投影图的优点是直观性强、容易看懂、富有立体感，缺点是不能反映三个方向的实形，度量性差，作图也较烦琐，因此在建筑工程中常作为辅助图样，用于需要表达建筑形体直观形象的场合。

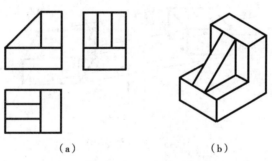

图 6-1 三视图和轴测图的比较
（a）三视图；（b）轴测图

一、轴测投影的形成

将空间形体及确定其空间位置的直角坐标系用平行投影法，沿 S 方向投射到单一投影面 P 上，使平面 P 上的图形能同时反映出空间形体的长、宽、高三个尺度，这种方法所得到的图形就称为轴测投影，或称为轴测图，如图 6-2 所示。图中 S 为轴测投影的投射方向，P 为轴测投影面。

二、轴测轴、轴间角、轴向伸缩系数

1. 轴测轴——空间直角坐标轴 OX、OY 和 OZ 在轴测投影面 P 上的投影 O_1X_1、O_1Y_1 和 O_1Z_1，称为轴测投影轴，简称轴测轴。

2. 轴间角——轴测轴之间的夹角 $\angle X_1O_1Z_1$、$\angle X_1O_1Y_1$、$\angle Y_1O_1Z_1$，称为轴间角。

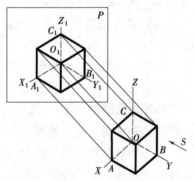

图 6-2 轴测图的形成

3. 轴向伸缩系数——物体上平行于直角坐标轴的直线段投影到轴测投影面 P 上的长度与其相应的原长之比，称为轴向伸缩系数。

用 p、q、r 分别表示 OX、OY、OZ 轴的轴向伸缩系数。图 6-2 中，设直角坐标轴 OX、OY、OZ 上的单位长度分别为 OA、OB、OC，其相应的轴测轴 O_1X_1、O_1Y_1、O_1Z_1 上的单位长度分别为 O_1A_1、O_1B_1、O_1C_1，则

$$p = O_1A_1/OA; \quad q = O_1B_1/OB; \quad r = O_1C_1/OC$$

如果给出轴间角，便可作出轴测轴；再给出轴向伸缩系数，便可画出与空间坐标轴平行的线段的轴测投影。所以，轴间角和轴向伸缩系数是绘制轴测图的两组基本参数。

对于不同类型的轴测投影，有着不同的轴间角和轴向伸缩系数。

三、轴测图的种类

根据投射方向是否垂直于轴测投影面，轴测图可分为两大类：

（1）正轴测图：用正投影法（投射方向 S 垂直于轴测投影面 P）得到的轴测图，如图 6-2 所示。

（2）斜轴测图：用斜投影法（投射方向 S 倾斜于轴测投影面 P）得到的轴测图，如图 6-3 所示。

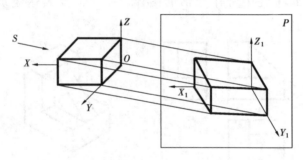

图 6-3　斜轴测投影图

根据轴向伸缩系数的不同，轴测图又可分为三种：

（1）正（或斜）等轴测图，简称正（或斜）等测：三个轴向伸缩系数均相等 $(p = q = r)$；

（2）正（或斜）二等轴测图，简称正（或斜）二测：只有两个轴向伸缩系数相等 $(p = r \neq q$ 或 $p = q \neq r$ 或 $p \neq q = r)$；

（3）正（或斜）三测轴测图，简称正（或斜）三测：三个轴向伸缩系数均不相等 $(p \neq q \neq r)$。

在实际作图时，正等测、斜二测用得较多，对于其余各种轴测投影，可根据作图时的具体要求选用，但一般需采用专用作图工具，否则作图非常烦琐，本章仅介绍正等测和斜二测两种轴测图的画法。

四、轴测图的基本性质

轴测图是在单一投影面上由平行投影得到的一种投影图，所以，它具有平行投影的一切性质。在此，应特别指出的是：

（1）平行性：空间平行的直线段，其轴测投影仍互相平行。即形体上与直角坐标轴

平行的线段，其轴测投影仍平行于相应的轴测轴。

（2）等比性：形体上平行于直角坐标轴的直线段，其轴测投影长与原线段实长之比等于相应的轴向伸缩系数。

因此，画轴测图时，必须沿轴测轴或平行于轴测轴的方向才可以度量，轴测图也因此而得名。

在绘制轴测投影时应该注意空间与坐标轴平行的线段，其长度在轴测投影中等于实际长度乘以相应轴测轴的轴向伸缩系数，但与坐标轴不平行的直线，具有不同的伸缩系数，不能在轴测投影中直接作出，只能按坐标作出其两端点后画出该直线。

第二节 正 等 轴 测 图

当确定形体空间位置的直角坐标轴 OX、OY、OZ 与轴测投影面的倾角均相等时，用正投影法投射形体所得到的投影图称为正等轴测图，简称正等测。

一、正等测的轴间角、轴向伸缩系数

1. 轴间角

正等测的三个轴间角均相等，均为 120°，即 $\angle X_1 O_1 Z_1 = \angle X_1 O_1 Y_1 = \angle Y_1 O_1 Z_1 = 120°$。一般使 $O_1 Z_1$ 处于铅垂位置，$O_1 X_1$、$O_1 Y_1$ 分别与水平线呈 30°，如图 6-4 所示。

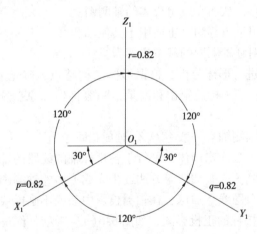

图 6-4　正等测的轴间角和轴向伸缩系数

2. 轴向伸缩系数

正等测的轴向伸缩系数也相等，即 $p = q = r = 0.82$。为了作图简便，实际绘制正等测时，采用 $p = q = r = 1$ 的简化轴向伸缩系数，凡平行于各坐标轴的尺寸均按原尺寸作图。这样画出的轴测图，其形状不变，只是三个轴向尺寸比按理论伸缩系数作图的长度放大到 1.22 倍（即 $1/0.82 \approx 1.22$）。如图 6-5 所示为根据形体的正投影图分别用理论轴向伸缩系数和简化轴向伸缩系数绘制的正等测。

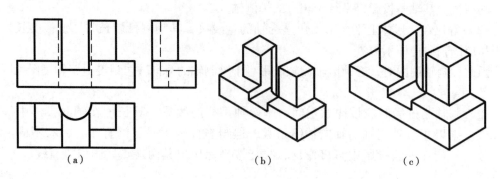

图 6-5 理论轴向伸缩系数和简化轴向伸缩系数绘制的正等测
(a) 正投影图; (b) $p=q=r=0.82$; (c) $p=q=r=1$

二、平面立体的正等测画法

绘制轴测图的方法有坐标法、切割法和叠加法三种。坐标法是绘制轴测图的基本方法,根据形体表面上各顶点的坐标,分别画出它们的轴测投影,然后依次连接成形体表面的轮廓线;切割法适用于带切面的形体,它以坐标法为基础,先用坐标法画出完整形体的轴测图,然后用挖切的方法逐步画出各个切口部分;叠加法适用于叠加而成的组合形体,它依然以坐标法为基础,将形体分解为几个基本形体,按各基本形体所在的坐标及相对位置,逐一画出其轴测投影,从而完成组合体的轴测图。

这三种方法不但适用于正等测,也适用于其他轴测图。

根据形体的正投影图画轴测图的基本步骤为:

(1) 读正投影图,进行形体分析,根据形体结构特点,确定直角坐标轴的位置。设立坐标轴时,要考虑有利于坐标的定位和度量,一般将坐标原点选在形体的对称轴线上,且放在顶面或底面处;

(2) 根据轴间角画轴测轴,一般将 O_1Z_1 画成铅垂位置;

(3) 按各轴向伸缩系数确定形体上平行于各坐标轴的线段的轴测投影长度;

(4) 用坐标法、切割法或叠加法等方法逐步完成形体的轴测图;

(5) 检查,擦去多余图线并加深,在轴测投影中一般不画虚线。

【例 6-1】 根据正六棱柱的正投影图,如图 6-6(a) 所示,作正六棱柱的正等测。

分析:

六棱柱是基本形体,宜采用坐标法作图。本题的关键在于选定恰当的坐标轴及坐标原点,以避免画不必要的作图线。由正六棱柱的正投影图可知,六棱柱的顶面和底面均为正六边形,且前后左右对称,棱线垂直于底面,因此取顶面的对称中心 O 作为原点,OZ 轴与棱线平行,OX、OY 轴分别与顶面对称轴线重合。作出正六棱柱上各顶点的轴测投影,将相应各点连接起来即得到正六棱柱的正等测。为了图形清晰,轴测图上一般不画不可见轮廓线。

作图:

(1) 在正投影图上选择顶面中心 O 作为坐标原点,并确定坐标轴,如图 6-6(a) 所示;

(2) 画出轴测轴,根据顶面各点坐标,在 $X_1O_1Y_1$ 坐标面上定出六棱柱顶面 1_1、4_1、7_1、8_1 点的位置,如图 6-6(b) 所示;

(3) 根据平行关系，定出顶面 2_1、3_1、5_1、6_1 点的位置，顺序连接各顶点得出顶面投影，如图6-6(c) 所示；

(4) 由各顶点向下作 O_1Z_1 轴的平行线（只画出可见棱线），并根据六棱柱的高度 H 在平行线上截得棱线长度，定出底面各可见点的位置，然后连线，得出底面投影，如图6-6(d) 所示；

(5) 擦去作图线，描深可见图线，即得正六棱柱的正等测，如图6-6（e）所示。

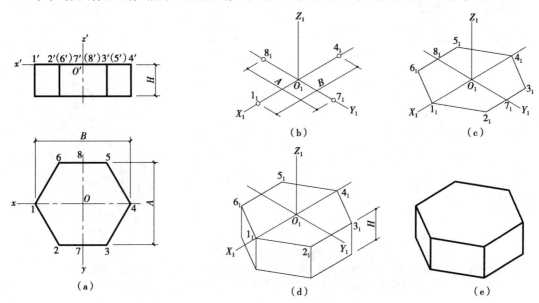

图 6-6 坐标法画正六棱柱的正等测
(a) 选原点，确定坐标轴；(b) 画轴测轴，定顶面各点；
(c) 定顶面其他点，画顶面；(d) 画棱线、底面；(e) 擦去作图线，描深可见图线

【例6-2】作出如图6-7(a) 所示形体的正等测。

分析：

从正投影图可知，该形体是在完整长方体的基础上，逐步切去左上方的四棱柱、右前方的三棱柱和左下端方槽后形成的。适合用切割法作图。

作图：

先用坐标法绘出完整长方体，然后逐步切去各个部分，利用坐标确定各截切平面的位置。作图步骤如图6-7 所示。

【例6-3】如图6-8(a) 所示，根据形体的两面投影图，画出它的正等测。

分析：

形体由三块四棱柱组合而成，宜采用叠加法画图。一般由下向上逐个画出四棱柱的投影，注意各部分的相对位置关系。

作图：

先在正投影图上选择底板顶面中心 O 作为坐标原点，并确定坐标轴，然后用坐标法绘出底板四棱柱的投影，根据三块棱柱中心对齐的相对位置，逐步画出另外两部分，擦去不可见图线，完成图形，作图步骤如图6-8 所示。

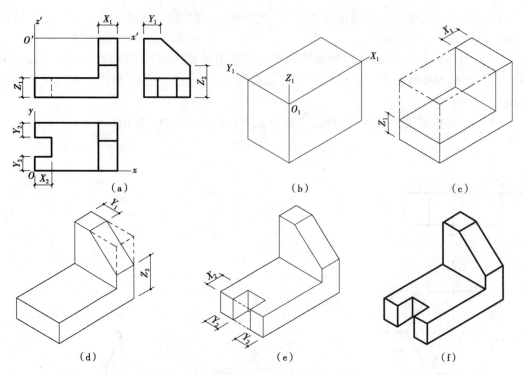

图 6-7 切割法作切口平面体的正等测
(a) 选原点，确定坐标轴；(b) 画轴测轴，画完整长方体；(c) 切去左上方四棱柱；
(d) 切去右前方三棱柱；(e) 切去左下端方槽；(f) 整理描深，完成全图

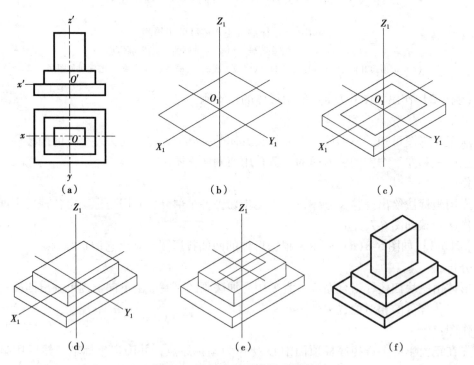

图 6-8 叠加法画形体的正等测
(a) 选原点，确定坐标轴；(b) 画出底板四棱柱的上表面；(c) 完成底板四棱柱，并画中间四棱柱的底面；
(d) 完成中间四棱柱；(e) 定中间四棱柱的中心，画上面四棱柱的底面；(f) 完成图形，整理描深

【例6-4】 作出如图6-9(a)所示梁板柱节点的正等测。

分析：

梁板柱节点是由若干个四棱柱叠加组合而成，适合用叠加法画图。本例关键是选择投射方向，以清楚地表达组成梁板柱节点的结构，为此应选择从下向上的投射方向画轴测图。

作图：

(1) 在正投影图上选择楼板底面中心为坐标原点，确定坐标轴，如图6-9(a)所示；

(2) 画轴测轴，在 $X_1O_1Y_1$ 坐标面上用坐标法画出四棱柱楼板的轴测投影，如图6-9(b)所示；

(3) 确定梁、柱位置。在楼板底面上绘出柱、主梁、次梁的水平面轴测投影，如图6-9(c)所示；

(4) 过柱的水平面轴测投影向下定柱的高度，绘出柱的轴测投影，如图6-9(d)所示；

(5) 过主梁和次梁的水平面轴测投影向下定高度，绘出主梁和次梁的轴测投影及与柱的交线，如图6-9(e)所示；

(6) 擦去作图线及不可见线，描深可见轮廓线及节点断面边界线，断面画材料图例线，完成全图，结果如图6-9(f)所示。

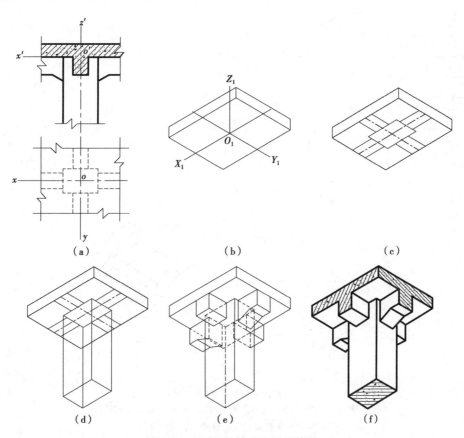

图6-9 绘制梁板柱节点的正等测
(a) 确定坐标轴；(b) 画轴测轴及楼板；
(c) 定位梁、柱；(d) 画柱；(e) 画主梁和次梁；(f) 整理描深

【例6-5】 作出如图6-10(a)所示台阶的正等测。

分析：

台阶由两侧栏板和三级踏步组成，可以用叠加法画图，而栏板是由四棱柱经挖切而成，栏板用切割法。一般先画出两侧栏板，然后再画踏步。

作图：

(1) 在正投影图上选择坐标原点，确定坐标轴，如图6-10(a)所示。

(2) 画轴测轴及右侧栏板。根据栏板的长、宽、高用切割法画出右侧栏板的轴测投影，如图6-10(b)所示。

(3) 画左侧栏板。根据两栏板之间的距离画出左侧栏板的轴测投影，如图6-10(c)所示。

(4) 画踏步端面。在右侧栏板的内侧面（平行于W面）上，按踏步的侧面投影形状画出踏步端面的轴测投影，如图6-10(d)所示。对于断面比较复杂的棱柱体，都可先画出端面。

(5) 画踏步，完成作图。过端面各顶点引线平行于O_1X_1轴，得踏步的轴测投影。擦去作图线，描深，完成台阶的正等测，结果如图6-10(e)所示。

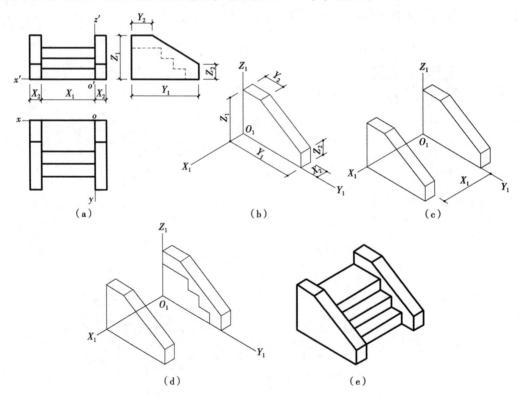

图6-10 作台阶的正等测
(a) 确定坐标轴；(b) 画轴测轴及右侧栏板；(c) 画左侧栏板；
(d) 画踏步端面；(e) 画踏步，完成全图

三、曲面立体的正等测画法

曲面立体表面除了直线轮廓线外，还有曲线轮廓线，工程中常见的曲线轮廓线是圆或

圆弧。要画曲面立体的轴测图必须先掌握圆和圆弧轴测投影的画法。

1. 平行于坐标面的圆的正等测

根据正等测的形成原理可知，平行于坐标面的圆，其正等测是椭圆。如图 6-11 所示为平行于三个坐标面（XOY、XOZ 和 YOZ）的直径相同的圆的正等测，这三个圆可视为处于同一个正方体的三个不同方位表面上的三个内切圆。这三个椭圆的长、短轴均分别相等，但长、短轴的方向不同，因此椭圆的画法也不尽相同。

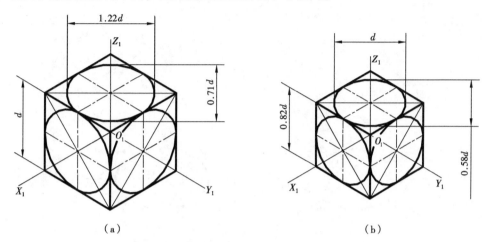

图 6-11　平行于各坐标面的圆的正等测
（a）按轴向伸缩系数 = 1 作图；（b）按轴向伸缩系数 = 0.82 作图

由图可知，椭圆的长轴垂直于与圆平面相垂直的坐标轴的轴测投影（轴测轴），且在菱形（圆的外切正方形的轴测投影）的长对角线上；而短轴则平行于这条轴测轴，且在菱形的短对角线上。

各椭圆长、短轴的方向为：

平行于 XOY 坐标面的圆的正等测椭圆，其长轴垂直于 O_1Z_1 轴，短轴平行于 O_1Z_1 轴；
平行于 XOZ 坐标面的圆的正等测椭圆，其长轴垂直于 O_1Y_1 轴，短轴平行于 O_1Y_1 轴；
平行于 YOZ 坐标面的圆的正等测椭圆，其长轴垂直于 O_1X_1 轴，短轴平行于 O_1X_1 轴。

当轴向伸缩系数 $p = q = r = 1$ 时，各椭圆的长轴 $\approx 1.22d$，短轴 $\approx 0.7d$（d 为圆的直径）。

平行于坐标面的圆的正等测椭圆，常用四心圆法近似绘制。四心圆法作图简单，易于确定长、短轴方向，便于徒手画图。四心圆法作近似椭圆，是用相切的四段圆弧代替椭圆。作图时需要求出这四段圆弧的圆心、切点及半径。如图 6-12 所示，现以 XOY 坐标面的圆为例，说明这种画法的作图步骤。

（1）在图 6-12（a）所示的正投影图上，选定坐标原点和坐标轴。并沿坐标轴方向作出圆的外切正方形 $efgh$，得正方形与圆的四个切点 a、b、c 和 d。

（2）如图 6-12（b）所示，作正等轴测轴 O_1X_1、O_1Y_1。沿轴截取 $O_1A_1 = O_1B_1 = O_1C_1 = O_1D_1 = d/2$（$d$ 为圆的直径），得点 A_1、B_1、C_1 和 D_1，作出圆的外切正方形的正等测（菱形）$E_1F_1G_1H_1$，菱形的对角线分别为椭圆的长、短轴位置。

（3）如图 6-12（c）所示，连接 F_1A_1、F_1D_1（或 H_1B_1、H_1C_1）分别与菱形长对角线

E_1G_1 交于点 M_1、N_1，则 F_1、H_1、M_1、N_1 为四段圆弧的圆心。

（4）如图 6-12(d) 所示，分别以点 F_1 和 H_1 为圆心，以 F_1A_1 或 H_1C_1 为半径作大圆弧 A_1D_1 和 C_1B_1。

（5）如图 6-12（e）所示，分别以点 M_1 和 N_1 为圆心，以 M_1A_1 或 N_1C_1 为半径作小圆弧 A_1B_1 和 C_1D_1。

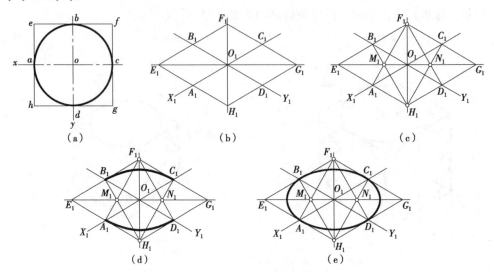

图 6-12 四心圆法作圆的正等测椭圆
(a) 确定坐标轴；(b) 作圆外切正方形的正等测；(c) 作四个圆心；
(d) 作两段大圆弧；(e) 作两段小圆弧，完成作图

由大圆弧 A_1D_1、C_1B_1 和小圆弧 A_1B_1 和 C_1D_1 就组成了一个近似椭圆。

画其他坐标面上圆的正等测椭圆时，应注意长短轴的方向。

2. 曲面立体的正等测画法

在画回转曲面立体的正等测时，首先用四心圆法画出回转体中平行于坐标面的圆的正等测椭圆，然后再画出整个回转体的正等测。

【例 6-6】作圆柱的正等测，如图 6-13(a) 所示。

分析：

圆柱轴线为铅垂线，上、下底圆平行于水平坐标面。

作图：

（1）在正投影图中选定坐标原点和坐标轴。为便于画图，将坐标原点取在上底圆的圆心，如图 6-13(a) 所示。

（2）作轴测轴，根据圆柱的直径和高，作出上、下底圆外切正方形的轴测投影（菱形），如图 6-13(b) 所示。

（3）用四心圆法作出上底圆的近似椭圆以及下底圆近似椭圆的可见部分，并作出两椭圆的公切线，如图 6-13(c) 所示。

（4）擦去作图线，描深可见轮廓线，完成全图，如图 6-13(d) 所示。

对于比较复杂的曲面立体，类似平面立体正等测的画法，首先进行形体分析，根据其组合方式和结构特点，可采用切割法、叠加法等，从上至下，从前至后，按其切割形式或

基本形体的相对位置逐个画出。

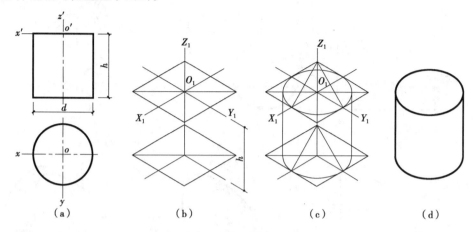

图 6-13 圆柱的正等测
(a) 选坐标轴；(b) 作上下底圆外切正方形的正等测；
(c) 作上下底圆近似椭圆及公切线；(d) 整理描深

【例 6-7】 作如图 6-14(a) 所示的圆柱左端被切割后的正等测。

分析：

圆柱轴线为侧垂线，左、右端面平行于侧平坐标面。绘制切割体的正等测，需要作出截交线的轴测投影。该侧垂圆柱被水平截平面截切后，切口为矩形；被正垂截平面截切后，切口为椭圆弧，且前后对称。作图时，先作出完整圆柱，然后用切割法作出每个截平面截切圆柱形成截交线的正等测。椭圆曲线可采用坐标定位法描点作出。坐标定位法是先在正投影图上找出截交线上一系列点的投影，然后根据其坐标作出这些点的轴测投影，最后光滑连接各点即可。

作图：

(1) 在正投影图上选定坐标原点，确定坐标轴。坐标原点选在圆柱左端面圆心处，如图 6-14(a) 所示。

(2) 作轴测轴，作完整圆柱的正等测，如图 6-14(b) 所示。根据圆柱的直径及圆柱的长度作圆柱左、右端面的正等测椭圆，并作两椭圆的公切线，这两条公切线为圆柱的轴测投影轮廓线，与右端面切点记为 N、M，其轴测投影为 N_1、M_1，点 N 的 Z 坐标值记为 Z_n。

(3) 作水平截平面截切圆柱形成截交线（矩形）的轴测投影，如图 6-14(c) 所示。点 1_1、2_1 的位置由坐标 X_1、Z_1 在轴测投影上定出。

(4) 作正垂截平面截切圆柱形成截交线（椭圆弧）的轴测投影，如图 6-14(d) 所示。先用坐标法定出椭圆弧上若干点（特殊点、一般点）的轴测投影（作图方法参照点 1_1、2_1 确定），然后依次光滑连接各点。

注意：其中点 8_1 为切口截交线与圆柱轴测投影轮廓线的交点。利用 $Z_8 = Z_n$（Z_n 见图 6-14b) 在正投影图上定出 $8''$ 及 $8'$，得到 X_8，再由 X_8 在圆柱轴测投影轮廓线上定出 8_1。

(5) 擦去作图线，描深可见轮廓线，完成带切口圆柱的正等测，结果如图 6-14(e) 所示。

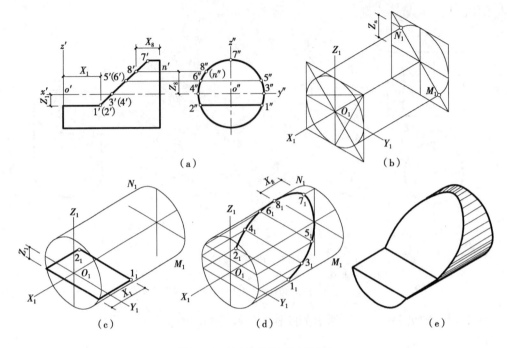

图 6-14 被切割圆柱的正等测
(a) 确定坐标轴；(b) 作完整圆柱的正等测；
(c) 作截交线矩形的轴测投影；(d) 作截交线椭圆弧的轴测投影；(e) 作图结果

【例 6-8】 作如图 6-15(a) 所示支架的正等测。

分析：

支架由底板、竖板和肋板三块板组成。下面是一块带圆角的长方形底板，开有两个圆柱孔；上面是一块竖板，其顶部是圆柱面，中间有一圆柱孔；中间是一块三棱柱肋板。

作图：

(1) 确定坐标轴，并在正投影图上表示出来。因形体左右对称，取底板上表面后边线的中点为坐标原点，如图 6-15(a) 所示。

(2) 作轴测轴，画底板的轴测投影，并画出竖板底面的轮廓线 $1_1 2_1 3_1 4_1$，如图 6-15(b) 所示。

(3) 确定竖板圆柱孔后孔口的圆心 B_1，由 B_1 定出前孔口的圆心 A_1，画出竖板前、后半圆（与圆柱孔同心）的正等测椭圆弧，然后分别过点 1_1、2_1、3_1、4_1 作直线与两椭圆弧相切，并作出两椭圆弧的公切线，完成竖板的正等测，如图 6-15(c) 所示。

(4) 作出竖板上圆柱孔及底板上两圆柱孔的正等测，如图 6-15(d) 所示。

(5) 作三棱柱肋板和底板圆角的轴测投影，如图 6-15(e) 所示。底板圆角（整圆的四分之一段圆弧）可用近似画法作它们的正等测椭圆弧，具体作法如下：

先根据圆角半径 R 确定圆角的切点 C_1、D_1、E_1、F_1，再由 C_1、D_1、E_1、F_1 作相应边的垂线，垂线两两相交得两个圆心 O_1、O_2，然后分别以 O_1、O_2 为圆心在切点 C_1、D_1 及 E_1、F_1 间作圆弧，得到底板上表面圆角的正等测。

将圆心 O_1、O_2 向下平移一个底板厚度，作出底板底面圆角的正等测。然后作右边两椭圆弧的公切线。

（6）擦去作图线，描深可见轮廓线，完成全图，结果如图6-15（f）所示。

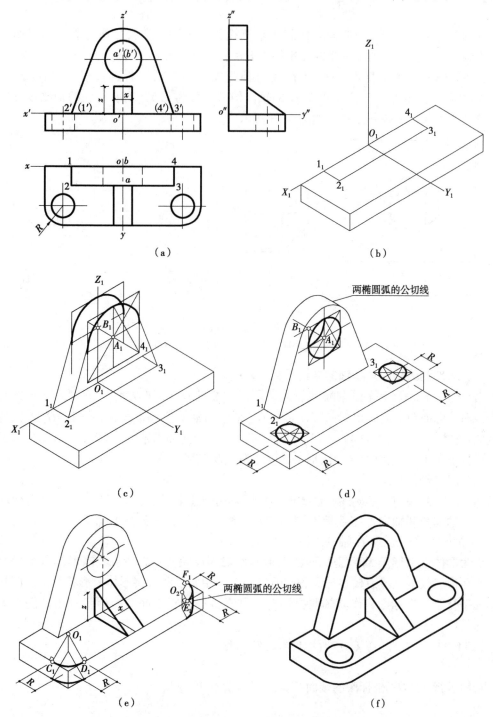

图6-15 支架的正等测
(a) 确定坐标轴；(b) 作底板及竖板底面轮廓；(c) 作竖板圆柱面；
(d) 在竖板及底板上开圆柱孔；(e) 作肋板和底板圆角；(f) 整理描深

第三节　斜二等轴测图

在轴测投影中，当投射方向 S 倾斜于轴测投影面 P 时，所得投影为斜轴测投影。为了便于画图，常使物体的某一坐标面平行于轴测投影面。

若将物体的一个坐标面 XOZ 放置成与轴测投影面平行，所选投射方向使 O_1Y_1 与 O_1X_1 轴之间的夹角为 $135°$，并使 O_1Y_1 的轴向伸缩系数为 0.5，则所得到的轴测投影称为斜二等轴测投影，简称斜二测，如图 6-16 所示。

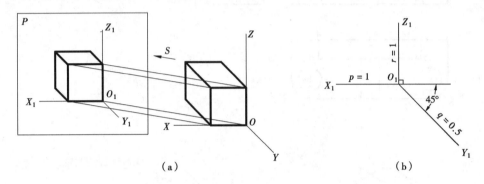

图 6-16　斜二等轴测图
(a) 斜二等轴测图的形成；(b) 斜二测的轴间角和轴向伸缩系数

一、斜二测的轴间角和轴向伸缩系数

由于坐标面 XOZ 平行于轴测投影面，所以轴测轴 O_1X_1 和 O_1Z_1 仍分别为水平方向和铅垂方向，轴间角 $\angle X_1O_1Z_1 = 90°$，OX 和 OZ 轴上的轴向伸缩系数 $p = r = 1$；O_1Y_1 轴与水平线成 $45°$ 方向，即 $\angle X_1O_1Y_1 = \angle Y_1O_1Z_1 = 135°$，其轴向伸缩系数 $q = 0.5$。因此凡位于物体上平行于 XOZ 坐标面的平面图形，其斜二测反映实形。

二、斜二测的画法

斜二测的画法与正等测的画法类似，也可采用前述坐标法、切割法、叠加法等作图方法，只是轴间角和轴向伸缩系数不同。在斜二测中，凡平行于 O_1X_1 轴和 O_1Z_1 轴的线段按 $1:1$ 量取，平行于 O_1Y_1 轴的线段只取实长的一半。

因为形体上平行于 XOZ 坐标面的图形其斜二测反映实形，所以，当形体一个投射方向上平面形状较复杂或有较多的圆和圆弧时，宜采用斜二测。将形体上形状复杂及圆弧较多的面平行于该坐标面，作其轴测投影时，可直接按照正立面图的形状画出，使作图简便，这是斜二测的优点。

【例 6-9】作如图 6-17(a) 所示台阶的斜二测。

分析：

台阶平行于 XOZ 坐标面的端面其斜二测形状不变。

作图：

(1) 确定坐标轴，并在正投影图上表示出来，如图 6-17(a) 所示；

(2) 画轴测轴，并画出台阶前端面的轴测投影（与正立面图相同），如图 6-17(b) 所示；

(3) 从前端面的各顶点向后作踏步线与 O_1Y_1 轴平行,并按 $q=0.5$ 确定台阶宽度,如图 6-17(c) 所示;

(4) 擦去作图线,描深可见轮廓线,完成全图,如图 6-17(d) 所示。

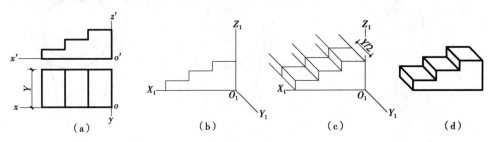

图 6-17 台阶的斜二测
(a) 确定坐标轴;(b) 作台阶前端面;(c) 作踏步线,定台阶宽度;(d) 整理描深

【例 6-10】 作如图 6-18(a) 所示形体的斜二测。

分析:

由正投影图可知,该形体由圆筒及支板两部分组成,它们的前后端面均有平行于 XOZ 坐标面的圆及圆弧,其斜二测为圆及圆弧实形,画图时,首先应确定各端面圆及圆弧的圆心位置。

作图:

(1) 在正投影图中选定坐标原点和坐标轴,原点设在形体后端面圆心,如图 6-18(a) 所示;

(2) 画轴测轴,作回转体轴线,确定各圆心的轴测投影位置 1_1、2_1、3_1、4_1、5_1,注意 $q=0.5$,如图 6-18(b) 所示;

(3) 以 1_1、2_1、3_1、4_1、5_1 为圆心,按正投影图上给定半径由前向后逐步作各端面的圆或圆弧,如图 6-18(c) 所示;

(4) 作各圆或圆弧的公切线,如图 6-18(d) 所示;

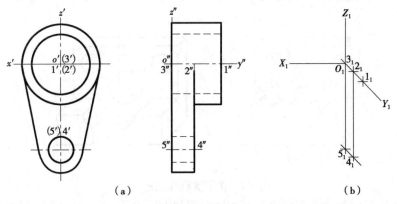

图 6-18 曲面体的斜二测(一)
(a) 确定坐标轴;(b) 确定各圆及圆弧的圆心

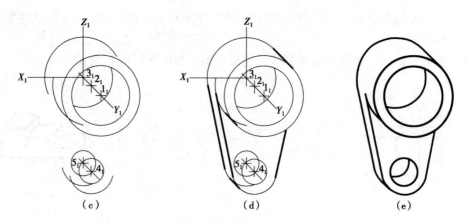

图 6-18 曲面体的斜二测（二）
(c) 作圆及圆弧；(d) 作公切线；(e) 整理描深

（5）擦去多余作图线及不可见线，描深可见轮廓线，完成全图，结果如图 6-18（e）所示。

【例 6-11】作出如图 6-19(a) 所示形体的斜二测。

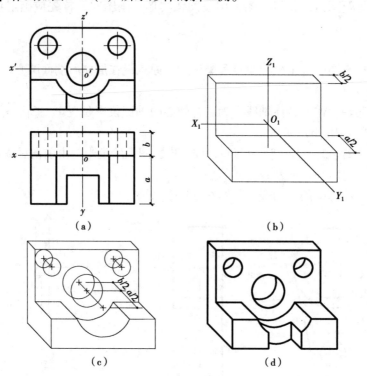

图 6-19 作物体的斜二测
(a) 确定坐标轴；(b) 画出物体的基本形状；(c) 作各圆柱孔及半圆柱槽；(d) 作方槽，整理描深

分析：

物体基本形状为 L 形。平行于 XOZ 坐标面的端面上开有圆柱孔、半圆柱槽及方槽，所有平行于 XOZ 坐标面的端面其斜二测形状不变。

作图：

(1) 在正投影图中选定坐标原点和坐标轴，原点设在形体中间端面的大圆柱孔中心，如图 6-19(a) 所示。

(2) 画轴测轴，作出物体的基本形状，如图 6-19(b) 所示。

(3) 确定各圆柱孔及圆柱槽的圆心位置，画出圆柱孔及半圆柱槽，如图 6-19(c) 所示。

根据正投影图上三个圆心的位置，在轴测图上确定中间端面上三个圆柱孔及圆弧的圆心；然后把三个圆柱孔的圆心沿 O_1Y_1 轴均向后移动 $b/2$ 距离，为后端面三个圆柱孔的圆心；同样方法，把半圆弧的圆心沿 O_1Y_1 轴向前移动 $a/2$ 距离，得到前端面圆弧的圆心。最后根据正投影图上的半径作出各端面的圆及圆弧，并连接半圆柱槽两圆弧之间直线。

(4) 由前端面向后作方槽；擦去多余作图线及不可见线，描深可见轮廓线，完成全图，结果如图 6-19(d) 所示。

第四节　水平斜等轴测图

将物体连同确定其空间位置的直角坐标系，用斜投影的方法投射到与 XOY 坐标面平行的轴测投影面上，所得到的轴测图称为水平斜等轴测图。

一、水平斜等轴测图的轴间角和轴向伸缩系数

由于坐标面 XOY 平行于轴测投影面，因此 OX 轴和 OY 轴上的轴向伸缩系数 $p=q=1$，轴间角 $\angle X_1O_1Y_1 = 90°$。OZ 轴的投影及其轴向伸缩系数由投射方向确定，为作图方便，通常取 $r=1$ 或 $r=0.5$，取 $\angle X_1O_1Z_1 = 120°$。

画图时，通常将 O_1Z_1 画成铅垂方向，O_1X_1 和 O_1Y_1 分别与水平线呈 30° 和 60°，如图 6-20 所示。

二、水平斜等轴测图的画法

图 6-21 为一建筑形体的水平斜等轴测图的作图过程。先将图 6-21(a) 所示形体的平面图逆时针旋转 30°，得到图 6-21(b) 所示其底面轮廓，再在各转角处画出高线，截取高度（取 $r=1$ 或 $r=0.5$），擦去作图线及不可见线，即可画出形体的水平斜等轴测图，结果如图 6-21(c) 所示。

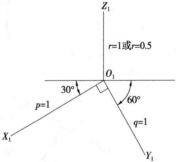

图 6-20　水平斜等轴测图的轴间角和轴向伸缩系数

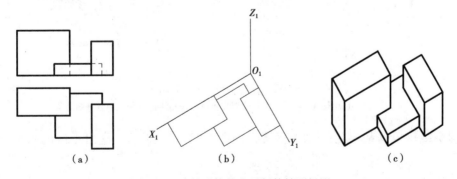

图 6-21　建筑形体的水平斜等轴测投影
(a) 正投影图；(b) 画出底面轮廓；(c) 作出高度线，整理描深

水平斜等轴测图适合于表达房屋的水平剖面或建筑小区的平面布置，它可以反映出房屋内部的布置情况，或一个区域中各建筑物、道路、设施等的平面位置及相互关系，以及建筑物和设施等的实际高度。

【例 6-12】根据房屋的正立面图和平面图，如图 6-22(a) 所示，作房屋剖切的水平斜等轴测图。

分析：

本例是用水平剖切平面剖切房屋后，将剖切平面及以上部分移走，需要画出房屋剩余部分的水平斜等轴测图。因房屋平面平行于 XOY 坐标面，故其轴测投影反映实形，于是可以将房屋平面图逆时针旋转 30°后再向下画出房屋高度。

作图：

(1) 先画断面，即把房屋平面图逆时针旋转 30°后画出；然后过各个角点向下画高度线；再画出室内、外的墙脚线等。要注意室内、外地面标高的不同，如图 6-22(b) 所示。

(2) 画门窗洞、窗台和台阶，完成房屋的水平斜等轴测图，如图 6-22(c) 所示。

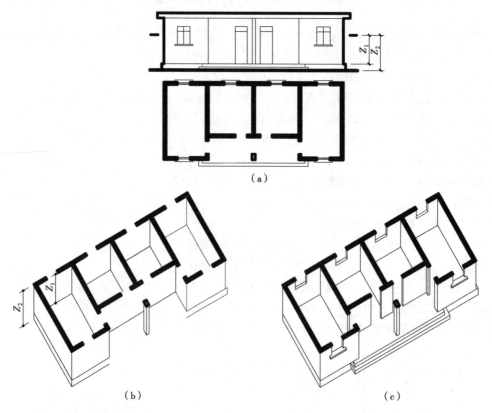

图 6-22 房屋的水平斜等轴测图
(a) 房屋的两视图；(b) 画出内外墙脚线和柱；(c) 画门窗洞、窗台和台阶等

【例 6-13】根据某小区的总平面图，如图 6-23(a) 所示，作出小区的水平斜等轴测图。

分析：

由于小区内各房屋的高度不同，可先把总平面图旋转 30°后画出，然后在房屋的平面图上向上取高度,如图 6-23(b) 所示。

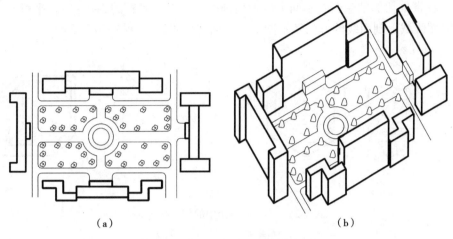

图 6-23 某小区的水平斜等轴测图
(a) 总平面图;(b) 水平斜等轴测图

第五节 带剖切的轴测图

对于内部有孔的形体,用如图 6-24(a) 所示的轴测图无法把内部构造完全表达清楚。为了清楚地表达形体的内部构造,可假想用剖切平面将形体的一部分剖去,从而画出带剖切的轴测图,如图 6-24(b) 所示。

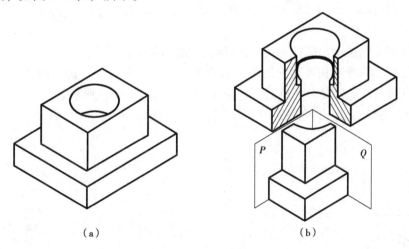

图 6-24 带剖切的轴测图
(a) 剖切前;(b) 剖切后

一、带剖切轴测图画法的一些规定

(1) 为了在轴测图上能同时表达出形体的内外形状,通常采用平行于相应坐标面的两个互相垂直的平面剖切形体。剖切平面一般应通过形体的主要轴线或对称平面。如图 6-24(b) 中,采用两个互相垂直的剖切平面 P、Q 剖切形体,其中剖切平面 P 平行于 XOZ

坐标面；剖切平面 Q 平行于 YOZ 坐标面。

（2）在带剖切的轴测图的断面上应画出剖面线（互相平行的细实线）。平行于三个坐标面的剖面区域上剖面线的方向随不同轴测图而有所不同，如图 6-25 所示。

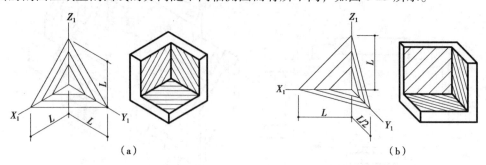

图 6-25 不同轴测图中的剖面线方向
(a) 正等测；(b) 斜二测

二、带剖切的轴测图的画法

带剖切的轴测图有两种画法。

（1）先整体，后剖切。先画形体的外形，然后按选定的剖切平面画出断面和内部形状。

（2）先剖切，后整体。先画出剖切部分的断面形状，然后再画形体的内外形状。

后一种方法比前一种方法作图线少，但初学者不易掌握。初学者应在熟悉前一种的画法后，再用后一种画法。

【例 6-14】画出如图 6-26(a) 所示圆柱套筒带剖切的正等测。

作图：

（1）用四心圆法画出圆柱套筒的正等测，如图 6-26(b) 所示。

（2）假想用两个互相垂直的剖切平面沿坐标面把套筒剖开，画出断面轮廓。注意剖切后圆柱筒底圆的部分投影（椭圆弧）应画出，如图 6-26(c) 所示。

（3）画剖面线，擦去多余作图线，描深，完成全图，如图 6-26(d) 所示。

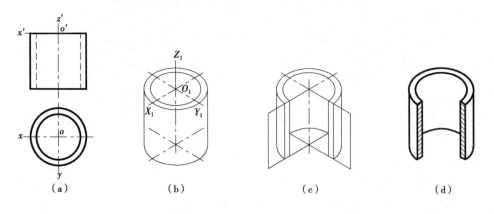

图 6-26 圆柱套筒带剖切的正等测
(a) 正投影图；(b) 未剖切正等测；(c) 画断面和内形；(d) 整理描深

【例 6-15】 画出如图 6-27(a) 所示组合形体带剖切的正等测。

作图：

（1）选定坐标原点和坐标轴，并在正投影图上表示出来，如图 6-27(a) 所示；

（2）画轴测轴，确定各圆心的位置，画出主要中心线，如图 6-27(b) 所示；

（3）画剖切部分的断面形状，断面内画剖面线（肋板由前后对称平面纵向剖开，规定不画剖面线），如图 6-27(c) 所示；

（4）画其余部分，包括底板、内外圆柱、肋板、圆柱孔等，如图 6-27(d) 所示；

（5）擦去多余的作图线，描深，完成全图，结果如图 6-27(e) 所示。

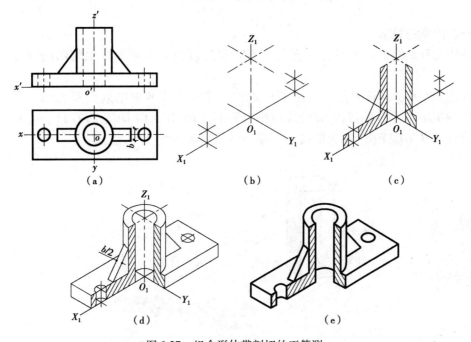

图 6-27 组合形体带剖切的正等测
(a) 正投影图；(b) 确定各圆心位置；(c) 画断面；(d) 画其余部分；(e) 整理描深

第七章 阴　　影

第一节　阴影的基本知识

一、阴影的概念

物体受到光线的照射时，表面上由于光线直接照射不到而产生的阴暗部分，称为阴影。

如图7-1所示，长方体受光线照射时，被光线直接照着的表面称为阳面（$ABFE$、$ADHE$、$ABCD$），照射不到的背光表面称为阴面（$BCGF$、$CDHG$、$EFGH$）。阳面与阴面的分界线（$BCDHEFB$）称为阴线，它是一空间封闭折线。

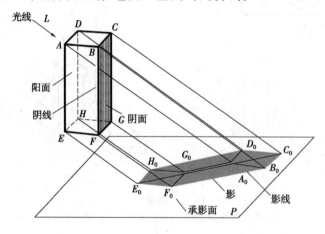

图7-1　阴影的概念

在光线L的照射下，平面P上有一部分被长方体阻挡，光线照射不到，在平面P上产生阴暗的部分，这部分$B_0C_0D_0H_0E_0F_0B_0$包围的范围，称为体在平面P上的影子，简称影。影子的轮廓线称为影线，影子所在的平面（如地面、墙面等）称为承影面。影是由于光线被形体的阳面挡住才产生的，因此，阳面与阴面分界线的影就是影的轮廓线，即影线就是阴线的影。

阴影就是形体上的阴面与影的统称。

产生阴影的条件：一是要有光线，二是要有物体，三是要有承影面。

二、阴影的作用

正投影图中加绘阴影，可将建筑的凹凸、曲折、空间层次一目了然，从而使图面生动逼真，增强了立体感，加强并丰富了正投影图的表现力。在立面图上画出阴影对研究建筑物造型是否优美，立面是否美观，比例是否恰当都有很大的帮助。如图7-2所示的房屋立面图，画上了阴影后，就能反映房屋墙面内外的一些凹凸层次，增强了立面的效果。

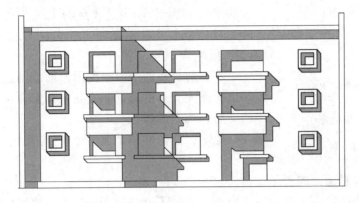

图 7-2 立面图中阴影

在建筑总平面中加绘阴影，可将建筑物的高低层次，体量大小表现清楚；在房屋建筑的透视图中加绘阴影，使建筑物透视图更有真实感，增强建筑透视图的艺术效果，丰富了图面的表现力，达到充分表达设计意图的目的。

三、常用光线

在画建筑图的阴影时，为了便于画图，习惯采用一种固定方向的平行光线，并使其照射方向相当于正立方体的前方左上角，射至后方右下角的对角线方向（图 7-3a）。因而光线 L 在 H、V、W 投影面的投影 l、l′、l″ 与相应投影轴的夹角均为 45°（图 7-3b）。平行于这一方向的光线称为常用光线。

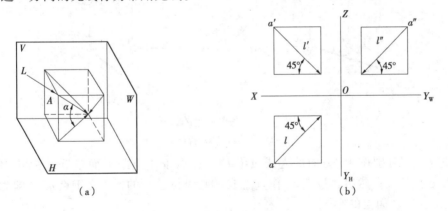

图 7-3 常用光线
(a) 立体图；(b) 投影图

第二节 点 的 影 子

一、点的影子

点落在承影面上的影子仍为一点，为照于该点的光线与承影面的交点。求一点在承影面上的影子，就是求直线与面的交点问题。

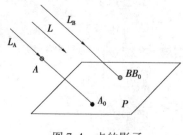

图 7-4 点的影子

如图 7-4 所示，在光线 L 的照射下，空间点 A 在承影面 P 上的影子 A_0 为过 A 点的光线（直线）与承影面的交点；若点 B 在承影面 P 上，则 B 点在承影面 P 上的影子 B_0 与其本身重合。

若有两个或两个以上的承影面，则过该点的光线与某承影面先交得的点才是真正的落影。再与其他承影面的交点，都是虚影。

规定：几何形体的影子，用与几何形体相同的字母，于右下角加一"0"表示。

二、点在投影面上的影子

若承影面为投影面，则点在投影面上的影子就是过点的光线与投影面的交点，即为求光线迹点。

1. 点落在 V 面上的影子

如图 7-5(a) 所示，过 A 点的光线 L 先与 V 面相交，即点 A 到 V 面的距离小于其到 H 面的距离，因此，在 V 面上产生影子 A_0。A_0 的 V 面投影 a'_0 与 A_0 重合，H 面投影 a_0 位于 OX 轴上。

如图 7-5(b) 所示，已知 $A(a, a')$，则点 A 落在 V 面上的影子的作图步骤：

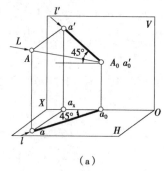 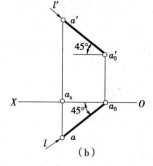

图 7-5 点在 V 面上的影子
(a) 立体图；(b) 投影图

先过 a、a' 分别作 45°方向的光线投影 l、l'；由于 A 点距 V 面较近，所以 l 线先与 OX 轴相交于点 a_0；然后，过点 a_0 作垂直线，此线与过 a' 的 l' 线交于点 a'_0，即为所求。

2. 点落在 H 面上的影子

图 7-6(a) 中，空间点 A 到 H 面的距离小于其到 V 面的距离，则该点将落影在 H 面上。

如图 7-6(b) 所示，已知 $A(a, a')$，求点 A 落在 H 面上的影子的作图步骤：

先过 a、a' 分别作 45°方向的光线投影 l、l'；由于 A 点距 H 面较近，所以 l' 线先与 OX 轴相交于点 a'_0；然后，过交点 a'_0 作垂直线，此线与过 a 的 l 线交于点 a_0，即为所求。

从上面两图中分析，得出结论：空间点在某投影面上的影子，与其同面投影间的水平距离和垂直距离，等于空间点对该投影面的距离。如果已知点到投影面（承影面）的距离，可直接作出影子。

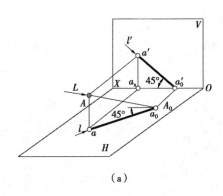 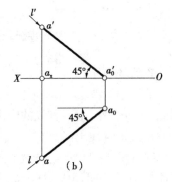

图 7-6 点在 H 面上的影子
(a) 立体图;(b) 投影图

三、点在投影面垂直面上的影子

当承影面垂直于投影面时,欲求一点在该承影面上的影子,均可利用承影面有积聚性的投影来作图。

图 7-7 中,已知 $A(a, a')$,求落在 H 面垂直面 $P(p, p')$ 上的影子 $A_0(a_0, a_0')$。

作图步骤:先过 a、a' 分别作 45°方向的光线投影 l、l';因 P 垂直于 H,所以 a_0 必位于有积聚投影的 p 上,又在 l 上,故可由 l 与 p 交得 a_0;再由 a_0 作连系线,即与 l' 交得 a_0'。

四、点落在一般位置平面上的影子

如图 7-8 所示,求点 A 在一般位置平面 BCD 上的影子,就是求过 A 点的光线与一般位置平面的交点,与画法几何中求一般位置直线与一般位置平面交点原理相同,需要用辅助平面求解。作图步骤如下:

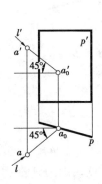 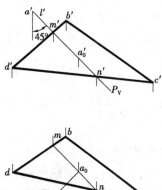

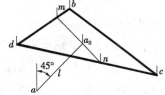

图 7-7 点在 H 面垂直面上影子　　图 7-8 点在一般位置平面上影子

首先,过 A 点的两面投影 a、a',分别作 45°方向的光线投影 l、l';然后,过 L 作辅助平面 P 垂直于 V 面,在 V 面上的投影 P_V,求出 P 与平面 BCD 的交线 MN $(mn, m'n')$,则 l 与 mn 交于 a_0,由 a_0 作连系线即可与 l' 交得 a_0'。

第三节　直线的影子

一、直线的影子

直线的影子为线上一系列点的影子的集合，也是通过该线的光线平面与承影面的交线，因此，一般情况下，直线的影子，仍是直线，如图 7-9 所示，直线 A 在承影面 P 上的影子，就是过该直线上各点的光线所形成的光线平面与承影面的交线 A_0；当直线平行于光线时，图 7-9 中的直线 B，在承影面上的影子积聚成一点 B_0；当直线在承影面上时，图 7-9 中的直线 C，直线的影子 C_0 与直线本身重合。

二、直线的影子求法

投影图中，求作直线落于一个承影平面上的影子的投影，只要作出两个端点的影子的投影，则同名投影相连，即为直线的影子的同名投影。

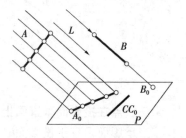

图 7-9　直线的影子

如图 7-10(a) 所示，求直线 AB 落于投影面上的影子 $(a_0b_0, a'_0b'_0)$。因为直线的两端点 A、B 到 H 面的距离分别小于各自到 V 面的距离，故直线 AB 落影到 H 面上。可用图 7-6(b) 的方法，求出 $A_0(a_0, a'_0)$，$B_0(b_0, b'_0)$，同名投影相连即可，如图 7-10(b) 所示。

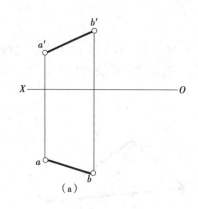
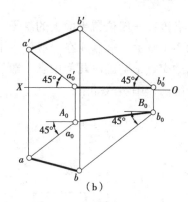

图 7-10　求直线的影子
(a) 已知条件；(b) 作图过程

三、直线的影子性质

1. 一条直线落在一个承影面上影子的特性

（1）直线与承影面相交时，直线的影子将通过该直线与承影面的交点。

如图 7-11(a) 所示，直线 AB 与承影面 H 交于 A 点，因为 A 在承影面上，所以 A 与 A_0 重合。投影图作图过程如图 7-12(b) 所示，A 点的影子 $A_0(a_0, a'_0)$ 与其投影 (a, a') 重合，只要作出 B 点的影子 $B_0(b_0, b'_0)$，同名投影相连即可。

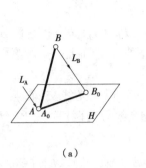 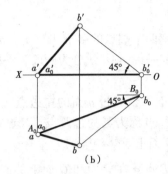

图 7-11　直线与承影面相交

(a) 立体图；(b) 投影图

(2) 直线与承影面平行时，直线的影子必与直线本身平行且相等。

如图 7-12 (a) 所示，直线 AB 与承影面 H 平行，则通过 AB 的光平面与 H 面的交线 A_0B_0 必与 AB 平行；又因光线 AA_0 与 BB_0 相互平行，则 ABB_0A_0 是一个平行四边形，即直线 AB 与影子 A_0B_0 平行且长度相等。

图 7-12 (b) 中，ab 与 a_0b_0、$a'_0b'_0$ 与 $a'b'$ 平行且长度相等。

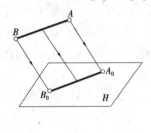 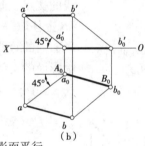

图 7-12　直线与承影面平行

(a) 立体图；(b) 投影图

2. 一条直线落于两个承影面上影子的特性

(1) 一条直线落在两个平行的承影平面上的两段影子必互相平行。

如图 7-13 所示，承影面 P 和 Q 相互平行，所以过直线 A 的光平面，与两个平行平面相交的两条交线必然相互平行，也就是两段影子 A_{01} 和 A_{02} 相互平行，其同名投影也相互平行。

如图 7-14 (a) 所示，求直线 AB 落在互相平行的 H 面垂直面 P、Q 上的影子。

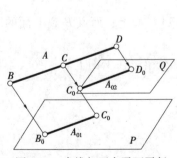 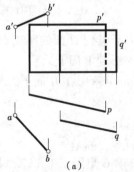 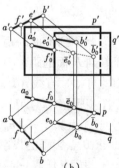

图 7-13　直线与两个平面平行　　　　图 7-14　一直线在两平行承影面上的影子的作法

(a) 已知条件；(b) 作图过程

作图步骤：

① 先分别求出两个端点的影子 A_0（a_0，a_0'）、B_0（b_0，b_0'）；它们分别位于两个承影面 P 和 Q 上，也就是说，AB 线分为两段，一段落影于 P 面上，一段落影于 Q 面上，两点不能直接相连。

② 在 H 投影面上，通过 q 面的左边点 e_0 作 45°返回光线交 ab 于 e 点，过 e 点作连系线求出 e' 点，E_0 点称为影的过渡点。E 点将 AB 线分为两段，一段 AE 落影于 P 面上，一段 EB 落影于 Q 面上。

③ 分别求出 E 点落在 P 面和 Q 面上的影子 E（e_0、e_0'）、$\overline{E}_0$（$\overline{e}_0$，$\overline{e}_0'$）；连接 $b_0'e_0'$、$a_0'\overline{e}_0'$，则 $b_0'e_0' // a_0'\overline{e}_0'$。其中，$a_0'f_0'$ 是可见的影子的投影，$f_0'\overline{e}_0'$ 是被 Q 面遮住的 FE 的影子的投影，凡不可见的阴影一般不予表示。

本例还可以用其他方法。

（2）一条直线落在两个相交的承影平面上的两段影子，必相交于这两个承影面的交线上。

如图 7-15 所示，直线 AB 在相交两承影面 P 和 Q 上的影子 C_0，实际上是过 AB 的光平面、P 平面、Q 平面三面相交交线的交点，此交点 C_0 称为折影点。折影点的求法是：首先在 AB 上任取一点（D 点），求出其影子 D_0；然后与处于同一承影面内的直线 AB 右侧端点的影子（B_0）连接并延长，与两个承影面的交线的交点即是。

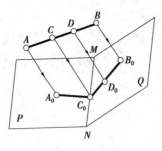

图 7-15　一直线在两相交承影面上的影子

如图 7-16（a）所示，求直线 AB 落于投影面上的影子。

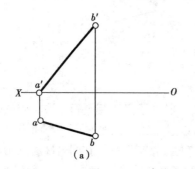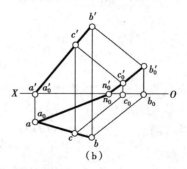

图 7-16　一直线在两相交承影面上的影子的作法
(a) 已知条件；(b) 作图过程

因为点 A 到 V 面的距离大于其到 H 面的距离，它落影到 H 面上；而点 B 到 V 面的距离小于其到 H 面的距离，它落影到 V 面上。

由此可知，直线 AB 有一部分落影在 H 面上，另有一部分落影在 V 面上。

作图步骤：

① 求 A 点影子 $A_0(a_0, a_0')$；

② 求 B 点影子的投影 $B_0(b_0, b_0')$；

③ 在 AB 上任取一点 C，求 C 点影子 $C_0(c_0, c_0')$；

④ 连接 $b_0'c_0'$ 并延长与 X 轴交于 n_0'，n_0' 是折影点 N 的影子的 V 面投影，与其 H 面投影 n_0 重合；$b_0'n_0'$ 是直线 AB 的 BN 段在 V 面上的影子；

⑤ 连接 a_0n_0，a_0n_0 为直线 AB 的 AN 段在 H 面上的影子。

3. 两条直线落在一个平面上影子的特性

（1）两条平行直线落在一个承影面上的两段影子必互相平行。

如图 7-17 所示，因为通过两平行直线 AB、CD 的光平面互相平行，所以与一个承影面 P 交得的两段影子 A_0B_0 与 C_0D_0 互相平行。

（2）两条相交直线落在一个承影面上的两段影子必定相交，且影子的交点，为两直线交点的影子。

如图 7-18 所示，直线 AB 与 CD 的交点 E 在 P 面上的影子 E_0，必同时在两直线的影子 A_0B_0、C_0D_0 上，因而为它们的交点。

（3）两条交叉直线落在一个承影面上的影子如果相交，则交点为一条直线上一点落在另一条直线上影子的影子。

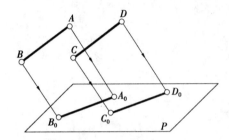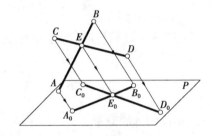

图 7-17 两平行直线在一个承影面上的影子　　图 7-18 两相交直线在一个承影面上的影子

如图 7-19 所示，交叉直线 AB 与 CD 在承影面 P 上的影子交于一点 $\overline{E}_0$，是因为直线 AB 上一点 E 和直线 CD 上一点 E_0 位于同一条光线上。E 点的影子实际上是 E_0，$\overline{E}_0$ 成为假影。

4. 投影面垂直线的影子的投影特性

（1）某投影面垂直线落于任何物体上的影子在该投影面上的投影必呈一直线，且其方向与光线在该投影面上投影方向一致。

如图 7-20（a）所示，铅垂线 AB 落在 H 面和房屋各面上的影子为折线 A_0C_0、C_0D_0、D_0B_0，也就是通过 AB 的光平面 P 与 H 面、房屋各面的交线。因 AB 垂直于 H 面，所以 P 也垂直于 H 面，因而其 H 面投影 p 积聚成一直线，它包含了所有通过 AB 上各点的光线 L 的 H 面投影 l。于

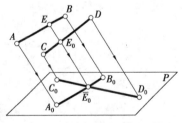

图 7-19 两交叉直线在一个承影面上的影子

是光平面与 H、房屋等交得的影子的 H 面投影，必积聚在该 45°方向的直线 p 即 l 上。在图 7-20（b）的投影图中，a_0c_0、c_0d_0、d_0b_0 均与 p 即 l 重叠而成 45°方向。

（2）某投影面垂直线落在另一投影面平行面上的影子，在该承影面所平行的投影面上的投影，除了与直线本身的同名投影互相平行外，距离等于直线到该投影面平行面间的距离。如图 7-20（a）所示，H 面垂直线 AB 上一段 CD 落在 V 面平行面 Q（q，q'）面上的影子 C_0D_0。因为 CD 与 Q 都垂直于 H 面，所以 CD 与 Q 相互平行，故 CD 平行 C_0D_0。如图 7-20（b）所示，$c'd'$ 与 $c'_0d'_0$ 平行，并且 $c'd'$ 与 $c'_0d'_0$ 之间的距离 e，等于 H 面投影中 cd

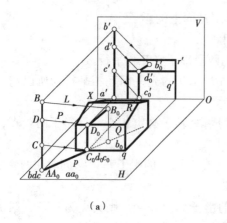
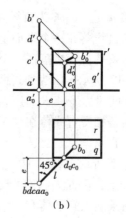

(a)

(b)

图 7-20 投影面垂直线的影子
(a) 立体图；(b) 投影图

点到 q 的距离 e，即等于 CD 与 Q 的距离 e。

第四节 平 面 的 影 子

一、平面图形的影子

平面图形的影子，是由平面图形轮廓线的影子所围成。影子的界线称为影线。若平面为多边形时，就是求构成平面的边的影子组合。当直线的边的两端点的影在同一承影面上时，可直接将两影点相连，如直线边两端点的影子不在同一承影面上时，应求出折影点，再与同面投影相连，如图 7-21（a）所示，△ABC 在 H 面上的影子为 $A_0B_0C_0$，影子的界线 $A_0B_0C_0$ 称为影线，实际上为 △ABC 的轮廓线 AB、BC、CA 的影子；若平面图形轮廓线是曲线，则应先求出曲线上一系列点的影子，然后用光滑的曲线依次连接起来，即为所求的影。

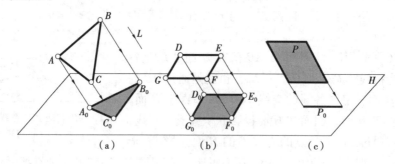

图 7-21 平面的影子
(a) 平面倾斜于承影面；(b) 平面平行于承影面；(c) 平面平行光线

二、平面的影子性质

1. 平面图形（可由直线或平面曲线所组成）落在一个与它平行的承影平面上的影子，其形状、大小和方向，必与原形完全相同。如图 7-21（b）所示，平行四边形 $DEFG$ 平行 H 面，它在 H 面上的影子 $D_0E_0F_0G_0$ 与其本身平行且相等。

2. 平行于光线方向的平面，落在任一承影平面上的影子，必成为一条直线，平面的两个侧面均为阴面。如图 7-21（c）所示，P 平面平行于光线方向，这些光线组成的光平面与 P 平面重合，所以与承影面 H 相交成一条直线 P_0，即为 P 平面在 H 面上的影子。该平面的两个侧面均没有受到光线的照射而阴暗，均为阴面。

投影图中，一般将平面的阴影涂上淡色、作平行的等距离细线或加均匀密点等来表示。

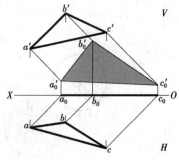

图 7-22　平面的影子作法

三、平面多边形影子的求法

如图 7-22 所示，已知 $\triangle ABC$ 的两面投影（abc、$a'b'c'$），求该 $\triangle ABC$ 的影子的投影。

因为 $\triangle ABC$ 各顶点到 V 面距离均小于到 H 面的距离，因此，该三角形在 V 面上产生影子。

作图步骤：

首先求出 A、B、C 各点的影子的投影（a_0、a'_0）、（b_0、b'_0）、（c_0、c'_0），然后，将各点影子的同名投影相连，即为所求。

图 7-23 介绍了正平面、水平面、侧平面在 V 面上的影子的作法。

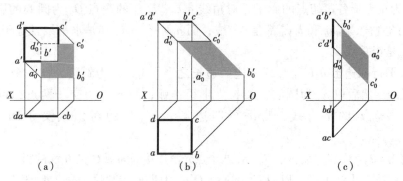

图 7-23　各种平面的影子作法
（a）正平面；（b）水平面；（c）侧平面

四、圆的影子

1. 圆形平面的影子，其影线为圆周的影子。当圆周平面平行于承影面时，它在该承影面上的影子为一个与其本身大小相等的圆。如图 7-24 所示，圆周 O 平行于 V 面，并且圆周上所有点到 V 面之距均小于到 H 面之距，因此，该圆在 V 面上产生与其本身大小完全相同的影子。作图时，先求出圆心 O 的影子 O'_0，再以相同的半径画圆，即得圆的影子；当圆周平面平行光线时，其影子为一直线。

2. 一般情况下，圆落在承影面上的影子是一个椭圆。圆心的影子为椭圆的中心；圆的任何一对相互垂直的直径，其影子为椭圆的一对共轭轴。该椭圆可用八点法画出，如图 7-25 所示，作图步骤如下：

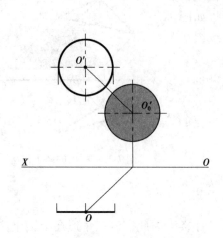
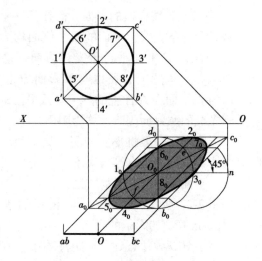

图 7-24 正面圆在承影面 V 上的影子　　图 7-25 正面圆在 H 面上的影子

(1) 作圆的外切四边形 $ABCD$，则圆周切于正方形四边中点 Ⅰ、Ⅱ、Ⅲ、Ⅳ；与对角线 AC、BD 交于四点 Ⅴ、Ⅵ、Ⅶ、Ⅷ。

(2) 求正方形在 H 面的影子——平行四边形 $a_0b_0c_0d_0$。该平行四边形四边的中点 1_0、2_0、3_0、4_0 为正方形各边切点的影子，对角线 a_0c_0、b_0d_0 的交点 O_0 为圆心的影子。根据直线的影子的规律，a_0d_0 和 b_0c_0 都是 45°线，而 a_0b_0 和 c_0d_0 都是水平线且等于直径长度；对角线 b_0d_0 是铅垂线。

(3) 以平行四边形 $a_0b_0c_0d_0$ 任一边的边长之半 (3_0c_0) 为斜边，作一个等腰直角三角形 (3_0nc_0)，然后以 3_0 为圆心，腰长为半径作弧，与 b_0c_0 边交于两点；再过该两点作相邻边 (a_0b_0) 的平行线，与平行四边形 $a_0b_0c_0d_0$ 的对角线交于四点 5_0、6_0、7_0、8_0。

(4) 将 1_0、2_0、3_0、4_0、5_0、6_0、7_0、8_0 八个点光滑连接即为圆 O 在 H 面的影子——椭圆。

还可以在第二步结束后，以 O_0 为圆心，O_0d_0 为半径作圆弧，交 2_04_0 于点 e、f，分别过 e、f 点作水平线，与 $a_0b_0c_0d_0$ 的对角线交于四点 5_0、6_0、7_0、8_0。重复步骤 (4)。

第五节　立体的阴影

立体的阴影的求作步骤与点线面的影子的求法有很大的不同，因为并不是构成立体的所有棱线产生的影子都是影线，所以，求立体的阴影时，先根据常用光线的方向，判别物体的阳面与阴面，确定出阴线，然后求出阴线的影子，就是立体的影线，所包围的图形，就是立体的影子。若不能判断出立体的阳面、阴面与阴线，那么，先作出立体表面的全部影子，它的最外界线一定是立体的影线，则与该影线所对应的立体上的线条，就是立体的阴线。由此可判断出向光的一侧的棱面为阳面，另一侧即为阴面。

一、平面立体的阴影

1. 棱柱

棱柱的各个棱面往往都是投影面的垂直面或平行面，这就可以根据它们的有积聚性的投影来判别它们是否受光，从而确定哪些棱线是阴线。只要作出这些棱线的影子，影线所围成的图形就是立体的影子。

图 7-26 所示为一直立的四棱柱，根据常用光线的方向，可判断出四棱柱的阳面是 AB-CD、CDIG、ADIE；阴面是 ABFE、BCGF、EFGI；阴线是 AE、EI、IG、GC、CB、BA。其中，棱线 AE、CG 是铅垂线，在 V 面上的影子 $a_0'e_0'$、$c_0'g_0'$ 仍为铅垂方向，EI、CB 为侧垂线，其影子 $e_0'i_0'$、$c_0'b_0'$ 仍为水平方向，BA、IG 垂直于 V 面，在 V 面上的影子 $b_0'a_0'$、$i_0'g_0'$ 与光线的 V 投影一致，呈45°线。整个四棱柱的影子是一个六边形，其中，一部分与 V 面投影重合，视为不可见。

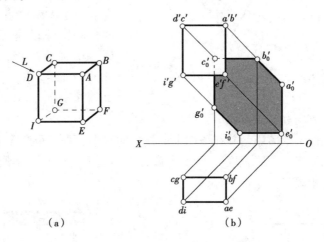

图 7-26 四棱柱在一个投影面上的阴影
(a) 立体图；(b) 投影图

图 7-27，也是一个四棱柱，底面在 H 面上，阴线仍然是 AE、EI、IG、GC、CB、BA，阴线 CB、BA，落影于 V 面上，为 $c_0'b_0'$、$b_0'a_0'$，EI、IG 的影子与其 H 面投影重合，AE、GC 的影子落在两个投影面上，从而在投影轴上产生了两个折影点 I 和 II。

2. 棱锥

棱锥的各个棱面通常都不是特殊位置平面，在投影图中没有积聚性，就不能判别哪些棱线是阴线，通常的做法是作出各棱线的影子，棱线影子中最外轮廓线是影线，与它们相对应的棱线就是棱锥的阴线。

如图 7-28 所示为三棱锥，棱锥的底面在 H 面上，所以底面必为阴面，其影子 ($a_0b_0c_0$) 与其本身重合，但各个侧棱面很难确定阴面和阳面，因此，要作出锥顶 S 的影子 s_0，连接线段 s_0a_0、s_0b_0、s_0c_0，看出只有 s_0a_0、s_0b_0、a_0b_0 处于最外轮廓线的位置，所以 SA、SB、AB 为阴线，由此判断出 SAB 为阳面，SAC、SBC、ABC 为阴面。

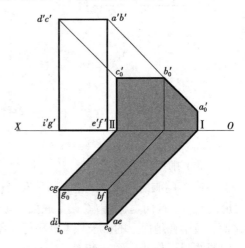

图 7-27 四棱柱在两个投影面上的阴影

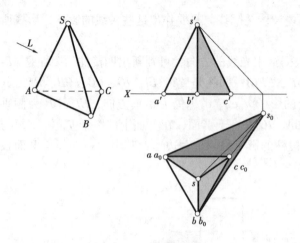

图 7-28　三棱锥的阴影

3. 窗洞与窗台的阴影

如图 7-29 所示窗台和窗洞，窗洞边框的阴线段是 EFG，其中 FG 垂直于 H 面，落在水平面窗台上影子的 H 面投影，呈 45°方向；落在平行的窗面上的影子的 V 面投影仍呈竖直方向。水平的 FE 落在平行的窗面上的影子的 V 面投影仍是水平方向。窗台相当于靠在墙上的一个四棱柱，窗台的阴线段是 $IABCD$，其中线段 IA、CD 垂直 V 面，落在墙面上的影子的 V 面投影，呈 45°方向；AB、BC 平行墙面，影子的 V 面投影方向不变，仍然是水平方向和竖直方向。

根据点在承影面上的落影与其在该面上的投影的水平、垂直距离等于空间点对该面的距离的性质，可以得出，落影宽度 m 反映了窗台凸出墙面的距离，落影宽度 n 反映了窗扇平面凹入墙面的距离。

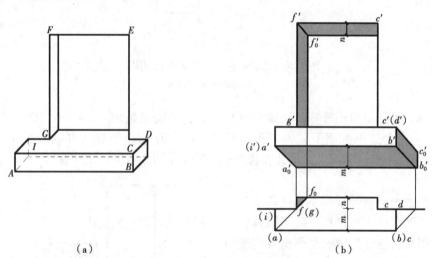

图 7-29　窗洞与窗台的阴影
(a) 立体图；(b) 投影图

4. 门洞的阴影

图 7-30 是门洞的阴影。其中，图 7-30（a）有台阶，且为靠于墙角和地面的四棱柱，阴线为折线 EFG。H 面垂直线 FG 落于底面上影子的 H 面投影呈 45°方向；V 面垂直线 EF 平行于 H 面，故落在地面上的影子与本身平行；落在墙面上的影子的 V 面投影，呈 45°方向。

门洞的阴影作法同图 7-29 窗洞。

图 7-30（b）有台阶和雨篷，其中，门洞、台阶的影子求法同（a），雨篷是靠墙上的四棱柱，既在门洞内产生影子，又在墙上产生影子，作法同图 7-29 窗台的影子，仅因水

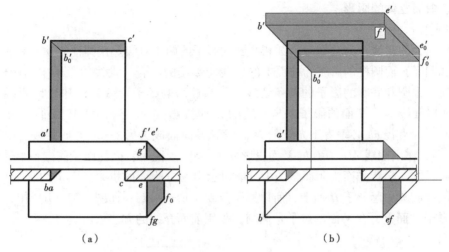

图 7-30 门洞的阴影
（a）有台阶的门洞的阴影；（b）有台阶和雨篷的门洞的阴影

平边 BF 与墙面、门洞面的距离不同，一部分在门洞面上产生影子，一部分在墙面上产生影子，其影子高低错开。

5. 房屋出檐的阴影

图 7-31 是檐口等高的两相交的双坡房屋。房屋左右坡的房屋的阴线 ABCDE 的影全部落在山墙上，影子与其同面投影平行，右侧出檐阴线 FGMN 的影则落在前后坡房屋的正面墙上，其中，正垂线 MN 有一段落影于前后坡房屋的封檐板上。此外，左右坡房屋的右墙棱是铅垂线阴线，它的影子有一段落在地面上，另一段落在右面房屋的正面墙上。右面房屋的檐口线也是阴线，其影子与其投影平行。其余做法如图 7-31 所示。

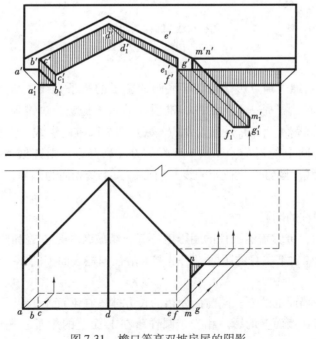

图 7-31 檐口等高双坡房屋的阴影

二、曲面立体的阴影

1. 圆柱

圆柱面上的影线，为公切于顶圆和底圆的影子的两条直线。正圆柱的顶面和底面分别为阳面和阴面，而圆柱的影子为柱面上的素线的影子的集合。素线的影子中的最外两条，就是公切于顶圆和底圆的影子的两条切线，即为柱面的影子。图 7-32 中，因素线垂直于 H 面，所以素线落于 H 面的影子，与光线的 H 面投影方向一致，呈 45°方向。然后求阴线。此时，因直径 ab 必垂直于光线的 H 面投影方向而成为另一 45°方向，故可由圆心定出 a、b 后，作出阴线 AD、BC 的 V 面投影 $a'd'$、$b'c'$。同时，因柱面左前方一半受光而为阳面；右后方一半背光而为阴面，图中只能显示出右方阴面的投影。图 7-32（a）中，圆柱的顶圆和底圆均落影于 H 面上，所以影子反映实形——圆；而图 7-32（b）中，圆柱的顶圆落影于 V 面上，在 V 面的影子是椭圆，采用前面介绍的方法求出。

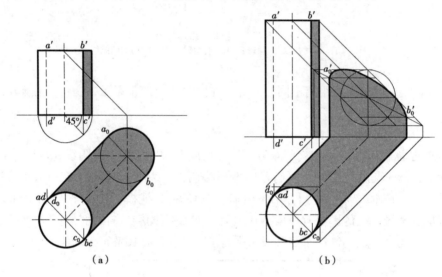

图 7-32　圆柱的阴影

2. 圆锥

圆锥的影线，为通过顶点影子且切于底圆的影子的两条直线。图 7-33 中，圆锥底面为阴面，在 H 面上的影子是一等大的圆，锥顶 S 的影子是 s_0，过锥顶 S 的影子 s_0 且切于底圆影子的两条切线 S_0A_0（s_0a_0）和 S_0B_0（s_0b_0）即为圆锥的影线。然后，利用过切点的反向光线来定出底圆上的对应点 A（a，a'）、B（b，b'）。则连线 SA（sa，$s'a'$）、SB（sb，$s'b'$）就是阴线。圆锥面上位于阴线左前方一大半受光而为阳面，右后方一小半背光而为阴面。

3. 带方盖的圆柱的阴影

如图 7-34 所示，带方盖的圆柱的阴影由三部分组成，一是方盖和圆柱落在墙上的影；二是圆柱面在光线照射下本身的阴面；三是方盖落在圆柱表面上的影。

作图步骤如下：

（1）方盖落在墙面上的影，同前面介绍的长方体落在 V 面上的影子，此处不重述。

（2）求圆柱落在墙面上的影。相当于圆柱落在 V 面上的影子。先求阴线，再作阴线的影，它与方盖的影连接。

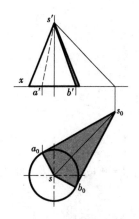
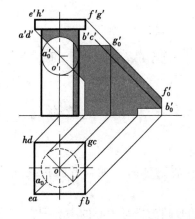
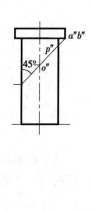

图 7-33　圆锥的阴影　　　　　图 7-34　带方盖的圆柱体的阴影

（3）圆柱面本身的阴面。

圆柱阴线的 V 投影的右侧部分即为圆柱面阴面在 V 投影中的可见部分。

（4）方盖落在圆柱面上的影。

方盖落于圆柱面上的影线，由方盖的底边 AD、AB 产生，现利用截交线的做法求：因通过 AD、AB 的光平面和圆柱面的截交线即为影线，各为一段椭圆弧。两个椭圆心重合于柱轴上一点 O。影线的两段椭圆弧的 H 投影，必积聚在圆柱的 H 投影上而为两段圆弧。因 AD 为 V 面垂直线，所以通过它的光平面与圆柱面交得的影线即一段椭圆弧的 V 面投影成为 45°方向的一段直线，止于 A 点的影子 A_0 的 V 面投影 a_0'；延长之，与圆柱的轴线的 V 面投影交得椭圆心 O 的 V 面投影 o'。

AB 为 W 面垂直线，故通过它的光平面 P 的 W 面投影 p''有积聚性。由于 P 面对 V 面和 H 面的倾角均为45°，所以该影线椭圆的 V 面投影的形状应与 H 面投影的形状相同，也为一段圆弧，半径等于圆柱半径，故可由已作出的 o' 来作得 AB 落于圆柱面上影线的圆弧形 V 面投影。

第八章 透视投影

第一节 透视投影的基本知识

一、透视投影的形成

人们透过一个面来观看物体时,观看者的视线同该面相交所形成的图形,称为透视图。

透视图相当于以人的眼睛为投影中心的中心投影,所以也称为透视投影。

透视图和透视投影简称为透视。

与正投影图比较,透视投影有一个明显的特点,就是形体离观察者越近,所得透视投影越大,距离越远,则投影越小,即所谓近大远小,近高远低。如图 8-1 所示,是一座建筑物的透视投影,它能逼真地反映出这座建筑物的外貌,使人看图如同身临其境、目睹实物一样。

图 8-1 透视图

二、透视投影的作用

在建筑设计过程中,特别是初步设计阶段,往往需要绘画所设计建筑物的透视投影,显示出建成后的外貌或内部装饰布置等,一方面供设计人员根据所绘图象来推敲设计方案的优劣,从而进行修改;另一方面,可以使人们直接领会设计者的意图,提出建议,以作出更好的设计。

透视投影和轴测投影一样,都是单面投影,都能增加立体感,丰富空间想象力。不同之处在于轴测投影是用平行投影画出的图形,而透视投影则是用中心投影画出的图形。

轴测投影用于小范围的物体，一个构件，一个模型即可。但大房屋、建筑物等用轴测投影立体感较差，用透视投影，才有真实感。

三、透视作图中常用的术语

在绘制透视投影图时，常用到一些专门的术语，必须弄清楚确切含意，有助于理解透视的形成过程和掌握透视图的作图方法，如图8-2所示。

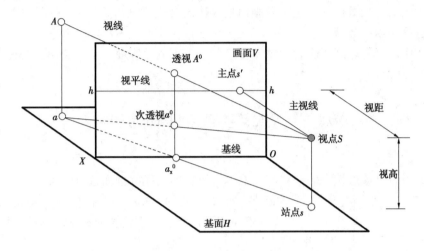

图8-2 透视图的基本术语

基面——放置物体或建筑物的水平面。可将 H 面或任何水平面作为基面。如图8-2中以 H 面作为基面。

画面——绘制透视图的面。一般取竖直方向的平面作为画面，如图8-2中以 V 面作为画面。

基线——基面与画面的交线。

视点——相当于人眼所在的位置，即投影中心 S。

站点——视点 S 在基面上的正投影 s，相当于观看物体时，人的站立点。

视高——视点 S 到基面的距离，即人眼的高度 Ss。

主点——视点 S 在画面上的正投影 s'。

主视线——自视点并垂直于画面的视线，即视点 S 和主点 s' 的连线 Ss'。

视距——视点到画面的距离，即主视线 Ss' 的长度。

视平面——过视点 S 所作的水平面。

视平线——视平面与画面的交线（过 s' 的水平线），以 $h\text{-}h$ 表示。

空间一点 A 与视点 S 的连线，即为视线。视线与画面的交点 A^0 即为 A 点的透视。A 点在基面 H 上的正投影 a 的透视 a^0，称为 A 点的次透视。

本书规定，点的透视用与空间点相同的字母并于右上角加"0"来标记；次透视则用相同的小写字母、右上角也加"0"来标记。

四、透视投影表达形体的条件

要使透视能够表示出空间物体，除了应知道视点、基面对画面的相对位置外，还需知道物体的次透视。如图8-2所示，设已知画面 V、基面 H 和视点 S 的相对位置，仅由透视

A^0，不能确定 A 点在视线 SA^0 上的位置。若已知次透视 a^0，则作视线 SA^0、sa^0，视线 sa^0 与 H 面交得 a，由 a 作投射线 aA，可与视线 SA 交得 A 点。同样地可求得其他几何形体和建筑物的空间位置。

但是，人们在观看建筑透视图时，是凭生活经验来体会出建筑物的大致形状和大小的，并且透视图又是非生产用的辅助性图样，所以在建筑透视图上，一般无须表示出视点、基面对画面的相对位置，也不必画出建筑物的次透视。

五、透视图中的线型

透视图中的可见轮廓线，宜用中实线绘制，不可见轮廓线一般不绘出，必要时可用细虚线绘出所需部分。

第二节　点、直线和平面的透视

一、点的透视

点的透视就是通过该点的视线与画面的交点，即视线的画面迹点所确定。

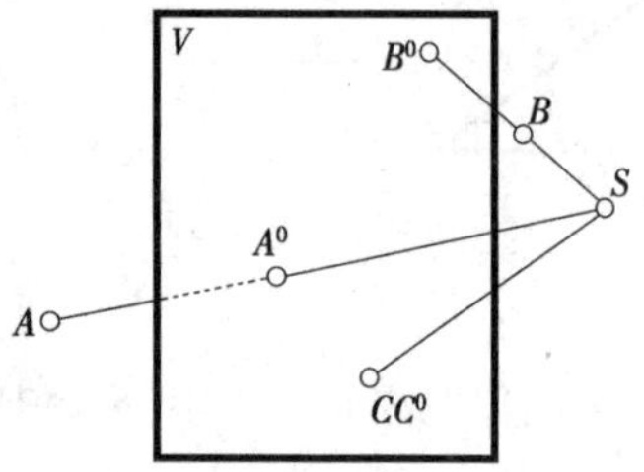

如图 8-3 所示，A 点的透视 A^0 就是视线 SA 与画面 V 的交点。

若 B 点位于画面之前，则延长视线 SB，与画面 V 交得透视 B^0。

若点 C 在画面上，则透视 C^0 与 C 重合。

图 8-3　点的透视

二、直线的透视

1. 线的透视

线的透视为线上一系列点的透视的集合。线上一点的透视必在线的透视上。

2. 直线的透视

直线的透视，一般情况下仍为直线；只有当直线通过视点时，其透视才蜕化成为一点。如图 8-4 所示，直线 A 的透视，为通过直线 A 上各点的视线所组成的视线平面与画面 V 交成的直线 A^0，故直线的透视仍为直线。但当直线 B 通过视点 S 时，通过直线上各点的视线，实际上只有一条，故这时的直线的透视 B^0 必蜕化成为一点。当直线 C 在画面上时，其透视 C_0 与本身重合。

直线对画面的相对位置，可分为两大类：

一类是画面平行线——与画面平行的直线；另一类是画面相交线——与画面相交的直线。它们有不同的透视特性。

3. 画面平行线的透视特性

（1）画面平行线的透视，与直线本身平行。如图 8-5 所示，直线 AB 平行画面 V，则通过它的视线平面 SAB 与 V 面的相交直线，即透视 A^0B^0 应与 AB 平行。

推理：所有相互平行的画面平行线的透视互相平行。

（2）画面平行线上各线段的长度之比，等于这些线段的透视的长度之比。图 8-5 中，AB 上各点的视线，被平行两直线 AB，A^0B^0 相截，A^0B^0 上各线段的长度之比，应与 AB 上对应的各线段的长度之比相同。

即 $A^0C^0 : C^0B^0 = AC : CB$。

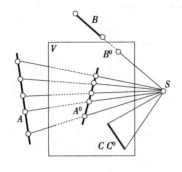
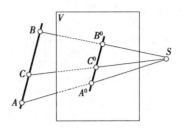

图 8-4 直线的透视　　　　　图 8-5 画面平行线的透视

故一条画面平行线上各线段的长度相同时，它的各段的透视长度亦相同。

4. 画面相交线的透视特性

(1) 迹点——画面相交线（或其延长线）与画面的交点，称为画面迹点，简称迹点。

画面相交线的透视，必通过该直线的迹点。如图 8-6 所示，直线 A 与画面 V 交于迹点 N，因 N 在 V 上，其透视为本身；且由于直线的透视必通过直线上各点的透视，故 A^0 必通过 N。

(2) 灭点——画面相交线上无限远点的透视，称为灭点。

画面相交线的透视（或其延长线）必通过该直线的灭点。如图 8-6 所示，画面相交线上的点离开视点 S 越远，则其视线与直线间的夹角越小，若该点在直线上的无限远处，则通过该点的视线将平行于画面相交线，且与画面相交于一点 F，即为画面相交线上无限远点的透视。因为整条直线的透视好像消灭于此，故称为灭点。

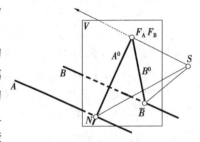

图 8-6 画面相交线的迹点和灭点

由上可知，一直线的灭点，为平行于该直线的视线与画面的交点。

显然，所有互相平行的画面相交线的透视，都通过同一灭点，图 8-6 中，直线 A 平行于直线 B，并且与画面相交，则两直线的透视通向同一个灭点。

灭点与迹点的连线，就是该直线自迹点开始向画面后无限延伸所形成的一条无限长直线的透视，也称为该直线的全线透视。

5. 相交两直线

两相交直线的交点的透视，必为两直线的透视的交点。

6. 直线的透视图作法

根据直线在空间的不同位置，分为下列几种情况：

(1) 基面平行线的透视作法

已知画面 V、基面 H、视点 S (s) 及视平线 h-h。设直线 AB // H 面，与 V 面相交，其 H 面投影为 ab。AB 到 H 面的距离 h。求 AB 的透视及次透视。

分析：如图 8-7 (a) 所示，根据透视定义，视线 SA，SB 与 V 面交得透视 A^0，B^0，连线 A^0B^0，即为 AB 的透视。又视线 Sa，Sb 与 V 面交得透视 a^0，b^0，a^0b^0 为 ab 的透视，即为 AB 的次透视，且连系 A^0a^0，B^0b^0 分别为平行于 V 面的、竖直方向的投射线 Aa、Bb 的透视，仍是竖直方向。

217

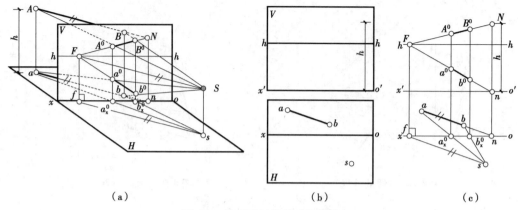

图 8-7 基面平行线的透视做法
(a) 立体图；(b) 已知条件；(c) 透视作图

作图步骤：

现介绍利用直线的迹点、灭点和视线的 H 面投影来作透视的方法：

1）投影图布置——把画面 V 和基面 H 拆开，并上下对齐，如图 8-7（b）所示。

2）求迹点——图 8-7（a）中，延长 AB，可与 V 面交得迹点 N。则 H 面上 ab 延长，与 V 面交于 OX 上的 n 点为 ab 的迹点，亦为 N 的 H 面投影。故投射线 nN 垂直 OX，且长度 nN 反映了 AB 离开 H 面的高度，故连线 nN 称为 H 面平行线的真高线。

在图 8-7（c）中，延长 ab 与 ox 交于 n 点。由 n 作竖直线，又与 o'x' 交于 n 点，由之向上量取 AB 离开 H 面的高度，使 nN 等于 h，即得 AB 的迹点 N，nN 即为真高线。

3）求灭点—— H 面平行线的灭点位于视平线 h-h 上。如图 8-7（a）所示，过 S 作视线 SF∥AB，可与 V 面交得灭点 F。因 AB 为 H 面平行线，故 SF 也为一条 H 面平行线，且位于通过 S 的水平的视平面内，因而 SF 与 V 面交得的灭点 F，应位于该视平面与 V 面交得的视平线 h-h 上。又因 AB∥ab，故 SF 也必平行 ab，即 F 亦为 ab 的灭点。

SF 的 H 面投影为 sf，因 SF 为 H 面平行线，故 sf∥SF；又因 SF∥AB，ab∥AB，故 sf∥ab。sf 与 OX 的交点 f 为 F 的 H 面投影，故连系线 fF⊥OX。

在图 8-7（c）中，先过 s 作 sf∥ab，与 ox 交于 f 点。再由 f 作连系线 fF，即可与 h-h 交得灭点 F。

4）作直线的透视——视线法。如上所述，如先求出 AB（ab）的迹点 N（n）和灭点 F，则连线 NF 为直线 AB 延长后的透视，A^0B^0 必在其上。这种迹点和灭点的连线 NF（以及延长线），也称为直线 AB 的全透视或透视方向。同样 a^0b^0 必在连线 nF 上。

再利用视线的 H 面投影来定出端点 A、B 在 NF 上 A^0B^0 的位置和 a、b 在 nF 上 a^0、b^0 的位置。视线 SA 的 H 面投影为 sa，亦为视线 Sa 的 H 面投影。sa 与 OX 的交点 a_x^0，是 A^0、a^0 的 H 面投影，故连系线 $a_x^0 A^0$⊥OX。

在图 8-7（c）中，引连线 sa，与 ox 交于 a_x^0 点，过 a_x^0 作竖直线即可与 NF 交得透视 A^0，与 nF 交得次透视 a^0。

同法，求出 B 点的透视 B^0 和次透视 b^0。则线段 A^0B^0 为 AB 的透视；a^0b^0 为 ab 的透视，即 AB 的次透视。

这种利用直线的迹点、灭点和视线的 H 面投影作透视的方法，称为视线法，为作建筑物的透视时最常用的基本做法，故也称为建筑师法。

(2) 画面垂直线的透视做法

如图8-8 (a) 中，已知画面垂直线 AB 的 H 面投影 ab，且离开 H 面的高度 h。作透视 A^0B^0 及次透视 a^0b^0。

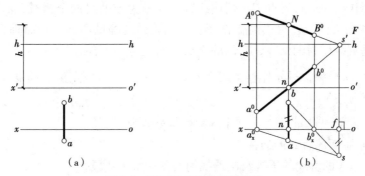

图8-8 画面垂直线的透视作法
(a) 已知条件；(b) 透视作图

分析：画面垂直线的灭点为主点 s'。画面垂直线是垂直画面的直线，必定平行 H 面，而为 H 面平行线的特殊情况。

作图步骤，如图8-8 (b) 所示：

1) 求迹点。因 a、b 位于 ox 两侧，故 AB 穿过 V 面。ab 与 ox 交得迹点 n。则由 n 作连系线，并在它与 $o'x'$ 的交点 $\bar{n}$ 处作真高线 $\bar{n}N=h$，即可求得 AB 的迹点。

2) 求灭点。平行 AB 的视线，为主视线 Ss'，故主点 s' 为画面垂直线 AB 及 ab 的灭点。则作连线 ns'、Ns'，并由视线的 H 面投影 sa、sb 与 ox 的交点 a_x^0、b_x^0 作连系线，即可与 Ns'、ns' 交得透视 A^0B^0 及次透视 a^0b^0。

(3) 基面垂直线的透视做法

如图8-9 (a) 所示，设空间有一条高度为 h 的 H 面垂直线 Aa，其下端 a 在 H 面上。在图8-9 (b) 中，已知 ox、s、a 及 $o'x'$、高度 h、h-h，作透视 A^0a^0。

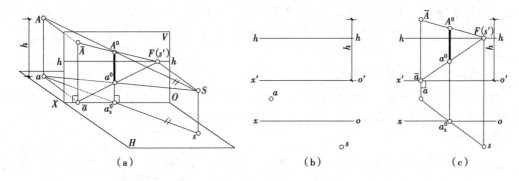

图8-9 基面垂直线的透视作法
(a) 立体图；(b) 已知条件；(c) 透视作图

分析：H 面垂直线 Aa 平行画面 V，故透视 A^0a^0 亦为一条竖直线。

图8-9 (c) 中，引连线 sa，在它与 ox 的交点 a_x^0 处作连系线，则 A^0a^0 必在其上。

219

至于端点 A^0、a^0 的位置，如图 8-9（a）所示，可过 A、a 任作两条平行 H 面的平行线 $\overline{A}A$、$\overline{a}a$ 作为辅助线，并与 V 面交得迹点 $\overline{A}$、$\overline{a}$。因 a 在 H 面上，故 $\overline{a}$ 在 OX 上，且 $\overline{A}\overline{a} \perp OX$，其长度则等于 Aa 的高度 h，即为真高线。

再作辅助线 $\overline{A}A$、$\overline{a}a$ 的灭点 F，则连线 $\overline{A}F$、$\overline{a}F$ 为辅助线的全透视，必通过 A^0、a^0。这是最基本的作图方法。还可以简化作图，采用特殊的辅助图线——画面垂直线，即过 A、a 作两条画面垂直线作为辅助线，它们的灭点 F 与主点 s' 重合。

故在图 8-9（c）中，过 a 作连系线交 $o'x'$ 于一点 $\overline{a}$，由该点量取高度 h，得到 $\overline{A}$。则 A^0 在 $\overline{A}s'$ 上，a^0 在 $\overline{a}s'$ 上。

连接 sa 与 ox 交一点 a_x^0，由该点作连系线交得透视 A^0a^0。

（4）平行于画面的直线的透视

1）平行于基线的直线的透视及次透视均表现为水平线段。

如图 8-10（a）所示，已知 AB 是一条平行于基线的直线，并知 ab、h-h、s；且 AB 距基面的高度为 h，求 AB 的透视及次透视。

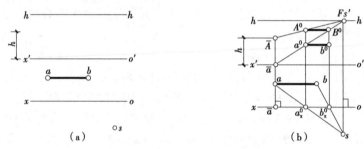

图 8-10　基线平行线的透视做法
（a）已知条件；（b）透视作图

因为直线 AB 平行于基线，所以既平行于基面又平行于画面，在画面上的透视及次透视均平行于基线。

可以先求出一个端点的透视。图 8-10（b）中，利用图 8-9 方法先求出端点 A 的透视 A^0 及次透视 a^0。然后分别过点 A^0、a^0 作水平线交由 b_x^0 点作的连系线于 B^0、b^0，A^0B^0、a^0b^0 即为所求。

2）倾斜于基面的画面平行线。

如图 8-11（a）所示，已知画面平行线 AB 的 H 面投影 ab，又知它的左下端 A 离开 H 面的高度 h，以及 AB 的倾角为 $45°$。求透视 A^0B^0 和次透视 a^0b^0。

作图步骤：

先求 A 点的透视及次透视。图 8-11（b）中，过 A、a 分别作 V 面垂直线 $A\overline{A}$、$a\overline{a}$ 为辅助线，迹点为 $\overline{A}$、$\overline{a}$，且 $\overline{A}\overline{a} = h$。它们公有灭点 s'。再由 sa 与 ox 的交点 a_x^0 处作连系线，即可与 $s'\overline{A}$、$s'\overline{a}$ 交得 A^0、a^0。

因 $AB // V$，故 $A^0B^0 // AB$，即 A^0B^0 与水平方向夹角亦为 $45°$；又因 $AB // V$，故 $ab // OX$，因而 a^0b^0 亦为水平方向。

于是由 A^0 向右上方作 $45°$ 直线；并由 a^0 作水平线，与由 sb 同 ox 交点 b_x^0 处所作的连系线相交，即可交得 B^0、b^0 得出 A^0B^0 和 a^0b^0。

(5) 其他位置直线的透视做法

对于其他位置直线，可以作出它们端点的透视来连成直线的透视。如能利用直线的透视的其他特性，尚可简化作图。

7. 画面平行线与画面相交线的典型形式

(1) 垂直于基面的直线（即铅垂线）的透视，如图 8-9 所示，仍表现为铅垂线段。

(2) 平行于基线的直线，其透视与次透视均表现为水平线段，如图 8-10 所示。

如直线位于画面上，则其透视即为直线本身，因此反映了该直线的实长。而直线的次透视，即直线在基面上的投影本身，一定位于基线上。

(3) 倾斜于基面的画面平行线，它们的透视仍为倾斜线段，它和基线的夹角反映了该线段在空间对基面的倾角，其次透视则为水平线段，如图 8-11 所示。

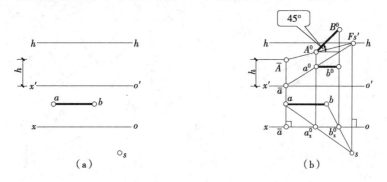

图 8-11 倾斜于基面的画面平行线的透视做法
(a) 已知条件；(b) 透视作图

(4) 垂直于画面的直线，它们的灭点就是主点 s'；其次透视的次灭点也是主点，如图 8-8 所示。

(5) 平行于基面的画面相交线，它们的灭点和次灭点是视平线上的同一个点，如图 8-7 所示。

(6) 倾斜于基面的画面相交线，它们的灭点在视平线上方或下方，但次灭点都是视平线上的同一个点。

三、平面图形的透视

1. 平面图形的透视

平面图形的透视，就是构成平面图形边线的透视。一般情况下，平面多边形的透视仍为一个边数相同的平面图形；如果平面图形所在平面通过视点，其透视成为一直线；平面图形位于画面上时，其透视即为图形本身，即形状、大小和位置不变。

2. 画面平行面的透视特性

与画面平行的平面，称为画面平行面。画面平行面的透视，为一个与原形相似的图形。如图 8-12 所示，经过平面图形边线上各点的视线，组成一个以视点为顶点的锥面，其透视相当于以画面为截平面的截

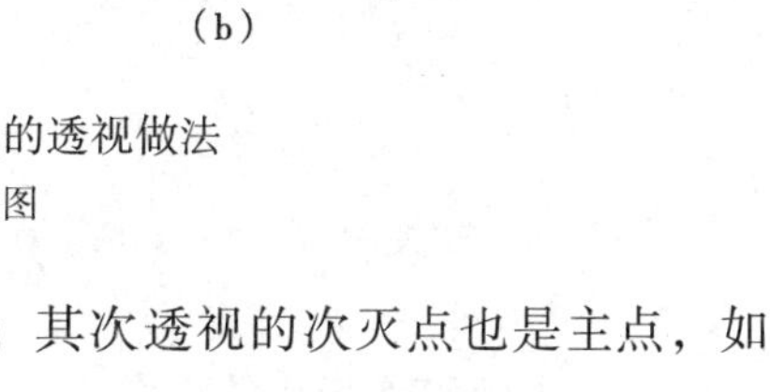

图 8-12 画面平行面的透视

221

交线。又因为画面 V 与锥面的底面平行，所以相当于截交线的透视图形，必与底面的形状相似。

3. 平面多边形的透视做法

作平面多边形的透视，就是作构成平面图形的各轮廓线的透视。可归结为作直线的透视。

如图 8-13（a）所示，求位于基面上的网格平面的透视图。

分析：网格平面由两组相互平行的基面平行线组成，可以利用求迹点和灭点的方法求解。D 点在基线上，其透视就是本身，作透视时先从画面上的点或直线作起。

作图步骤如下（图 8-13b）：

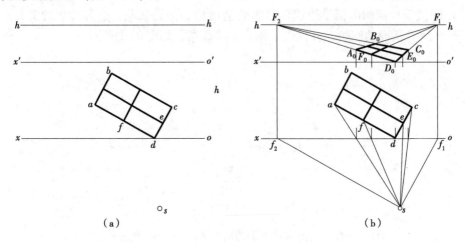

图 8-13 方格网的透视作图
（a）已知条件；（b）透视作图

(1) 求两组平行线的灭点 F_1、F_2；

(2) 由 d 作连系线交 $o'x'$ 轴于一点 D_0，则 A^0 在 F_2D^0 上，C^0 在 F_1D^0 上；

(3) 由 sa、sc 与 ox 轴交点处作连系线交 F_2D_0 上一点 A_0，交 F_1D^0 上一点 C^0；

(4) 连接 F_1A^0、F_2C^0，两线交点即为 B^0；

(5) 由 se、sf 与 ox 轴交点处作连系线交 C^0D^0 上一点 E^0，交 A^0D^0 上一点 F^0；

(6) 连接 F_1F^0、F_2E^0，分别与 B^0C^0、A^0B^0 相交，即可得到网格平面的透视。

4. 圆的透视做法

(1) 圆所在平面平行于画面

平行于画面的圆的透视仍是圆。作图时可先求出圆心的透视，然后求出半径的透视长度，即可画出圆的透视。

(2) 圆所在平面不平行于画面

不平行于画面的圆的透视为椭圆。可用八点法，即先求出圆的外切四边形的透视，然后求出外切四边形对角线与圆周相交的四个点的透视，再光滑连接各点形成椭圆。

1) 水平位置圆的透视。

画水平位置圆的透视，作图步骤如图 8-14 所示：

① 在平面图上，画出外切四边形 $abcd$。

② 作外切四边形的透视 $A^0B^0C^0D^0$，然后画对角线和中线，得圆上四个切点的透视 1^0、2^0、3^0、4^0。

③ 求对角线上四个点的透视。首先以 A^04^0 为斜边，作等腰直角三角形；然后以腰长为半径，以点 4^0 为圆心，作圆弧交 A^0B^0 于两点；分别将该两点和 s' 相连，交对角线 A^0C^0 和 B^0D^0 于点 5^0、7^0、6^0、8^0。

④ 光滑连接 1^0、2^0、3^0、4^0、5^0、6^0、7^0、8^0 八个点，即得椭圆。

2）**垂直于地面的圆的透视**。

当圆所在平面垂直于地面，但不平行于画面时，作图方法与上述类似，用八点法，如图 8-15 所示。不再重述。

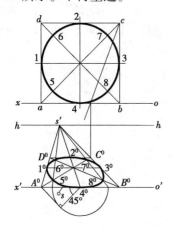

图 8-14 水平圆的一点透视

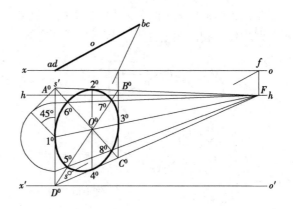

图 8-15 铅垂圆的透视

第三节 透视图的种类及透视要素的选定

一、透视图的种类

建筑物由于它与画面间相对位置的变化，它的长、宽、高三组主要方向的轮廓线，可能平行，也可能不平行。与画面不平行的轮廓线，在透视图中就会形成灭点；而与画面平行的轮廓线，在透视图中就没有灭点。因而透视图一般就按照画面灭点的多少，分为以下三种：

1. **一点透视**

如果建筑物有两组主向轮廓线平行于画面，那么这两组轮廓线的透视就没有灭点，而第三组轮廓线就必然垂直于画面，即只有一个方向的灭点，其灭点就是主点 s'，如图 8-16 所示。这样画出的透视图，称为一点透视。在此情况下，建筑物就有一个方向的立面平行于画面，故又称正面透视。

一点透视显得端庄、稳重，适合表现一些气氛庄严、横向场面宽广，能显示纵向深度的建筑群，如政府大楼、纪念性建筑物的门廊、入口或处于林荫道底景的建筑物等。此外，一些小空间的室内透视，多灭点易造成透视变形过大，为了显示室内家具或庭院的正确比例关系，一般也适合用一点透视。

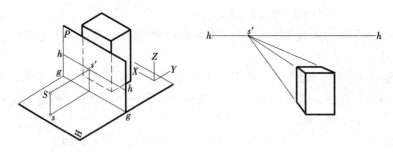

图 8-16 一点透视的形成

2. 两点透视

如果建筑物仅有铅垂轮廓线与画面平行，而另外两组水平的主向轮廓线，均与画面斜交，于是在画面上形成了两个灭点 F_X 及 F_Y，这样画出的透视图，称为两点透视，如图 8-17 所示。因为建筑物的两个立面均与画面成一定倾角，故又称成角透视。

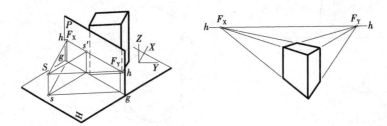

图 8-17 两点透视的形成

两点透视的特点是图面效果真实、自然、立体感强，为常用的一种透视作图方式。如广场、街景、庭院及一般建筑等采用这种方式。

3. 三点透视

如果画面倾斜于基面，即与建筑物三个主向轮廓线均相交，这样，在画面上就会形成三个灭点，这样画出的透视图，称为三点透视。因为画面是倾斜的，又称为斜透视，如图 8-18 所示。

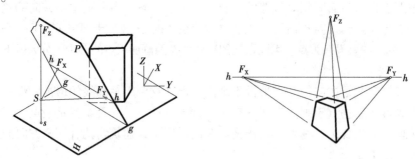

图 8-18 三点透视的形成

三点透视的三度空间表现力强，竖向高度感突出，适合于表达一些高层建筑，以突出其高大的形象。三点透视因作图复杂，很少采用。

二、视点选择

视点、物体、画面是透视作图的三要素。它们之间的相对位置关系确定了透视图的形象。因此，绘制透视图之前，要进行认真的筹划，合理地安排它们之间的相对位置，使画出的透视图既能准确表达设计意图，又能获得最佳的透视效果。

视点的选定，包括在平面图上确定站点的位置和在画面上确定视平线的高度。

1. 站点

从视点引两水平视线分别与形体的最左最右两侧棱相接触，这两视线之间的夹角，称为视角。在绘制建筑透视图时，视角通常被控制在60°范围内，最清晰的在28°~37°范围内。在特殊情况下，如绘制室内透视，视角可稍大于60°，但无论如何也不宜超过90°，否则会失真。由于视角的 H 投影反映实形，因此，从站点引出的分别与建筑物最左最右两侧棱接触的直线，称为边缘视线，之间的夹角即为视角。

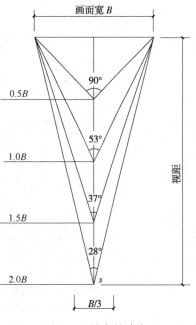

图 8-19 站点的确定

设两边缘视线与画面相交，交点之间距称为画面宽度，用 B 表示，将主点置于画面的中央1/3范围内，则视距取 $(1.5~2.0)B$ 时，视角就能满足大致28°~37°的要求，如图8-19所示。

2. 视高

视高，即视平线与基线间的距离。视高不同，所产生的图面效果不一样，一般可按人的平均身高（1.5~1.8m）确定。但有时为使透视图取得特殊效果，而将视高适当提高或降低。升高视平线，能产生俯视效果；降低视平线，能产生仰视效果，如图8-20所示，三种不同视高得到不同的效果。

此外，还要注意到视平线的位置不宜放在透视图高度的1/2处，因为这样放置的视平线将透视图分成上下对等的两部分，图像显得呆板。

3. 画面位置的选择

（1）画面与建筑物立面的夹角对透视的影响

画面的选择是透视作图的关键一步。当建筑物的主立面与画面的夹角 θ 等于0°时，所得的透视图为一点透视，主要反映建筑物该立面的形象。

当 θ 不为0°时，所得的透视为两点透视。θ 不为0°时，某个立面的 θ 越小，该立面的透视宽度就较宽阔；反之，其透视就较狭窄。通常在选择 θ 时，尽量使两个立面的透视宽度之比大致与立面的实际宽度之比相符为宜，图8-21中为三种不同的角度，得到三种效果，其中，θ_1 角的选择较合理。

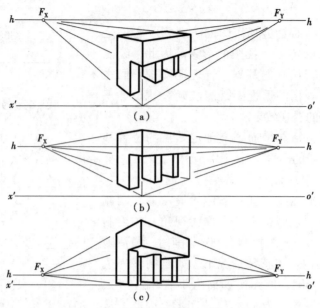

图 8-20 视平线的提高与降低对透视的影响
(a) 提高视平线的效果；(b) 一般视平线的效果；(c) 降低视平线的效果

(2) 画面在建筑物的前后位置对透视的影响

建筑物与画面的远近，影响透视图的大小，但不改变图形的形状。

如图 8-22 所示，当画面位于建筑物之前时，如图 8-22（a）所示，所得透视较小；当画面位于建筑物之后时，如图 8-22（c）所示，所得透视较大；当画面穿过建筑物时，如图 8-21（b）所示，则位于画面前的那部分透视较大，位于画面后的那部分透视较小，而建筑物与画面相交所得的图形，其透视不变。

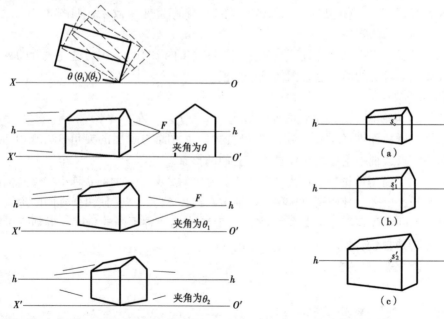

图 8-21 画面与建筑物立面的夹角对透视的影响   图 8-22 画面在建筑物的前后位置对透视的影响

第四节　立体的透视作法

立体的透视，即为立体表面的透视。立体的表面由平面、曲面所组成，故绘制立体的透视即为绘制平面或曲面的透视。

建筑形体可看成由多个基本形体叠加、切割而成，其透视图一般也可看成是多个基本形体透视的叠加与切割。

基本平面立体的表面形状、大小和位置，由它的棱线所决定。故作平面立体的透视，实为作各种位置直线的透视。当作曲面立体的透视时，除了画出它的轮廓线的透视外，还要画出曲面的透视外形线等。

下面举例介绍立体的透视图画法。

1. 成角透视（两点透视）——坡屋顶房屋的透视

已知房屋的 H 面投影、V 面投影和 W 面投影，如图 8-23 所示，作该房屋的两点透视。

V面投影　　　　W面投影　　　　H面投影

图 8-23　房屋的三面投影

作图步骤：

（1）设房屋的主要立面与画面成 30°夹角，两立面相交的棱线 A_1A_2（墙角线）在画面上，根据前面知识确定站点 s、视平线 h-h、基线 OX，如图 8-24（a）所示。

（2）求灭点。如图 8-24（a）所示，房屋长宽两个方向的棱线与画面都相交，有两个主向灭点。过站点 s 分别作房屋长宽两方向的平行线 sf_1、sf_2 交 ox 于 f_1、f_2 点；再分别过 f_1、f_2 点作竖直线交 h-h 线于 F_1、F_2 点，即为所求灭点。

（3）作墙身线的透视。该房屋的墙身是一个长方体，两组棱线与基面平行，与画面相交，作图时，可利用直线的透视特性作图。

先作画面上的线 A_1A_2 的透视。因为 A_1A_2 在画面上，所以其透视 $A_1^0A_2^0$ 与本身重合，高度等于实高，从 W 面投影中量取；然后由 A_1^0、A_2^0 分别引线到灭点 F_1，与由 sb_2（b_1）与 ox 轴交点处作连系线交于点 B_1^0、B_2^0，连接 B_1^0 与 B_2^0，A_2^0 与 B_2^0，A_1^0 与 B_1^0，即可得到 B_1B_2、A_2B_2、A_1B_1 线的透视；同理可求得 C_1C_2、A_1C_1、A_2C_2 线的透视。房屋墙身其他线看不见，不必画出，如图 8-24（b）所示。

（4）作屋顶的透视。屋檐 A_2B_2、A_2C_2 线的透视已经作出，只要作出屋脊线 DE 的透视就可以了。而 DE 线是一条基面平行线，利用建筑师法求出 D^0E^0；连接 D^0 与 A_2^0、D^0 与 B_2^0、E^0 与 C_2^0，完成屋顶的透视，如图 8-24（c）所示。

（5）门窗洞形状也是长方体，其透视用上述同样的方法求出，如图 8-24（d）所示。

2. 进门的透视

如图 8-25 所示，已知进门、踏步、雨篷及窗的 H 面投影及剖面图 1—1。

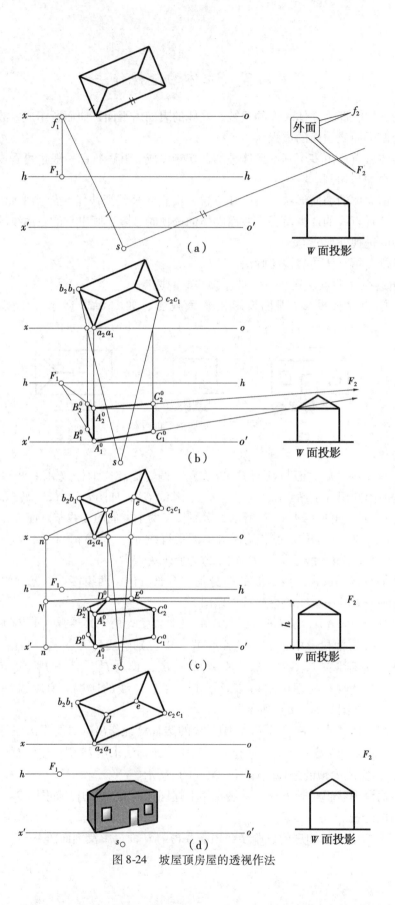

图 8-24 坡屋顶房屋的透视作法

作图步骤:

从 H 面投影可以得出,因整个可以见到的外墙面的 H 面投影位于 ox 轴的前方,所以外墙面位于画面之前。又因为外墙角 $\overline{A}$ 的 H 面投影位于 ox 上,则可取该墙角线作为墙面上门窗口等的真高线,所有高度从 1—1 剖面图来获得,如 $\overline{A}$ 点。于是,先由真高线上各点与 F_2 点作连线如 $\overline{A}F_2$,由通过墙面上各点的视线 H 面投影同 ox 轴交点如 a_x^0 处作连系线,即可作出墙面上窗口、门洞以及雨篷、台阶与墙面交成的图形的透视如 A^0。再把它们的顶点与 F_1 相连,就可与凸出或凹进墙面上各点如 B 点,与 S 连成的视线的 H 投影 sb 与 ox 交点如 b_x^0 处的连系线相交,交点即为顶点的透视如 B^0,连接 A^0B^0,同理可作出其他线段,于是可作出全图。

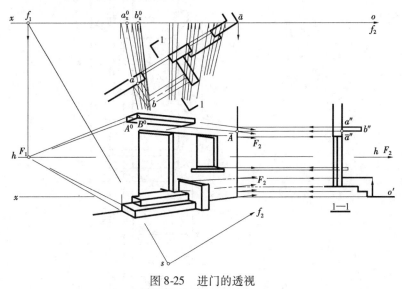

图 8-25　进门的透视

3. 室内一点透视

如图 8-26 所示,已知室内布置的立面图和平面图,求它的一点透视。

作图步骤:

(1) 为了较全面表达室内布置,视角可以稍大些,站点可稍偏于一侧;画面平行于正面墙;视点高度在房屋室内高度范围内,如图 8-26 所示。

(2) 作墙角线等的透视。左侧墙角线 AB 和墙顶线 CD,分别与画面相交于 A^0 和 C^0,即是它们的画面交点。它们的透视方向分别是 A^0F 和 C^0F。用视线交点法可求得墙角线 BD 的透视 B^0D^0。同理,作出右墙的透视。最后连正墙的墙角线和墙顶线。因为它们是平行于画面的水平线,其透视仍是水平线。

(3) 作阁橱的透视。确定阁橱的高度时,先要求得橱底与左墙交线的画面交点 N^0,随即作出 E^0G^0,然后逐步完成阁橱透视。

(4) 作衣柜的透视。假想把衣柜向两侧延伸至与墙面相接,则作图方法与阁橱相似。图中在右侧竖高度,其结果是一样的。

(5) 作床、椅和门的透视。

最后,根据所求得的外框,画出细部,完成透视图,如图 8-26 所示。

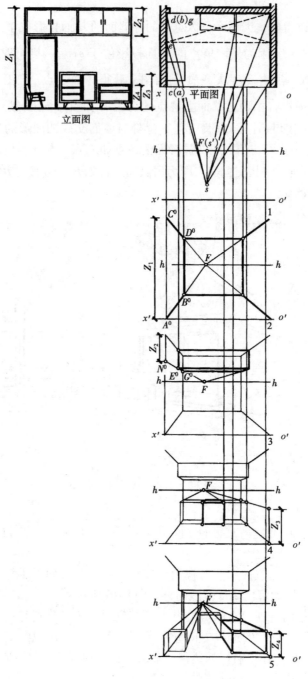

图 8-26 室内的一点透视

4. 拱形门的透视

如图 8-27（a）所示，作拱形门的两点透视。

拱形门由长方体切去中间的曲面立体而成，曲面立体由一个长方体和一个半圆柱组合而成。因此，作图时可以先作大长方体的透视，再作中间的小长方体和半圆柱体的透视。

作图步骤：

（1）作大长方体的透视，如图 8-27（b）所示。

1)求两个主向灭点 F_1、F_2。
2)作画面上的棱线的透视,其透视就是本身。
3)作其他棱线的透视。
(2)作中间长方体的透视,如图8-27(c)所示。
1)求 B、C 点的透视。
2)求1、5点的透视。
3)整理图线,得到棱线的透视。

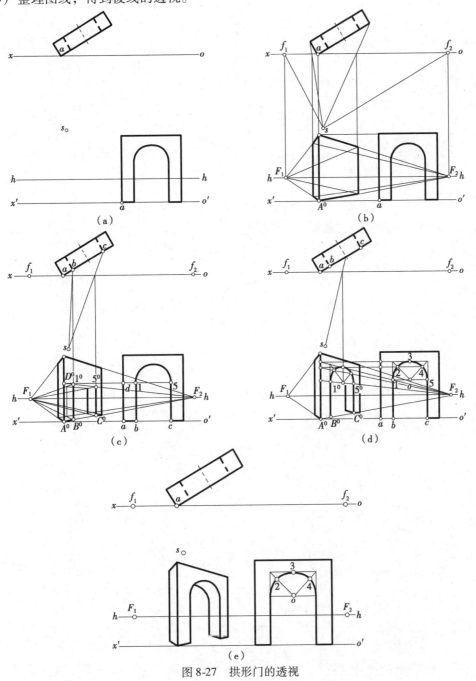

图8-27 拱形门的透视

(3) 作半圆柱体的透视，如图8-27（d）所示。

求前后两个半圆的透视（八点法）：半圆柱体上，前后两个等大的半圆是铅垂半圆，利用图8-15介绍的八点法作出半圆的透视，即利用半圆的半个外切正方形，作出属于圆周上的五个点的透视，连成半圆的透视。

(4) 最后整理图线，去除不可见的线条，如图8-27（e）所示。

第九章 建筑施工图

第一节 概 述

房屋是供人们生活、生产、工作、学习和娱乐的重要场所，与人们关系密切。建造房屋需要经过设计和施工两个过程。将一幢拟建房屋的内外形状和大小，以及各部分的结构、构造、装修、设备等内容，按照"国标"的规定，用正投影方法详细准确地画出的图样，称为"房屋建筑图"。它是用以指导房屋施工的一套图纸，所以又称为"施工图"。

一、房屋的分类及组成

房屋的分类有很多种方法，按其使用功能可分为工业建筑、农业建筑和民用建筑。工业建筑是指供工业生产使用的各种建筑物，如厂房、车间、库房、发电站等。农业建筑是指供农业生产使用的各种建筑物，如粮仓、饲养场、农机站等。民用建筑是指非生产性的建筑物，又可分为居住建筑和公共建筑两类，如住宅、宿舍属于居住建筑，而办公楼、学校、影剧院、商店、旅馆、医院等属于公共建筑。

尽管各类房屋使用功能、形式规模各有不同，但组成房屋的主要部分是相似的。如图9-1所示，一幢房屋一般都由基础、墙与柱、楼地面、楼梯、屋顶、门窗等部分组成。这些组成部分所处位置不同，作用也不同，现分别介绍如下。

1. 基础

基础是建筑物最下部的承重构件，其作用是承受建筑物的全部荷载，并将这些荷载传给地基（基础下面的土层）。

2. 墙与柱

墙与柱是建筑物的竖向承重构件，承受由屋顶或楼地面传来的荷载，并将这些荷载再传给基础。同时，外墙还作为围护构件起着保温、隔热、遮风挡雨的作用，而内墙主要起分隔空间及保证舒适环境的作用。对于非承重墙体仅起到分隔空间和围护的作用。

3. 楼地面

楼地面包括楼面和地面。楼面是指二层及以上的楼板或楼盖。地面又称为地坪，是指建筑物底层使用的水平部分。楼地面是水平方向的承重构件，承受房间内的家具、设备和人员的重量，并将这些荷载及自重传给墙或柱。同时楼地面还分隔构件，将整幢建筑物沿竖直方向分为若干层。

4. 楼梯

楼梯是楼房建筑的垂直交通设施，供人们上下楼层和紧急疏散之用。

5. 屋顶

屋顶也称屋盖，是建筑物顶部的围护和承重构件，一般由结构层、保温隔热层和防水层三大部分组成。其主要作用是抵抗风、雨、雪的侵袭和太阳辐射热的影响，同时承受各种外部荷载并将这些荷载传给墙或柱。

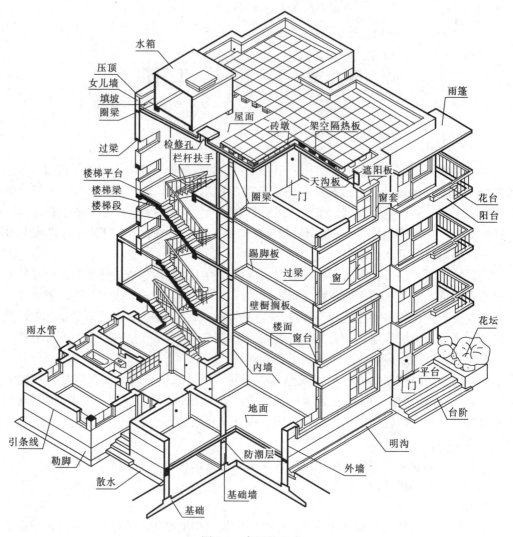

图 9-1 房屋的组成

6. 门窗

门和窗均属于非承重构件。门主要供人们内外交通和分隔房间之用；窗主要起通风、采光、分隔、眺望等围护作用。在某些有特殊要求的房间，门、窗具有保温、隔声、防火的能力。

一座建筑物除上述六大基本组成部分以外，还有其他的一些构配件。如天沟、雨水管、明沟和散水起着排水的作用，勒脚和防潮层起着保护墙身的作用，而阳台、雨篷、台阶、垃圾井也发挥着各自的作用。

二、施工图的产生

房屋施工图是由设计人员根据建筑物的使用功能、场地情况和相关规范要求把设想中的房屋用各种图样表达出来，最终用以指导人们建造房屋。设计工作一般又分为初步设计和施工图设计两个阶段。对于比较复杂的工程还应在两个设计阶段之间增加技术设计（或称扩大初步设计）阶段，用来解决各工种之间的矛盾、协调相互之间的配合等技术问题。

1. 初步设计阶段

初步设计有时也称方案设计，其主要任务是根据建设单位的要求，通过调查研究、收集资料、反复论证，提出设计方案。完成的内容包括简略的总平面布置图，建筑的平、立、剖面图，以及方案的设计说明和有关技术经济指标。初步设计的图纸和有关文件仅供研究方案和上报有关部门审批使用，而不能作为施工的依据。因此为了加强图面效果，可以采用阴影、透视、配景及色彩渲染等表现方法，必要时还可以做出小比例的模型，以便方案的比较和审查。

2. 施工图设计阶段

施工图设计的主要任务是为施工服务，即在初步设计的基础上，建筑、结构、设备等各工种设计人员相互配合、协调、校核和调整，把满足施工的各项具体要求反映在图纸中，作为建造房屋的技术依据。完成的整套图纸应完整统一、内容表达明确无误、尺寸标注齐全。

一套完整的施工图由各种不同专业内容和作用的图样组成，一般包括图纸目录、设计总说明、建筑施工图、结构施工图和设备施工图。

（1）图纸目录

图纸目录排在整套施工图的最前面，列出所有的图纸名称、编号及所用图幅等。先列出新绘制的图纸，后列出所选用的标准图纸或重复利用的图纸。

（2）设计总说明

设计总说明也称施工总说明。其主要内容是对本工程的设计依据、工程概况、图样未能详细表示的材料要求以及相关的建筑做法，采用文字或表格的方式进行具体说明。有时图纸目录和设计总说明合为一页，称为首页图。

（3）建筑施工图

建筑施工图简称建施，反映建筑设计的内容，是表达建筑物的总体布局、外部造型、内部布置、细部构造、内外装修以及一些固定设施和施工要求的图样。建筑施工图主要用来作为施工放线，砌筑基础及墙身，铺设楼板、楼梯、屋顶，安装门窗，室内外装修以及编制预算和施工组织设计等的依据。一般包括建筑设计总说明、总平面图、建筑平面图、建筑立面图、建筑剖面图和建筑详图。

（4）结构施工图

结构施工图简称结施，反映建筑结构设计的内容，是表达建筑物各承重构件（如基础、承重墙、柱、梁、板、屋架等）的布置、形状、大小、材料、构造及其相互关系的图样。它还要反映出其他专业（如建筑、给水排水、暖通、电气等）对结构的要求。一般包括基础图、结构平面布置图和结构详图。

（5）设备施工图

设备施工图简称设施，反映设备设计的内容，是表达各种设备安装、管道布置和线路走向的图样。一般包括给水排水、暖通和空调、电气等设备的平面布置图、系统图和详图。

三、施工图的图示特点

(1) 施工图中的各图样，主要是用正投影法绘制的。通常，在水平投影面上绘制建筑平面图，在正立投影面上绘制建筑正、背立面图，在侧立投影面上绘制建筑剖面图或侧立面图。由于建筑形体较大，建筑平面图、立面图和剖面图（简称"平、立、剖"）可分别单独画在几张图纸上。在图幅大小允许的情况下，可将平、立、剖三个图样，按投影关系画在同一张图纸上，以便阅读。

(2) 房屋施工图一般都用较小比例绘制。由于房屋内各部分构造较复杂，在小比例的平、立、剖面图中无法全部表达清楚，所以还需要配以大量较大比例的详图。

(3) 由于房屋的构、配件和材料种类较多，为作图简便起见，"国标"规定了一系列的图形符号来代表建筑构配件、卫生设备、建筑材料等，这种图形符号称为图例。"国标"还规定了许多标注符号，所以施工图上会大量出现各种图例和符号。

四、施工图的阅读步骤

施工图的绘制是前述各章投影理论、图示方法及有关专业知识的综合应用。因此，要读懂施工图纸的内容，必须掌握投影制图的原理和形体的各种表示方法；要熟识施工图中常用的图例、符号、线型、尺寸和比例的含义；同时由于施工图中涉及一些专业知识，应在学习过程中注意观察和了解身边房屋的组成和构造上的一些基本情况，对更详细的专业知识则应留待专业课程中去学习。

阅读一套房屋施工图纸，首先根据图纸目录，检查和了解这套图纸有多少类别，每类有几张。如有缺损或需用标准图和重复利用旧图时，应及时配齐。检查无缺后，按目录顺序（一般是按"建施""结施""设施"的顺序排列）通读一遍，对工程对象的建设地点、周围环境、建筑物的大小及形状、结构形式和建筑关键部位等情况先有一个概括的了解。然后，负责不同专业（或工种）的技术人员，根据不同要求，重点深入地读不同类别的图纸。阅读时，应按先整体后局部，先文字说明后图样，先图形后尺寸等原则依次仔细阅读。同时应特别注意各类图纸之间的联系，以避免发生矛盾而造成质量事故和经济损失。

本章将列出一般建筑施工图中较主要的图纸，以作参考。所附各图因篇幅关系都缩小了，但图中仍注上原来的比例。

五、建筑施工图图线与比例

根据《建筑制图标准》GB/T 50104—2010，建筑施工图图线如表9-1所示，比例如表9-2所示。

建筑施工图图线　　　　　　　　　　表9-1

名称		线型	线宽	用途
实线	粗	———————	b	1. 平、剖面图中被剖切的主要建筑构造（包括构配件）的轮廓线 2. 建筑立面图或室内立面图的外轮廓线 3. 建筑构造详图中被剖切的主要部分轮廓线 4. 建筑构配件详图中的外轮廓线 5. 平、立、剖面的剖切符号

续表

名称		线型	线宽	用途
实线	中粗	——————	0.7b	1. 平、剖面图中被剖切的次要建筑构造（包括构配件）的轮廓线 2. 建筑平、立、剖面图中建筑构配件的轮廓线 3. 建筑构造详图及建筑构配件详图中的一般轮廓线
	中	——————	0.5b	小于 0.7b 的图形线、尺寸线、尺寸界线、索引符号、标高符号、详图材料做法引出线、粉刷线、保温层线、地面、墙面的高差分界线等
	细	——————	0.25b	图例填充线、家具线、纹样线等
虚线	中粗	– – – – –	0.7b	1. 建筑构造详图及建筑构配件不可见的轮廓线 2. 平面图中的梁式起重机（吊车）轮廓线 3. 拟建、扩建建筑物轮廓线
	中	– – – – –	0.5b	投影线、小于 0.7b 的不可见轮廓线
	细	– – – – –	0.25b	图例填充线、家具线等
单点长画线	粗	—·—·—	b	起重机（吊车）轨道线
	细	—·—·—	0.25b	中心线、对称线、定位轴线
折断线	细	—⌒—	0.25b	部分省略表示时的断开界线
波浪线	细	～～～	0.25b	部分省略表示时的断开界线、曲线形构件断开界线、构造层次的断开界线

比例   表 9-2

图 名	比 例
建筑物或构筑物的平面图、立面图、剖面图	1∶50、1∶100、1∶150、1∶200、1∶300
建筑物或构筑物的局部放大图	1∶10、1∶20、1∶25、1∶30、1∶50
配件及构造详图	1∶1、1∶2、1∶5、1∶10、1∶15、1∶20、1∶25、1∶30、1∶50

第二节 首页图及总平面图

一、首页图

首页图是全套施工图的第一页，其内容一般包括图纸目录、设计总说明、门窗表等。图纸目录起到组织编排、索引查阅图纸的作用，由它可以了解到该工程的每张图纸的图别、编号和页码数。设计总说明主要是对图样上未能详细注写的用料和做法等要求做出具体的文字说明。设计总说明一般包括本套施工图的设计依据、该项目的工程概况、工程的相对标高和绝对标高的对应关系、室内外的构造做法和用料选择等。门窗表汇总列出整幢房屋所采用的各种类型的门窗，一般包括门窗编号、规格尺寸、使用的数量等，首页图如图 9-2 所示。

建筑设计总说明

一、设计依据：
1. 规划建设管理局规则审批意见。
2. 业主确认的设计方案。
3. 院内各专业提供的设计条件。
4. 国家颁发的有关建筑设计规范及有关城市建设之规定。

二、工程概况：
1. 本工程为×××厂区办公楼工程，位于××工业园内，建筑面积：2793m²。
2. 本楼相对标高±0.000相当于绝对标高两数值：14.950。
3. 防火分类：属于多层公共建筑，耐火等级为二级。

三、建筑说明：
1. 0.500以下室内外墙体均为240厚烧结黏土多孔砖，0.500以上室内外墙体均为240混凝土砌块，砌块及砂浆强度等级见结构图。
2. 所有室内外墙体均在-0.03处设墙身防潮层一道，材料为1:2水泥砂浆内5%防水剂。
3. 室外散水：宽800，环建筑一周，做法见L96J002散水。
4. 框架柱位置以结施为准。
5. 图中未注明门垛均为120，未注明墙体厚240，轴线居中。
6. 图中预留孔洞位置见水施电施图，管道井层层封闭。
7. 卫生间完成后标高均比同楼层楼地面标高低30，地面向地漏以1%坡度找坡，地漏位置以水施为准。
8. 雨水管为φ100白色硬聚乙烯管（PVC），女儿墙泛水参99J201-1第24页C项，屋面水落口参见第29页T-5。
9. 楼梯栏杆详见L96J401 P7 T-5。
10. 雨蓬1%坡向泄水管。泄水管采用φ38PVC管，外伸50。
11. 门窗均采用墨绿色中空双玻两级铝合金门窗，白色玻璃，低于900的窗台均设1100高护栏。
12. 主入口雨蓬采用蓝色玻璃网架，式样经设计签字同意后方可施工。
13. 外墙做涂料颜色见立面图。
14. 本图未尽事宜，请及时与本院联系解决。

图纸目录

序号	图号	名称	张数
1	建施-0	建筑设计总说明 图纸目录 建筑作法一览表	1
2	建施-1	总平面图	1
3	建施-2	一层平面图	1
4	建施-3	二层平面图	1
5	建施-4	三层平面图	1
6	建施-5	四层平面图	1
7	建施-6	屋顶平面图	1
8	建施-7	南立面图 北立面图	1
9	建施-8	东立面图 西立面图 1-1剖面详图	1
10	建施-9	楼梯详图	1

建筑作法一览表

部位名称	适用部位	建筑作法	选用图集	备注
地面	走廊		L96J002 楼17	
	办公室		L96J002 楼21	
	其他		L96J002 楼17	
楼面	卫生间	1. 现浇混凝土楼板 2. 刷素水泥浆一道 3. 20厚1:3水泥砂浆找平层 4. 水乳型橡胶沥青一布（玻纤布）四涂防水层，涂料一层做四周打踢脚（最低处30厚），墙面一层做向地面 5. C20细石混凝土随打随抹 7. 15厚1:2干硬性水泥砂浆 8. 刷素水泥浆一道 9. 粘贴防滑釉面地砖缝，稀水泥浆擦缝		
内墙	公用楼梯间	刮白色防瓷涂料	L96J002 内墙11	
	其他室内墙	刮白色涂料	L96J002 内墙11	
踢脚	全部		L96J002 踢10	
顶棚	全部	刮白色水泥腻子	L96J002 棚4	
外墙	涂料墙面		L96J002 外墙25	
屋面	平屋面（上人屋面）		L96J002 屋48	
	平屋面（非上人屋面）		L96J002 屋30	

图9-2 首页图

二、总平面图的形成和作用

建筑总平面图简称总平面图。它是在建设区的上空向下投影,将拟建工程四周一定范围内的新建、拟建、原有和拆除的建筑物、构筑物连同其周围的场地、道路、绿化等地形地物状况,采用相应的图例所画出的水平投影图。

总平面图表明一个工程的总体布局,反映了新建房屋的平面形状、位置、朝向及其与周围环境的相互关系。它是新建房屋的定位放线、土方施工以及施工现场布置的依据,也是其他专业(如水、电、暖、燃气)的管线总平面图规划布置的依据。

三、总平面图的图示内容

1. 图名、比例

建筑总平面图所表示的范围比较大,一般都采用较小的比例,总平面图常用的比例有 1∶500、1∶1000、1∶2000。总平面图应注出各建筑物和构筑物的名称,并在房屋图形的右上角用小点或数字表示其层数。

2. 图例

由于总平面图所采用的比例较小,一般使用对应图例(参见表9-3)来表明各建筑物和构筑物的位置、平面形状、层数以及周围场地、道路和绿化等的布置情况。在总平面图上一般应画上所采用的主要图例及名称。对于国标中缺乏规定的图例,可以自己编制,但必须在总平面图中绘制清楚,并注明其名称。

3. 图线

总平面图中各种图线及规定画法如表9-3所示。

总平面图常用的图例 表9-3

名 称	图 例	备 注	名 称	图 例	备 注
新建建筑物	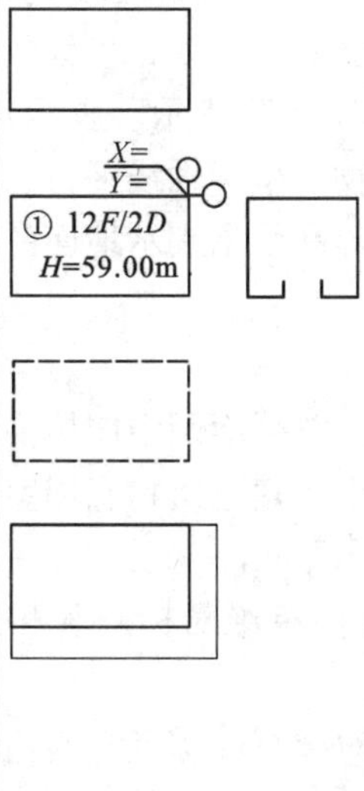 ①12F/2D H=59.00m X=/Y=	新建建筑物以粗实线表示与室外地坪相接处±0.000外墙定位轮廓线 建筑物一般以±0.000高度处的外墙定位轴线交叉点坐标定位。轴线用细实线表示,并标明轴线号 根据不同设计阶段标注建筑编号,地上、地下层数,建筑高度,建筑出入口位置(两种表示方法均可,但同一图纸采用一种表示方法) 地下建筑物以粗虚线表示其轮廓 建筑上部(±0.000以上)外挑建筑用细实线表示 建筑物上部连廊用粗虚线表示并标注位置	室内地坪标高	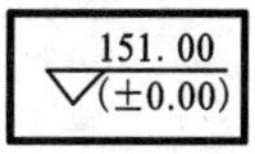 ▽151.00(±0.00)	数字平行于建筑物书写
			室外地坪标高	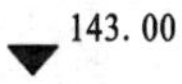 ▼143.00	室外标高也可采用等高线
			盲道		—
			地下车库入口	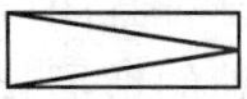	机动车停车场
			地面露天停车场	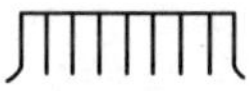	—
			露天机械停车场	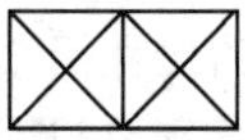 ⊠	露天机械停车场
			坐标	1. 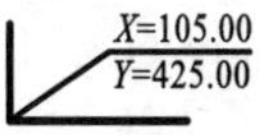 X=105.00 Y=425.00 2. A=105.00 B=425.00 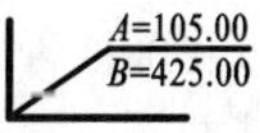	1. 表示地形测量坐标系 2. 表示自设坐标系 坐标数字平行于建筑标注

续表

名　称	图　例	备　注	名　称	图　例	备　注
原有建筑物	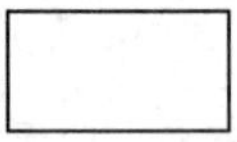	用细实线表示	方格网交叉点标高	-0.50 | 77.85 　　　| 78.35	"78.35"为原地面标高 "77.85"为设计标高 "-0.50"为施工高度 "-"表示挖方（"+"表示填方）
计划扩建的预留地或建筑物		用中粗虚线表示			
拆除的建筑物		用细实线表示	填方区、挖方区、未整平区及零线	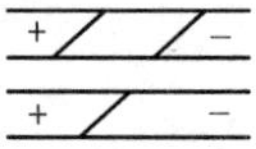	"+"表示填方区 "-"表示挖方区 中间为未整平区 点画线为零点线
建筑物下面的通道		—			
散状材料露天堆场		需要时可注明材料名称	填挖边坡		—
其他材料露天堆场或露天作业场		需要时可注明材料名称	分水脊线与谷线	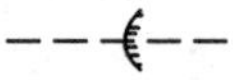 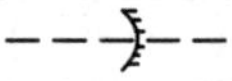	上图表示脊线 下图表示谷线

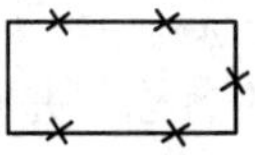

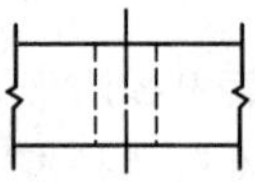

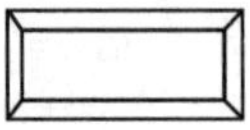

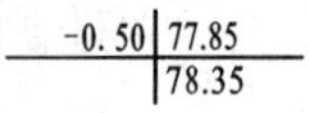

4. 定位

确定新建建筑物的具体位置，用定位尺寸或坐标确定。定位尺寸一般根据原有房屋或道路中心线来确定，尺寸标注以米为单位。当新建成片的建筑物和构筑物或较大的工程，往往标出坐标网来确定每一建筑物的位置。测量坐标网应画成交叉十字线，坐标代号宜用"X、Y"表示；建筑坐标网应画成网格通线，坐标代号宜用"A、B"表示。表示建筑物、构筑物位置的坐标，宜注写其三个角的坐标，如建筑物、构筑物与坐标轴线平行，可注其对角坐标。当场地的地形起伏较大时，在总平面图中还应画出等高线来表示地面的自然状态和起伏情况。

5. 标注与标高

总平面图中的尺寸标注以米为单位，标注到小数点后两位。总平面图中应标注出新建建筑物的总长、总宽及与周围房屋或道路的间距。同时应标注出新建建筑物底层室内地面和室外整平地面的绝对标高。

建筑物各部位的竖向高度，在图样上常用标高来表示。标高有绝对标高和相对标高两种。

绝对标高：我国把青岛附近某处黄海的平均海平面定为绝对标高的零点，其他各地标高都以它作为基准。

相对标高：在建筑物的施工图上要注明许多标高，如果全用绝对标高，不但数字烦琐，而且不容易得出各部分的高差。因此除总平面图外，一般都采用相对标高，即把底层室内主要地坪标高定为相对标高的零点，并说明相对标高和绝对标高的关系。再由当地附近的水准点（绝对标高）来测定拟建工程的底层地面标高。

另外按标高所注的建筑部位的不同又可分为建筑标高和结构标高。建筑标高是指标注在建筑物装饰面层处的标高，结构标高是指标注在建筑物结构部位的标高，如图9-3所示。

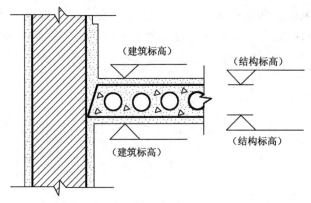

图9-3 建筑标高与结构标高

标高符号应以直角等腰三角形表示，按图9-4（a）所示形式用细实线绘制，如标注位置不够，也可按图9-4（b）所示形式绘制。标高符号的具体画法如图9-4（c）、（d）所示。总平面图室外地坪标高符号，宜用涂黑的三角形表示，具体画法如图9-5所示。

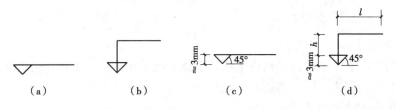

图9-4 标高符号（l及h可适当选取）

标高符号的尖端应指至被注高度的位置。尖端一般应向下，也可向上。在同一图纸上的标高符号应大小相等，并尽量对齐画出。

标高数字应注写在标高符号的左侧或右侧。标高数字应以米为单位，注写到小数点后第三位，在总平面图中，可注写到小数点后第二位。零点标高应注写成±0.000，正数标高不注"＋"，负数标高应注"－"。在图样的同一位置也可同时表示几个不同的标高。标高数字注写形式如图9-6所示。

图9-5 总平面图室外地坪标高符号　　　　图9-6 标高数字的注写

6. 指北针与风玫瑰图

总平面图中应画出指北针或风玫瑰图来表示新建建筑物的朝向和当地的风向频率。

在总平面图及底层建筑平面图上，一般都画有指北针，以指明建筑物的朝向。指北针应绘制在建筑物 ±0.000 标高的平面图上，并放在明显位置，所指的方向应与总图一致，指北针的形状宜如图 9-7 所示，其圆的直径宜为 24mm，用细实线绘制；指针涂成黑色，尾部的宽度宜为 3mm，头部应注"北"或"N"字。需用较大直径绘制指北针时，指针尾部宽度宜为直径的 1/8。

总平面图中一般绘出风向频率玫瑰图，简称风玫瑰图。它是根据该地区多年平均统计的各个方位上刮风次数的百分率，一般画出八个或十六个方向，从端点到中心的距离按一定的比例绘制而成。其中粗实线表示全年风向频率，细实线表示冬季风向频率，虚线表示夏季（6~8 月）风向频率。由各方位端点指向中心的方向为风的方向，如图 9-8 所示。

图 9-7 指北针

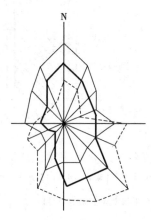

图 9-8 风玫瑰图

7. 绿化与小品

随着人们生活水平的提高，居住生活环境越来越受到重视，绿化和建筑小品在总平面图中也是重要的内容之一。一些树木、花草、水池可以自己编制图例。

四、总平面图的读图实例

图 9-9 所示为某厂区办公楼总平面图。从图中可以看出，总平面图的绘制比例为 1:500。新建办公楼为四层建筑，平面形状近似矩形。总长为 46.44m，宽度方向最宽处为 17.14m。

由测量坐标可以确定办公楼的位置。由标高标注可以看出，办公楼室内地坪标高为 14.95m，室外地坪标高为 14.50m 到 14.75m 不等，均为绝对标高。

从风玫瑰图可以看出，新建办公楼为东西朝向，位于厂区的西北角，并且西面临路。整个厂区内，原有建筑包括初加工车间（一层）、加工车间（二层）和包装车间（一层），其中加工车间和包装车间之间有连廊连接。在厂区入口处有将要拆除的原有仓库（一层），在厂区的东北角有计划建造的仓库（二层）。

除此之外，总平面图中还表示出了厂区的道路及绿化情况。

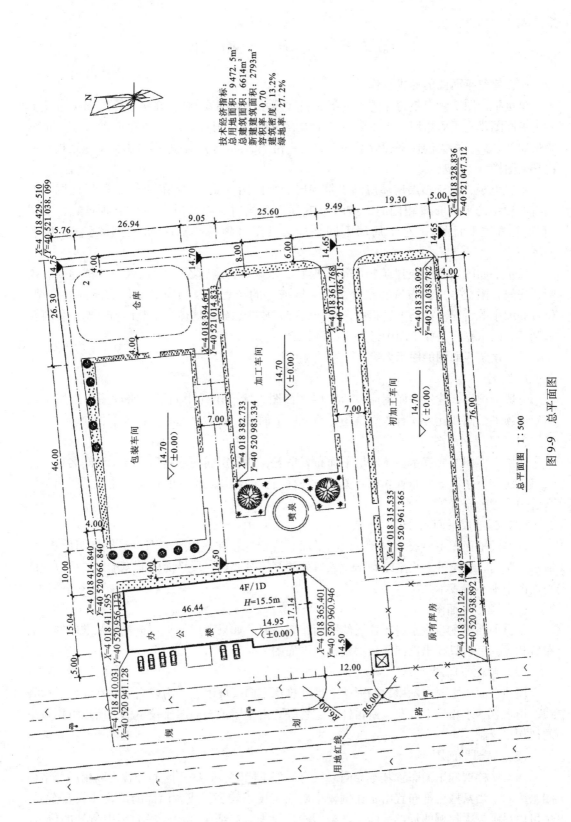

图 9-9 总平面图

第三节 建筑平面图

一、建筑平面图的形成及作用

建筑平面图实际上是房屋的水平剖面图（屋顶平面图除外），在房屋施工图中习惯上称为平面图。它是假想用一水平的剖切面在房屋的门窗洞口处（一般在窗台上方）将整幢房屋剖开后，移去剖切平面以上的部分，将留下的部分向下在水平投影面上作正投影所得到的图样。

一般地说，对于多层房屋应画出每一层的平面图，如底层平面图、二层平面图。但当有些楼层的平面布置相同时，或者仅有局部不同时，则可以只画一个共同的平面图（称为标准层平面图）。对于局部不同之处，只需另画局部平面图。此外还有屋顶平面图。

建筑平面图主要反映建筑物的平面形状、水平方向各部分（如出入口、楼梯间、走廊、房间、阳台等）的布置和组合关系、墙或柱的布置以及门窗等其他构配件的类型、位置和大小等情况。在施工过程中，可作为施工放线、砌筑墙体、安装门窗、施工备料及编制预算的依据，是施工图中最基本的图样之一。

二、建筑平面图的图示内容

1. 图名、比例

一般情况下，建筑平面图应包括底层平面图、标准层（中间层）平面图、顶层平面图和屋顶平面图，此外，有的建筑还有地下层平面图。它们表达的内容各不相同。

（1）底层平面图

底层平面图主要表示房屋底层平面布置情况，即各房间的分隔和组合、房间名称、出入口、门厅、楼梯等的布置和相互关系，各种门窗的位置及室外的台阶、花台、明沟、散水、雨水管的布置等。

（2）标准层平面图

标准层平面图主要表示中间各层的平面布置情况。在底层平面图中已经标明的花台、散水、明沟、台阶等不再重复画出。入口处的雨篷等要在二层平面图上表示，二层以上的平面图中则不再表示。

（3）顶层平面图

顶层平面图主要表示房屋顶层的平面布置情况。如果顶层的平面布置与标准层的平面布置相同，可以只画出局部的顶层楼梯间平面图。

（4）屋顶平面图

屋顶平面图主要表示屋顶的形状、屋面排水方向及坡度、天沟或檐沟、女儿墙、屋脊线、雨水管、水箱、上人孔、避雷针的位置等。由于屋顶平面图比较简单，所以可用较小的比例来绘制。

（5）局部平面图

当某些楼层的平面布置基本相同，仅有局部不同时，这些不同部分就可以用局部平面图来表示。当某些局部布置由于比例较小而固定设备较多，或者内部的组合比较复杂时，也可以另画较大比例的局部平面图。为了清楚地表明局部平面图在平面图中所处的位置，图样中必须标明与平面图一致的定位轴线及其编号。常见的局部平面图有厕所、盥洗室、楼梯间平面图等。

图名一般为底层平面图、标准层（中间层）平面图、顶层平面图和屋顶平面图等。图名下面加粗短画线，长度与图名一样，如图9-18所示。用1∶50、1∶100、1∶150、1∶200、1∶300等比例绘制，其中1∶100的比例在实际工程中最为常用。比例应注写在图名的右侧，字号比图名小一号。

2. 定位轴线及编号

定位轴线是进行施工定位、放线的重要依据。凡是承重的墙、柱、梁或屋架等主要承重构件均应标注轴线以确定其位置，次要的承重构件、隔墙应标注附加轴线予以定位。所有轴线均应按要求进行编号，以确定其位置，这些轴线称为定位轴线。对于非承重的分隔墙、次要承重构件等，一般采用附加轴线来定位，也可注明它们与附近轴线的相关尺寸来确定。

定位轴线采用细单点长画线表示。轴线的端部画细实线圆圈，直径为8～10mm，其圆心应在轴线的延长线或延长线的折线上，并在圆圈内注写轴线编号。在平面图上横向编号采用阿拉伯数字，从左至右顺序编写，竖向编号采用大写字母从下至上顺序编写，其中I、O、Z三个字母不得用作轴线编号，以免与数字1、0、2混淆，如图9-10所示。横向轴线之间的距离称为开间，竖向轴线的距离称为进深。

附加轴线用分数编号，分母表示前一轴线的编号，分子表示附加轴线的编号，编号宜用阿拉伯数字顺序编写，如图9-11所示。

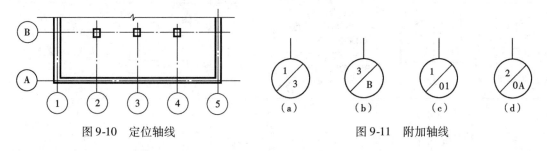

图9-10　定位轴线　　　　　　　　　图9-11　附加轴线

对于详图上的轴线编号，若详图适用于几根轴线时，应同时注明各有关轴线的编号。通用详图中的定位轴线，应只画圆，不注写轴线编号，如图9-12所示。

图9-12　详图轴线

平面图中的轴线编号，一般标注在图样的下方与左侧。较复杂或不对称的房屋，图样上方和右侧也可标注。对于更复杂的组合平面或特殊形状的平面，定位轴线注写形式可参照《房屋建筑制图统一标准》GB/T 50001—2017的有关规定。

3. 图线

建筑平面图实质上是水平剖面图，应符合剖面图的有关规定和要求。凡被剖到的墙、柱的断面轮廓线以及剖切符号用粗实线表示；未剖切到的可见轮廓线，如窗台、花台、台阶、梯段等用中粗线画出，另外门的开启符号和尺寸起止符号也采用中粗线画出；其他图形线，如图例线、尺寸线、尺寸界线、标高符号、轴线圆圈等用细实线表示。定位轴线则用细单点长画线表示。

4. 图例

由于建筑平面图一般采用较小的比例，所以门、窗、孔洞、烟道、花隔等构造和配件均应按规定的图例表示。门和窗还应分别进行编号。门的代号为 M，窗的代号为 C，同一类型的门或窗编号应相同，如 M1、C1 等。当门窗采用标准图时，应注写出标准图编号及门窗编号。门线用 90°、60° 或 45° 的中实线表示门的开启方向。开启弧线（细实线）应绘出，常用的门窗图例如表 9-4 所示。

常用门窗图例   表 9-4

名 称	图 例	说 明	名 称	图 例	说 明
单扇门（包括平开或单面弹簧）	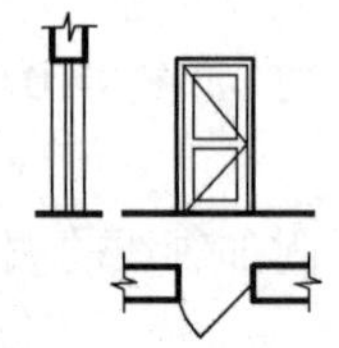	1. 门的名称代号用 M 2. 图例中剖面图左为外、右为内，平面图下为外、上为内 3. 立面图上开启方向线交角的一侧为安装合页的一侧，实线为外开，虚线为内开 4. 平面图上门线应 90°、60° 或 45° 开启，开启弧线宜绘出	墙中双扇推拉门	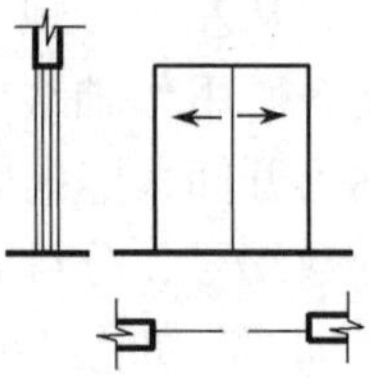	1. 门的名称代号用 M 2. 图例中剖面图左为外、右为内，平面图下为外、上为内 3. 立面形式应按实际情况绘制
单面开启双扇门（包括平开或单面弹簧）	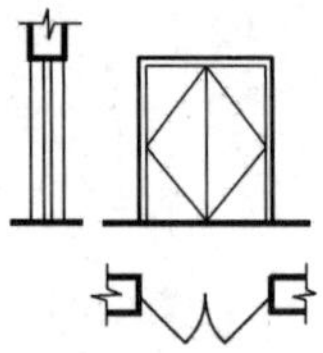		空洞门	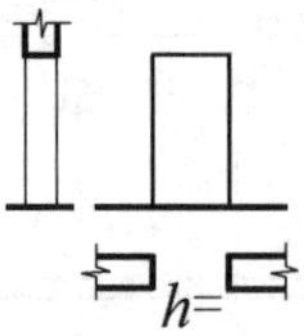	h 为门洞高度
旋转门	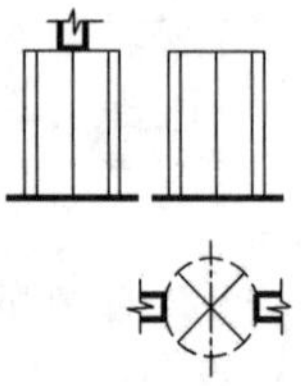	1. 立面图上的开启线在一般设计图中可不表示，在详图及室内设计图上应表示 2. 立面形式应按实际情况绘制	单层外开平窗	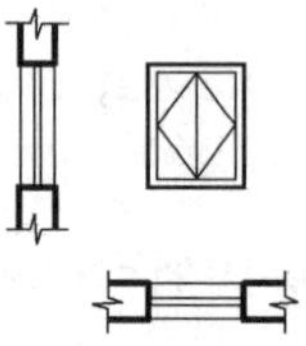	1. 窗的名称代号用 C 表示 2. 立面图中的斜线表示窗的开启方向，实线为外开，虚线为内开；开启方向线交角的一侧为安装合页的一侧，一般设计图中可不表示 3. 图例中，剖面图所示左为外、右为内，平面图所示下为外、上为内 4. 平面图和剖面图上的虚线仅说明开关方式，在设计图中不需表示 5. 窗的立面形式应按实际情况绘制
门连窗	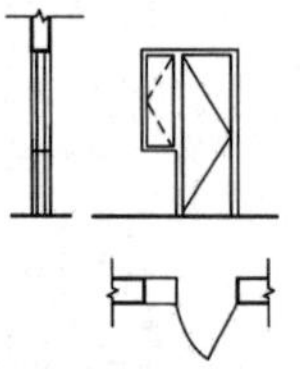		单层内开平窗	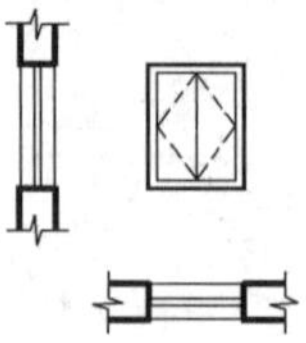	
自动门	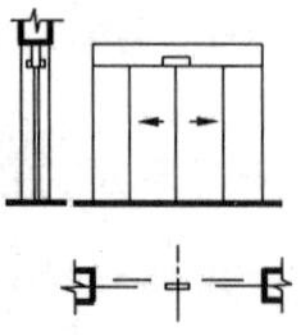	1. 门的名称代号用 M 2. 图例中剖面图左为外、右为内，平面图下为外、上为内 3. 立面形式应按实际情况绘制	平推窗	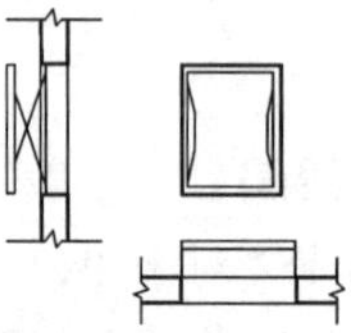	

在平面图中，采用1∶100以下的小比例绘制时，剖到的砖墙一般不画材料图例，在比例大于1∶50时，则应分别画出材料图例。对于剖到的钢筋混凝土构件的断面，当比例小于1∶50时，可涂黑表示。

另外墙体的粉刷层在1∶100的平面图中不必画出，但在1∶50或更大比例的平面图中则用细实线表示。

5. 尺寸和标高

尺寸分为总尺寸、定位尺寸、细部尺寸三种。绘图时，应根据设计深度和图纸用途确定所需注写的尺寸，建筑平面图中具体又分为外部尺寸和内部尺寸。

(1) 外部尺寸

建筑平面图中，一般应在图形的下方和左方标注相互平行的三道尺寸。最外面的一道是总尺寸，表示建筑物的总长和总宽；中间一道是定位尺寸（轴线之间的距离），表示房间的"开间"和"进深"；最内的一道是定位尺寸和细部尺寸，表示门窗洞口、洞间墙细部尺寸及定位尺寸。当建筑物的平面图形不对称时，平面图的四周均应标注外部尺寸。底层平面图中还需注明台阶、花台、散水等的尺寸。标注建筑平面图各部位的定位尺寸时，应注写与其最邻近的轴线间的尺寸。

(2) 内部尺寸

为了说明建筑物的内墙厚度、内部门窗洞口、门垛以及固定设备的大小和位置，建筑平面图中还应标注相关内部尺寸。

(3) 标高

建筑平面图中还应标注出各层楼地面、台阶顶面、楼梯休息平台面以及室外地面的相对标高。标高的单位以米为单位且保留到小数点后三位。建筑物平面、立面、剖面图，宜标注室内外地坪、楼地面、地下层地面、阳台、平台、檐口、屋脊、女儿墙、雨篷、门、窗、台阶等处的标高。平屋面等不易标明建筑标高的部位可标注结构标高，并予以说明。结构找坡的平屋面，屋面标高可标注在结构板面最低点，并注明找坡坡度。有屋架的屋面，应标注屋架下弦搁置点或柱顶标高。有起重机的厂房剖面图应标注轨顶标高、屋架下弦杆件下边缘或屋面梁底、板底标高。梁式悬挂起重机宜标出轨距尺寸（以米计）。

6. 索引符号和详图符号

图样中的某一局部或某一构件无法表达清楚时，通常将这些局部或构件用较大的比例画出，这种图样称为详图。为便于相关图样的查找及对照阅读，可通过索引符号和详图符号来反映它们之间的对应关系。即在需要另画详图的部位编上索引符号，并在所画的详图上编上详图符号，两者必须对应一致。索引符号是由直径为8～10mm的圆和水平直线组成，圆及水平直线均应以细实线绘制。详图符号的圆应以直径为14mm粗实线绘制。索引符号如用于索引剖视详图，应在被剖切的部位绘制剖切位置线，并以引出线引出索引符号，引出线所在的一侧应为剖视方向。有关索引符号和详图符号的编写规定详见表9-5。

索引符号与详图符号　　　　　　　　　表 9-5

名　称	符　号	说　明
详图索引符号	⑤ ── 详图的编号 ─ ── 详图在本张图纸上 　　── 剖切位置 ⑤ ── 局部剖面详图的编号 ─ ── 剖面详图在本张图纸上 　　── 剖视方向	详图在本张图纸上，剖开后从上往下投影（或从后往前）
	5/4 ── 详图的编号 　　── 详图所在的图纸编号 　　── 剖视方向 5/4 ── 局部剖面详图的编号 　　── 剖面详图所在的图纸编号 　　── 剖切位置	详图不在本张图纸上，剖开后从下往上投影（或从前往后）
	J103 ── 标准图册编号 5/4 ── 标准详图编号 　　── 详图所在的图纸编号	采用标准详图
详图符号	⑤ ── 详图的编号	被索引的在本张图纸上
	5/2 ── 详图的编号 　　── 被索引的图纸编号	被索引的不在本张图纸上

7. 引出线

对于图样中某些部位由于图形比例较小，其具体内容或要求无法标注时，常用引出线注写文字说明或索引符号。

引出线应以细实线绘制，宜采用水平方向的直线，与水平方向呈 30°、45°、60°、90° 的直线，或经上述角度再折为水平线。文字说明宜注写在水平线的上方，也可注写在水平线的端部。索引详图的引出线，应与水平直径线相连接。各种注写形式如图 9-13 (a)、(b)、(c) 所示。

同时引出几个相同部分的引出线，宜互相平行，也可画成集中于一点的放射线，如图 9-13 (d)、(e) 所示。

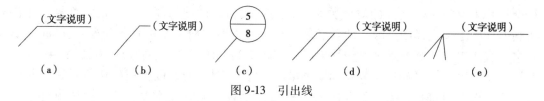

图 9-13　引出线

多层构造或多层管道共用引出线，应通过被引出的各层，并用圆点示意对应各层次。文字说明宜注写在水平线的上方，或注写在水平线的端部，说明的顺序应由上至下，并应与被说明的层次对应一致；如层次为横向排序，则由上至下的说明顺序应与由左至右的层次对应一致，如图 9-14、图 9-15 所示。

248

8. 其他

在底层平面图中还应画出指北针以表示房屋朝向，画出剖切符号以确定建筑剖面图的剖切位置和剖视方向。平面图中凡需绘制详图的部位，均应画出详图索引符号。

对图纸中局部变更部分宜采用云线，并宜注明修改版次。

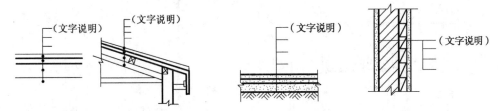

图 9-14　多层构造或多层管道共用引出线　　　图 9-15　多层构造引出线

三、建筑平面图读图示例

图 9-16～图 9-18 分别为某办公楼的各层平面图。

由图名可知，图 9-16 为办公楼的一层平面图，采用 1：100 比例绘制。办公楼平面形状为近似矩形，总长为 46 440mm，宽度方向最宽处为 17 140mm，室内一层地坪标高为±0.000，室外地坪相对标高为 −0.450m。从指北针可以看出，办公楼为东西朝向，主要入口朝西。由定位轴线的标注可以看出，横向轴线为①～⑪，纵向轴线为Ⓐ～Ⓕ。

由图中文字说明及图例可知，该办公楼的主入口设在⑤～⑥轴线之间，在北侧另设有小门。在Ⓓ～Ⓔ轴线之间设有走廊，两侧分别设有办公室6个、会议室1个和展厅1个，在南、北两端均设有卫生间。两部楼梯分别设在②～③和⑤～⑥轴线之间。图中还用图例表示出了使用的各种门窗。

沿图样四周均有外部尺寸标注，可以确定出房间的开间和进深、窗洞及窗间墙大小及轴间尺寸等。内部尺寸可以确定墙厚、门跺及各构配件的大小和位置。在⑤～⑥轴线之间标注出了建筑剖面图的剖切位置和投影方向。图中还注出了室外台阶和散水的布置情况。

图 9-17 为二层平面图，房间布置与一层平面图基本相同。仅在各入口处表示出雨篷的布置情况。另外，在⑤～⑥及Ⓒ～Ⓓ轴线之间为一层大厅上空。图 9-18 为屋顶平面图，从图中可以看出屋面的排水形式、方向和坡度以及挑檐板、雨水管和屋脊线的位置。还有屋面上⑦～⑧轴线之间突出屋面的造型，另由详图表示。

四、建筑平面图的画图步骤

根据建筑物的总尺寸确定绘图比例和图纸幅面后，进行建筑平面图的绘制。绘图步骤如下：

（1）画定位轴线。

（2）根据轴线画墙身或柱子的轮廓线。

（3）画细部，如门窗洞、楼梯、台阶、卫生间等。

（4）画尺寸线、尺寸界线、尺寸起止符号以及轴线圆圈。

（5）检查无误后，擦去多余的线，按要求加深图线。

（6）标注轴线、尺寸、标高、剖切符号、索引符号、各房间名称、门窗编号、图名比例及其他的文字说明。

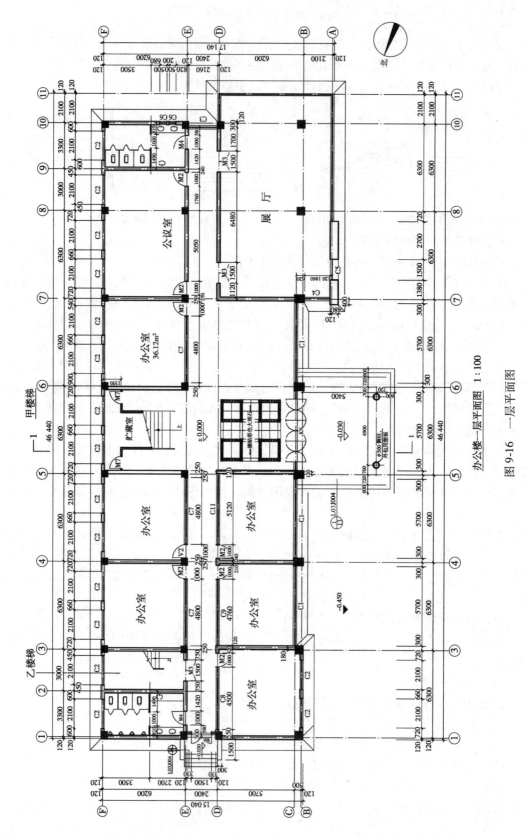

图 9-16 一层平面图

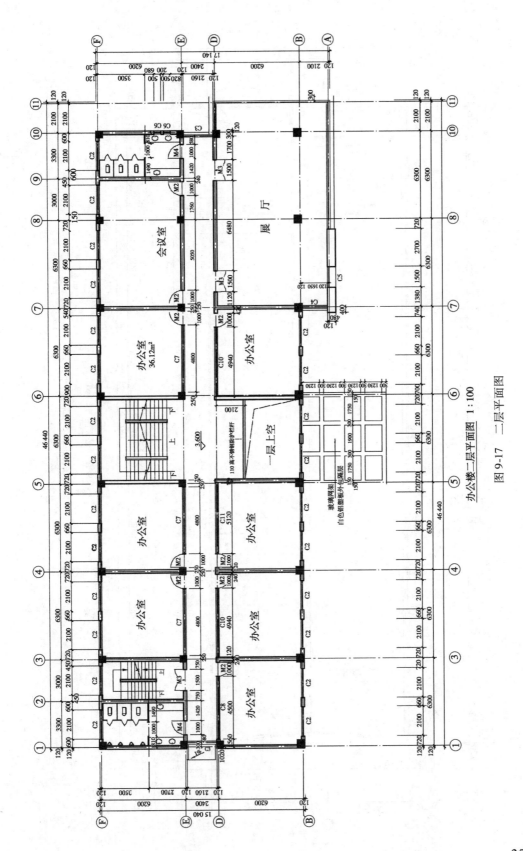

图 9-17 二层平面图

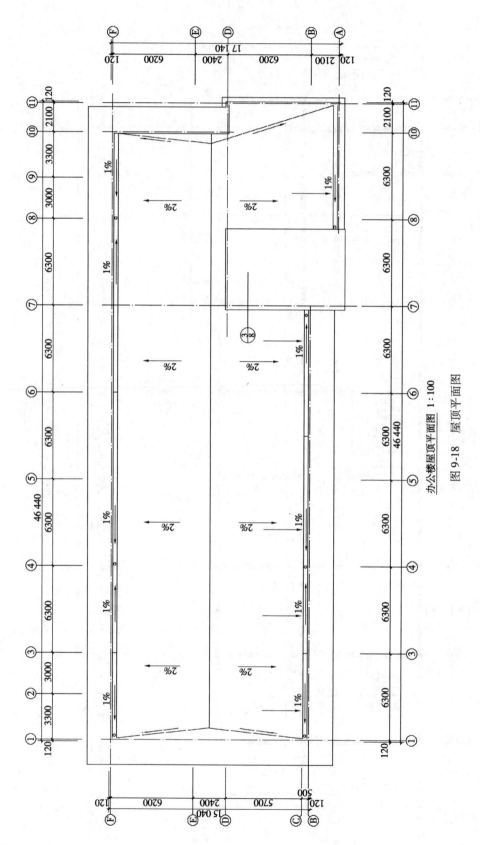

图 9-18 屋顶平面图

第四节　建筑立面图

一、建筑立面图的形成及作用

在与房屋各立面平行的投影面上所作的房屋正投影图，称为建筑立面图，简称立面图。其中反映主要出入口或房屋显著外貌特征的那一面的立面图，称为正立面图，其余的立面图相应地称为背立面图和侧立面图。有定位轴线的建筑物，立面图也宜按轴线编号来命名，如①~⑨立面图或Ⓐ~Ⓑ立面图等。无定位轴线的建筑物也可按房屋的朝向来命名，如南立面图、北立面图、东立面图和西立面图等。

房屋立面如果有一部分不平行于投影面，例如呈圆弧形、折线形、曲线形等，可将该部分展开到与投影面平行，再用正投影法画出其立面图，但应在图名后注写"展开"两字。对于平面为"回"字形的房屋，它在院落中的局部立面，可在相关的剖面图上附带表示。如不能表示时，则应单独绘出。

一座建筑物是否美观，很大程度上取决于它在主要立面上的艺术处理。因此，建筑立面图是设计工程师表达立面设计效果的重要图纸，通过它来反映房屋的体型外貌、门窗类型及其排列位置和立面装修做法。建筑立面图在施工中是外墙面造型、装修、工程概预算以及备料等的依据。

二、建筑立面图的图示内容

建筑立面图表示出房屋室外地坪线以上的全貌。建筑立面图应包括投影方向可见的建筑外轮廓线和墙面线脚、构配件、墙面做法及必要的尺寸和标高等，平面形状曲折的建筑物，可绘制展开立面图、展开室内立面图。圆形或多边形平面的建筑物，可分段展开绘制立面图、室内立面图，但均应在图名后加注"展开"二字。绘制建筑立面图的有关规定如下。

1. 图名、比例

有定位轴线的建筑物，宜根据两端定位轴线号编注立面图名称。无定位轴线的建筑物可按平面图各面的朝向确定名称。立面图常用的比例有 1∶50、1∶100、1∶150、1∶200、1∶300 等。实际工程中往往采用与建筑平面图相同的比例。

2. 定位轴线

在建筑平面图上，各定位轴线表示得比较清楚。立面图中，一般只画出两端的定位轴线以及编号，以便与平面图对照识读。

3. 图线

为使图面清晰、层次分明，立面图中采用各种线型表示不同的内容。建筑立面图的外形轮廓线用粗实线表示；室外地坪线用加粗实线（$1.4b$）表示；立面上凸出或凹进墙面的轮廓线、门窗洞口、台阶、雨篷、阳台、檐口等较大建筑构配件的轮廓线用中粗实线表示；较小的建筑构配件以及门窗扇、墙面分格线、雨水管、文字说明引出线等均用细实线表示。

4. 图例

由于立面图的比例较小，因此在建筑立面中一些细部结构如门窗、阳台、栏杆以及墙面复杂的装修应按规定图例绘制。对于相同类型的门窗可以只画出一、两个完整图形，其余的只画出主要轮廓线即可。立面图中窗户应画出开启方向，而门可不表示开启方向。

5. 尺寸标注

建筑立面图中用标高的形式标注高度方向的尺寸。标注标高的部位一般有室内外地坪、出入口平台顶面、各层楼面、门窗顶、窗台、檐口、女儿墙压顶、雨篷底面、阳台底面或阳台栏杆顶面等。标高符号应排列整齐。

有时立面图形两侧也可沿竖直方向标注三道尺寸来表示各部分的高度。最内一道尺寸标注室内外高差、门窗洞口高度、窗间墙及檐口高度；中间一道尺寸标注层高；最外一道尺寸标注房屋的总高度。也可在立面图形内标注必要的局部尺寸来确定构配件的大小和位置。立面图中一般不标注水平方向的尺寸。

6. 其他

在建筑立面图中可在适当的位置用文字注写出外墙面的装饰做法。凡需绘制详图的部位，应画上详图索引符号。

三、建筑立面图读图示例

图 9-19、图 9-20、图 9-21 为办公楼的各立面图。

由图名可知，图 9-19 为办公楼的西立面图，也是大楼的正立面图，采用 1∶100 比例绘制。由图可以看出，该办公楼整个立面造型简洁大方，反映了正立面的外形特征和主出入口的位置。大楼总高度为 15.500m，檐口高度为 14.100m。由门窗图例可以看出入口大门及各层窗户的排列位置和开启方向，相应的细部尺寸标出了它们的大小。图中还标注出了室内外地坪、窗台、窗顶以及雨篷等处的标高。文字说明表示出了外墙各部分的装饰做法。另外还可以看出雨水管的位置。

图 9-20、图 9-21 分别为办公楼的东、南和北立面图，可自行阅读。

四、建筑立面图的绘图步骤

立面图的绘图步骤如下：

（1）画室外地坪线、轴线、外形轮廓线和屋面线。

（2）画门窗洞口定位线，确定门窗位置。

（3）画细部结构，如台阶、雨篷、檐口、窗台、门窗扇、雨水管、勒脚等。

（4）画标高符号、尺寸线、尺寸界线、尺寸起止符号。

（5）检查无误后，擦去多余的线，按要求加深图线。

（6）标注轴线、尺寸、标高、外墙装饰做法、索引符号、图名比例及其他的文字说明。

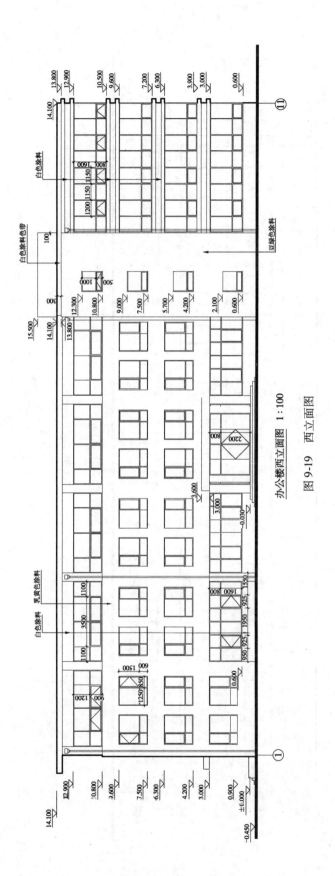

图 9-19 西立面图

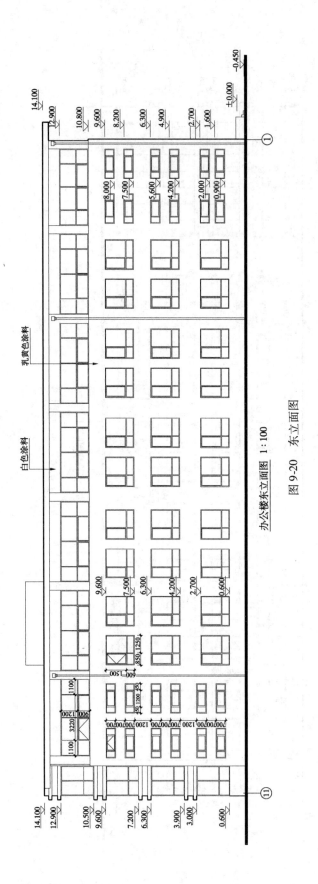

图 9-20 东立面图

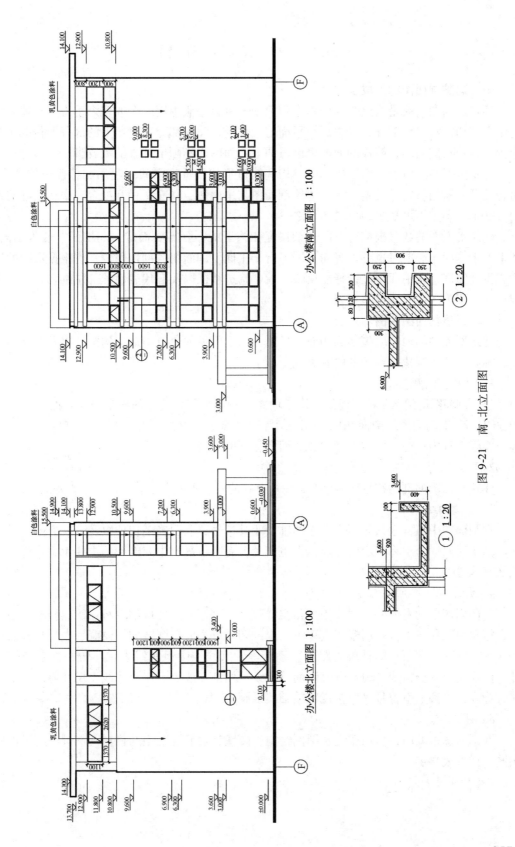

图 9-21 南、北立面图

第五节 建筑剖面图

一、建筑剖面图的形成及作用

建筑剖面图一般是指建筑物的垂直剖面图。也就是假想用一个或多个垂直于外墙轴线的铅垂剖切面将房屋剖开，移去剖切平面与观察者之间的部分，对留下的部分所作的正投影图称为建筑剖面图，简称剖面图。但习惯上剖面图中不画出基础的大放脚。

建筑剖面图用以表示房屋内部的结构和构造形式、垂直空间的利用和各部位的高度、组合关系、所用材料及其做法等。建筑剖面图与平面图、立面图相互配合来表示整幢建筑物，是施工图中不可缺少的重要图样之一。

建筑剖面图的数量根据房屋的复杂程度和施工的实际需要而定。剖切面一般为横向，即平行于侧面，必要时也可为纵向，即平行于正面。剖面图的剖切部位，应根据图纸的用途或设计深度，在平面图上选择能反映全貌、构造特征以及有代表性的部位剖切，如门窗洞口、主要出入口、楼梯间等处。

二、建筑剖面图的图示内容

建筑剖面图的内容应包括剖切面和投影方向上可见的建筑构造、构配件以及必要的尺寸、标高等。绘制建筑剖面图的有关规定如下。

1. 图名、比例

建筑剖面图的图名是根据建筑底层平面图上所标注剖切符号的编号来命名的，如1—1剖面图、2—2剖面图。剖面图的常用比例有1：50、1：100、1：150、1：200、1：300等。实际工程中往往采用与平面图、立面图相同的比例。

2. 剖切符号

建筑剖面图的剖切符号应画在反映±0.000的底层平面图上。

3. 定位轴线

在剖面图中通常也只需画出两端的轴线及其编号，以明确剖切位置及剖视方向，以便与平面图对照。为了将图示内容表示得更清楚，有时也画出中间剖到的主要承重构件的轴线及其编号。

4. 图线

在剖面图中的室内外地坪线用加粗实线表示。剖切到的部位如墙身、梁、楼板、屋面板、楼梯段及休息平台等用粗实线表示。未剖切到可见的轮廓线如门窗洞、楼梯梯段及栏杆扶手、女儿墙压顶、内外墙、踢脚、勒脚等轮廓线用中粗实线表示。较小的建筑构配件、门窗扇及其分格线、雨水管、墙面分格线等用细实线表示。尺寸线、尺寸界线、引出线、标高符号和索引符号等均按规定用细实线画出。

5. 图例

在剖面图中的门、窗均按规定图例绘制。砖墙和钢筋混凝土的材料图例画法与平面图相同，详见表9-4。

6. 尺寸、标高

建筑剖面图中应标注出剖到部分的竖直方向的尺寸和标高。

外墙的竖向尺寸一般也标注三道。最外一道尺寸为室外地面以上的总高尺寸；中间一道尺寸为层高尺寸；最内一道尺寸为门窗洞口及洞间墙的高度尺寸（将楼面以上及楼面以下分别标注）。此外，还需标注某些局部尺寸，如内墙上的门窗洞高度尺寸、窗台的高度以及有些不另画详图的构配件尺寸，如栏杆扶手的高度尺寸、屋檐和雨篷等的挑出尺寸以及剖面图上两轴线间的尺寸等。

建筑剖面图中还应标注室内外地面、各层楼面、楼梯休息平台面、阳台顶面、屋顶、檐口或女儿墙顶面等的标高和某些梁、雨篷等构件的底面标高。

标注尺寸和标高时，注意与平面图和立面图相一致。

7. 其他

建筑剖面图中楼、地面各层构造做法一般可用引出线说明。若需绘制详图的部位，应画上详图索引符号。对于剖到的建筑物倾斜的地方如屋面、散水等应用坡度来表示其倾斜的程度。

三、建筑剖面图读图示例

图 9-22 为办公楼的 1—1 剖面图，采用 1∶100 比例绘制。从图名和轴线编号与平面图上的剖切位置对照可知，该剖面图为单一全剖面图，剖切平面通过主入口大厅和甲楼梯间，投影方向从左至右。从图中可以看出建筑物的楼地面、屋面和楼梯的构造及结构形式。办公楼共四层，主入口处大厅为一二层贯通，女儿墙及挑檐板为钢筋混凝土材料。标高标注出了各层楼地面、楼梯休息平台及檐口的高度。竖向的尺寸标注还可以看出各层层高、楼梯扶手、窗洞及窗间墙的高度。

女儿墙、挑檐板、屋面及墙身等节点的做法用详图索引符号引出，另有详图表示。

四、建筑剖面图的绘图步骤

剖面图的绘图步骤如下：

（1）画室外地坪线、定位轴线、楼面线、屋面线。

（2）确定门窗洞口的位置画墙身线，根据厚度画楼板及屋面板的轮廓线，确定楼梯的位置画楼梯轮廓线。

（3）画其他细部如门窗、梁、台阶、雨篷、檐口、踢脚等构配件。

（4）画标高符号、尺寸线、尺寸界线、尺寸起止符号。

（5）检查无误后，擦去多余的线，按要求加深图线。

（6）标注轴线、尺寸、标高、索引符号、图名、比例及其他的文字说明。

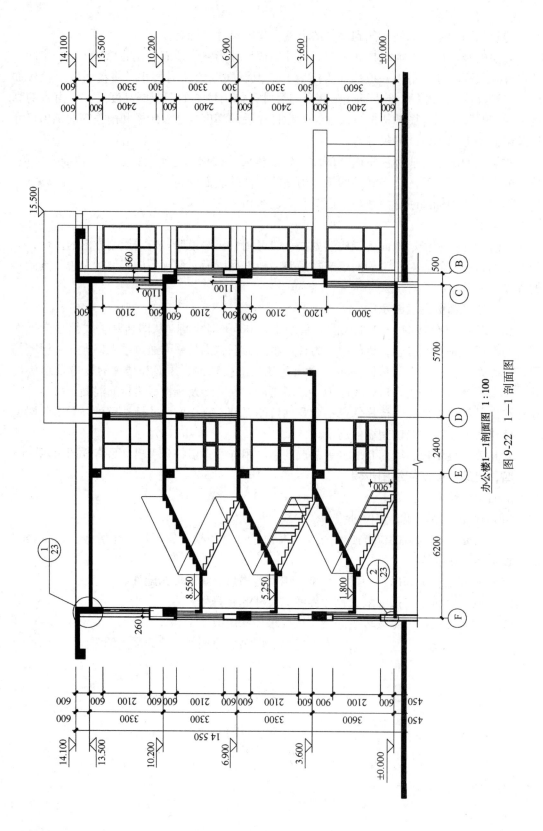

图 9-22 1—1 剖面图

第六节 建 筑 详 图

一、概述

1. 基本概念

由于建筑平、立、剖面图样一般采用较小的比例绘制，建筑物的某些细部及构配件的详细构造和尺寸无法表示清楚。为了满足施工的要求，必须将这些部位的形状、尺寸、材料、做法等用较大的比例详细表达出来，这种图样称为建筑详图，简称详图。详图又称大样图或节点图。

2. 特点及作用

相对于建筑平、立、剖面图，建筑详图具有三个特点。一是绘制比例较大，常用的比例详见表9-2；二是图示内容详尽清楚，把细部的形状大小，层次构造，材料做法都清楚地表示出来；三是尺寸标注齐全，并注有详尽的文字说明。

建筑详图是建筑细部或构配件的大比例图样，是建筑平、立、剖面图的深化和补充，是指导房屋细部施工、建筑构配件的制作以及编制预算的重要依据。

3. 分类及内容

建筑详图可分为节点构造详图和构配件详图两类。凡表达房屋某一细部的形状大小、构造做法和材料组成的详图称为节点详图，如墙身详图（包括檐口、窗台、勒脚、明沟、散水等）。凡表明构配件本身构造的详图，称为构件详图或配件详图，如门窗详图、楼梯详图、花格详图等。

建筑详图的数量与房屋的复杂程度及建筑平、立、剖面图的内容及比例有关。对于引用标准图或通用详图的建筑构配件和剖面节点，只要注明所套用图集的名称、页次、编号，则可不必再画详图。常用的详图主要有墙身剖面详图、楼梯详图、门窗详图、厨房、浴室、卫生间详图等。

现以外墙身剖面详图、楼梯详图、门窗详图为例介绍建筑详图的内容。

二、外墙身剖面详图

外墙身剖面详图实际上是建筑剖面图的局部放大图，它主要表达房屋的屋面、楼面、地面、檐口、楼板与墙的连接、门窗顶、窗台、勒脚和散水等处的尺寸、材料以及做法等构造情况，是指导外墙施工的重要依据。

多层房屋中，若各层的情况一样，可只画底层或加一个中间层来表示。画图时，往往在窗洞中间处断开，成为几个节点详图的组合。有时，也可不画整个墙身的详图，而是把各个节点的详图分别单独绘制。详图的线型要求与剖面图一样，断面轮廓线内应画出材料图例。当引用标准图集时，应注写清楚图集名称及详图编号。

现以图9-23为例，说明外墙身节点详图的内容与阅读方法。在详图中，对屋面、楼面和地面的构造，采用多层构造线说明方法来表示。

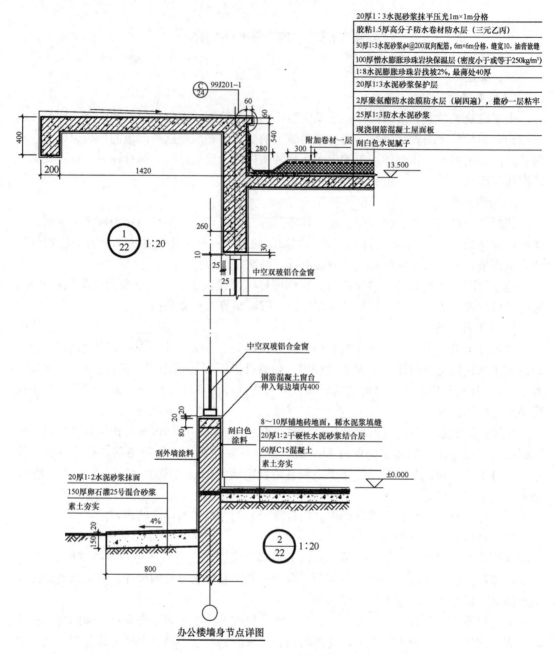

图 9-23 外墙身节点详图

详图的上半部分为檐口部分,从图中可了解到屋面的承重层和挑檐均为现浇钢筋混凝土构件。多层构造线说明了屋面的防水、保温以及顶棚的构造做法。同时表明了窗顶的做法(如图 9-24 所示)。另外挑檐压顶由标准图集给出详细做法。详图的下半部分为散水、窗口及室内地面部分,从图中可了解到散水、室内地砖贴面的分层做法。详图还表明了室内外墙面、窗台及踢脚的做法。在详图中,还注出有关部位的标高和细部的大小尺寸。

三、楼梯详图

在多层房屋中，楼梯是上下交通的主要设施。楼梯通常由梯段、楼梯梁、休息平台、栏杆或栏板和扶手组成，如图 9-25 所示。建造楼梯的材料有钢、木、钢筋混凝土等，在房屋建筑中最广泛应用的是预制或现浇的钢筋混凝土楼梯。楼梯类型有 11 种，楼梯代号分别为 AT、BT、CT、DT、ET、FT、GT、HT、ATa、ATb、ATc，具体示意图见课件。

楼梯详图一般分建筑详图和结构详图，并分别绘制，分别编入建筑施工图和结构施工图中。当楼梯的构造和装修都比较简单时，也可将建筑详图与结构详图合并绘制，编入建筑施工图或结构施工图中。

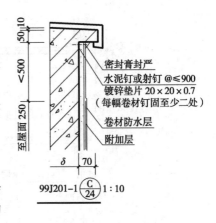

图 9-24 挑檐压顶详图

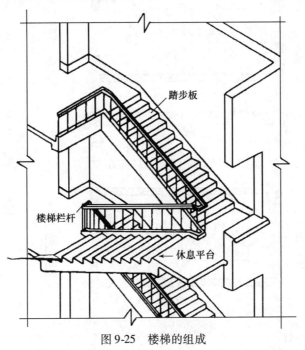

图 9-25 楼梯的组成

楼梯详图主要表明楼梯形式、结构类型、楼梯间各部位的尺寸及装修做法，为楼梯的施工制作提供依据。它一般包括楼梯平面图、楼梯剖面图及栏杆或栏板、扶手、踏步等大样图。楼梯平面图、楼梯剖面图的常用比例为 1:50。

1. 楼梯平面图

楼梯平面图是楼梯某位置上的一个水平剖面图。它的剖切位置与建筑平面图的剖切位置相同。楼梯平面图主要反映楼梯中的平面尺寸及楼层和休息平台的标高等。

楼梯平面图一般应分层绘制，对于三层以上的建筑物，当中间各层楼梯完全相同时，可用一个图样表示，同时标有中间各层的楼面标高。楼梯底层平面图的剖切位置在第一跑梯段上，因此在底层平面图中只画半个梯段，梯段断开处画 45°折断线，如图 9-26（a）所示。中间层平面图的剖切位置在某楼层向上的梯段上，所以在中间层平面图上既有向上

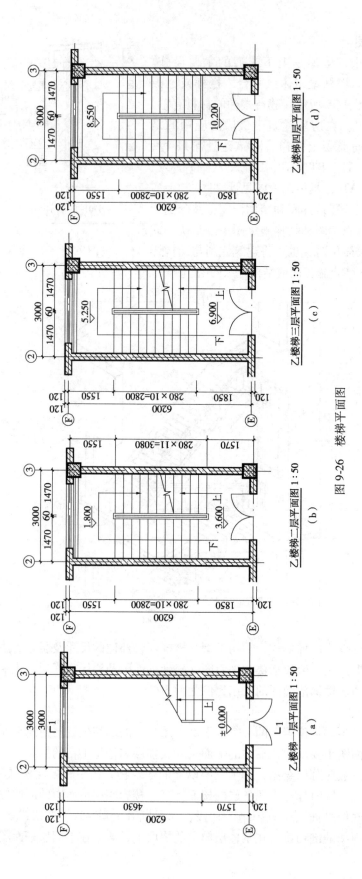

图 9-26 楼梯平面图

的梯段，又有向下的梯段。在向上梯段断开处画45°折断线，如图9-26（b）、（c）所示。顶层平面图的剖切位置在顶层楼面上一定高度处，并没有剖切到楼梯段，因而在顶层平面图中只有向下梯段，平面图中没有折断线，如图9-26（d）所示。以办公楼的乙楼梯为例说明楼梯平面图的内容及阅读步骤。

（1）了解楼梯在建筑平面图中的位置及有关轴线的布置。由图9-26（a）可知，此楼梯位于横向②～③轴线、纵向Ⅲ～Ⅲ轴线之间。

（2）了解楼梯的梯段走向和踏步尺寸。该楼梯间的平面为矩形，其开间尺寸3000mm，进深尺寸6200mm，中间休息平台宽1500mm，楼梯井宽60mm，一至二层踏步数为24级，其他层间为22级。在楼梯段中部，用带箭头的细实线"→"表示楼梯走向，并注有"上"或"下"的字样。其中，"上"或"下"均是相对该层楼地面而言，即以该层楼地面为起点，表示出某段楼梯是上还是下。需要注意的是，由于楼梯段的踏步最后一级踏面与平台面或楼面重合，因此平面图中梯段踏面投影数总是比梯段的步级数少1。

（3）了解楼梯间各楼层及休息平台面的标高。

（4）了解楼梯间墙、柱、门、窗的平面位置、编号和尺寸。

（5）了解楼梯剖面图在楼梯底层平面图中的剖切位置。在一层楼梯平面图中用剖切符号表示楼梯剖面图的剖切位置、投影方向及剖面图的编号。

2. 楼梯剖面图

楼梯剖面图是楼梯垂直剖面图的简称，其剖切位置应通过各层的一个梯段和门窗洞口，向另一未剖到的梯段方向投影，所得到的剖面图，如图9-27所示。

楼梯剖面图主要表达楼梯的梯段数、踏步数、类型及结构形式，表示各梯段、平台、栏杆等的构造及其相互关系。习惯上，若楼梯间屋面没有特殊之处，可用折断线断开，不必画出。在多层房屋中，若中间各层的楼梯构造相同，剖面图可只画出底层、中间层和顶层，中间层用折断线分开。

楼梯剖面图中应注明建筑物的层数、楼梯段数及每段楼梯踏步个数和踏步高度以及室内地面、楼面、休息平台面等处的标高。标注细部尺寸说明栏杆高度、楼梯间门窗、窗下墙、过梁、圈梁等位置以及楼梯段、休息平台及平台梁之间的相互关系。另外节点细部的构造做法用索引符号标出，另由详图表示。

3. 楼梯节点详图

楼梯节点详图一般包括踏步、扶手、栏杆详图和梯段与平台处的节点构造详图。依据所画内容的不同，详图可采用不同的比例，以反映它们的断面形式、细部尺寸、所用材料、构件连接及面层装修做法等。本例中只给出楼梯踏步详图，其他节点详图参见相关标准图集。

四、门窗详图

门窗详图，一般都有预先绘制好的各种不同规格的标准图，供设计者选用。因此，在施工图中，只要说明该详图所在标准图集中的编号，就可不必另画详图。如果没有标准图，就一定要画出详图。

门窗详图一般用立面、节点详图、断面图以及五金表和文字说明等来表示。按规定，在节点详图与断面图中，门窗料的断面一般应加上材料图例。

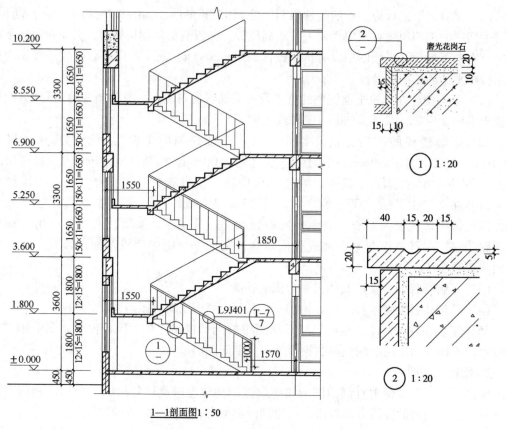

图9-27 楼梯剖面图及楼梯节点详图

现以铝合金窗为例,介绍门窗详图的特点如下:

1. 立面图

所用比例较小,只表示窗的外形、开启方式及方向、主要尺寸和节点索引符号等内容,如图9-28(a)所示为某型号的铝合金窗立面图。

立面图尺寸一般有三道:第一道为窗洞口尺寸;第二道为窗框外包尺寸;第三道为窗扇、窗框尺寸。洞口尺寸应与建筑平、剖面图的窗洞口尺寸一致。窗框和窗扇尺寸均为成品的净尺寸。

立面图上的线型,除轮廓线用粗实线外,其余均用细实线。

2. 节点详图

一般画出剖面图和安装图,并分别注明详图符号,以便与窗立面图相对应。节点详图比例较大,能表示各窗料的断面形状、定位尺寸、安装位置和窗扇的连接关系等内容,如图9-28(b)所示。

3. 断面图

用较大比例(1:5、1:2)将各个不同窗料的断面形状单独画出,注明断面上各截口的尺寸,以便于下料加工,如图9-28(c)的L060503详图所示。有时,为减少工作量,往往将断面图与节点详图结合画在一起。

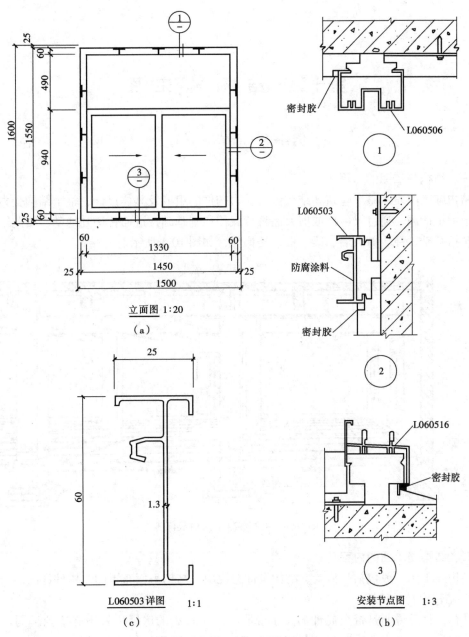

图 9-28 某型号铝合金推拉窗详图

第十章 结构施工图

第一节 概 述

一、结构施工图的作用

结构施工图表示整个建筑物结构体系受力构件的组成及具体设计，整个结构受力体系由楼板承担荷载，通过梁、柱或剪力墙将荷载传递到基础，进而传递到地基，因此结构施工图包括基础、柱、剪力墙、梁、板、楼梯等，如图10-1所示。

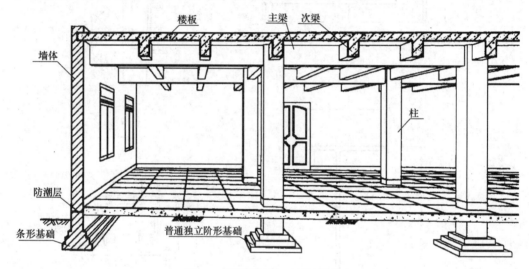

图 10-1 钢筋混凝土结构示意图

二、结构施工图的内容

结构施工图一般包括：目录、结构设计总说明、结构平面布置图、构件详图。

1. 结构设计总说明

结构设计总说明是带全局性的文字说明，对于较小的房屋一般不必单独编写。它包括：抗震设计与防火要求，选用材料的类型、规格、强度等级，地基情况，施工注意事项，选用标准图集等。

2. 结构平面布置图。

包括基础平面布置图，梁平面布置图，楼板平面布置图，墙、柱平面布置图等。

3. 构件详图

包括基础详图，楼梯详图，梁、板、柱结构节点详图，其他详图，如天窗、雨篷、过梁、柱间支撑等详图。

房屋结构的基本构件，种类繁多，布置复杂，为了图示简明扼要，并把构件区分清楚，便于施工、制表、查阅，把每类构件给予代号，代号的规律是用汉语拼音的第一个字母表示。结构施工图中常用的构件代号如表 10-1 所示。

常用构件代号 表 10-1

序号	名称	代号	序号	名称	代号	序号	名称	代号
1	板	B	19	圈梁	QL	37	承台	CT
2	屋面板	WB	20	过梁	GL	38	设备基础	SJ
3	空心板	KB	21	连系梁	LL	39	桩	ZH
4	槽形板	CB	22	基础梁	JL	40	挡土墙	DQ
5	折板	ZB	23	楼梯梁	TL	41	地沟	DG
6	密肋板	MB	24	框架梁	KL	42	柱间支撑	ZC
7	楼梯板	TB	25	框支梁	KZL	43	垂直支撑	CC
8	盖板或沟盖板	GB	26	屋面框架梁	WKL	44	水平支撑	SC
9	挡雨板或檐口板	YB	27	檩条	LT	45	梯	T
10	吊车安全走道板	DB	28	屋架	WJ	46	雨篷	YP
11	墙板	QB	29	托架	TJ	47	阳台	YT
12	天沟板	TGB	30	天窗架	CJ	48	梁垫	LD
13	梁	L	31	框架	KJ	49	预埋件	M-
14	屋面梁	WL	32	刚架	GJ	50	天窗端壁	TD
15	吊车梁	DL	33	支架	ZJ	51	钢筋网	W
16	单轨吊车梁	DDL	34	柱	Z	52	钢筋骨架	G
17	轨道连接	DGL	35	框架柱	KZ	53	基础	J
18	车挡	CD	36	构造柱	GZ	54	暗柱	AZ

三、结构施工图制图的线型和比例

绘制结构施工图，应遵守《房屋建筑制图统一标准》GB/T 50001—2017 和《建筑结构制图标准》GB/T 50105—2010 的规定。该制图标准规定图线的宽度 b，宜从下列线宽系列中选取：2.0mm、1.4mm、1.0mm、0.7mm、0.5mm、0.35mm。每个图样，应根据复杂程度与比例大小，先选定基本线宽 b，再选用相应的线宽组。在同一张图纸中，相同比例的各图样，应选用相同的线宽组。建筑结构专业制图，应选用表 10-2 所示的图线。

结构施工图的图线 表 10-2

名称		线形	线宽	一般用途
实线	粗	▬▬▬▬▬	b	螺栓、主钢筋线、结构平面图中的单线结构构件线、钢木支撑及系杆线、图名下划线、剖切线
	中粗	▬▬▬	$0.7b$	结构平面图及详图中剖到或可见的墙身轮廓线、基础轮廓线、钢、木结构轮廓线、钢筋线
	中	▬▬	$0.5b$	结构平面图及详图中剖到或可见的墙身轮廓线、基础轮廓线、可见的钢筋混凝土轮廓线、钢筋线
	细	———	$0.25b$	尺寸线、标注引出线、标高符号、索引符号

续表

名称		线形	线宽	一般用途
虚线	粗		b	不可见的钢筋、螺栓线，结构平面中不可见的单线结构构件线及钢、木支撑线
	中粗		$0.7b$	结构平面中的不可见构件、墙身轮廓线及不可见钢、木结构构件、不可见的钢筋线
	中		$0.5b$	结构平面中的不可见构件、墙身轮廓线及不可见钢、木结构构件、不可见的钢筋线
	细		$0.25b$	基础平面图中的管沟轮廓线、不可见的钢筋混凝土构件轮廓线
单点长画线	粗		b	柱间支撑、垂直支撑、设备基础轴线图中的中心线
	细		$0.25b$	定位轴线、对称线、中心线
双点长画线	粗		b	预应力钢筋线
	细		$0.25b$	原有结构轮廓线
折断线			$0.25b$	断开界线
波浪线			$0.25b$	断开界线

绘图时根据图样的用途和被绘物体的复杂程度，应选用表 10-3 中的常用比例，特殊情况下也可选用可用比例。

绘图比例　　　　　　　　　　　　　　　表 10-3

图名	常用比例	可用比例
结构平面图 基础平面图	1:50、1:100 1:150	1:60、1:200
圈梁平面图、总图中管沟、地下设施等	1:200、1:500	1:300
详图	1:10、1:20、1:50	1:5、1:25、1:30

四、结构施工图中有关规定

在结构平面图中索引的剖视详图、断面详图应采用索引符号表示，其编号顺序应按照下列规定进行编排。如图 10-2 所示，粗实线表示剖切位置，引出线所在一侧为投射方向。

1. 外墙按顺时针方向从左下角开始编号。
2. 内横墙从左至右、从上至下编号。
3. 内纵墙从上至下、从左至右编号。

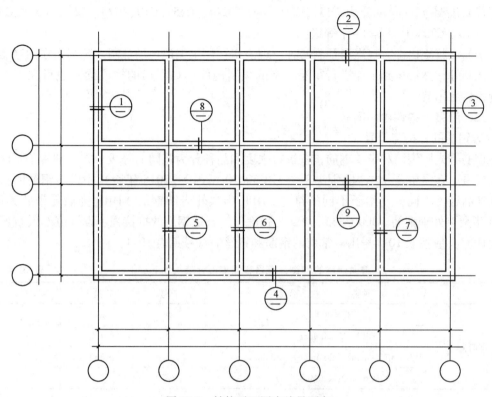

图 10-2　结构平面图中编号顺序

第二节　钢筋混凝土构件简介

一、钢筋混凝土基本知识

钢筋混凝土构件由钢筋和混凝土两种材料组合而成。混凝土由水泥、石子、砂和水按一定比例拌合硬化而成。混凝土的抗压强度较高，但抗拉强度较低，容易在受拉或受弯时断裂。而钢筋不但具有良好的抗拉强度，而且与混凝土有良好的黏结力，因此，为了提高混凝土构件的抗拉能力，常在混凝土构件的受拉区配置一定数量的钢筋。把这种配置了钢筋的混凝土构件称为钢筋混凝土构件，如图 10-3（b）所示的两端支承的钢筋混凝土的简支梁。有的构件在制作时通过张拉钢筋对混凝土施加一定的压力，以提高构件的抗裂性能，称为预应力钢筋混凝土构件。没有钢筋的混凝土构件称为混凝土构件或素混凝土构

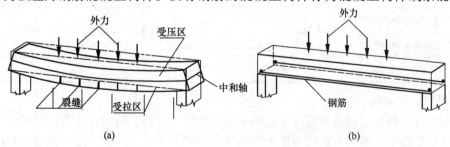

图 10-3　钢筋混凝土受力示意图

件。普通混凝土一般可分为 C15、C20、C25、C30、C35、C40、C45、C50、C55、C60、C65、C70、C75、C80 等 14 个等级。

钢筋混凝土构件有现浇和预制两种。现浇指在建筑工地现场浇制。预制指在预制品工厂先浇制好，然后运到工地进行吊装，有的预制构件（如厂房的柱或梁）也可在工地上预制，然后吊装。

二、混凝土构件中的钢筋

1. 钢筋的种类与符号

钢筋有光圆钢筋和带纹钢筋，按抗拉强度和品种分为不同的等级，并分别给予不同的直径代号。在《混凝土结构设计规范》GB 50010—2010（2015 年版）中，对钢筋的标注按其产品种类不同分别给予不同的符号，HPB 指热轧光圆钢筋，HRB 为热轧带肋钢筋，RRB 指余热处理钢筋。300、335、400 为强度值。普通钢筋的抗拉强度设计值 f_y 及抗压强度设计值 f'_y 应按表 10-4 采用。常用的钢筋和钢丝的符号见表 10-4。

普通钢筋的种类、符号和强度设计值（N/mm²） 表 10-4

	种类	符号	f_y	f'_y
热轧钢筋	HPB 300	Φ	270	270
	HRB 335（20MnSi）	Φ	300	300
	HRB 400（20MnSiV、20MnSiNb、20MnTi）	Φ	360	360
	RRB 400（K20MnSi）	Φ^R	360	360

2. 钢筋的图例如表 10-5 所示。

常用钢筋图例 表 10-5

名称	图例	说明
钢筋横断面	●	
无弯钩的钢筋端部	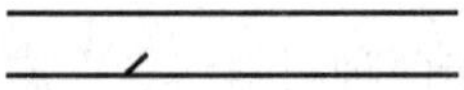 ─── ╱	下图表示长短钢筋投影重叠时，可在短钢筋的端部用 45°短画线表示
预应力钢筋横断面	+	
预应力钢筋或钢绞线	─ ‥ ─ ‥ ─	用粗双点画线
无弯钩的钢筋搭接	 ╱───╲	
带半圆形弯钩的钢筋端部	⌐───⌐	
带半圆形弯钩的钢筋搭接	 ⌐──⌐	
带直弯钩的钢筋端部	└───┘	
带直弯钩的钢筋搭接	└──┘	
带丝扣的钢筋端部	 ─╫─	

3. 保护层和弯钩

钢筋混凝土构件的钢筋不能外露。为了保护钢筋，防锈、防火、防腐蚀，最外层钢筋的外边缘至混凝土表面的距离称为保护层的厚度，可参考表 10-6。环境类别参见 16G101-1 图集。

混凝土保护层的最小厚度（mm）　　　　表 10-6

环境类别	板、墙	梁、柱
一	15	20
二 a	20	25
二 b	25	35
三 a	30	40
三 b	40	50

为了使钢筋和混凝土具有良好的黏结力，应在光圆钢筋两端做成半圆弯钩或直弯钩；带螺纹钢筋（如 HRB 335）与混凝土的黏结力强，两端可不做弯钩。钢箍两端在交接处也要做出弯钩。弯钩的常见形式和画法，如图 10-4 所示。

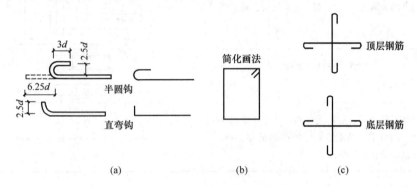

图 10-4　钢筋和箍筋的弯钩
(a) 钢筋的弯钩；(b) 箍筋的弯钩；(c) 顶层（底层）钢筋的画法

4. 钢筋的标注

钢筋的直径、根数或相邻钢筋中心距一般采用引出线方式标注，钢筋的尺寸标注有下面两种形式：

(1) 标注钢筋的根数和直径，如图 10-5（a）所示。

图 10-5　钢筋的标注

(2) 标注钢筋的直径和相邻钢筋中心距，如梁内箍筋和板内钢筋。如图 10-5（b）所示为直径 8mm 的一级钢筋连续排列，相邻钢筋中心距不大于 200mm。

钢筋的长度在配筋图中一般不予标注，常列入构件的钢筋材料表中，而钢筋材料表通常由施工单位编制。

5. 常用钢筋布置的表示法（表 10-7）

表 10-7 钢筋的画法

序号	说明	图例
1	在结构楼板中配置双层钢筋时,底层钢筋的弯钩应向上或向左,顶层钢筋的弯钩则向下或向右	(底层) (顶层)
2	钢筋混凝土墙体配双层钢筋时,在配筋立面图中,远面钢筋的弯钩应向上或向左而近面钢筋的弯钩向下或向右(JM 近面,YM 远面)	JM/YM
3	若在断面图中不能表达清楚的钢筋布置,应在断面图外增加钢筋大样图(如:钢筋混凝土墙、楼梯等)	
4	图中所表示的箍筋、环筋等若布置复杂时,可加画钢筋大样及说明	
5	每组相同的钢筋、箍筋或环筋,可用一根粗实线表示,同时用一两端带斜短画线的横穿细线,表示其钢筋及起止范围	

6. 钢筋的尺寸

构件配筋图中箍筋的长度尺寸,应指箍筋的里皮尺寸,弯起钢筋的高度尺寸应指钢筋的外皮尺寸。如图 10-6 所示。

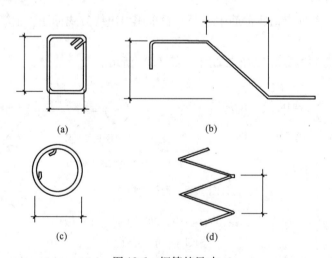

图 10-6 钢筋的尺寸
(a) 箍筋尺寸标注图;(b) 弯起钢筋尺寸标注图;
(c) 环形钢筋尺寸标注图;(d) 螺旋钢筋尺寸标注图

第三节 梁构件识图

梁是承受竖向荷载、以受弯为主的构件。梁一般水平放置，用来支撑板并承受板传来的各种竖向荷载和梁的自重，梁和板共同组成建筑的楼面和屋面结构。

一、梁的分类和作用

1. 梁按照结构力学属性可分为：静定梁和超静定梁。静定梁有简支梁、外伸梁、悬臂梁、多跨静定梁（房屋建筑工程中很少用，路桥工程中有使用）；超静定梁有单跨固端梁、多跨连续梁等。

2. 梁按照结构工程属性可分为：框架梁、剪力墙支承的框架梁、内框架梁、砌体墙梁、砌体过梁、剪力墙连梁、剪力墙暗梁、剪力墙边框梁等。

3. 梁按照其在房屋的不同部位，可分为：屋面梁、楼面梁、地下框架梁、基础梁等。

4. 梁依据截面形式，可分为：矩形截面梁、T形截面梁、十字形截面梁、工字形截面梁、匚形截面梁、口形截面梁、不规则截面梁。梁依据梁宽与梁高的不同比值，可分为：深梁、梁、宽扁梁等。

5. 依据梁与板的相对位置，可分为：（正）梁、反梁等。

6. 依据梁与梁之间的搁置与支承关系，可把梁分为：主梁和次梁等。

综上所述，梁的分类比较复杂，我们这里只介绍一般常用梁的结构图。

二、梁配筋分类及作用

梁的配筋有受力钢筋、箍筋、架立筋（有时是梁上部通长筋）、腰筋、拉筋、吊筋、附加箍筋、支座钢筋、支座负筋、弯起钢筋等，如图10-7（a）、（b）所示。

1. 受力钢筋：承受拉力或压力的钢筋，在梁、板、柱等各种钢筋混凝土构件中都有配置。配置在梁的下部，或根据受力情况在梁上部支座处也配有受力筋，如图10-7（a）、（b）所示。

2. 架立筋（有时是梁上部通长筋）：设置在梁的上部，与受力筋、箍筋一起形成钢筋骨架，用以固定受力筋位置。对于一般的钢筋混凝土简支梁来说，由于荷载作用，梁上部受压，故在梁上部不需要配置受拉钢筋，但为了施工时架设箍筋的需要，在梁上部一般布置两根通长的钢筋架立筋，如图10-7（a）所示，当梁支座处的上部布置有负弯矩钢筋（支座负筋）时，架立筋可只布置在梁的跨中部分，两端与负弯矩钢筋搭接或焊接。搭接时需要满足搭接长度的要求并应绑扎，如图10-7（b）所示。在设计时梁上部如果需要布置受压纵筋，受压纵筋可兼作架立钢筋。

3. 箍筋：也称钢箍，一般多用于梁和柱内，用以固定受力筋位置，并承受一部分斜拉应力。

根据梁构件所受的"剪力"和"构件宽度"及通长钢筋的根数决定箍筋的肢数，有双肢箍、四肢箍、五肢箍、六肢箍等。箍筋的肢数是看梁同一截面内在高度方向箍筋的根数，六肢箍则是6根，如图10-8所示。

4. 腰筋（梁侧面构造钢筋）：腰筋是梁构件中的一种钢筋构造，又称"腹筋"。腰筋分两种：一种为抗扭筋，在图纸上以N开头；另一种为构造配筋，以G开头。当梁高达到一定要求时，就得加设腰筋，选取多大规格按构造要求（《16G101-1》）规范查得，如

图 10-7（b）所示。

5. 拉筋：设置的箍筋拉结筋，作用是拉结箍筋，如图 10-7（b）所示。

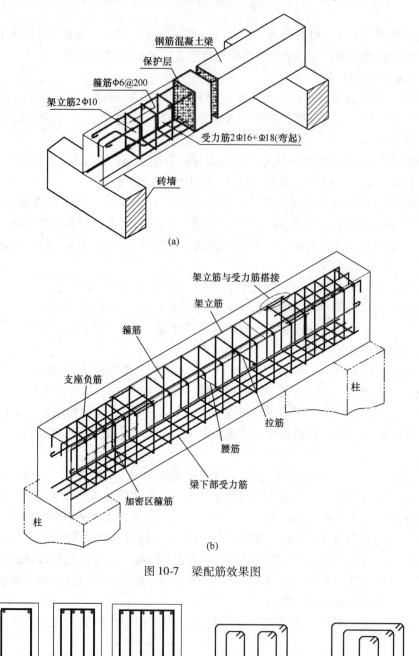

图 10-7 梁配筋效果图

图 10-8 箍筋

三、梁构件图表达方法

梁构件图又称为梁配筋图，表示梁构件形状、尺寸以及梁构件内钢筋的种类、数量、形状、等级、直径、尺寸间距等配置情况。梁构件的表达形式有两种方式：

1. 梁构件结构详图，一般用立面图和断面图表示，有时要求画出钢筋详图，这种标注方式是一种传统的表示方法。

2. 梁平法标注表示法。建筑结构施工图平面整体设计方法，简称平法，是对我国目前混凝土结构施工图的设计表示方法的重大变革。平法的表达形式，就是把结构构件的尺寸和配筋等，按照平面整体表示方法制图规则，整体直接地表达在各类构件的结构平面布置图上，再与标准构造详图相配合，即构成一套完整的结构施工图。平法改变了传统的将构件从结构平面图中索引出来，再逐个绘制配筋详图的烦琐表示方法。从 1996 年 11 月《96G101》第一次颁布平法图集到 2016 年 9 月发行的平法图集《16G101-1》《16G101-2》《16G101-3》，平法经历了多次改革，本书将重点介绍最新的平法图集。

四、梁构件结构详图（传统表示方法）

一般用立面图和断面图表示，有时要求画出钢筋详图。

【例 10-1】根据图 10-9 所示的梁构件图，绘制出梁构件结构详图。

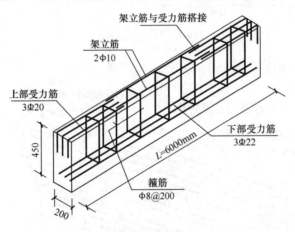

图 10-9 梁构件图

分析：梁构件详图，包含着梁立面图、断面图、钢筋详图。由图 10-9 所示的梁构件图可以看出，梁两端放在柱上，梁下部有 3 根受力筋，直径为 22mm，梁上部两端分别有三根支座钢筋，直径为 20mm，梁上部中间有 2 根架立筋，分别与两端的支座钢筋搭接，箍筋间距为 200mm，直径为 8mm。

1. 梁立面图

如图 10-10 所示，按规定在架立筋和梁上部支座钢筋搭接处用 45°方向的短粗线作为无弯钩钢筋搭接短钢筋的终端符号。

2. 梁断面图

梁两端配筋是一样的，所以画出 1—1、2—2 断面图，如图 10-11 所示。

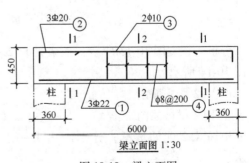

图 10-10 梁立面图

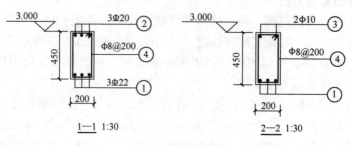

图 10-11 梁断面图

3. 钢筋详图（图 10-12）

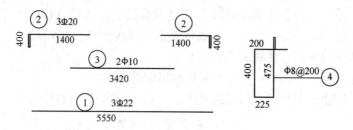

图 10-12 钢筋详图

【例 10-2】根据图 10-13 绘制出梁构件结构详图。

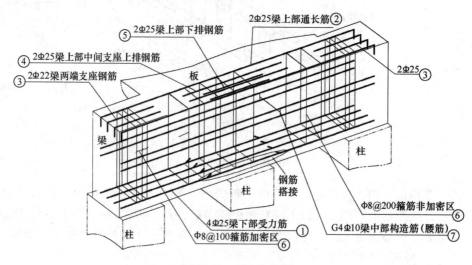

图 10-13 KL2 构件图

分析：根据图 10-13 所示，框架梁 KL2 有 8 种钢筋，根据配筋情况可画出梁立面图，如图 10-14 所示。

1. KL2 梁立面图
2. KL2 梁截面图

根据 KL2 配筋情况，分别画出 1—1、2—2、3—3、4—4 处的断面图，如图 10-15 所示。

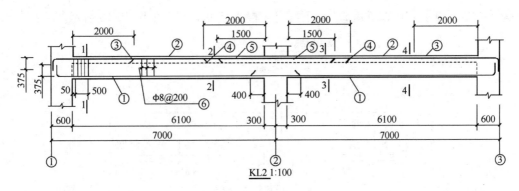

图 10-14 框架梁立面图

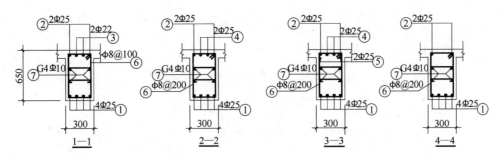

图 10-15 框架梁截面图

五、梁构件平法识图

梁平法施工图是在梁的结构平面布置图上，采用平面注写方式或截面注写方式表达的梁配筋图。施工人员依据平法施工图及相应的标准构造详图进行施工，故称梁平法施工图。

首先，按一定比例绘制梁的平面布置图，分别按照梁的不同结构层（标准层），将全部梁以及与之相关联的柱、墙绘制在该图上，并按规定注明各结构层的标高及相应的结构层号。对轴线未居中的梁，应标注其偏心定位尺寸，但贴柱边的梁可不注。然后，采用平面注写方式或截面注写方式表达梁的截面及配筋。

（一）梁平法标注规定

1. 梁构件集中标注包括编号、截面尺寸 $b \times h$、箍筋、上部通长筋或架立筋、下部通长筋、侧部构造和受扭钢筋等几项内容。含有五项必注值及一项选注值（集中标注可以从梁的任意一跨引出）。

2. 平面注写方式分集中标注和原位标注，施工时，原位标注取值优先。

【例 10-3】根据图 10-13 所示的梁构件 KL2 图进行集中标注和原位标注。

集中标注。可以在梁的任一跨集中标注：已知 KL2 有 2 跨，截面宽 $b = 300$mm，高 $h = 650$mm，箍筋直径 8mm，加密区（靠近端支座处）间距为 100mm，非加密区间距为 200mm，梁上部有 2 根 Φ25 的通长筋，梁中部有 4 根 Φ10 构造筋，梁顶面低于楼层结构标高 0.1m。KL2 集中标注如图 10-16 所示。

原位标注。KL2 梁上部左边和右边端支座处有 2 根 Φ25 的通长筋，还有 2 根 Φ22 的端支座钢筋，由于直径不同，表示为 2Φ25 + 2Φ22，注写在端支座处，而中间支座有 2 根 Φ25 通长筋，4 根 Φ25 的中间支座钢筋，共 6 根钢筋，分两排配置，上排为 4Φ25，下排为 2Φ25，表示为 6Φ25 4/2，梁下部有 4 根Φ25 受力筋，如图 10-16 所示。

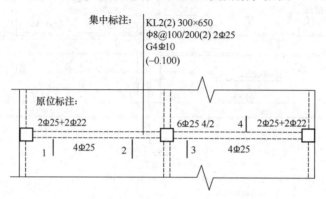

图 10-16 两跨连续框架梁平面注写方式示例

（二）梁构件集中标注详细说明（图 10-17）

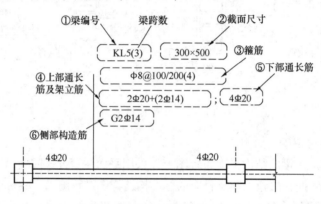

图 10-17 梁集中标注

1. 梁编号：如表 10-8 所示。

梁编号　　　　　　　　　　　　　　　表 10-8

梁类型	代号	序号	跨数及是否带有悬挑
楼层框架梁	KL	××	（××）、（××A）或（××B）
楼层框架扁梁	KBL	××	（××）、（××A）或（××B）
屋面框架梁	WKL	××	（××）、（××A）或（××B）
框支梁	KZL	××	（××）、（××A）或（××B）
托柱转换梁	TZL	××	（××）、（××A）或（××B）
非框架梁	L	××	（××）、（××A）或（××B）
悬挑梁	XL	××	（××）、（××A）或（××B）
井字梁	JZL	××	（××）、（××A）或（××B）

注：（××A）为一端有悬挑，（××B）为两端有悬挑，悬挑不计入跨数。例，KL7(5A) 表示第 7 号框架梁，5 跨，一端有悬挑；L9(7B) 表示第 9 号非框架梁，7 跨，两端有悬挑。

2. 梁截面尺寸：该项为必注值。当为等截面梁时，用 $b \times h$ 表示；当为竖向加腋梁时，用 $b \times h$ Y$c_1 \times c_2$ 表示，其中 c_1 为腋长，c_2 为腋高（如图 10-18 所示）；

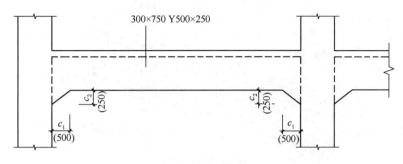

图 10-18 竖向加腋截面注写示意

当为水平加腋梁时，一侧加腋时用 $b \times h\ \mathrm{PY}c_1 \times c_2$ 表示，其中 c_1 为腋长，c_2 为腋宽，加腋部位应在平面图中绘制，如图 10-19 所示。

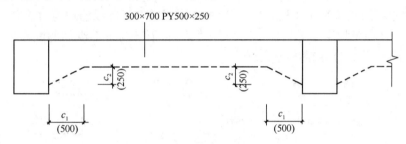

图 10-19 水平加腋截面注写示意

3. 梁箍筋：包括钢筋级别、直径、加密区与非加密区间距及肢数，该项为必注值。箍筋加密区与非加密区的不同间距及肢数需用斜线"/"分隔；当梁箍筋为同一种间距及肢数时，则不需用斜线；当加密区与非加密区的箍筋肢数相同时，则将肢数注写一次；箍筋肢数应写在括号内。加密区范围见相应抗震级别的标准构造详图。

如 ϕ10-100/200（4），表示箍筋为 HPB 300 级钢筋，直径为 10mm，加密区间距为 100mm，非加密区间距为 200mm，均为四肢箍。再如 ϕ8-100（4）/200（2），表示箍筋为 HPB 300 级钢筋，直径为 8mm，加密区间距为 100mm，四肢箍；非加密区间距为 200mm，两肢箍。

非框架梁、悬挑梁、井字梁采用不同的箍筋间距及肢数时，也用斜线"/"将其分隔开来。注写时，先注写梁支座端部的箍筋（包括箍筋的箍数、钢筋级别、直径、间距与肢数），在斜线后注写梁跨中部分的箍筋间距及肢数。

如 13ϕ10@150/200（4），表示箍筋为 HPB 300 级钢筋，直径为 10mm，梁的两端各有 13 个四肢箍，间距为 150mm，梁跨中部分间距为 200mm，四肢箍。

4. 梁构件上部通长筋或架立筋配置（通长筋可为相同或不同直径采用搭接连接、机械连接或焊接的钢筋）：该项为必注值。所注规格与根数应根据结构受力要求及箍筋肢数等构造要求而定。当同排纵筋中既有通长筋又有架立筋时，应用加号"+"将通长筋和架立筋相连。注写时需将角部纵筋写在加号的前面，架立筋写在加号后面的括号内，以示不同直径与通长筋的区别。当全部采用架立筋时，则将其写入括号内。例如 2Φ22 +（2Φ12），其中 2Φ22 为通长筋，2Φ12 为架立筋，如图 10-20 所示。

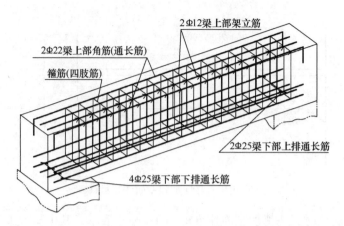

图 10-20　梁构件上部通长筋 2Φ22+（2Φ12）、梁下部通长筋 6Φ25 2/4

5. 梁构件下部通长筋（通长筋）：当梁的上部纵筋和下部纵筋均为通长筋，且多数跨配筋相同时，此项可加注下部纵筋，用分号"；"将上部与下部纵筋的配筋值分隔开来。如图 10-21（a）~（c）标注示例。

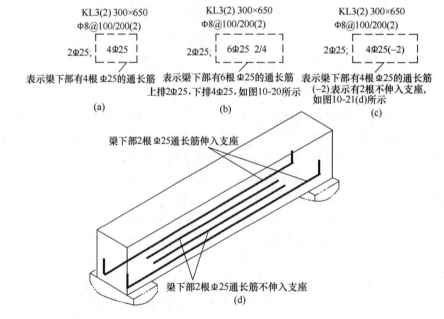

图 10-21　梁下部通长筋

6. 梁侧面纵向构造钢筋或受扭钢筋，此项为必注值。

当梁腹板高≥450mm 时，须配置符合规范规定的纵向构造钢筋。

如注写 G4Φ10，表示梁的两个侧面共配置 4Φ10 的纵向构造钢筋，每侧各 2Φ10，且对称配置，如图 10-13 所示。

如注写 N4Φ10，表示梁的两个侧面共配置 4Φ10 的受扭纵向钢筋，每侧各 2Φ10，且对称配置。

当配置受扭纵向钢筋时，不再重复配置纵向构造钢筋，但此时受扭纵向钢筋的间距应满足规范对纵向构造钢筋的间距要求。

7. 梁顶面标高高差，该项为选注值。梁顶面标高高差，系指相对于结构层楼面标高的高差值，对于位于结构夹层的梁，则指相对于结构夹层楼面标高的高差。有高差时，须将其写入括号内，无高差时不注。

注写时，当某梁的顶面高于所在结构层的楼面标高时，其标高高差为正值，反之为负值。

（三）梁原位标注的内容规定

1. 梁支座上部纵筋

含该部位通长筋在内的所有纵筋。要理解原位标注的纵筋与集中标注的纵筋的关系。如图 10-22 所示，效果图如图 10-23 所示。

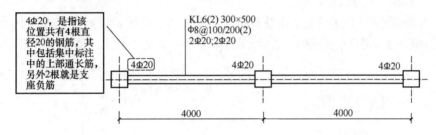

图 10-22　梁上部原位标注与集中标注的关系

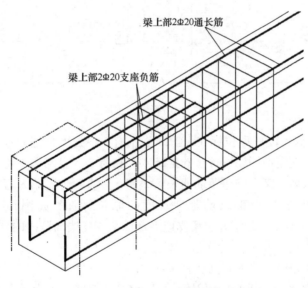

图 10-23　梁上部支座纵筋效果图

（1）当上部纵筋多于一排时，用斜线"/"将各排纵筋自上而下分开。

如图 10-24（a）所示：6Φ20 4/2 上下两排，上排 4Φ20 是上部通长筋，下排 2Φ20 是支座负筋，中间支座两边配筋相同时，只标注在梁的任一侧即可。

如图 10-24（b）所示：中间支座两边配筋不同，分别标注，钢筋锚固构造详见《16G101-1》中的梁构件钢筋构造。中间支座左侧标注 4Φ20 全部是通长筋，右侧的 6Φ20，上排 4 根为通长筋，下排 2 根为支座负筋。

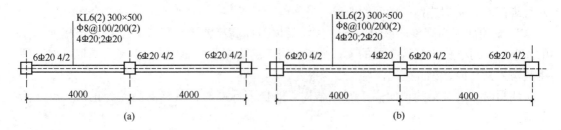

图 10-24 梁原位标注

(a) 梁原位标注示例一；(b) 梁原位标注示例二

(2) 梁上部同排纵筋有两种直径时，用"+"将两种直径的纵筋相连，注写时将角部纵筋写在前面，如图 10-16 所示。

(3) 当梁中间支座两边的上部纵筋不同时，须在支座两边分别标注；当梁中间支座两边的上部纵筋相同时，可仅在支座的一边标注配筋值，另一边省去不注，如图 10-25 所示。

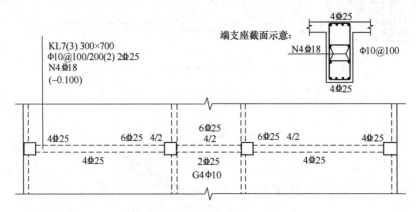

图 10-25 大小跨梁的注写方式

图 10-25 梁第 1 跨左支座原位标注 4Φ25 表示有 2 根Φ25 的通长筋，2 根Φ25 的支座负筋，梁第 2 跨上部支座钢筋原位标注 6Φ25 4/2 在跨中，且与第 1 跨右支座、第 3 跨左支座标注相同，表示第 1 跨右支座负筋通长第 2 跨，一直延伸到第 3 跨左支座左端。

(4) 井字梁 JZL 支座上部纵筋延伸长度的原位标注，如图 10-26 所示。4Φ16 (2000)，括号内的"2000"是指井字梁支座上部筋从支座边向跨内的延伸长度。

2. 梁下部纵筋

梁下部纵筋有通长筋和非通长筋 2 种情况。

(1) 当下部纵筋多于一排时，用斜线"/"将各排纵筋自上而下分开。

如梁下部纵筋注写为 6Φ25 2/4，则表示上一排纵筋为 2Φ25，下一排纵筋为 4Φ25，全部伸入支座。

(2) 当同排纵筋有两种直径时，用"+"将两种直径的纵筋相连，注写时角筋写在前面。

(3) 当梁下部纵筋不全部伸入支座时，将梁支座下部纵筋减少的数量写在括号内。例如，梁下部纵筋注写为 4Φ25 (-2)，表示有 2 根不伸入支座，如图 10-21 所示；梁下部纵筋注写为 6Φ25 2(-2)/4，则表示上排纵筋为 2Φ25，且不伸入支座；梁下部纵筋注写

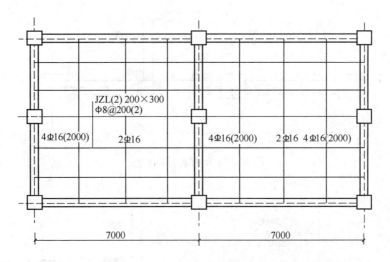

图 10-26　井字梁 JZL 支座上部纵筋延伸长度的原位标注

为 2Φ25+3Φ22(-3)/5Φ25，表示上排纵筋为 2Φ25 和 3Φ22，其中 3Φ22 不伸入支座，下一排纵筋为 5Φ25，全部伸入支座。

（4）梁的集中标注中已按规定分别注写了梁上部和下部均为通长的纵筋值时，则不需要在梁下部重复做原位标注。

3. 附加箍筋或吊筋

主、次梁交叉位置，次梁支撑在主梁上，因此，应在主梁上配置附加箍筋或附加吊筋，平法标注是直接在平面图相应位置的主梁上引注总配筋值。将其直接画在平面图中的主梁上，用线引注总配筋值（附加箍筋的肢数注在括号内），如图 10-27 所示，当多数附加箍筋或吊筋相同时，可在梁平法施工图上统一注明，少数与统一注明值不同时，再原位引注。

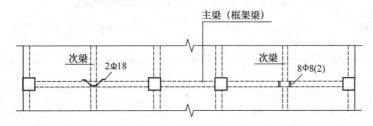

图 10-27　附加箍筋和吊筋的画法

施工时应注意：附加箍筋或吊筋的几何尺寸应按照标准构造详图，结合其所在位置的主梁和次梁的截面尺寸而定。

在主次梁相交处，要么采用附加箍筋构造，要么采用附加吊筋构造，一般不既有附加箍筋又有附加吊筋，如图 10-28、图 10-29 所示。

六、梁支座上部纵筋的长度规定

1. 凡框架梁的所有支座和非框架梁（不包括井字梁）的中间支座上部纵筋的伸出长度 a_0 在标准构造详图中统一取值为，第一排非通长筋及与跨中直径不同的通长筋从柱（梁）边起伸出至 $l_n/3$ 位置，第二排非通长筋伸出至 $l_n/4$ 位置，l_n 的取值规定为对于端支座，l_n 为本跨的净跨值，对于中间支座，l_n 为支座两边较大一跨的净跨值，如图 10-30 所示。

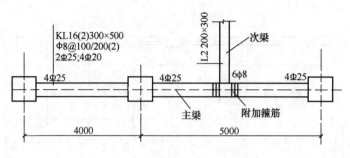

图 10-28 附加箍筋的画法

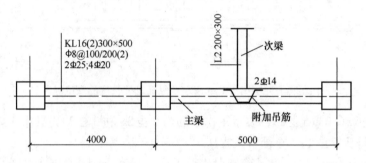

图 10-29 附加吊筋的画法

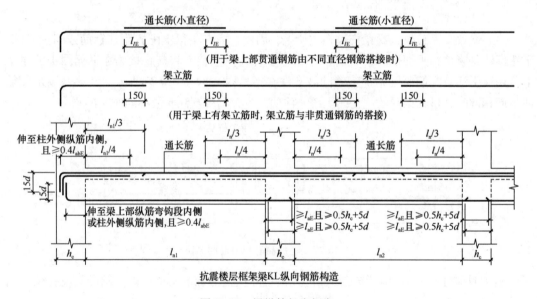

图 10-30 梁纵筋长度规定

2. 悬挑梁（包括其他类型梁的悬挑部分）上部第一排纵筋伸出至梁端头并下弯，第二排伸出至 $3l/4$ 位置，l 为柱（梁）边算起的悬挑净长。

3. 梁上部纵筋伸入支座长度参见《混凝土结构设计规范》GB 50010—2010（2015年版）的有关规定。

七、不伸入支座梁下部纵筋长度规定

1. 当梁（不包括框支梁）下部纵筋不全部伸入支座时，不伸入支座的梁下部纵筋截

断点距支座边的距离统一取值 $0.1l_{ni}$（l_{ni} 为本跨梁的净跨值），如图 10-31 所示。

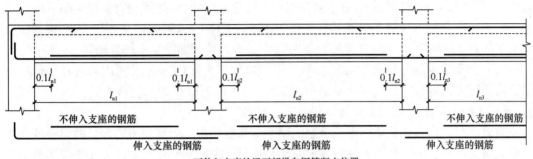

图 10-31 梁下部纵筋长度规定

2. 梁下部纵筋伸入支座长度及锚固方式参见《16G101》有关规定。

八、梁平法施工图注写示例

【例 10-4】KL2 的平法施工图与传统截面图对比，如图 10-32 所示。

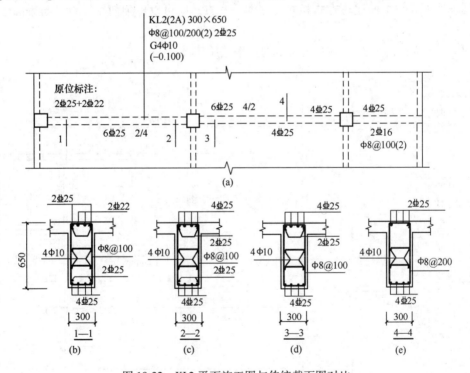

图 10-32 KL2 平面施工图与传统截面图对比

由集中标注可知：KL2 共有 2 跨，一端悬挑，箍筋加密区间距 100mm，非加密区间距 200mm，均为双肢箍，梁上部有 2 根通长筋⌀25，梁中部有 4 根构造筋Φ10，梁顶面比楼板低 0.1m。

由原位标注可知：

（1）梁上部左端支座同排有 2 根⌀25 的通长筋，2 根⌀22 支座负筋，梁上部中间支座有 2 排钢筋，上排共 4 根，2 根⌀25 通长筋，2 根⌀25 中间支座钢筋（伸出梁跨度的

1/3 处），下排有 2 根 $\Phi 25$ 中间支座钢筋（伸出梁跨度的 1/4 处）。右端支座同排有 2 根 $\Phi 25$ 的通长筋，2 根 $\Phi 25$ 支座负筋，在右端支座的右边是悬挑梁。4$\Phi 25$ 全部伸到梁端下弯。

（2）梁下部第 1 跨有 2 排钢筋，上排 2$\Phi 25$，下排 4$\Phi 25$，第 2 跨为 4$\Phi 25$ 钢筋，悬挑梁下部有 2$\Phi 16$ 钢筋。悬挑梁箍筋间距 200mm。各跨下部筋在支座处锚固。

（3）截面系采用传统表示方法绘制，用于对比按平面注写方式表达的内容。实际采用平面注写方式表达时，不需绘制梁截面配筋图和图 10-32 中的相应截面号。

【例 10-5】梁平法施工图截面注写方式（局部）。

截面注写方式，系在分标准层绘制的梁平面布置图上，分别在不同编号的梁中各选择一根梁用剖面号引出配筋图，并在其上注写截面尺寸和配筋具体数值的方式来表达梁平法施工图。

同样要对所有梁编号，从相同编号的梁中选择一根梁，先将"单边截面号"画在该梁上，再将截面配筋详图画在本图或其他图上。当某梁的顶面标高与结构层的楼面标高不同时，其梁编号后注写梁顶面标高高差（注写规定与平面注写方式相同）。

在截面配筋详图上注写截面尺寸 $b \times h$、上部筋、下部筋、侧面筋和箍筋的具体数值时，其表达形式与平面注写方式相同。截面注写方式既可以单独使用，也可与平面注写方式结合使用。

图 10-33 为采用截面注写方式表示的梁平法施工图。

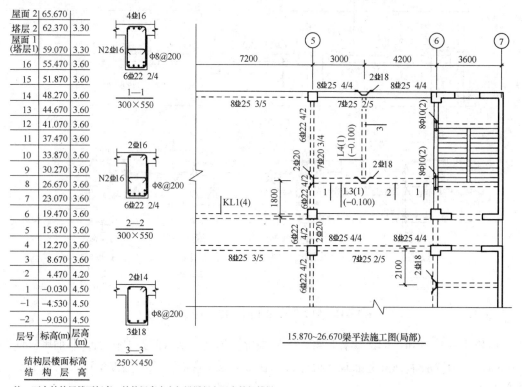

图 10-33 梁平法施工图截面注写方式（局部）

【例 10-6】某住宅梁平法施工图示例，如图 10-34 所示。

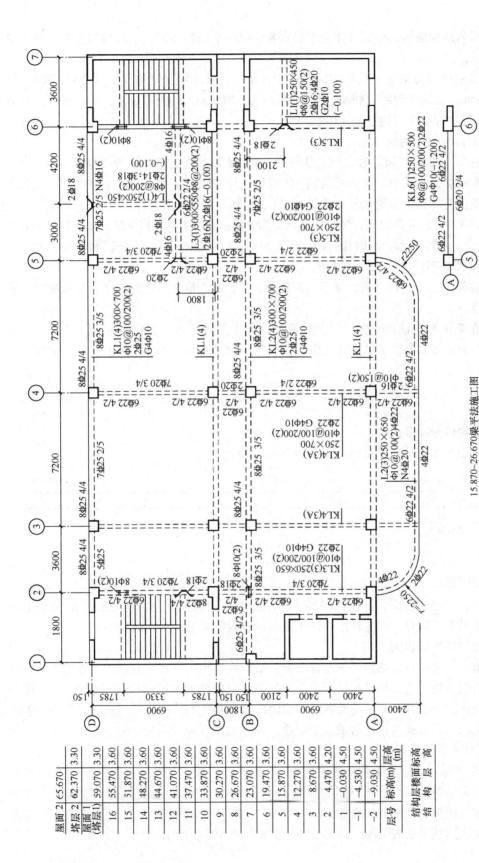

图 10-34 住宅平面注写方式梁平法施工图

根据图名结构层楼面标高可知是 5 层到 8 层梁的平法施工图，下面我们分析一下 KL2 的配筋情况。

1. KL2 在Ⓑ轴方向上，由集中标注可知：KL2 共有 4 跨，梁截面尺寸 300×700，箍筋直径 10mm，加密区间距 100mm，非加密区间距 200mm，均为双肢箍，梁上部通长筋为 2 根Φ25，梁中部有 4 根构造筋 φ10。

2. 梁上部纵筋。由原位标注可知：

（1）在第 1 跨①轴和③轴之间，①轴和Ⓑ轴相交的端支座处，为 6Φ25 4/2，共 2 排，上排 4 根Φ25，其中 2 根是通长筋，2 根是支座负筋（延伸至跨长的 1/3 处），下排有 2 根支座负筋（延伸至跨长的 1/4 处），在②轴和Ⓑ轴处有 8 根 φ10 的附加箍筋。

（2）在第 2、3、4 跨之间，中间支座处均为 2 排钢筋，上排 4 根Φ25，其中 2 根是通长筋，2 根是支座负筋（延伸至跨长的 1/3 处），下排有 4 根支座负筋（延伸至跨长的 1/4 处）。

3. 梁下部纵筋。由原位标注可知：

（1）在第 1、2、3 跨之间，梁下部钢筋为 2 排，共 8 根Φ25 钢筋，上排 3 根Φ25，下排 5 根Φ25。

（2）在第 4 跨⑤轴和⑥轴之间，梁下部钢筋为 2 排，共 7 根Φ25 钢筋，上排 2 根Φ25，下排 5 根Φ25。各跨下部筋在支座处锚固。锚固情况可参见平法图集《16G101-1》。

第四节 柱构件识图

一、柱构件分类及编号

柱编号由类型代号和序号组成，应符合表 10-9 的规定。

表 10-9 柱编号

柱类型	代号	序号
框架柱	KZ	××
转换柱	ZHZ	××
芯柱	XZ	××
梁上柱	LZ	××
剪力墙上柱	QZ	××

编号时，当柱的总高、分段截面尺寸和配筋均对应相同，仅截面与轴线的关系不同时，仍可将其编为同号，但应在图中注明截面与轴线的关系。

二、柱构件平法识图

平法施工图是在柱的结构平面布置图上，采用列表注写方式或截面注写方式表达的柱配筋图。首先，按一定比例绘制柱的平面布置图，分别按照不同结构层（标准层），将全部柱绘制在该图上，并按规定注明各结构层的标高及相应的结构层号。然后，采用列表注写方式或截面注写方式表达柱的截面及配筋。

（一）柱列表注写方式

1. 列表注写方式是在柱平面布置图上，分别在同一编号的柱中选择一个（有时需要选择几个）截面标注几何参数代号。在柱表中注写柱号、柱段起止标高、几何尺寸（含柱截面对轴线的偏心情况）与配筋的具体数值，并配以各种柱截面形状及其箍筋类型图的方式，来表达柱平法施工图，柱列表注写方式如图 10-35 所示。

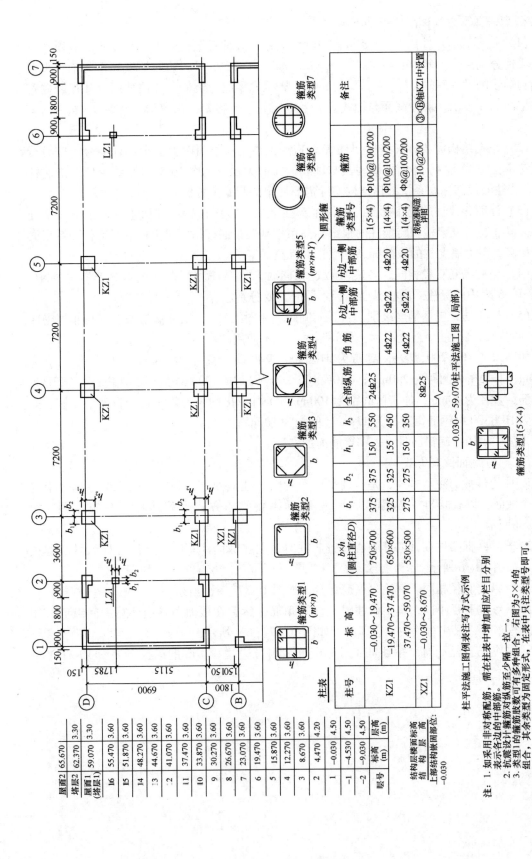

图 10-35 列表注写方式表达的柱平法施工图

2. 列表注写方式读图要点如下：

（1）矩形截面尺寸用 $b \times h$ 表示，与轴线关系的几何参数代号 b_1、b_2 和 h_1、h_2 须对应于各段柱分别注写。其中 $b = b_1 + b_2$，$h = h_1 + h_2$。当截面的某一边收缩变化至与轴线重合或偏到轴线的另一侧时，b_1、b_2、h_1、h_2 中的某项为零或为负值。圆柱截面尺寸在圆柱直径数字前加 d 表示。圆柱截面与轴线的关系也用 b_1、b_2 和 h_1、h_2 表示，并使 $d = b_1 + b_2 = h_1 + h_2$。

（2）根据结构需要，某些框架柱带有芯柱，要在柱平面图上引出芯柱编号，应另行注明芯定位随框架柱，不需要注写其与轴线的几何关系。如图 10-35 Ⓑ 轴线上所示的芯柱 XZ1。芯柱的根部标高系指根据结构实际需要而定的起始位置标高。

（3）注写各段柱的起止标高，自柱根部往上以变截面位置或截面未变但配筋改变处为界分段注写。框架柱和转换柱的根部标高系指基础顶面标高，梁上柱的根部标高系指梁顶面标高，剪力墙上柱的根部标高为墙顶面标高。

（4）当柱纵筋直径相同，各边根数也相同时，将纵筋注写在"全部纵筋"一栏中；如图 10-35 表中的标注。当柱纵筋直径不同时，要分别注写。

（5）柱箍筋，包括钢筋级别、直径与间距。用斜线"/"区分箍筋加密区与非加密区的不同间距，当箍筋沿柱全高为一种间距时，则不使用"/"线。

如 φ10@100/200，表示箍筋为 HPB300 级钢筋，直径为 10mm，加密区间距为 100mm，非加密区间距为 200mm；φ10@100/200（φ12@100），表示柱中箍筋为 HPB300 级钢筋，直径为 10mm，加密区间距为 100mm，非加密区间距为 200mm，框架节点核心区箍筋为 HPB300 级钢筋，直径为 12mm，间距为 100mm。

当圆柱采用螺旋箍筋时，需在箍筋前加"L"。

（二）柱截面注写方式

1. 柱构件截面注写方式，是在柱平面布置图的柱截面上，分别从同一编号的柱中选择一个截面，以直接注写截面尺寸和配筋具体数值的方式来表达柱平法施工图，如图 10-36 所示。

2. 若某些框架柱在其内部中心设置芯柱时，则在截面注写时，标注芯柱编号及起止标高，如图 10-36 所示。

3. 柱纵筋直径相同，只注写纵筋总数，如图 10-37（a）所示。

4. 柱纵筋直径不同，集中标注时只注写角筋，然后在截面图各边注写中间纵筋，如果是对称布置，只注写其中一边即可，如图 10-37（b）所示。

5. 柱纵筋直径不同，并且是非对称配筋，则每边注写实际的纵筋，如图 10-37（c）所示。

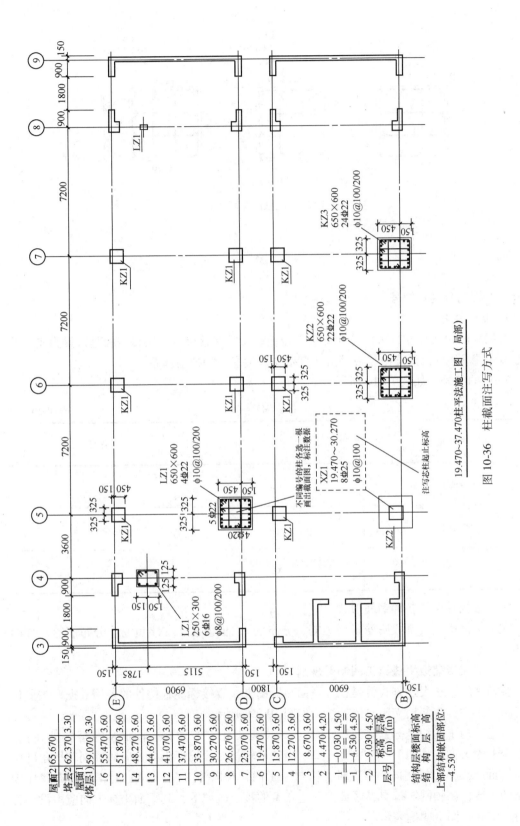

图 10-36 柱截面注写方式

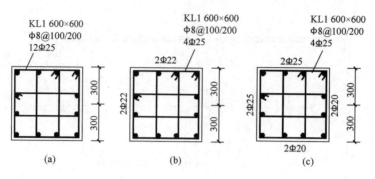

图 10-37　柱纵筋配筋形式

第五节　板构件识图

一、板的分类及编号

1. 板的分类

根据板的组成形式,可以分为有梁楼盖板和无梁楼盖板。有梁楼盖板是以梁为支座的楼面(或屋面板),无梁楼盖板是由柱直接支撑板的一种楼盖体系。

2. 板的编号,如表 10-10 所示。

板块编号　　　　　　　　　　　　　　　表 10-10

板类型	代号	序号
楼面板	LB	××
屋面板	WB	××
悬挑板	XB	××

二、板构件中的各种钢筋形式

在板构件中主要有板底筋(受力筋、分布筋)、板顶筋、支座负筋、分布筋等,如图 10-38 所示。

三、有梁楼盖板平法施工图制图规则

板构件的平法表达方式就是在板平面布置图上,直接标注板构件的各项数据,主要包括:板块集中标注和板支座原位标注,如图 10-39 所示。

规定结构平面的坐标方向为:(1)当两向轴网正交布置时,图面从左至右为 X 向,从下至上为 Y 向,如图 10-38 所示;(2)当轴网转折时,局部坐标方向顺轴网转折角度做相应转折;(3)当轴网向心布置时,切向为 X 向,径向为 Y 向;(4)对于平面布置比较复杂的区域,如轴网转折交界区域、向心布置的核心区域等,其平面坐标方向应由设计者另行规定并在图上明确表示。

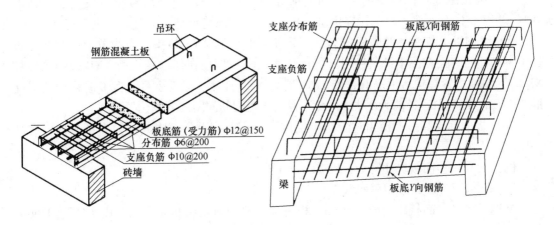

图 10-38　板中钢筋的形式

1. 有梁楼盖板块集中标注

板块集中标注的内容为：板块编号、板厚、通长纵筋以及当板面标高不同时的标高高差，如图 10-39 所示。

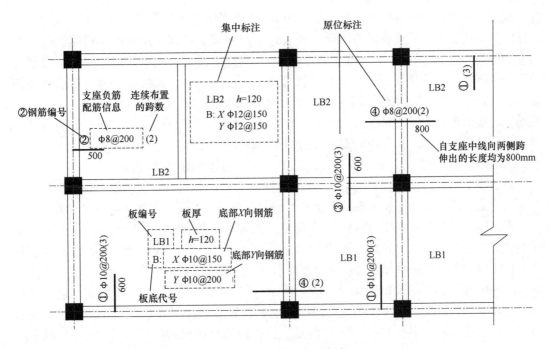

图 10-39　板平面表达方式

（1）板厚：注写为 $h=$ 板厚（为垂直于板面的厚度）；当悬挑板的端部改变截面厚度时，用斜线分隔根部与端部的高度值，注写为 h：板根部厚度/板端部厚度；当设计已在图注中统一注明板厚时，此项可不注。

295

(2) 通长纵筋：按板块的下部和上部分别注写（当板块上部不设通长纵筋时则不注），并以 B 代表下部，以 T 代表上部，B&T 代表下部与上部；X 向通长纵筋以 X 打头，Y 向通长纵筋以 Y 打头，两向通长纵筋配置相同时则以 X&Y 打头。当为单向板时，分布筋可不必注写，而在图中统一注明。当在某些板内（例如在伸出悬挑板 YXB 或纯悬挑板 XB 的下部）配置有构造钢筋时，则 X 向以 X_c、Y 向以 Y_c 打头注写。当 Y 向采用放射配筋时（切向为 X 向，径向为 Y 向），设计者应注明配筋间距的度量位置。

(3) 板面标高高差：指相对于结构层楼面标高的高差，应将其注写在括号内，有高差则注，无高差不注。

例：设有一楼面板块注写为：LB2 $h=120$

B：$X\phi12@150$；$Y\phi10@150$

是表示 2 号楼面板，板厚 120mm，板下部配置的通长纵筋 X 向为 $\phi12@150$，Y 向为 $\phi10@150$；板上部未配置通长纵筋。

例：设有一伸出悬挑板注写为：XB2 $h=150/100$

B：$X_c\&Y_c$，$\phi8@200$

是表示 2 号悬挑板，板根部厚 150mm，端部厚 100mm，板下部配置构造钢筋双向均为 $\phi8@200$（上部受力钢筋见板支座原位标注）。

2. 有梁楼盖板支座原位标注

板支座原位标注的内容为：板支座上部非通长纵筋和悬挑板上部受力钢筋。板支座原位标注的钢筋，应在配置相同跨的第一跨表达（当在梁悬挑部位单独配置时则在原位表达）。在配置相同跨的第一跨（或梁悬挑部位），垂直于板支座（梁或墙）绘制一段适宜长度的中粗实线（当该筋通长设置在悬挑板或短跨板上部时，实线段应画至对边或通长短跨），以该线段代表支座上部非通长纵筋；并在线段上方注写钢筋编号（如①、②等）、配筋值、横向连续布置的跨数（注写在括号内，且当为一跨时可不注），以及是否横向布置到梁的悬挑端。(XX) 为横向布置的跨数，(XXA) 为横向布置的跨数及一端的悬挑部位，(XXB) 为横向布置的跨数及两端的悬挑部位。具体如图 10-39 所示。

板支座上部非通长筋自支座中线向跨内的伸出长度，注写在线段的下方位置。

当中间支座上部非通长纵筋向支座两侧对称伸出时，可仅在支座一侧线段下方标注伸出长度，另一侧不注，如图 10-40 (a) 所示。当向支座两侧非对称伸出时，应分别在支座两侧线段下方注写伸出长度，如图 10-40 (b) 所示。对线段画至对边通长全跨或通长全悬挑长度的上部通长纵筋，通长全跨或伸出至全悬挑一侧的长度值不注，只注明非通长筋另一侧的伸出长度值，如图 10-40 (c) 所示。当板支座为弧形，支座上部非通长纵筋呈放射状分布时，设计者应注明配筋间距的度量位置并加注"放射分布"四字，必要时应补绘平面配筋图，如图 10-40 (d) 所示。关于伸出悬挑板的注写方式如图 10-40 (e) 所示。

在板平面布置图中，不同部位的板支座上部非通长纵筋及纯悬挑板上部受力钢筋，可仅在一个部位注写，对其他相同者则仅需在代表钢筋的线段上注写编号及横向连续布置的跨数（当为一跨时可不注）即可。例：在板平面布置图某部位，横跨支承梁绘制的对称线段上注有⑦$\phi12@100$ (5A) 和 1500，表示支座上部⑦号非通长纵筋为 $\phi12@100$，从该跨起沿支承梁连续布置 5 跨加梁一端的悬挑端，该筋自支座中线向两侧跨内的伸出长度

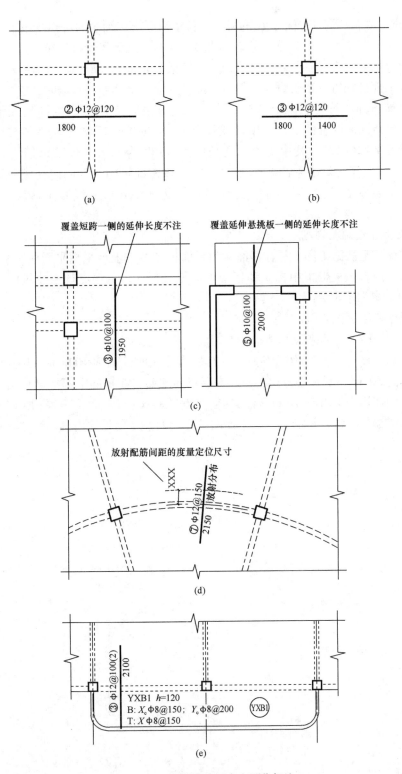

图 10-40 有梁楼盖板支座原位标注
(a) 板支座上部非通长筋对称伸出；(b) 板支座上部非通长筋非对称伸出；
(c) 板支座非通长筋通长全跨或伸出至悬挑梁；(d) 板支座为弧形；(e) 伸出悬挑板

均为1500mm。在同一板平面布置图的另一部位横跨梁支座绘制的对称线段上注有⑦（2）者，是表示该筋同⑦号纵筋，沿支承梁连续布置2跨，且无梁悬挑端布置。此外，与板支座上部非通长纵筋垂直且绑扎在一起的构造钢筋或分布钢筋，应由设计者在图中注明。

当板的上部已配置有通长纵筋，但需增配板支座上部非通长纵筋时，应结合已配置的同向通长纵筋的直径与间距采取"隔一布一"方式配置。例：板上部已配置通长纵筋φ12@250，该跨同向配置的上部支座非通长纵筋为⑤φ12@250，表示在该支座上部设置的纵筋实际为φ12@125，其中1/2为通长纵筋，1/2为⑤号非通长纵筋（伸出长度值略）。再例如板上部已配置通长纵筋φ10@250，该跨配置的上部同向支座非通长纵筋为③φ12@250，表示该跨实际设置的上部纵筋为（1φ10 + 1φ12）/250，实际间距为125mm。

3. 无梁楼盖板制图规则

无梁楼盖板平法施工图，是在楼面板和屋面板布置图上，采用平面注写的表达方式，主要有两部分内容：板带集中标注和板带支座原位标注，可参见国家建筑标准设计图集《16G101-1》，本书不再介绍。

四、板结构平面图实例

下面以图10-41为例来说明结构平面图的内容和表示方法。

由图可知，该层楼板均为现浇板，所有板厚除注明外均为100mm，卫生间楼面标高低于楼板标高50mm。所有楼板均在板底单层双向配筋，在板的上部沿梁和墙均配置负弯矩筋。所有钢筋均为HRB400冷轧带肋钢筋，直径从6~12mm不等。图中对每种类型的钢筋均进行了编号，每种钢筋分别在平面图的左端及右下角处注出具体尺寸。板楼梯间配筋情况另见详图。

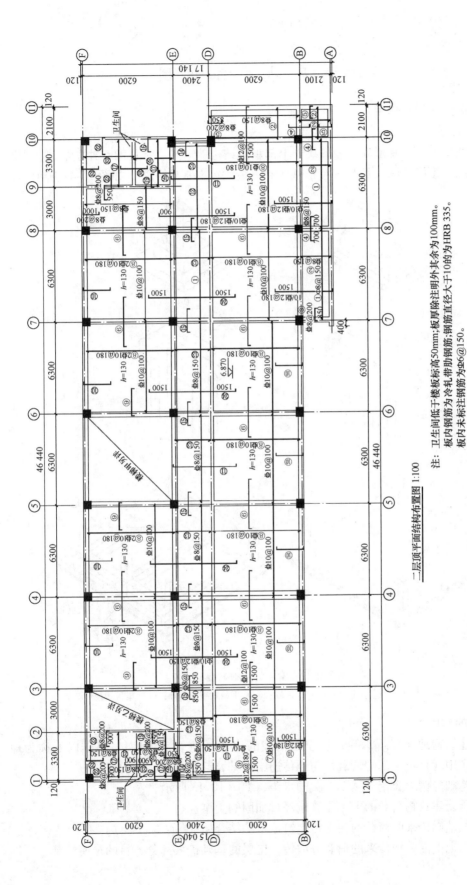

图 10-41 办公楼二层顶结构平面图

第六节 基础构件识图

一、基础的分类及作用

1. 基础的分类

基础的类型很多,其形式一般取决于上部承重结构的形式。常见的有独立基础、条形基础、桩基础、筏形基础(梁板式筏形基础和平板式筏形基础)等,如图10-42所示。

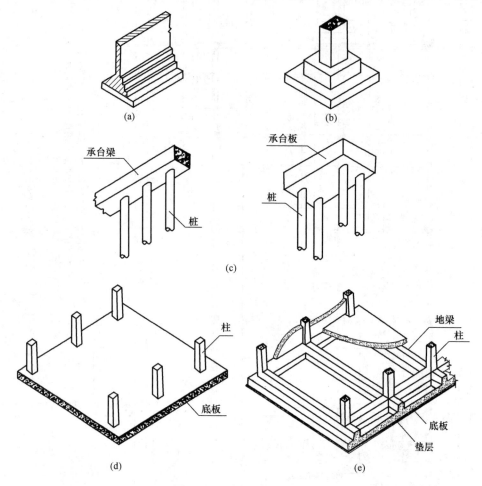

图 10-42 常见的基础类型

(a) 条形基础; (b) 独立柱基础; (c) 桩基础; (d) 平板式筏形基础; (e) 梁板式筏形基础

2. 基础的作用

基础是建筑物地面以下承受房屋全部荷载的构件(地下室除外)。基础以下称为地基。基础的作用就是将上部的荷载均匀地传递给地基,起到承上传下的作用。

以条形基础为例,介绍与基础有关的术语,如图10-43所示。

地基:承受建筑物荷载的天然土壤或经过加固的土壤。

垫层:把基础传来的荷载均匀地传递给地基的结合层。

大放脚:把上部结构传来的荷载分散传给垫层的基础扩大部分,目的是使地基上单位

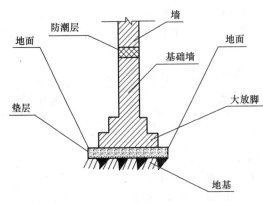

图 10-43　条形基础组成示意图

面积的压力减小。

基础墙：建筑中把 ±0.000 以下的墙称为基础墙。

防潮层：为了防止地下水对墙体的浸蚀，在地面稍低处设置一层能防水的建筑材料来隔潮，这一层称为防潮层。

3. 基础图

基础图是表示建筑物室内地面以下基础部分的平面布置和详细构造的图样。它是施工时在基地上放灰线、挖基槽、进行基础施工的依据，是结构施工图的重要组成部分之一。基础图通常包括基础平面图和基础详图。

本书重点分别介绍独立基础和条形基础的平法识图。

二、独立基础

1. 独立基础的类型

独立基础的类型包括普通和杯口两类，如图 10-44 所示。

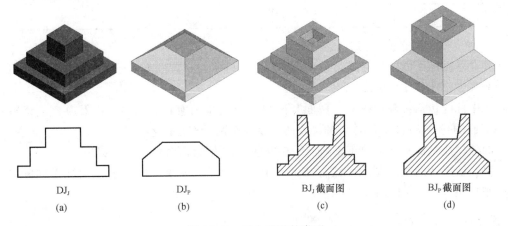

图 10-44　独立基础的类型

普通独立基础 DJ：独立基础与柱子是整浇在一起的。

杯口独立基础 BJ：当柱子为预制时，通常将基础做成杯口形，然后将柱子插入，并用细石混凝土嵌固。

2. 独立基础编号

独立基础编号如表 10-11 所示。

独立基础编号　　　　　　　　　　表 10-11

类型	基础底板截面形式	代号	序号	说明
普通独立基础	阶形	DJ_J	××	(1) 下标 J 表示阶形，下标 P 表示坡形；
	坡形	DJ_P	××	(2) 单阶截面即为平板独立基础；
杯口独立基础	阶形	BJ_J	××	(3) 坡形截面基础底板可为四坡、三坡、双坡及单坡
	坡形	BJ_P	××	

例:DJ_J2,DJ 表示普通独立基础,下标 J 表示阶形,序号为 2。
BJ_P3,BJ 表示杯口独立基础,下标 P 表示坡形,序号为 3。

3. 独立基础截面竖向尺寸

截面竖向尺寸的数字由一组或两组用"/"隔开,如表 10-12 所示。

独立基础截面竖向尺寸　　　　　　　　　　　　　表 10-12

示意图	说明
	普通独立基础的截面竖向尺寸由一组用"/"隔开的数字表示("$h_1/h_2/h_3$"),分别表示自下而上各阶的高度。 例:DJ_J1,150/200/250,表示阶形普通独立基础,自下而上各阶的高度分别为 150,200,250
	杯口独立基础的截面竖向尺寸由两组数据表示,前一组表示杯口内("a_0/a_1"),后一组表示杯口外("$h_1/h_2/h_3$")。杯口外竖向尺寸自下而上标注,杯口内竖向尺寸自上而下标注。 例:BJ_P2,200/500,200/200/300,表示阶形杯口独立基础,杯口内自上而下的高度为 200,500,杯口外自下而上各阶的高度为 200,200,300

4. 独立基础的平面注写方式

独立基础的平面注写方式是指直接在独立基础平面布置图上进行数据项的标注,标注时,分集中标注和原位标注。

集中标注包括:基础编号、截面竖向尺寸、配筋三项必注内容,以及基础底面标高(与基础底面基准标高不同时)和必要的文字注解两项选注内容。

原位标注是在基础平面布置图上标注独立基础的平面尺寸。

例:坡形普通独立基础平法标注如图 10-45 所示。如果基础底部 X 向和 Y 向配筋相同,则按照 B:$X\&Y\phi14@200$ 标注。

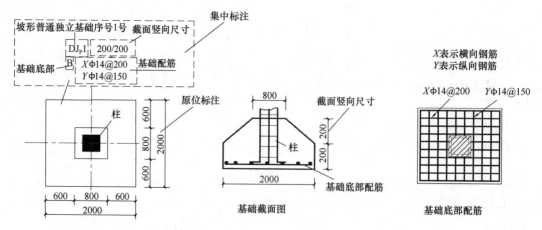

图 10-45　坡形普通独立基础平面注写方式

例：阶形杯口独立基础平法标注如图 10-46 所示。

截面竖向尺寸杯口内自上而下标注 1200/300，杯口外自下而上标注 800/700，底部 X 向和 Y 向配筋相同。

例：杯口独立基础集中标注中顶部钢筋网的标注方式，如图 10-47 所示。

$S_n2\Phi14$ 指杯口独立基础顶部焊接钢筋网，表示杯口顶部每边配置 2 根 $\Phi14$ 的焊接钢筋，如图 10-47 所示。

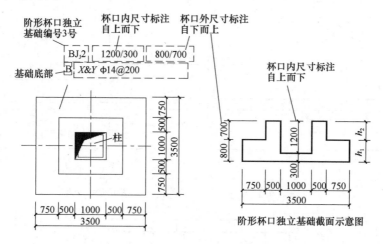

图 10-46　阶形杯口独立基础平面注写方式

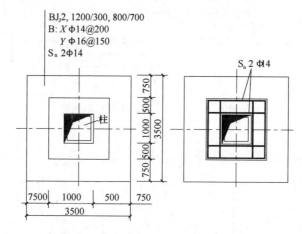

图 10-47　杯口独立基础集中标注中顶部钢筋网 S_n

5. 多柱独立基础顶部配筋

独立基础通常为单柱独立基础，也可为多柱独立基础（双柱或四柱等）。多柱独立基础的编号、几何尺寸和配筋的标注方法与单柱独立基础相同。当为双柱独立基础且柱距较小时，通常仅配置基础底部钢筋，当柱距较大时，除基础底部配筋外，尚需在两柱间配置基础顶部钢筋或设置基础梁。当为四柱独立基础时，通常可设置两道平行的基础梁，需要时可在两道基础梁之间配置基础顶部钢筋。多柱独立基础顶部配筋和基础梁的注写方法规定如下：

（1）注写双柱独立基础底板顶部配筋。双柱独立基础的顶部配筋，通常对称分布在双柱中心线两侧。以大写字母"T"打头,注写为:双柱间纵向受力钢筋/分布钢筋。

(2) 当纵向受力钢筋在基础底板顶面非满布时,应注明其总根数。

例:T:8 Φ18@100/Φ10@200,表示独立基础顶部配置纵向受力钢筋 HPB300 级,直径 18mm,设置 8 根,间距 100mm,分布筋为 HPB300 级,直径 10mm,间距 200mm,如图 10-48 所示。

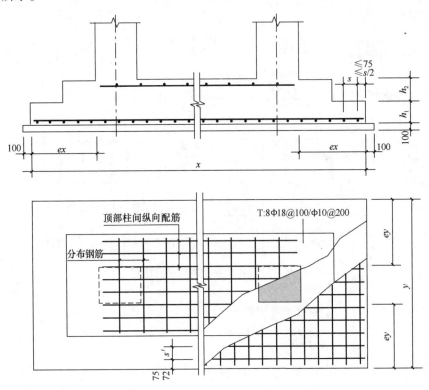

图 10-48 双柱独立基础柱间顶部钢筋

6. 高杯口独立基础

当独立基础竖向尺寸 $a_0 < h_3$ 时,是高杯口独立基础,如图 10-49 所示。

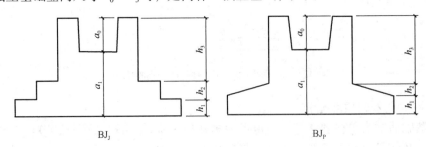

图 10-49 高杯口独立基础

如图 10-50(a)所示,O:4Φ16/Φ16@200/Φ16@180 表示注写高杯口独立基础的短柱配筋。O 代表短柱配筋,4Φ16 表示角筋,Φ16@200 表示长边中部筋,间距 200mm,Φ16@180 表示短边中部筋,间距 180mm,如图 10-50(b)所示。Φ10@100/200 表示箍筋直径 10mm,短柱杯口壁内箍筋间距 100mm,短柱其他部位箍筋间距 200mm,如图 10-50(c)所示。

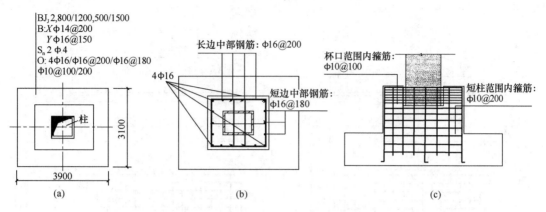

图 10-50 阶形高杯口独立基础侧壁外侧及短柱配筋

先注写短柱纵筋,再注写箍筋。注写为:角筋/长边中部筋/短边中部筋,箍筋(两种间距)。当短柱水平截面为正方形时,注写为:角筋/X边中部筋/Y边中部筋,箍筋(两种间距,短柱杯口壁内箍筋间距/短柱其他部位箍筋间距)。当短柱水平截面为正方形时,注写为:角筋/X边中部筋/Y边中部筋。

7. 独立基础底板底部钢筋配置

独立基础底部配筋根据基础的边长可以分为以下几种情况。

(1) 当边长小于 2500mm 时,底部配筋如图 10-51 所示。

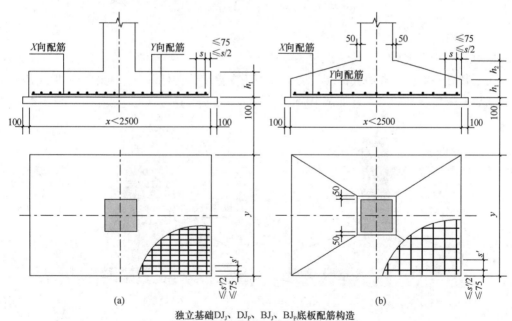

独立基础 DJ_J、DJ_P、BJ_J、BJ_P 底板配筋构造

图 10-51 独立基础底板底部配筋图
(a) 阶形;(b) 坡形

(2) 当边长大于等于 2500mm 时,底部配筋如图 10-52 所示。

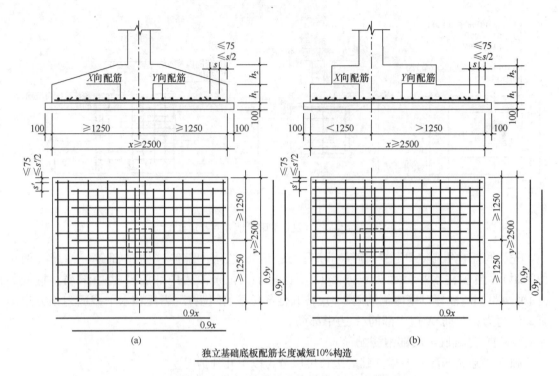

独立基础底板配筋长度减短10%构造

图 10-52　独立基础底板底部配筋减短 10% 构造
（a）对称独立基础；（b）非对称独立基础

三、条形基础

1. 条形基础的类型

条形基础一般位于砖墙或混凝土墙下，用于支撑墙体构件。条形基础分为板式条形基础和梁板式条形基础两大类，如图 10-53 所示。

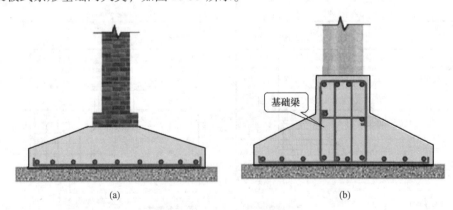

图 10-53　条形基础的类型
（a）板式条形基础；（b）梁板式条形基础

2. 条形基础的编号如表 10-13 所示。

3. 条形基础的平面注写方式

条形基础的平面注写方式是指直接在条形基础平面布置图上进行数据项的标注，分集中标注和原位标注。

表 10-13　条形基础梁及底板编号

类型		代号	序号	跨数及有无外伸
基础梁		JL	××	(××)——端部无外伸
条形基础底板	坡形	TJB$_P$	××	(××A)——一端有外伸
	阶形	TJB$_J$	××	(××B)——两端有外伸

注：条形基础通常采用坡形截面或单阶形截面。

集中标注是在基础平面布置图上集中引注：基础编号、截面竖向尺寸、配筋三项必注内容，以及当基础底面标高、基础底面基准标高不同时的标高高差和必要的文字注解两项选注内容。原位标注是在基础平面布置图上标注各跨的尺寸和配筋。

(1) 条形基础底板的标注

条形基础底板的集中标注内容为：条形基础底板编号、截面竖向尺寸、配筋三项必注内容，如图 10-54 所示。

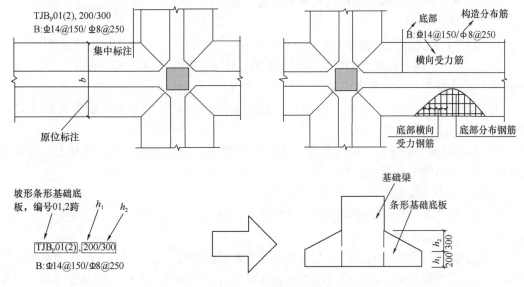

图 10-54　条形基础底板的标注

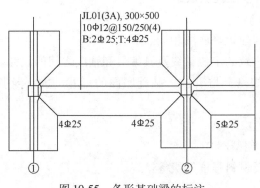

图 10-55　条形基础梁的标注

(2) 条形基础梁的标注

条形基础梁的集中标注内容为：条形基础梁编号、截面尺寸、配筋三项必注内容，以及条形基础梁底面标高（与基础底面基准标高不同时）、必要的文字注解两项选注内容，如图 10-55 所示。

集中标注：

1) JL01(3A) 表示梁的编号，表示基础梁 01 号，有 3 跨，A 表示一端有外伸。

2) 10Φ12@150/250(4) 表示配置两种

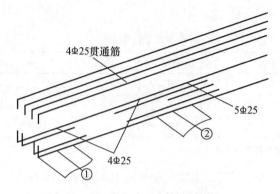

图 10-56 条形基础梁效果图

间距的 HPB300 级箍筋，直径为 12mm，从梁两端起向跨内按箍筋间距 150mm 每端各设置 10 根箍筋，梁其余部位的箍筋间距为 250mm，均为 4 肢箍。

3）B：2Φ25 表示基础梁底部贯通筋 2 根，直径 25mm。

4）T：4Φ25 表示基础梁顶部贯通筋 4 根，直径 25mm。

原位标注：

1）①轴右侧支座处梁下部有 4 根钢筋，其中 2 根贯通筋，另外 2 根支座纵筋。

2）中间支座柱下两侧底部配筋不同，②轴左侧 4Φ25，其中 2 根为集中标注的底部贯通筋，另 2 根为底部非贯通纵筋。

3）②轴右侧 5Φ25，其中 2 根为集中标注的底部贯通纵筋，另 3 根为底部非贯通纵筋。

4）②轴左侧为 4 根，右侧为 5 根，它们直径相同，只是根数不同，则其中 4 根贯穿②轴，右侧多出的 1 根进行锚固。

该条形基础梁效果图如图 10-56 所示。

基础梁其余的平法标注说明参见本教材第十章第三节。

四、基础平面图

基础平面图是表示基槽未回填土时基础平面布置的图样。它是用一个假想的水平剖切平面，沿建筑物底层地面把整幢建筑物剖开，移去剖切平面以上的房屋和基础回填土，得到的水平剖面图称为基础平面图。基础平面图主要表示基础的平面布置以及墙、柱与轴线的关系，为施工放线、开挖基槽或基坑和砌筑基础提供依据。

1. 基础平面图的主要内容

（1）图名和比例。基础平面图的比例应与建筑平面图相同。

（2）基础平面图应标出与建筑平面图相一致的定位轴线及其编号和轴线之间的尺寸。

（3）基础的平面布置。基础平面图应反映基础墙、柱、基础底面的形状、大小及基础与轴线的尺寸关系。

（4）基础梁的布置与代号。

（5）基础的编号、基础断面的剖切位置和编号。

（6）施工说明。用文字说明地基承载力及材料强度等级等情况。

2. 基础平面图的表示方法

(1) 在基础平面图中，只画出基础墙（或柱）及基础底面的轮廓线，其他细部轮廓线（如大放脚）都省略不画。这些细部的形状和尺寸在基础详图中表示。

(2) 凡被剖到的基础墙、柱的边线用粗实线画出；基础底面轮廓线用细实线画出；在基础内留有孔、洞及管沟位置用虚线画出。

(3) 不同类型的基础、柱分别用代号 DJ_j1、DJ_j2……和 Z1、Z2……表示。凡基础截面形状、尺寸不同时，均应标有不同的断面剖切符号，表示画有不同的基础详图。根据断面剖切符号的编号可以查阅基础详图。

(4) 不同形式的基础梁或地基梁分别用代号 JL1、JL2……或 DL1、DL2……表示。基础梁或地梁可用细实线画出其轮廓线，或用粗点画线表示出中心线位置。

五、基础详图

基础平面图只表明了基础的平面布置，而基础各部分的形状、大小、材料、构造以及基础的埋置深度等都没有表达出来，这就需要画出各部分的基础详图。基础详图一般采用垂直断面图来表示。断面图的剖切位置见基础平面图。

不同构造的基础应分别画出其详图，当基础构造相同或仅部分尺寸不同时，也可用一个详图表示，但需标出不同部分的尺寸。基础详图的断面内应画出材料图例，但是若是钢筋混凝土基础，则只画出配筋情况，不画出混凝土材料图例。详图的内容一般应包括：

(1) 图名（或基础代号）与比例。

(2) 轴线及其编号。若为通用断面图，则轴线圆圈内不予编号。

(3) 基础的详细尺寸，包括基础的宽、高，基础墙的厚度，垫层的厚度等。

(4) 室内外地面标高及基础底面标高。

(5) 基础及垫层的材料、强度等级、配筋规格及布置。

(6) 防潮层、基础梁的做法和位置。

(7) 施工说明等。

六、基础图阅读实例

1. 基础平面图

图 10-57 为办公楼的基础平面图。如图所示，该办公楼的基础共有五种类型，其中 DJ_p1、DJ_p2、DJ_p3、DJ_p4 均为柱下独立基础，只在两端中部的 DJ_p5 是联合基础。不同的基础对应于上部不同的框架柱子。由定位轴线可知，除横向轴线⑧与基础中心重合外，其余均有偏离。在各基础之间分别有地基梁相连，文字注写说明了地基梁的定位。

2. 基础详图

图 10-58 为办公楼的基础详图。图中分别表示了独立基础和联合基础的详细构造情况。平面图表示出基础的底面尺寸，断面图表示出详细的断面尺寸、配筋和标高。由于 DJ_p1、DJ_p2、DJ_p3、DJ_p4 均为柱下独立基础，外形及内部构造相似，故采用了共用的平面图和断面图，并集中列表分别加以说明。图中还给出了 DL1、DL2 的断面尺寸及配筋情况。

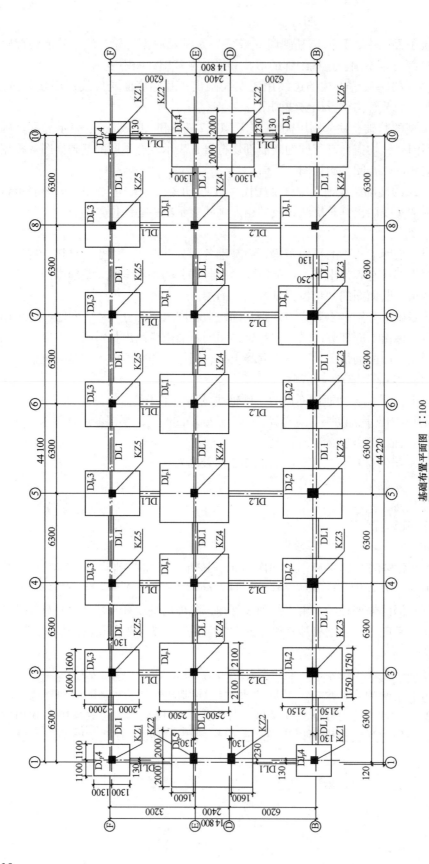

基础布置平面图 1:100

图 10-57 办公楼基础平面图

注：1. 所有DL1外轮廓线与柱外侧轮廓线对齐，DL2轴线居中。
2. 其他未尽事宜，应按照《建筑地基基础设计规范》GB 50007—2011及《建筑地基处理技术规范》JGJ 79—2012的相关规定进行。

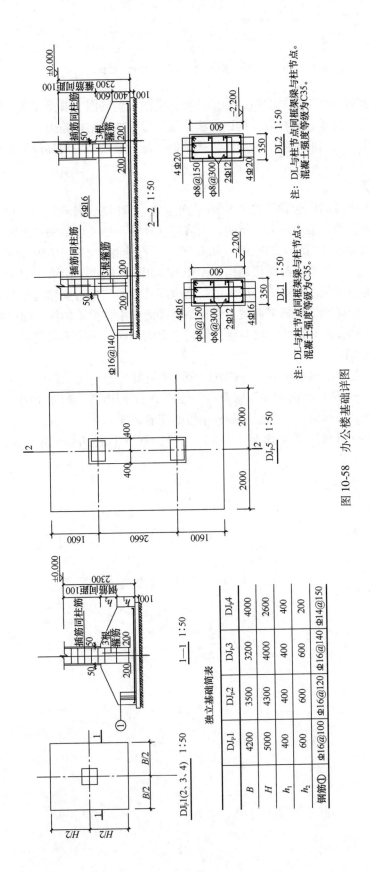

图 10-58 办公楼基础详图

第七节 楼梯结构详图

楼梯结构详图包括楼梯结构平面图、楼梯结构剖面图、配筋图、节点详图等图样。主要表达楼梯结构形式、尺寸、材料以及构造做法，用以指导楼梯结构施工。

本办公楼的乙楼梯是钢筋混凝土的双跑板式楼梯，每一梯段是一块梯段板，梯段板直接支承在楼梯梁上。

1. 楼梯结构平面图

楼层结构平面图中虽然也包括了楼梯间的平面位置，但因比例较小（1:100），不易把楼梯构件的平面布置和详细尺寸表达清楚，而底层又往往不画底层结构平面图。因此楼梯间的结构平面图通常需要用较大的比例（如1:50）另行绘制，如图10-59所示。

楼梯结构平面图的图示要求与楼层结构平面图基本相同，它也是用水平剖面图的形式来表示的。楼梯结构平面图一般也应分层画出，当中间几层的结构布置和构件类型完全相同时，则可只画出一个标准层楼梯平面图。楼梯结构平面图中各承重构件，如楼梯梁、梯段板、平台板等的表达方式和尺寸注法与楼层结构平面图相同，这里不再赘述。

2. 楼梯结构剖面图

楼梯结构剖面图是表示楼梯间的各种构件的竖向布置和构造情况的图样。由楼梯结构平面图中所画出的1—1剖切线的剖视方向而得到楼梯1—1剖面图，如图10-60所示。它表明了剖切到的梯段、楼梯梁、平台板、部分楼板的配筋情况。

在图10-60中还分别画出了楼梯梁（TL2）和楼梯柱（TZ2）的断面形状、尺寸和配筋。

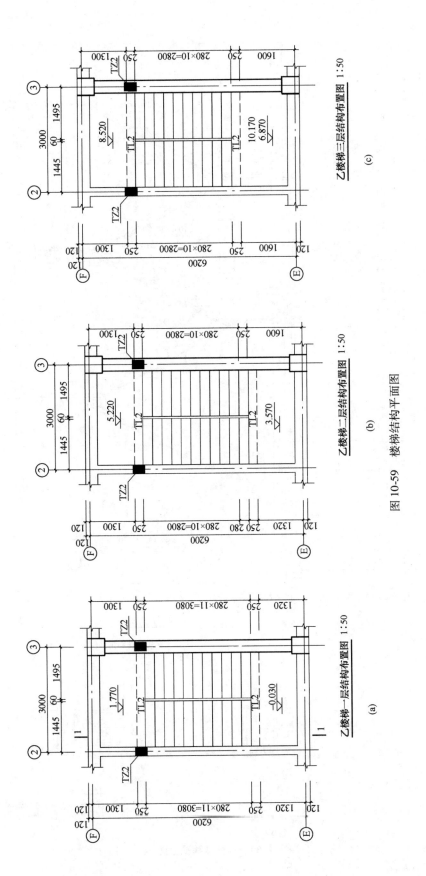

图 10-59 楼梯结构平面图

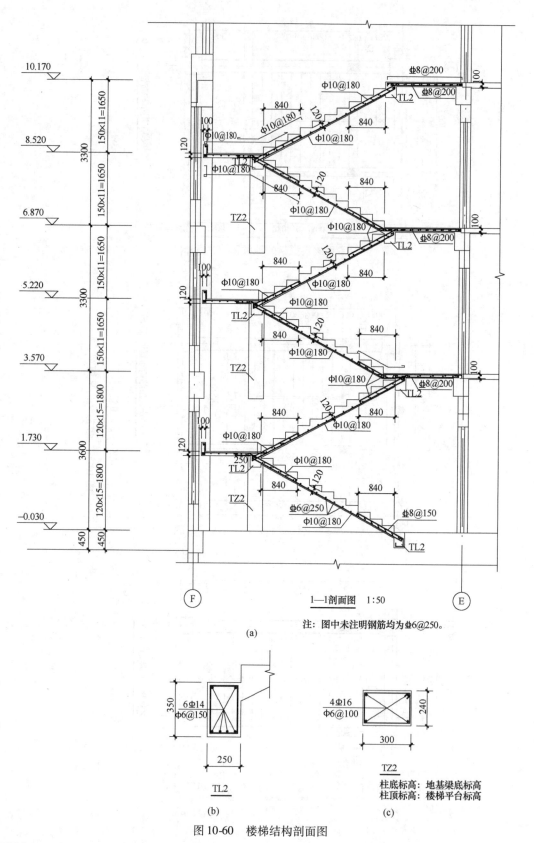

图 10-60 楼梯结构剖面图

第八节 钢 结 构 图

钢结构施工图主要用于厂房、高层建筑、桥梁及一些轻型或大跨度结构中。在建筑钢结构工程设计中,通常将结构施工图的设计分为设计图设计和施工详图设计两个阶段。设计图设计是由设计单位编制完成,内容一般包括设计总说明、结构布置图、构件图、节点图和钢材订货表等。施工详图设计是以设计图为依据,由钢结构加工厂深化编制完成,并将其作为钢结构加工与安装的依据,内容包括构件安装布置图、构件详图等。本书主要介绍《建筑结构制图标准》GB/T 50105—2010 中钢结构图的有关规定。

一、型钢的种类和标注方法(表 10-14)

常用建筑型钢的种类和标注方法　　　　表 10-14

序号	名称	截面	标注	说明
1	等边角钢		$b \times t$	b 为肢宽,t 为肢厚
2	不等边角钢	B	$B \times b \times t$	B 为长肢宽,b 为短肢宽,t 为肢厚
3	工字钢		N　　QN	N 为工字钢型号,轻型工字钢加注 Q 字
4	槽钢		N　　QN	N 为槽钢型号,轻型槽钢加注 Q 字
5	方钢	b	b	
6	扁钢	b	$-b \times t$	
7	钢板		$\dfrac{-b \times t}{l}$	$\dfrac{宽 \times 高}{板长}$
8	圆钢		ϕd	
9	钢管		$\phi d \times t$	外径×壁厚

续表

序号	名称	截面	标注	说明
10	薄壁方钢管		$B\ \Box\ b\times t$	薄壁型钢加注 B
11	薄壁等肢角钢		$B\ \llcorner\ b\times t$	
12	薄壁槽钢		$B\ \lbrack\ b\times a\times t$	
13	薄壁卷边槽钢		$B\ \lbrack\ b\times a\times t$	
14	薄壁卷边 Z 型钢		$B\ \diagup\ b\times a\times t$	
15	T 型钢		$TWh \times b$ $TMh \times b$ $TNh \times b$	TW 为宽翼缘 T 型钢 TM 为中翼缘 T 型钢 TN 为窄翼缘 T 型钢
16	热轧 H 型钢		$HWh \times b$ $HMh \times b$ $HNh \times b$	HW 为宽翼缘 H 型钢 HM 为中翼缘 H 型钢 HN 为窄翼缘 H 型钢
17	焊接 H 型钢		$H\ \ h \times b \times t_1 \times t_2$	
18	起重机钢轨		$QU\times\times$	×× 为型号
19	轻轨及钢轨		××kg/m 轻轨	

二、钢结构的连接方式

钢材的连接方式通常采用焊接、螺栓连接和铆接。

焊缝符号表示的方法规定：焊缝的引出线是由箭头和两条基准线组成，其中一条为实线，另一条为虚线，线型均为细线。若焊缝处在接头的箭头侧，则基本符号标注在基准线的实线侧；若焊缝处在接头的非箭头侧，则基本符号标注在基准线的虚线侧。基准线的虚线可以画在基准线实线的上侧，也可画在下侧，当为双面对称焊缝时，基准线可不加虚线，如图 10-61 所示。

在施工现场进行焊接的焊件其焊缝需标注"现场焊缝"符号。现场焊缝符号为涂黑的角形旗号，绘在引出线的转折处，如图 10-62 所示。

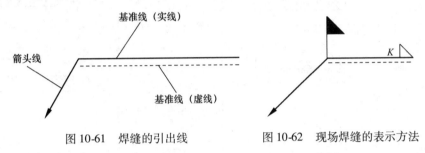

图 10-61 焊缝的引出线　　　图 10-62 现场焊缝的表示方法

1. 常见焊缝及接头形式（图 10-63）

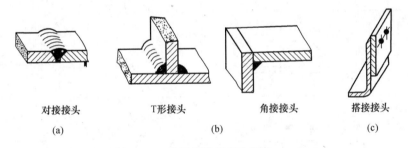

图 10-63 常见焊缝及接头形式
(a) 对接焊缝；(b) 角焊缝；(c) 塞焊缝

2. 焊缝符号（表 10-15）

焊缝符号　　　　　　　　　　　　　　表 10-15

名称	焊缝形式	基本符号	标注示例
I 形焊缝		‖	
V 形焊缝		V	

续表

名称	焊缝形式	基本符号	标注示例
单边V形焊缝		V	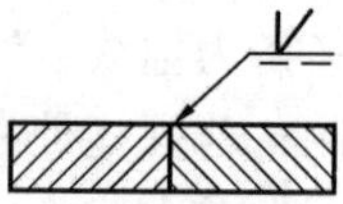
角焊缝	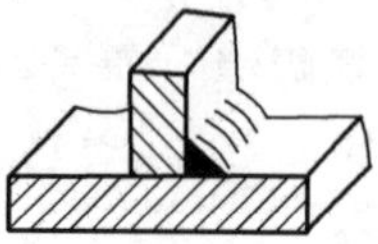	 ◁	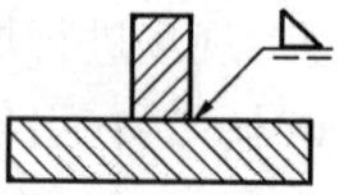
带钝边U形焊缝		 Y	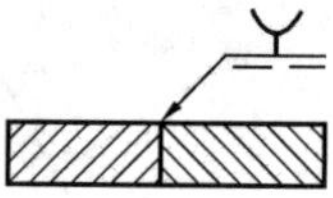
封底焊缝	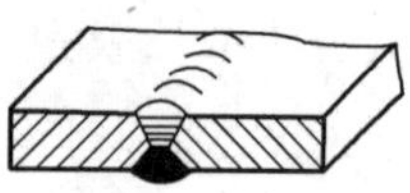	⌣	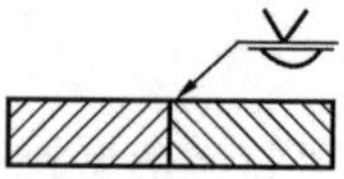
点焊缝	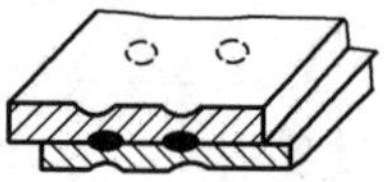	○	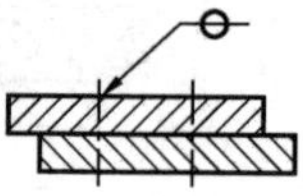
塞焊缝	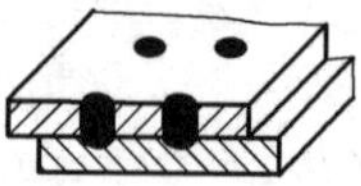	⊓	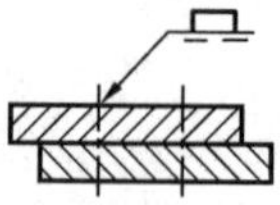

3. 钢结构焊接类型和标注方法（表10-16）

钢结构焊接类型和标注方法　　表10-16

序号	焊缝名称	形式	标准标注方法
1	I形焊缝	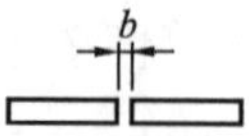 b	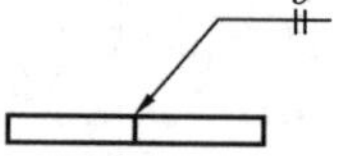 b
2	单边V形焊缝	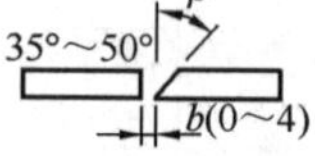 $35°\sim 50°$ β $b(0\sim 4)$	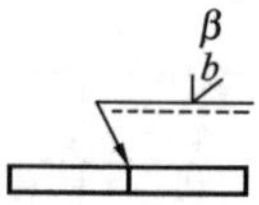 β b
3	带垫板V形焊缝	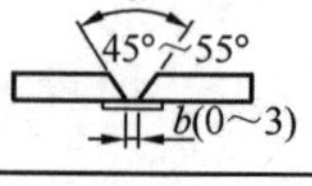 α $45°\sim 55°$ $b(0\sim 3)$	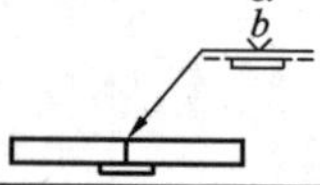 α b

续表

序号	焊缝名称	形式	标准标注方法
4	Y 形焊缝	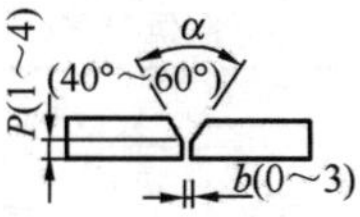	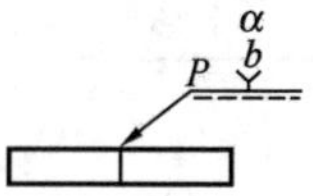
5	带垫板 Y 形焊缝	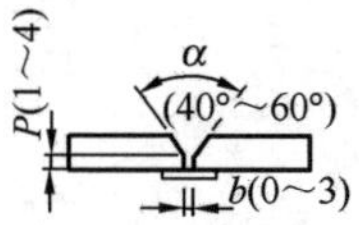	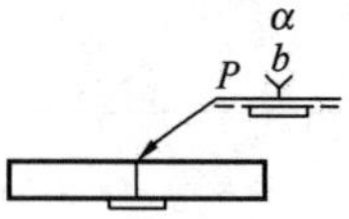
6	双单边 V 形焊缝	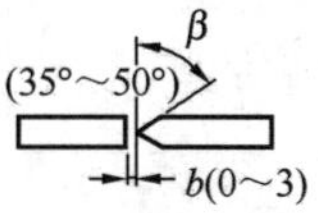	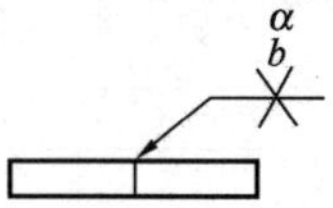
7	T 形接头双面焊缝	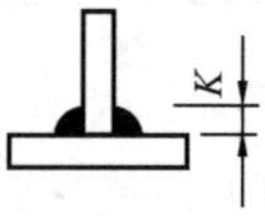	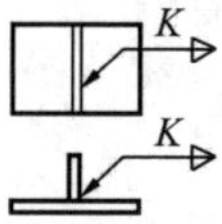
8	双面角焊缝（一）	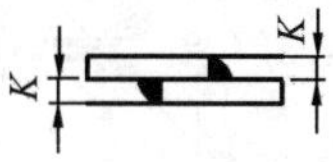	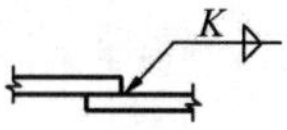
9	双面角焊缝（二）	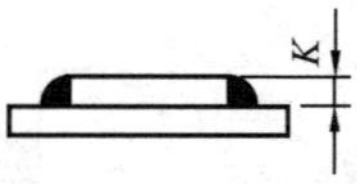	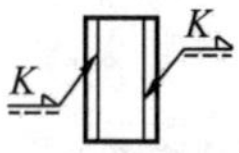
10	T 形接头角焊缝	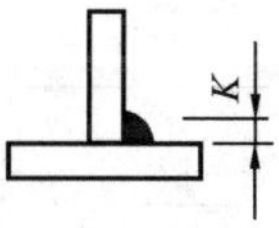	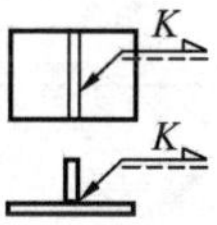
11	周围角焊缝	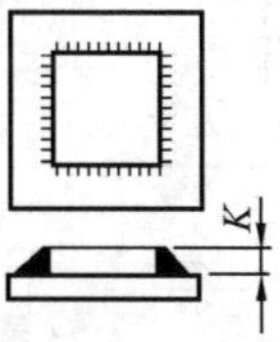	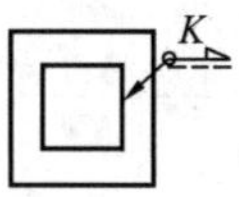
12	三面围角焊缝	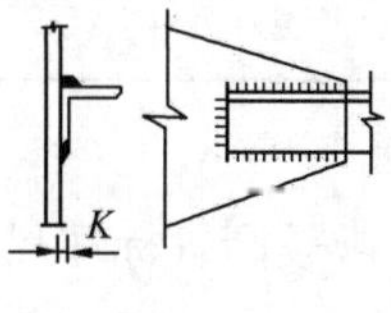	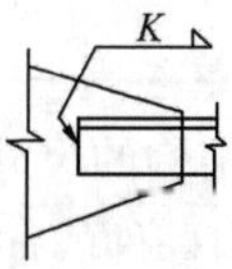

319

4. 钢结构的螺栓连接类型和标注方法（表 10-17）

钢结构的螺栓连接类型和标注方法　　　表 10-17

序号	名称	图例	说明
1	永久螺栓	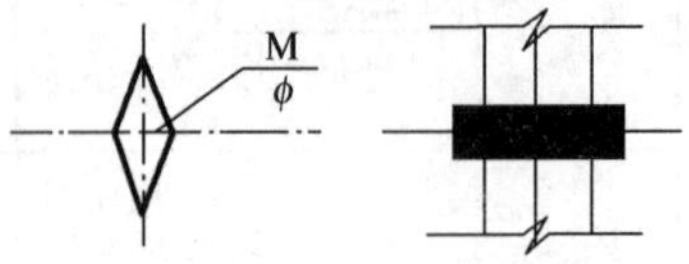	(1) 细"--·--"表示定位线； (2) M 表示螺栓型号； (3) ϕ 表示螺栓孔直径； (4) 采用引出线表示螺栓时，横线上标注螺栓规格，横线下标注螺栓孔直径； (5) d 表示膨胀螺栓、电焊铆钉的直径
2	高强度螺栓	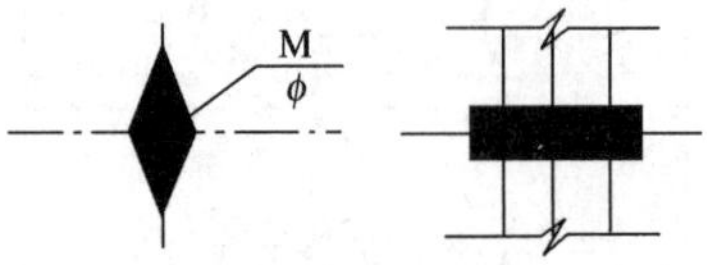	
3	安装螺栓	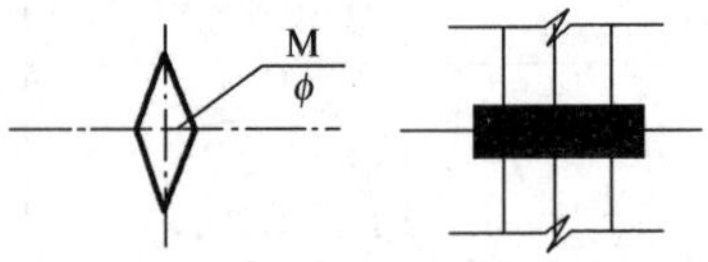	
4	胀锚螺栓	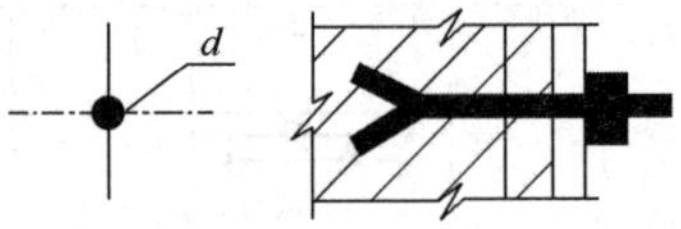	
5	圆形螺栓孔	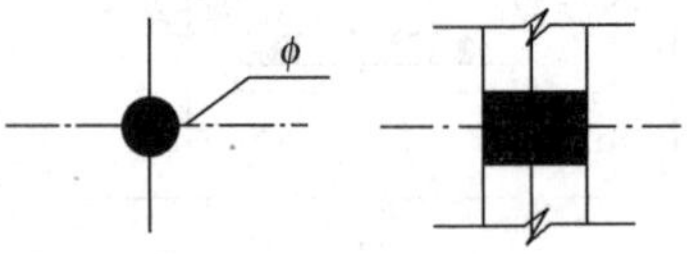	
6	长圆形螺栓孔	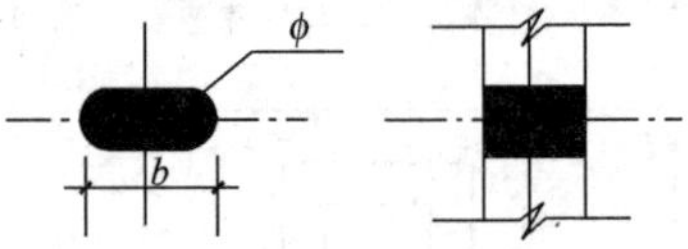	
7	电焊铆钉	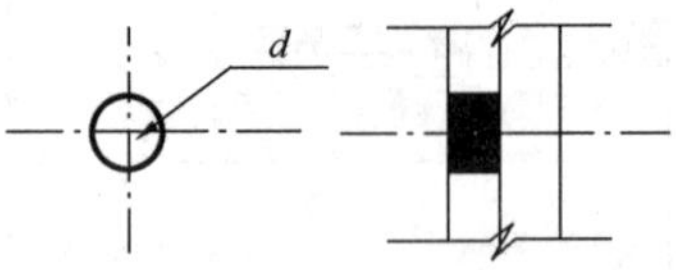	

5. 钢结构的尺寸标注

钢结构杆件的加工和连接安装要求较高，标注尺寸应达到准确、清晰和完整。常见的标注方法如表 10-18 所示。

	钢结构的尺寸标注	表 10-18
序号	图形	说明
1	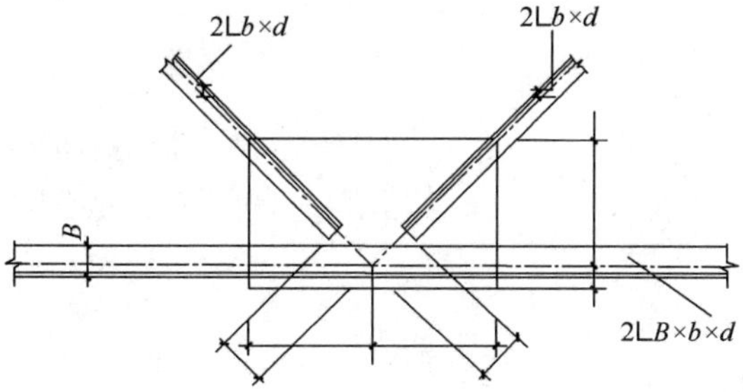	节点尺寸及不等边角钢的标注方法：当组成构件的角钢两边不等时，需标注角钢一肢的尺寸如图。当角钢两边相等时可不标注
2	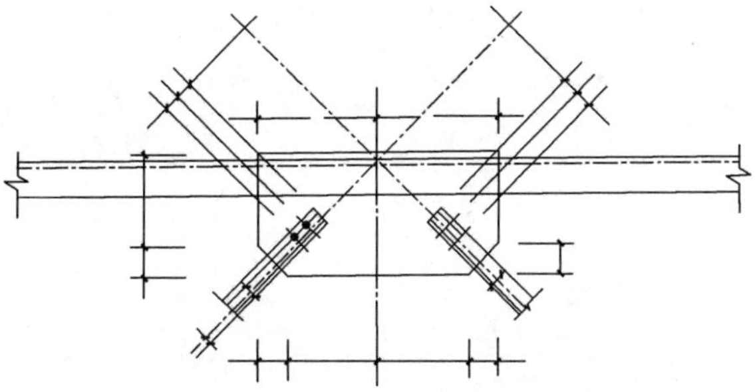	节点尺寸的标注方法：节点板尺寸应注明节点板的尺寸和各杆件螺栓孔中心的距离，以及杆件端部至几何中心线交点的距离
3	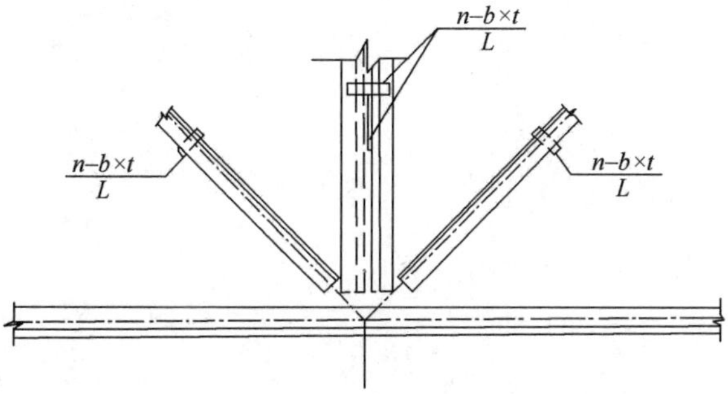	缀板的标注方法：当截面由双型钢组合时，构件应注明缀板的数量 n 及尺寸 $b \times t$，引出横线的上方标注缀板的数量、宽度和厚度，引出横线的下方标注缀板的长度
4	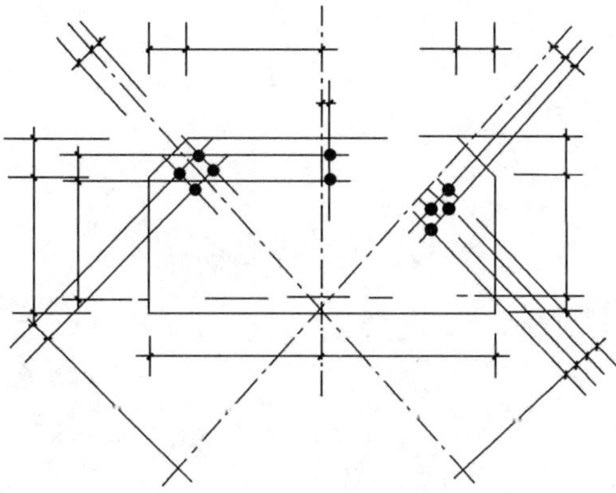	非焊接节点板尺寸的标注方法：当节点板为非焊接时，需注明节点板的尺寸及螺栓孔的中心与构件几何中心线交点的距离

续表

序号	图形	说明
5		弯曲构件尺寸的标注方法：当构件弯曲时，应沿其弧度的曲线标注弧的轴线长度

第十一章 建筑设备施工图

第一节 概 述

一、建筑设备施工图的内容

一幢房屋，除了具有建筑和结构两大部分外，还要包括一些配套设备的施工，例如给水、排水、采暖、通风、电气照明、消防报警、电话通信、有线电视、燃气等各种设备系统。建筑设备施工图就是表达这些建筑设备系统的组成、安装等内容的图纸。

根据建筑物功能的要求，按照建筑设备工程的基本原则和相关标准规范进行设计，然后根据设计结果绘制成图样，以反映建筑设备系统管道布置形式、材料选用、连接方式、细部构造及其他技术参数，并指导建筑设备系统安装施工，这种图样称为建筑设备施工图。

建筑设备施工图的种类很多，常见的有给水排水工程施工图、供暖通风及空调工程施工图、建筑电气工程施工图、燃气工程施工图等。建筑设备施工图虽然有多种多样的类型，但是都包括下列内容：

1. 设计说明

用文字的形式表述设备施工图中不易用图样表达的有关内容，如设计数据、引用的标准图集、使用的材料器件列表、施工要求以及其他技术参数等。

2. 平面图

表示设备系统的平面布置方式，各种设备与建筑、结构的平面关系，平面上的连接形式等。平面图一般是在建筑平面图的基础上绘制的。

3. 系统图

表示设备系统的空间关系或者器件的连接关系。系统图与平面图相结合能很好地反映系统的全貌和工作原理。

4. 详图

表示设备系统中某一部位具体安装细节或安装要求的图样。

二、设备施工图的特点

（1）设备施工图和建筑施工图、结构施工图一起组成一套完整的房屋施工图，有着密切的联系。因此，在设计过程中，必须注意与其他工程的紧密配合和协调一致，只有这样，才能避免各专业间的冲突与矛盾，才能使建筑物的各种功能得到充分发挥。

（2）设备施工图一般采用规定的图形符号表示各种设备、器件、管网、线路等。而这些图例符号一般不反映实物的原形，因此，在识图前应首先了解各种符号表示的实物。

（3）设备施工图中用系统图等图样表示设备系统的全貌和工作原理。

（4）设备施工图往往直接采用通用的标准图集上的内容，表达某些构件的构造和做法。

（5）设备施工图中有许多安装、使用、维修等方面的技术要求不在图样中表达，因为有关的标准和规范中都有详细的明确规定，在图样中只需说明参照某一标准执行即可。

（6）各种设备系统都有自己的走向，在识图时，按顺序去读，使设备系统一目了然，更易于掌握。

第二节　给水排水工程施工图

给水排水工程包括给水工程和排水工程两方面。给水工程包含水源取水、水质净化、净水输送、配水使用等工程；排水工程包含污废水排出、污废水处理、污废水排放等工程。给水排水工程都是由各种管道及其配件和水处理设备、构件组成。在房屋建筑工程中给水排水工程是必不可少的。因此，给水排水施工图是工程图的一个主要内容。给水排水施工图包括室内给水排水施工图和室外给水排水施工图两部分。

室内给水排水施工图表示建筑物内各卫生器具、设备、管道及其附件的类型、大小，在建筑物内的位置及安装方式的图样。主要包括设计及施工说明、图例、设备材料表、室内给水排水平面图、给水排水系统图、安装详图。

（一）室内给水排水平面图

1. 图示内容

室内给水排水平面图是表明建筑物内给水排水管道及设备的平面布置。可将室内给水管道和室内排水管道平面图合画在一起，也可以分开绘制。本例是合画在一起的（图11-1～图11-3）。

主要包括以下内容：

（1）室内卫生设备的类型、数量以及平面位置。

（2）室内给水系统和排水系统中各个干管、立管、支管等的平面位置、走向、立管编号和管道的安装方式（明装或暗装）。

（3）管道器材设备如阀门、消火栓、地漏、清扫口等的平面位置。

（4）给水引水管、水表节点和污水排出管、检查井等的平面位置、走向以及与给水排水管网的连接（底层平面图）。

（5）管道及设备安装、预留洞的位置、预埋件、管沟等方面对土建的要求。

2. 图示特点

（1）图例及说明

为了便于阅读图纸，无论是否采用标准图例，最好都应附上各种管道、管道附件及卫生设备等的图例，并对施工要求、有关材料等情况用文字加以说明。图11-1列出了某办公楼给水排水平面图中所用的图例。

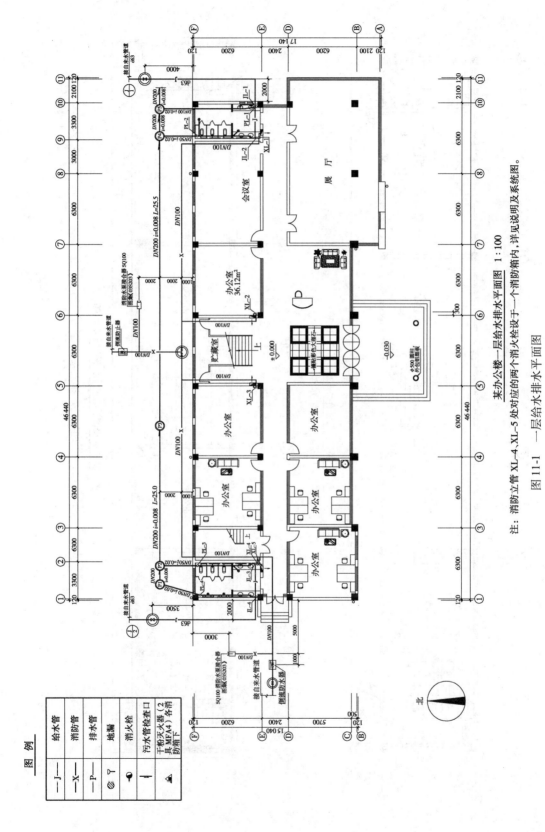

图 11-1 一层给水排水平面图

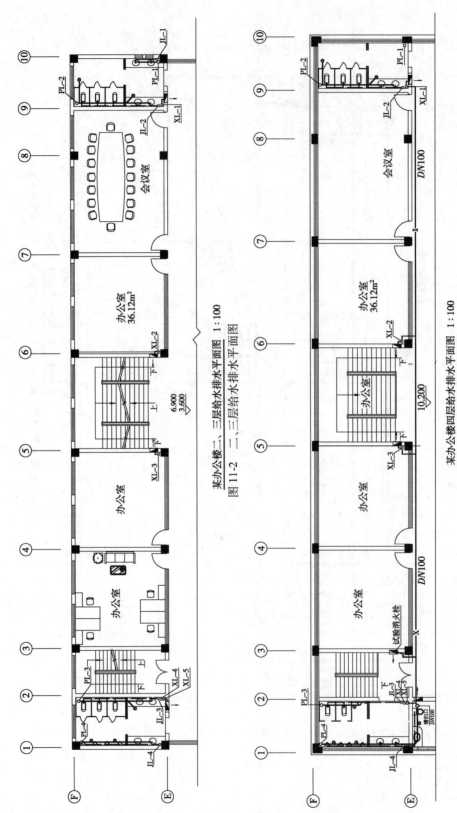

图11-2 某办公楼二、三层给水排水平面图 1:100 二、三层给水排水平面图

图11-3 某办公楼四层给水排水平面图 1:100 四层给水排水平面图

管道系统上的附件及附属设备也都按表 11-1 所列的图例绘制。

给水排水施工图中的常用图例　　　　　表 11-1

名称	图例	说明
给水管	——— J ———	
废水管	——— F ———	
污水管	——— W ———	
雨水管	——— Y ———	
多孔管		
管道立管	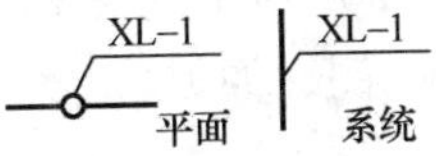 XL-1 平面　XL-1 系统	X：管道类别 L：立管 1：编号
立管检查口		
清扫口	 平面　系统	
通气帽	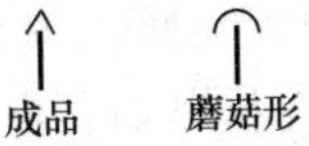 成品　蘑菇形	
圆形地漏	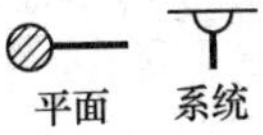 平面　系统	通用。如无水封，地漏应加存水弯
自动冲洗水箱	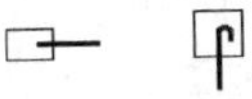	
倒流防止器		
S 形存水弯		
P 形存水弯		
闸阀		
截止阀	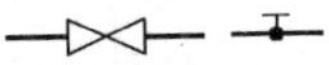	
水嘴	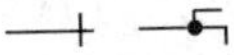	左侧为平面，右侧为系统
混合水嘴	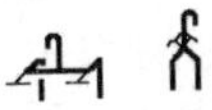	
台式洗脸盆	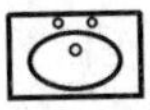	

续表

名称	图例	说明
浴盆	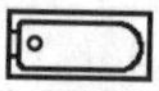	
污水池		
坐式大便器		
淋浴喷头		
水表井		

（2）比例

给水排水平面图的比例，可与房屋建筑平面图相同，一般为 1：100。根据需要也可用更大的比例，如 1：50，或较小的比例，如 1：200 等。

（3）给水排水平面图的数量

多层房屋的给水排水平面图原则上应分层绘制。若楼层平面用水房间和卫生设备及管道布置完全相同时，则只需画出一个平面图。本书所列的办公楼，中间层管路布置相同，所以二、三层合画在一起（如图 11-2 所示）。由于底层给水排水平面图中的室内管道须与户外管道相连，所以必须单独绘制（如图 11-1 所示）。而各楼层给水排水平面图，只需把有卫生设备和管路布置的盥洗房间范围的平面图画出即可，不必画出整个楼层的平面图，图 11-2、图 11-3 只画出了局部平面图。若屋顶有水箱时，可单独画出屋顶的平面图，但当管路布置较简单时，可将水箱画在顶层平面布置图中，用双点画线画出。

（4）房屋平面图

给水排水平面图中所画的房屋平面图不是用于房屋的土建施工，仅作为管道系统各组成部分的水平布局和定位基准。因此，仅需抄绘房屋的墙身、柱、门窗洞、楼梯、台阶等主要构配件，至于房屋的细部和门窗代号等均可略去。房屋平面图的轮廓图线都用细线（0.25b）绘制。底层平面图要画全轴线，楼层平面图可仅画边界轴线。底层平面图应画出指北针。

（5）卫生器具平面图

常用的配水器具和卫生设备，如洗脸盆、大便器、淋浴器等是定型产品，不必详细画出其形体，可按表 11-1 图例画出；施工时，可按《给水排水国家标准图集》来安装。而盥洗槽、小便槽等是现场砌筑的，另有详图。所有的卫生器具图线都用细线（0.25b）绘制，也可用中粗线（0.5b），按比例画出其平面图形的外轮廓，内轮廓则用细实线表示。

（6）给水排水平面图

管道是平面布置图的主要内容，通常用各种线型来表示不同性质系统的管道，如表 11-1 所列。给水管，污、废水管，雨水管均用粗实线（b）表示，并在其上标有 J、W、F、P、Y 等。管道的立管用黑圆点（其直径约为 3b）表示。

各种管道不论在楼面（地面）之上或之下，均不考虑其可见性，仍按管道类别用规定的线型画出。当在同一平面布置有几根上下不同高度的管道时，若严格按投影来画平面图，会重叠在一起，此时可以画成平行排列，管道无论明装或暗装，平面图中的管线仅示意其安装位置，并不表示其具体平面定位尺寸。即使明装的管道也可画入墙线内，但要在施工说明中注明该管道系统是明装的。当给水管与排水管交叉时，应连续画出给水管，断开排水管。

给水系统的引入管和污、废水管系统的室外排出管仅需在底层给水排水平面图中画出，楼层给水排水平面图中一概不需绘制。

（7）管道系统及立管的编号

为了便于读图，当室内给水排水管路系统的进出口数大于等于两个时，各种管路系统应分别予以编号。给水管可按每一室外引入管为一系统，污、废水管道以每一个承接排水管的检查井为一系统。系统索引符号如图11-4所示，用细线（0.25b）的单圆圈表示，圆圈直径以10~12mm为宜；圆圈上部的文字代表管道系统的类别，以汉语拼音的第一个字母表示，如"J"代表给水系统，"W"代表污水系统，"F"代表废水系统，"P"代表排水系统，圆圈下部用阿拉伯数字顺序注写系统编号。图中有立管时，用指引线标上立管代号XL，X表示的是管道类别（如J、W、F或P）代号；若一种系统的立管数在两个或两个以上时，应注出管道类别代号、立管代号及数字编号。如JL-1表示1号给水立管，JL-2表示2号给水立管，如图11-5所示。

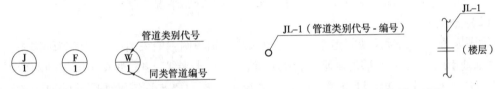

图11-4 给水排水进出口编号表示法　　图11-5 立管编号表示法

（8）尺寸和标高

房屋的水平方向尺寸，一般在底层管道平面图中只需注出其轴线间尺寸。至于标高，只需标注室外地面的整平标高和各层楼（地）面标高。

卫生器具和管道一般都是沿墙靠柱设置的，不必标注定位尺寸。必要时，以墙面或柱面为基准标出。卫生器具的规格可用文字标注在引出线上，或在施工说明中写明。

管道的长度在备料时只需用比例尺从图中近似量出，在安装时则以实测尺寸为依据，所以图中均不标注管道长度。至于管道的管径、坡度和标高，因管道平面图不能充分反映管道在空间的具体布置、管路连接情况，故均在管道系统图中予以标注。管道平面图中一概不标。

3. 室内给水排水平面图示例

如图11-1~图11-3所示，为某办公楼底层，二、三层和四层室内给水排水平面图。从图11-1中看出，1号给水管自房屋的东北角入口，通过底层水平干管分两路送到用水处：第一路通过立管1送入盥洗槽，然后将废水排到排水管P5；第二路通过立管2送入盥洗槽和大便器，然后将废水、污水排到排水管P4。

2号给水管自房屋的西北角入口，通过底层水平干管分两路送到用水处：第一路通过立管3送入盥洗槽和大便器，然后将废水、污水排到排水管P2；第二路通过立管4送入盥洗槽和小便器，然后将废水、污水排到排水管P1。

其他层自读。另外，图中还画出消防用水管路布置。

4. 绘图步骤

（1）画出用水房间的平面图。

（2）画出卫生设备的平面布置。

（3）画出管道的平面布置。

（4）标注有关尺寸、标高、编号，注写有关的图例及文字说明等。

（二）给水排水系统图

1. 给水排水系统图的图示内容

为了清楚地表示给水排水管道的空间布置情况，室内给水排水施工图，除平面布置图外，还需要有一个同时能反映空间三个方向的图来表达，这种图被称为给水排水系统图（或称管系轴测图）。

给水排水系统图表示给水管道和排水管道系统之间的空间走向，各管段的管径、标高、排水管道的坡度以及各种附件在管道上的位置。

2. 给水排水系统图的图示特点

（1）比例

一般采用与管道平面图相同的比例 1:100。当管道系统复杂或简单时，也可采用 1:200、1:50。总之，视具体情况而定，以能表达清楚管路情况为基准。

（2）轴测图

为了完整、全面地反映管道系统，管道系统的轴测图一般采用三等正面斜轴测图。即 $O_P X_P$ 轴处于水平位置；$O_P Z_P$ 轴垂直；$O_P Y_P$ 轴一般与水平线呈 45°的夹角。三轴的伸缩系数 $P_X = P_Y = P_Z = 1$，如图 11-6 所示。管道系统图的轴向要与管道平面图的轴向一致，即 $O_P X_P$ 轴与管道平面图的水平方向一致，$O_P Z_P$ 轴与管道平面图的水平方向垂直。

（3）管道系统

各种不同性质的管道系统，可按平面图上的编号分别绘制管道系统图。这样可避免过多的管道重叠和交叉，但当管道系统简单时，有时可画在一起。

图 11-8、图 11-9 是根据图 11-1～图 11-3 的平面布置图画出来的某办公楼的①～③轴线卫生间内给水排水系统图。

管道的画法与管道平面图一样，用各种线型来表示各个系统。管道附件及附属构筑物也都用图例表示（参见表 11-1）。当空间交叉的管道在图中相交时，应区分可见性，可见管道画成连续，不可见管道被遮挡的部分应断开，如图 11-7 所示。

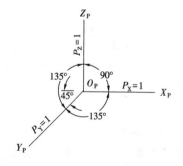

图 11-6　三等正面斜轴测图

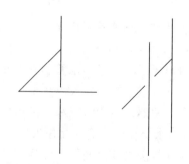

图 11-7　交叉管线的表示

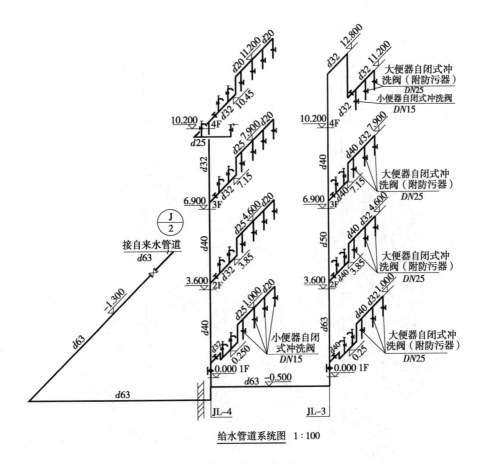

给水管道系统图 1:100

图 11-8 给水系统图

在管道系统图中,当管道过于集中,无法画清楚时,可将某些管段断开,移至别处画出,并在断开处用细点画线 (0.25b) 连接。如图 11-10 所示,前面淋浴喷头的管道,若按正确画法,将与后面的引入管混杂在一起,使图样不清楚,因此,在 A 点将管道断开,把前面的管道平移至空白处画出,图中移向右边,中间连以点画线,断开画以断裂符号"波浪线",并注明连接点的相应符号"A",以便对应查阅。

(4) 房屋构件位置的表示

为了反映管道与房屋的联系,在管道系统图中还要画出被管道穿过的墙、梁、地面、楼面和屋面的位置,其表示方法如图 11-11 所示。这些构件的图线均用细线 (0.25b) 画出,剖面线的方向按剖面轴测图的剖面线方向绘制。

(5) 管道的标注

管道系统中所有管段的直径、坡度和标高均应标注在管道系统图上。

1) 给水排水专业制图中管径的单位应为毫米。各种管径的表达方式各有不同。水煤气输送钢管(镀锌或非镀锌)、铸铁管等管材,管径以公称直径 DN 表示;无缝钢管、焊接钢管(直缝或螺旋缝)等管材,管径以外径 $D×$ 壁厚表示;铜管、薄壁不锈钢管等管材,管径以公称外径 Dw 表示;建筑给水排水塑料管材,管径以公称外径 dn 或 De 表示,有时也标注成外径×壁厚的形式;钢筋混凝土(或混凝土)管,管径以内径 d 表示;复

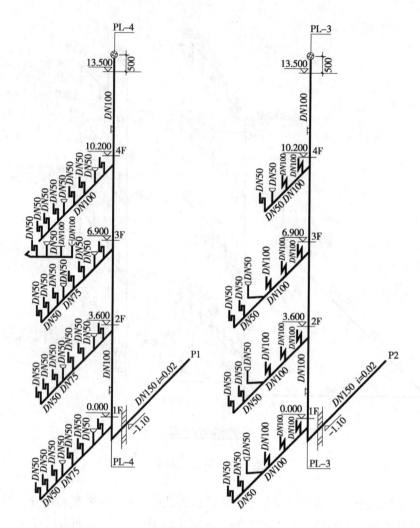

排水管道系统图 1:100

图 11-9 排水系统图

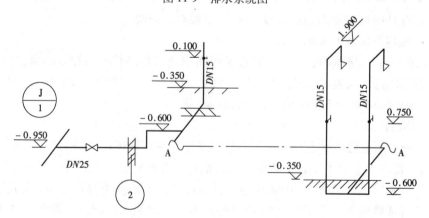

图 11-10 管道过于集中时的画法

合管、结构壁塑料管等管材，管径按产品标准的方法表示；当设计中均采用公称直径 DN 表示管径时，应该有公称直径 DN 与相应产品规格对照表。

2）给水系统的管路因为是压力流，当不设置坡度时，可不标注坡度。排水系统的管路一般都是重力流，所以在排水横管的旁边都要标注坡度，坡度可注在管段旁边或引出线上，在坡度数字前须加代号"i"，数字下边再以箭头表示坡向（指向下游），如 $i=0.05$。当污、废水管的横管采用标准坡度时，在图中可省略不注，而在施工说明中写明即可。

3）图中应标注建（构）筑物中土建部分的相关标高。压力管道应在穿外墙、剪力墙和构筑物的壁及底板等处以及不同水位线处标注管中心标高；重力流管道在起点、变径（尺寸）点、变坡点、穿外墙及剪力墙处标注管内底标高。标高单位以米计时，可注写到小数点后第二位。建筑物内的管道也可按本层建筑地面的标高加管道安装高度的方式标注管道标高，标注方法为 H＋X.XX，H 表示本层建筑地面标高。此外，还要标注室内地面、室外地面、各层楼面和屋面等的标高。

（6）图例

管道平面图和管道系统图应统一列出图例，其大小要与图中的图例大小相同。

3. 给水排水系统图示例

识读给水排水系统图必须与给水排水平面图配合。在底层给水排水平面图中，可按系统索引符号找出相应的管道系统；在各楼层给水排水平面图中，可根据该系统的立管代号及位置找出相应的管道系统。

给水系统图一般从室外引入管开始识读。依次为引入管—水平干管—立管—支管—卫生器具；如有水箱，则要找出水箱的进水管，再依次为水箱的进水管—水平干管—立管—支管—卫生器具；排水系统图则要按照卫生器具—连接管—横支管—立管—排出管—检查井的顺序进行识读。

下面以图 11-8 的 JL-4 及图 11-9 为例，识读如下：

图 11-8 是办公楼的给水系统图。从底层给水排水平面图（图 11-1）中找出 JL-4 管道系统的引入管。由两图可知：室外引入管中心标高为 -1.300，穿墙后通过水平干管（管径为 d63，管中心标高为 -0.500）分两路送到用水处，第一路通过立管 4（JL-4）将水从底层至四层送入盥洗槽和小便器；第二路通过立管 3（JL-3）将水从底层至三层送入盥洗槽和大便器，再送至四层小便器和大便器。从立管 JL-4 中看出楼地面的标高分别为

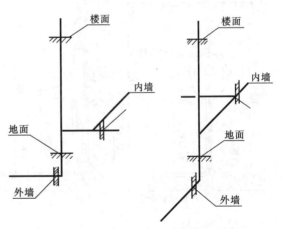

图 11-11 房屋构件的画法

±0.000、3.600、6.900、10.200；在二层标高为 3.850 处接管径为 d32 的支管，其上接水龙头 2 个，再将标高升至 4.600，接管径为 d25 的支管，其上接管径为 DN15 的支管，管上接冲洗闸 4 个。其他层的设置同二层。

图 11-9 是办公楼的排水系统图。对照底层给水排水平面图可知，①~③轴线卫生间内

有两根排水立管 PL-3、PL-4。其中，各层盥洗槽、地漏和小便器内的污水通过排水横管排至排水立管 PL-4，再通过底层的 P1 管排出。各层盥洗槽、地漏和大便器内的污水通过排水横管排至排水立管 PL-3，通过底层的 P2 管排出。从图中还可以看到不同的管径及坡度方向。

4. 绘图步骤

（1）画出系统的立管，定出各层的楼（地）面线、屋面线。

（2）画给水引入管及屋面水箱的管路，排水管系统中的污水排出管、窨井及立管上的检查口和通气帽等。

（3）从立管上引出各横向的连接管段，并画出给水管道系统中的截止阀、放水龙头、连接支管、冲洗水箱等或排水管系中的承接支管、存水弯、地漏等。

（4）画墙、梁等的位置。

（5）注写各管段的公称直径、坡度、标高，注写有关的图例及文字说明等。

（三）详图

室内给水排水平面图、给水排水系统图和室外给水排水总平面图及管道纵剖面图等，只表示了管道的连接情况、走向和配件的位置。这些图样比例较小，配件的详细构造和安装等情况表达不清楚。为了便于施工，需用较大比例画出配件及其安装详图。

常用的配件如果采用的是标准图集上的图，不必另行绘制，只需在施工图中，注明所套用的详图编号即可。

详图一般采用较大的比例，以能表达清楚或按施工要求确定。详图必须画得详尽、具体、明确，尺寸注写充分，材料、规格清楚。图 11-12 是挂式小便器明装和暗装两种形式的详图。图中绘制了正立面图、平面图和侧立面图，清楚地表达了挂式小便器的安装位

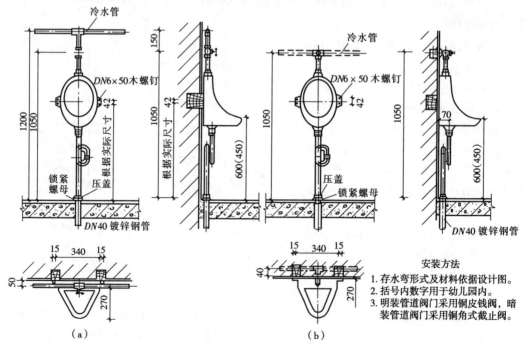

图 11-12 挂式小便器详图
(a) 给水管明装；(b) 给水管暗装

置、管件连接方式、固定方法等。

第三节　供暖、通风系统设备施工图

一、概述

供暖和通风系统是为了改善建筑物内人们的生活和工作条件以及满足某些生产工艺、科学实验的环境等要求而设置的。

1. 供暖系统

在寒冷的季节里，建筑物内为了维持所需要的室温，就必须通过散热设备散热向室内补充热量，这样的系统称为供暖系统。供暖系统主要由热源、输热管网和散热器三部分组成。热源是能产生热能的部分，对热媒（指传递热能的媒介物，如热水、蒸汽等）进行加热，热媒经管道输送到散热设备中，在散热设备中放热，加热室内空气，达到一定的温度。热媒放热后再回到热源中重新被加热。如此不断循环，供暖系统把热量输送到室内，达到保证室温的目的。

在供暖系统中常用的热媒是水、水蒸气。民用建筑采用热水作热媒。

在热水供暖系统中，常以系统中设置的循环水泵作为热水循环动力，这种系统称为机械循环热水供暖系统，常用的形式有：

（1）双管系统

双管系统分别设置供、回水立管，各层散热器并联在立管上，每组散热器可根据室温进行单独调节。若供水干管设置在系统所有散热器的上方，回水干管设置在系统所有散热器的下方，此系统称为上供下回式，如图11-13所示。若系统供水、回水干管均设置在系统散热器的下方，此系统称为下供下回式，如图11-15所示。由于自然循环作用压力的影响，双管系统常造成上热下冷的垂直失调现象。

（2）垂直单管可调节跨越式系统

如图11-14所示，在立管上设置跨越管，以提高底层散热器的散热效果。在系统散热器支管上安装三通阀，每组散热器可单独调节，解决垂直热力失调问题。

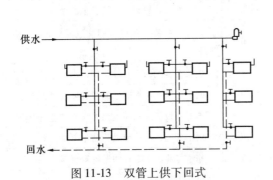

图11-13　双管上供下回式

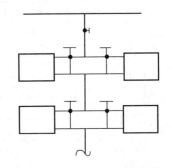

图11-14　垂直单管可调节跨越式

（3）单双管式系统

如图11-16所示，每根立管散热器分为若干组，每组包括2~3层，散热器按双管形式连接。而各组之间则按单管式连接，故称单-双管式系统。该系统兼顾了单管和双管系统部分优点，垂直失调得以缓解，而且散热器可以单独调节。

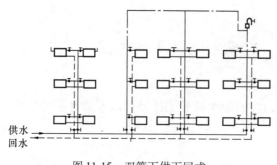
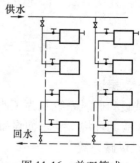

图 11-15 双管下供下回式　　　　　　图 11-16 单双管式

2. 通风系统

建筑物内通风按照通风系统的工作动力不同,可以分为自然通风和机械通风两种。自然通风是依靠自然界的热压促使室内外空气进行交换的一种通风方法,但有时不能完全满足通风要求。机械通风是借助于通风机的动力,强迫空气沿着通风管道流动,使室内外空气进行交换。机械通风的动力强,能有效地控制风量和送风参数。

建筑通风包括排风和送风两个方面的内容,从室内排出污浊的空气叫排风,向室内补充新鲜空气叫送风。为了实现排风和送风所采用的一系列设备、装置构成了通风系统。

3. 供暖、通风施工图的组成

供暖、通风施工图,一般由基本图和详图两部分组成。基本图包括有管道平面图、管道系统图以及总说明等;详图表明各局部的加工制造或施工的详细尺寸及要求等。

二、室内供暖施工图

室内供暖施工图部分表示一栋建筑物的供暖工程,包括供暖平面图、系统图和详图。采暖施工图中,各种图线参考表 11-2,常见图例如表 11-3 所示。

暖通空调专业制图常用线型及其含义　　　　表 11-2

名称		线型	线宽	一般用途
实线	粗	———————	b	单线表示的供水管线
	中粗	———————	$0.7b$	本专业设备轮廓、双线表示的管道轮廓
	中	———————	$0.5b$	尺寸、标高、角度等标注线及引出线;建筑物轮廓
	细	———————	$0.25b$	建筑布置的家具、绿化等;非本专业设备轮廓
虚线	粗	— — — — —	b	回水管线及单根表示的管道被遮挡的部分
	中粗	— — — — —	$0.7b$	本专业设备及双线表示的管道被遮挡的轮廓
	中	— — — — —	$0.5b$	地下管沟、改造前风管的轮廓线;示意性连线
	细	— — — — —	$0.25b$	非本专业虚线表示的设备轮廓等
波浪线	中	～～～～～	$0.5b$	单线表示的软管
	细	～～～～～	$0.25b$	断开界线
单点长画线	细	— · — · —	$0.25b$	轴线、中心线

续表

名称		线型	线宽	一般用途
双点长画线	细	 —··—··—	0.25b	假想或工艺设备轮廓线
折断线	细	 —⋀—	0.25b	断开界线

暖通空调专业制图常用图例 表 11-3

名称	代号或图例	备注
采暖热水供水管	RG	可附加 1、2、3 等表示一个代号、不同参数的多种管道
采暖热水回水管	RH	可通过实线、虚线表示供、回关系,省略字母 G、H
膨胀水管	PZ	
补水管	BS	
循环管	X	
截止阀	 ▷◁	
闸阀	 ▷◁	
蝶阀	 ⊢/⊣	 ▱
止回阀	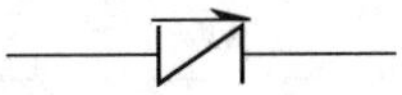 ▷⏐	 ▷◀
平衡阀	 ▷◁	
固定支架	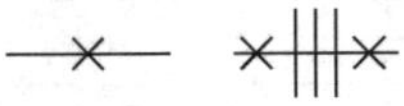 ※ ※‖※	
送风管	SF	
回风管	HF	
排风管	PF	
新风管	XF	
矩形风管	 ××××××	宽(mm)×高(mm)
圆形风管	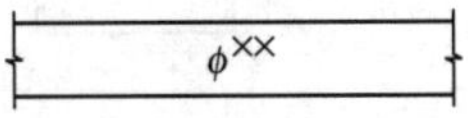 φ××	φ 直径(mm)
天圆地方	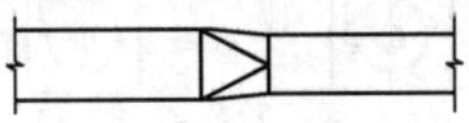 ▷	

续表

名称	代号或图例		备注
软风管			
带导流片的矩形弯头			
消声器			
风管软接头			
对开多叶调节风阀			
止回风阀			
防烟、防火阀			×××表示防烟、防火阀名称代号
单层格栅分口，叶片垂直	AV		
双层格栅风口，前组叶片水平	BH		
圆盘形散流器	DP		
百叶回风口	H		
旋流风口	SD		
低温送风口	T		冠于所用类型风口代号前
带过滤网	F		
散热器及手动放气阀			
散热器及温控阀			
离心式管道风机			

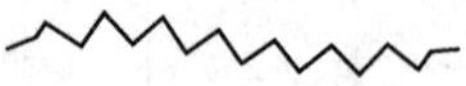

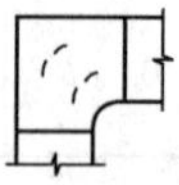

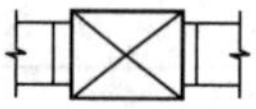

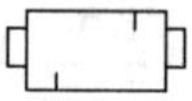

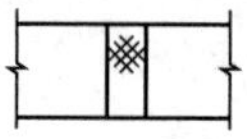

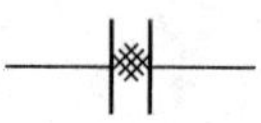

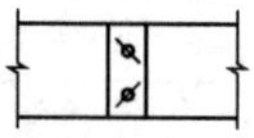

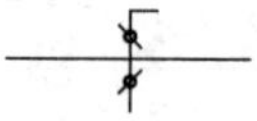

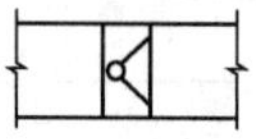

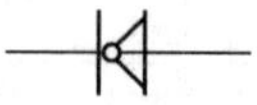

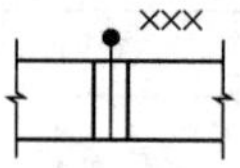

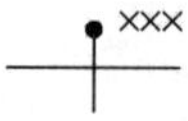

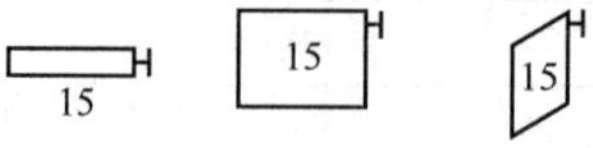

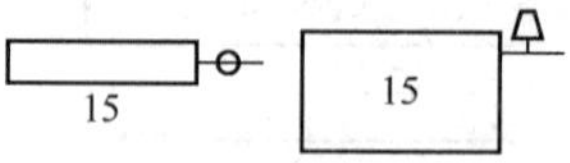

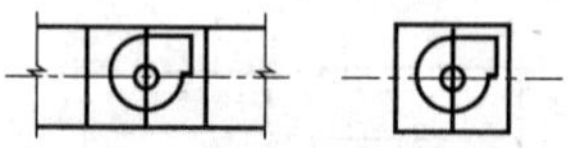

338

续表

名称	代号或图例	备注
吊顶式排气扇	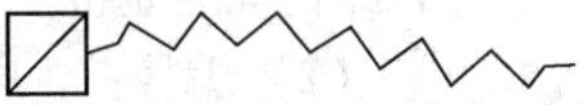	
手摇泵	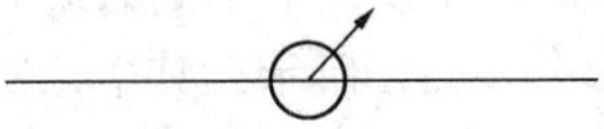	
立式明装风机盘管	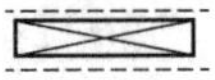	
温度传感器	 T	
压力传感器	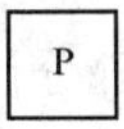 P	
烟感器	 S	
温度计		
流量计	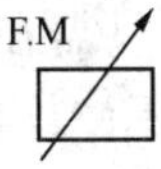 F.M	
能量计	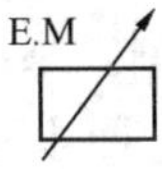 E.M	

（一）供暖平面图

1. 供暖平面图的内容

室内供暖平面图是表明建筑物内供暖管道、附件及散热设备的平面布置及它们之间的相互关系的平面图。主要内容如下：

（1）散热器的平面位置、规格、数量以及安装方式。

（2）供暖管道系统的干管的位置、走向、管路的坡度、各管段的管径。

（3）各立管的位置、编号。采暖立管的系统编号为字母"L"加阿拉伯数字。

（4）供暖干管上的阀门、固定支架、补偿器等构配件的平面位置。

（5）在供暖系统上有关设备如膨胀水箱、集气罐（热水采暖）、疏水器（蒸汽采暖）的平面位置、规格、型号以及这些设备与连接管道的平面布置。

（6）标明供热总管入口和回水出口的位置，同时平面图上要标明热媒来源、流向以及与室外热沟的连接情况。

（7）在平面图上还要标明管道及设备安装的预留洞、预埋件、管沟等与土建施工关系和要求等。

2. 供暖平面图的图示特点

（1）比例：一般采用 1 : 100。当管道系统复杂或简单时，也可采用 1 : 50、1 : 200。总之，视具体情况而定，以能表达清楚管路情况为基准。

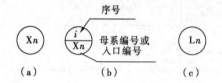

图 11-17 编号

（2）编号：一项工程中，同时有供暖、通风等两个及以上不同系统时，应进行系统编号，如图 11-17（a）所示，其中，X 表示系统的代号，n 为顺序号。当一个系统出现分支时，可用如图 11-17（b）的形式。圆圈直径是 6~8mm。

竖向布置的管道系统，应标注立管编号，如图 11-17（c）所示，"L"表示立管，"n"表示立管的序号。在不致引起误解时，可只标序号。

（3）数量：多层采暖平面图原则上分层绘制，但是对于管道及散热设备布置相同的楼层平面图可绘制一个平面图。一般绘制底层平面图、楼层平面图、顶层平面图。

（4）房屋平面图：本专业需要的建筑部分仅作为管道系统及设备平面的布置和定位基准，因此仅需抄绘建筑平面图的主要内容如房间、走廊、门窗、楼梯、台阶等主要构配件。

（5）散热器：散热器等主要设备及部件均为工业产品，不必详画，可按表 11-3 所列的图例表示。

（6）管道：各种管道不论在楼地面之上或之下，都不考虑可见性问题，仍按管道的类型以规定的线型和图例画出。管道系统一律用单线绘制。

（7）尺寸标注：房屋的平面尺寸一般只需在底层平面图中注出轴线间尺寸，另外标注室外地面和各层楼地面标高；散热器要标注规格和数量。

3. 供暖平面图的示例

图 11-18 是建筑物一层部分供暖平面图。系统供、回水总管设置在 ⑭ 轴右侧，管径均为 $DN80mm$。供水总管标高为 -1.50m，回水总管标高为 -1.80m。在建筑物内供暖系统分成了四个环路，供、回水干管在室内地沟内敷设，供水干管末端标高为 -0.059m，回水干管始端标高为 -0.089m。该供暖系统采用的是双管下供下回式系统。还可以看出供回水干管的管径和坡度坡向、供回水立管的位置、立管的编号、散热器的位置及标注的散热器数量等。图 11-19 是建筑物二~六层部分供暖平面图。图上标注了供回水立管的编号，可以看出散热器的布置，在散热器的外侧按一定顺序标注了二~六层散热器数量（如 12 表示 12 片）以及散热器的长度（如 0.4 表示散热器长度用 0.4m）。

4. 供暖平面图的绘图步骤

（1）画出房屋的平面图。主要轮廓线一般用中实线画出，其他用细实线。

（2）用图例符号画出平面图中各组散热器。

（3）画各立管。

（4）绘出与散热器和立管连接的支管。

（5）绘出供暖或回水干管，干管和立管的连接，补偿器及固定支架等。供暖管道用粗实线表示，回水管道用粗虚线表示。

（6）绘出管道上的附件及设备，如阀门等。

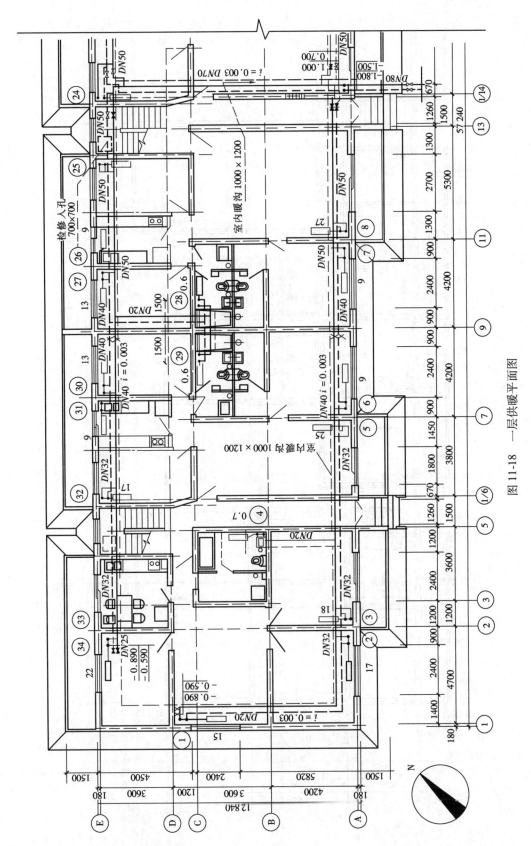

图 11-18 一层供暖平面图

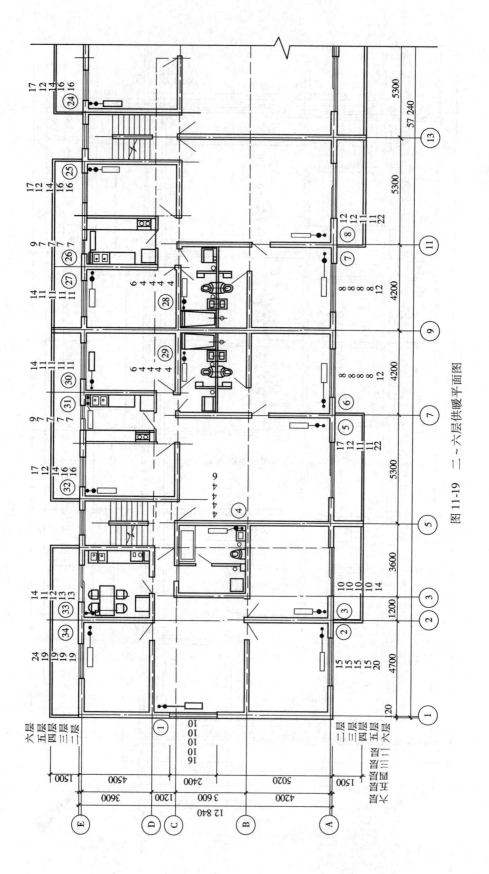

图 11-19 二～六层供暖平面图

(7) 标注尺寸,如立管的编号、水平管的坡度、管径大小以及散热器型号、片数等,同时标出平面图轴线编号、轴间距等。

(8) 注写设计及施工要求。

(二) 供暖系统图

1. 供暖系统图的内容

供暖系统轴测图是主要表明供暖管路系统的空间布置情况和散热器的空间连接形式的立体图。

供暖系统图一般采用三等正面斜轴测投影图绘制。主要表示从采暖入口至出口的采暖管道、散热器、主要附件的空间位置和相互关系。图中供暖管道用粗实线,回水管道用粗虚线,散热器用中实线,其他标高线、引出线等用细实线。在多层房屋内,当管道过于集中,无法表达清楚时,可将某些管道断开,引出绘制,表示方法同给水排水系统图。

在系统图上,要标明各管段的管径大小、水平干管的坡度、立管的编号、系统编号和散热器的片数等。此外,在管道安装时与房屋密切相关的标高尺寸也要标出。系统图的所有标注必须与平面图中的有关标注相同。

2. 供暖系统图示例

图 11-20 和图 11-21 是建筑物的供暖系统图。室内供暖系统由供水总管开始,按水流方向经供水干管在系统内形成分支,经供水立管、支管等把水送到散热设备。散热之后的回水经回水支管、立管、回水干管再回到总管至外网。

在图 11-20 中,可以看出供水总管管径为 80mm,标高为 -1.50m。回水总管标高为 -1.80m。供水干管始端管径为 50mm,末端管径为 20mm,有 8 根供水立管把热水供给二~六层的散热器,热水在散热器中散出热量后,回水经回水立管回到回水干管中,回水干管始端管径为 20mm,末端管径为 50mm,各分支汇集后从回水总管至外网。另外,从系统图上可以看出,供回水管的坡度为 0.003,供回水立管旁标注了立管和支管的管径,如 "$DN20 \times 15$" 表示立管的管径为 20mm,支管的管径为 15mm。每层散热器供水支管上设置阀门,便于调节每组散热器的散热量。

3. 供暖系统图的绘图步骤

绘制供暖系统图应以平面图为依据,其作图步骤如下:

(1) 从室外引入管处开始画起,先画总立管,顶层顶棚下的供暖干管。干管的位置、走向与平面图应一致。

(2) 绘出各个立管与供暖干管连接。

(3) 绘出各楼层的散热器及连接散热器和立管的支管。

(4) 绘出回水立管和回水干管。在管路中需画出阀门、补偿器、集气罐等设备以及固定支架的位置。

(5) 标注尺寸。图中需标出各层楼地面标高、干管的主要标高及干管各段的管径尺寸、坡度等。

(6) 标注散热器的片数及各立管的编号。

(三) 供暖详图

由于平面图和系统图采用的比例较小,管路及设备等均用图例符号画出,它们本身的构造和安装情况都不能表示清楚。因此,要用较大的比例画出其构造及安装详图。

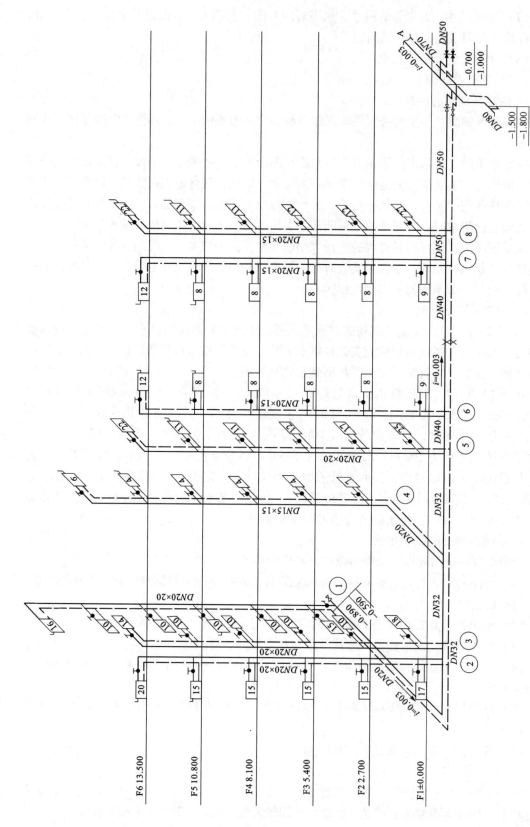

图 11-20 供暖系统图(一)

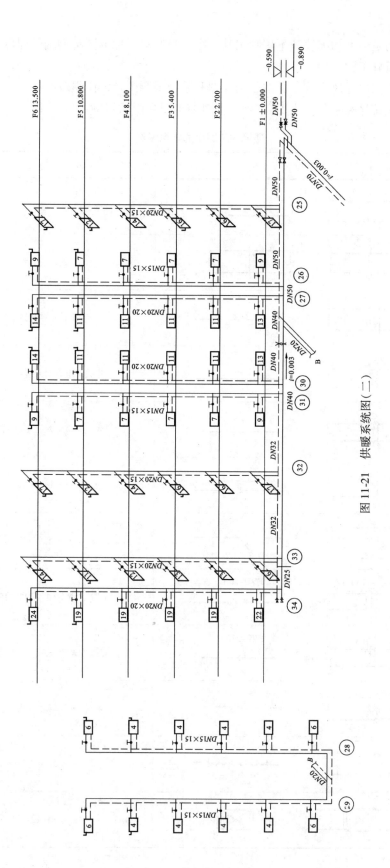

图 11-21 供暖系统图(二)

若采用的是标准构配件,不用画出其详图,只要写明标准图集的编号即可。

三、通风施工图

通风施工图由通风系统平面图、剖面图和系统轴测图及详图组成。通风施工图一般都是用一些图例符号表示的。表11-4列出通风施工图常用的图例符号。

通风施工图中的常用图例　　　　　表 11-4

图	例	名　　称
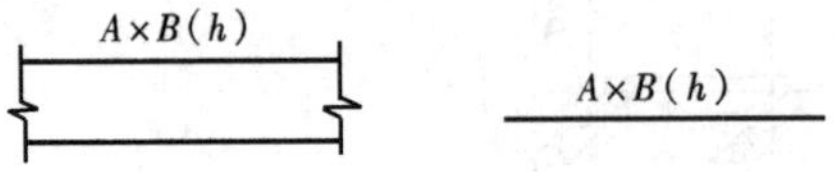 $A \times B(h)$	$A \times B(h)$	风管及尺寸 [宽×高（标高）]
		风管法兰盘
		手动对开多叶调节阀
		开关式电动对开多叶调节阀
		调节式电动对开多叶调节阀
		风管止回阀
		三通调节阀
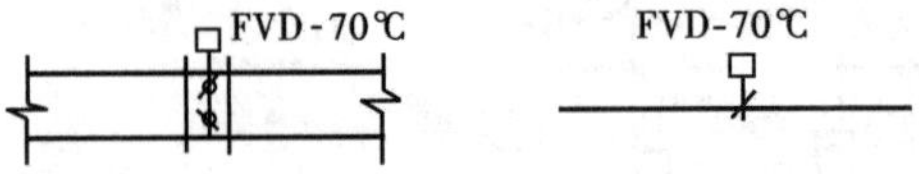 FVD-70℃	FVD-70℃	防火调节阀（70℃熔断）
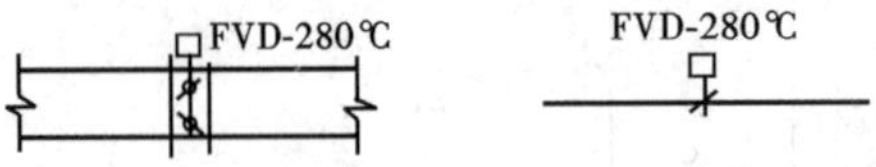 FVD-280℃	FVD-280℃	防烟防火调节阀（280℃熔断）
		风管软接头
		软风管
		消声器

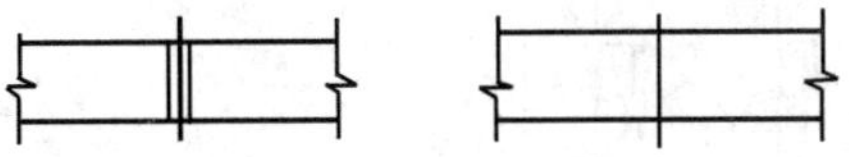

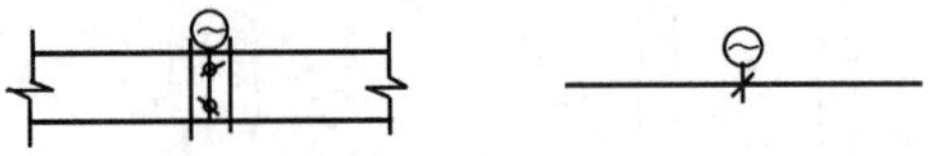

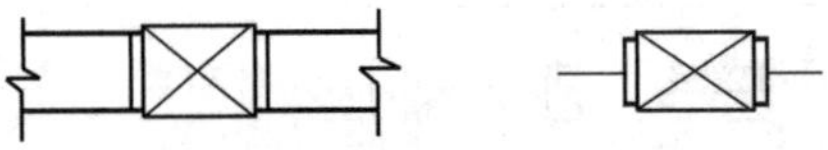

续表

图 例	名 称
	消声弯头
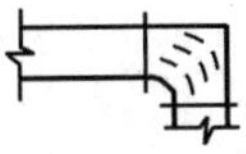	带导流片弯头
	方圆变径管
	矩形变径管
	百叶风口（DBY-，SBY-）
FS	方形散流器
YS	圆形散流器
	轴流风机
	离心风机
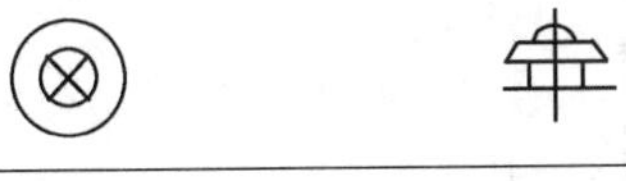	屋顶风机
 →	送风气流方向
	回风气流方向

（一）通风系统平面图

通风系统平面图是表示通风管道和设备的平面布置。主要内容如下：

(1) 通风管道、风口和调节阀等设备和构件的位置。

(2) 各段通风管道的详细尺寸，如管道长度和断面尺寸，送风口和回风口的定位尺寸及风管的位置、尺寸等。

(3) 用图例符号注明送风口或吸风口的空气流动方向。

(4) 系统的编号。

(5) 风机、电机等设备的形状轮廓及设备型号。

图 11-22 是送风系统平面图。图中详细标注各段通风管的长度、断面尺寸；绘出了截面变化的位置以及分支方式和分支位置；表示了风口的位置和方向。

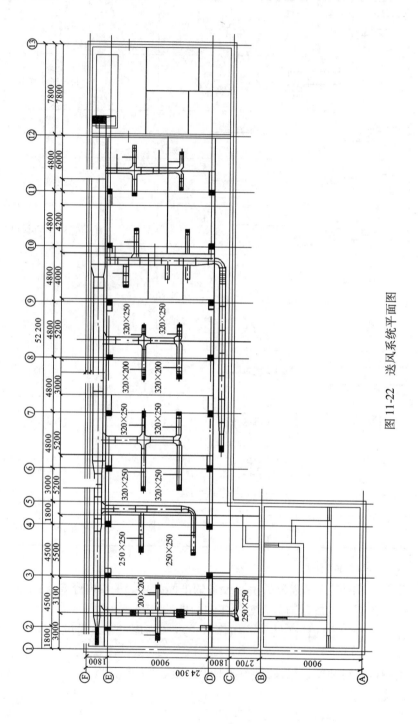

图 11-22 送风系统平面图

（二）通风系统剖面图

通风系统剖面图主要表示通风管道竖直方向的布置，送风管道、回风管道、排风管道间的交叉关系。有时用来表达风机箱、空调器、过滤器的安装、布置。

图 11-23 中 1—1 剖面表达了空调机箱的构造与布置。

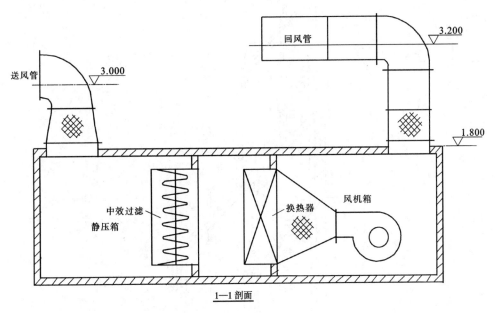

图 11-23　通风系统剖面图

（三）通风系统轴测图

通风系统轴测图表明通风系统的空间布置情况。它是采用正面斜轴测投影法绘制的立体图。图中注有通风系统的编号、风管的截面尺寸、设备名称及规格型号等。图 11-24 为送风管道轴测图。

（四）详图

详图是将构件或设备以及它们的制造和安装，用较大的比例绘制出来的图样。如果采用的是标准图集上的图样，绘制施工图时不必再画，只要在图中表明详图索引符号即可。非标准详图应绘出详图。

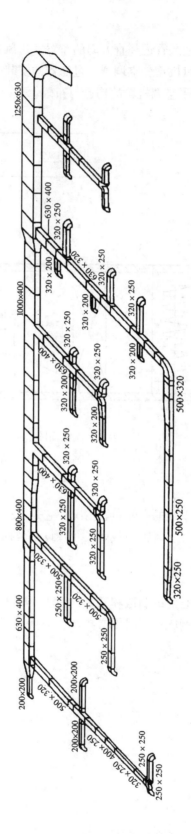

图 11-24 送风管道轴测图

第四节 电气系统设备施工图

一、概述

利用电工技术和电子技术实现某些功能以满足人们需求的一切电工、电子设备和系统，统称为电气设备系统。电气设备系统一般可以分为供配电系统和用电系统，其中根据用途不同分为三类：第一类是强电系统，它为人们提供能源、动力和照明；第二类是弱电系统，它为人们提供信息服务，如电话、有线电视和宽带网等用电设备；第三类是建筑物和电气装置的防雷和接地等。

电气系统设备施工图主要是用来表达建筑中电气设备的布局、安装方式、连接关系和配电情况的图样。电气系统设备施工图主要包括设计说明、照明、电力、电话、电视、广播、防雷等的平面图、系统图和详图。本节主要介绍室内照明施工图的有关内容和表达方法以及弱电系统。

二、室内电气照明系统的组成

室内电气照明系统由灯具、开关、插座、配电箱和配电线路组成。

（1）灯具：由电光源和控照器组合而成。电光源有白炽灯泡、荧光灯管等。控照器俗称灯罩，是光源的配套设备，用来控制和改变光源的光学性能并起到美化、装饰和安全的作用。

（2）开关：用来控制电气照明。

（3）插座：主要用来插接移动电气设备和家用电器设备。

（4）配电箱：主要用来非频繁地操作控制电气照明线路，并能对线路提供短路保护或过载保护。

（5）配电线路：在照明系统中配电线路所用的导线一般是塑料绝缘电线，按敷设方式分为明线和暗线，现代建筑室内最常用的是线管配线和桥架配线。

三、室内电气照明施工图的有关规定

1. 图线

电气照明施工图对于各种图线的运用应符合表 11-5 中的规定。

电气施工图中常用的线型　　　　　　表 11-5

名　称	线　型	用　途　说　明
粗实线	———————	基本线、可见轮廓线、可见导线、一次线路、主要线路
细实线	———————	二次线路、一般线路
虚线	− − − − −	辅助线、不可见轮廓线、不可见导线、屏蔽线等
点画线	— · — · —	控制线、分界线、功能围框线、分组围框线等
双点画线	— ·· — ·· —	辅助围框线、36V 以下线路等

2. 安装标高

在电气系统设备施工图中，线路和电气设备的安装高度需要以标高的形式标注，通常采用与建筑施工图相统一的相对标高。

3. 图形符号和文字符号

在电气系统设备施工图中，各种电气设备、元件和线路都是用统一的图形符号和文字符号表示的。应按照国家标准规定的符号绘制。对于标准中没有的符号可以在标准的基础上派生出新的符号，但要在图中加注说明。表 11-6 是一些室内电气照明系统中常用的文字符号及其含义。表 11-7 是部分室内电气照明系统中常用的图形符号。

室内电气照明施工图中常用的文字符号　　　　　表 11-6

文字符号	含　义	文字符号	含　义	文字符号	含　义
电光源种类					
IN	白炽灯	FL	荧光灯	Na	钠灯
I	碘钨灯	Xe	氙灯	Hg	汞灯
线路敷设方式					
E	明敷	C	暗敷	CT	电缆桥架
SC	钢管配线	T	电线管配线	M	钢索配线
P	硬塑料管配线	MR	金属线槽配线	F	金属软管配线
线路敷设部位					
B	梁	W	墙	C	柱
F	地面（板）	SC	吊顶	CE	顶棚
导线型号					
BX（BLX）	铜（铝）芯橡胶绝缘线	BVV	铜芯塑料绝缘护套线	BV（BLV）	铜（铝）芯塑料绝缘线
BXR	铜芯橡胶绝缘软线	BVR	铜芯塑料绝缘软线	RVS	铜芯塑料绝缘绞型软线
设备型号					
XRM	嵌入式照明配电箱	KA	瞬时接触继电器	QF	断路器
XXM	悬挂式照明配电箱	FU	熔断器	QS	隔离开关
其他辅助文字符号					
E	接地	PE	保护接地	AC	交流
PEN	保护接地与中性线共用	N	中性线	DC	直流

室内电气照明施工图中常用的图形符号　　　　　表 11-7

图形符号	说　明	图形符号	说　明
⊥	单相插座	 ⌒	单极开关
⊥	单相插座（暗装）	 ⌒●	单极开关（暗装）
 ⊥	带接地插孔单相插座	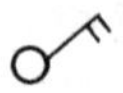 ⌒	双极开关

续表

图形符号	说明	图形符号	说明
	带接地插孔单相插座（暗装）		双极开关（暗装）
	带接地插孔三相插座	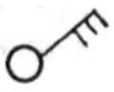	三极开关
	带接地插孔三相插座（暗装）		三极开关（暗装）
	具有单极开关的插座		单极拉线开关
	带防溅盒的单相插座		延时开关
	配电箱	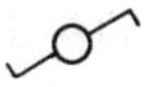	单极双控开关
	熔断器的一般符号	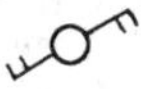	双极双控开关
	灯的一般符号		带防溅盒的单极开关
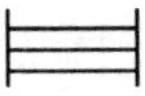	荧光灯（图示为3管）	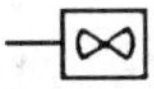	风扇的一般符号
	顶棚灯		向上配线
	壁灯		向下配线

4. 多线表示和单线表示法

电气系统设备施工图按电路的表示方法可以分为多线表示法和单线表示法。多线表示法是指每根导线在图样中各用一条线表示；单线表示法是指并在一起的两根或两根以上的导线，在图样中只用一条线表示。在同一图样中，必要时可以将多线表示法和单线表示法组合起来使用，在需要表达复杂连接的地方使用多线表示法，在比较简单的地方使用单线表示法。在用单线表示法绘制的电气施工平面图上，一根线条表示多条走向相同的线路，而在线条上画上若干短斜线表示根数（一般用3根导线数），或者用一根短斜线旁标注数字表示导线根数（一般用于3根以上的导线数），对于两根相同走向的导线则通常不必标注根数。

5. 标注方式

在室内电气照明施工图中，设备、元件和线路除采用图形符号绘制外，还必须在图形符号旁加文字标注，用以说明其功能和特点，如型号、规格、数量、安装方式、安装位置等。不同的设备和线路有不同的标注方式。

（1）照明灯具的文字标注方式：$a-b\dfrac{c\times d\times l}{e}f$。其中，$a$ 为灯具数量；b 为灯具的型号或编号；c 为每盏照明灯具的灯泡数；d 为每个灯泡的容量（W）；e 为安装高度（m）；f 为灯具的安装方式；l 为电光源的种类，常省略不标。

灯具安装方式有：吸壁安装（W）、线吊安装（WP）、链吊安装（C）、管吊安装（P）、嵌入式安装（R）、吸顶安装（—）等。

如：$10-\text{YG}_2-2\dfrac{2\times 40\times \text{FL}}{2.5}\text{C}$，表示10盏型号为 YG_2-2 的荧光灯，每盏灯有2个

353

40W 灯管，安装高度为 2.5m，链吊安装。

(2) 开关、熔断器及配电设备的文字标注方式一般为：$a\dfrac{b}{c/i}$ 或 $a-b-c/i$；当需要标注引入线时，文字标注方式为：$a\dfrac{b-c/i}{d(e\times f)-g-h}$，其中 a 为设备编号；c 为额定电流（A）或设备功率（kW），对于开关、熔断器标注额定电流，对于配电设备标注功率；i 为整定电流（A），配电设备不需要标注；e 为导线根数；f 为导线截面（mm^2）；g 为配线方式和穿线管径（mm）；h 为导线敷设方式及部位。

如：$2\dfrac{HH_3-100/3-100/8}{BX-3\times 35-SC40-FC}$，表示 2 号设备是型号为 $HH_3-100/3$ 的三极铁壳开关，额定电流为 100A，开关内熔断器的额定电流为 80A，开关的进线是 3 根截面为 35mm^2 的铜芯橡胶绝缘导线（BX），穿 40mm 的钢管（SC40），埋地（F）暗敷（C）。

(3) 线路的文字标注方式为：$a-b-c\times d-e-f$，其中，a 为线路编号或线路用途；b 为导线型号；c 为导线根数；d 为导线截面（mm^2），不同截面要分别标注；e 为配线方式和穿线管径（mm）；f 为导线敷设方式及部位。

如：N1 − BV − 2×2.5 + PE2.5 − T20 − SCC，表示 N1 回路，导线为塑料绝缘铜芯线（BV），2 根截面为 2.5mm^2，1 根截面为 2.5mm^2 的接零保护线（PE），穿直径 20mm 的电线管（T20），吊顶内（SC），暗敷（C）。

有时为了减少图画的标注量，提高图面清晰度，在平面图上往往不详细标注各线路，而只标注线路编号，另外提供一个线路管线表，根据平面图上标注的线路编号即可找出该线路的导线型号、截面、管径、长度等。

四、室内电气照明施工图

(一) 室内电气照明平面图

1. 室内电气照明平面图的内容

室内电气照明平面图应以建筑平面图为基础，表达各种电气设备与线路的平面布置。主要内容如下：

(1) 电源进线和电源配电箱及各配电箱的形式、安装位置等。

(2) 照明线路中导线的根数、型号、规格、线路走向、敷设位置、配线方式、导线的连接方式等。

(3) 照明灯具、控制开关、电源插座等的数量和种类，安装位置和相互连接关系。

2. 室内电气照明平面图的图示特点

(1) 比例：一般采用与建筑平面图相同的比例。土建部分按比例画，电气部分可不完全按比例画。

(2) 房屋平面图：用细实线简要画出房屋的平面形状如房屋的墙身、柱、门窗洞、楼梯、台阶等主要构配件，至于房屋的细部和门窗代号等均可略去。

(3) 电气部分：配电箱、照明灯具、开关、插座等均按图例绘制。有关的工艺设备只需用细实线画出外形轮廓。供电线路用单线，不考虑可见性。

(4) 平面图的数量：对于多层建筑物应分别绘制各层电气照明平面图，但是当楼层的照明布置相同时，可以合画一个标准层的平面图。与本层有关的电气设施不管位置高低，均应绘在同一层平面图中。

（5）尺寸标注：灯具、进户线、干线等供电线路按规定要求标注。

3. 室内电气照明平面图示例

图 11-25 为某宿舍的一层电气系统平面图。从图中可以看出：进户线为离地面高为 3m 的两根铝芯橡皮线，在墙内穿管暗敷，管径为 20mm。在 B 轴线走廊有个 I 号配电箱，暗装在墙内。配电箱尺寸及位置尺寸已标出。并从中分出①、②两个支路，每条支路连接房屋一侧的灯具和插座，在②支路上还有三盏走廊灯。从 I 号配电箱引上两根 4mm² 的铝芯橡皮线，用 15mm 直径的管道暗敷在墙内至二楼的配电箱。

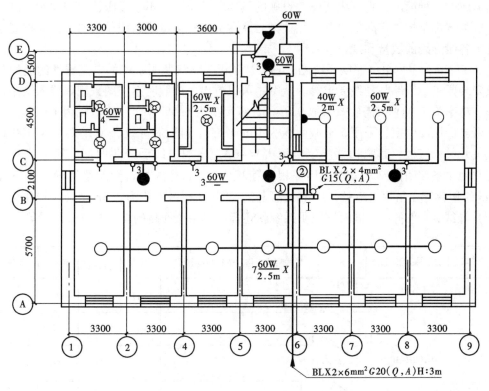

图 11-25 某宿舍一层电气系统平面图

说明：1. 进户线由电网架空引入单相二线 220V。
2. 进户线、箱间干线、至门灯线为 BLX-500V，穿钢管暗设；其他为 BLVV 铝卡钉明设。
3. 凡未标截面、根数、管径者为 2.5mm²、2 根、150mm。

4. 平面图的绘图步骤

（1）绘制建筑平面图。因为室内电气照明平面图主要表明电气系统，所以图中主要画出建筑平面图的主要内容，如房间、走廊、门窗位置。建筑平面图的主要轮廓线一般用中实线画出。

（2）绘制灯具、开关、插座、配电箱等。按照规定图形符号在其位置上绘制灯具、开关、插座和配电箱等。

（3）绘制线路。用粗实线绘制线路，连接灯具、开关、插座、配电箱等。

（4）标注轴线编号和轴线间距。

(5) 标注必要的文字符号说明。

(二) 室内电气照明系统图

室内电气照明系统图不像给水排水、采暖系统那样，它不是轴测投影，没有立体感，只是用图例、符号和线路组成的如同表格式的图形。

电气照明系统图反映了照明的安装功率，计算功率，计算电流，配电方式，导线和电缆的型号、规格，线路的敷设方式，穿管管径和开关、熔断器及其他控制保护测量设备的规格、型号等。

电气照明系统图的图示特点是：由各种电气图形符号用线条连接起来，并加注文字代号而形成的一种简图，它不表明电气设施的具体安装位置，不是投影，不按比例绘制；各种配电装置都是按规定图例绘制，相应型号注在旁边；供电线路用单粗实线，并按规定格式注出各段导线的数量和规格。

图 11-26 为室内电气照明系统图，它表达了以上电气照明系统的电气器件的类型与型号及安装要求；线路与配线要求等。从图中可以看出，该照明系统图采用单线图绘制，设备安装功率为 7.0kW，需要系数取 0.95，计算负荷为 6.65kW，计算电流为 10.1A，电源进线引自低压配电室，采用 5 根截面积为 10mm² 的塑料铜芯导线，总开关为 NC100H/3P 型空气开关，三极，其脱扣器整定电流 I_H = 40A。电源进线后经照明配电箱分成 6 条回路；其中 4 条照明回路，分别采用 2 根截面积为 2.5mm² 的塑料铜芯绝缘导线穿管径为 20mm 的塑料管在吊顶内暗敷，1 条插座回路，采用 3 根截面积为 2.5mm²（一根作接零保护用）导线；1 条备用。同时该照明系统图还标出了每个回路的功率和灯具数量等。

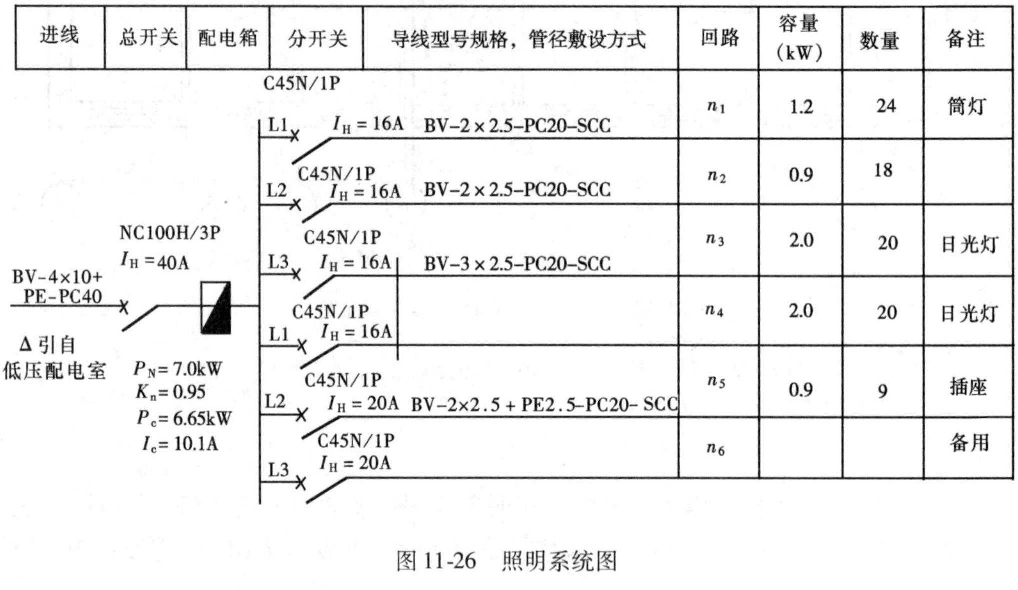

进线	总开关	配电箱	分开关	导线型号规格，管径敷设方式	回路	容量(kW)	数量	备注
			C45N/1P L1 I_H = 16A	BV-2×2.5-PC20-SCC	n_1	1.2	24	筒灯
			C45N/1P L2 I_H = 16A	BV-2×2.5-PC20-SCC	n_2	0.9	18	
BV-4×10+ PE-PC40 △ 引自 低压配电室	NC100H/3P I_H = 40A P_N = 7.0kW K_n = 0.95 P_c = 6.65kW I_c = 10.1A		C45N/1P L3 I_H = 16A	BV-3×2.5-PC20-SCC	n_3	2.0	20	日光灯
			C45N/1P L1 I_H = 16A		n_4	2.0	20	日光灯
			C45N/1P L2 I_H = 20A	BV-2×2.5 + PE2.5-PC20- SCC	n_5	0.9	9	插座
			C45N/1P L3 I_H = 20A		n_6			备用

图 11-26 照明系统图

(三) 电气详图

电气详图表明电气工程中许多部位的具体安装要求和作法。一般采用标准图，如果采用非标准图，均要另绘详图。

第五节 燃气工程施工图

现在的住宅楼建设，由于燃气网的建设以及为了给居民提供更好的服务设施，燃气安装已成为住宅楼的重要组成部分。

燃气管道是由干管从地下接入房屋，分别引到各层用户，通过燃气分户表接到燃气灶上，以供使用。燃气管道的分布近似于给水管道，但燃气管道对密封要求严格，对燃气设备、管道的设计、加工和敷设都有严格的要求。必须防腐、防漏气，同时加强维护和管理工作。

燃气施工图必须依据《城镇燃气设计规范》有关规定，并结合当地燃气建设的具体情况进行绘制。

燃气施工图一般有平面图、系统图及详图三种，并附有设计说明。

一、燃气平面图

对于多层建筑物应分别绘制各层燃气平面图，但是若中间层的燃气管道布置相同时，可以合画在一起。图中表达的内容有：应标明要求安装燃气管道和用气设备的房间用途，管道走向，燃气表、用气设备、烟道、通风道等的位置，以及管径、标高、建筑尺寸线等。比例一般采用1:50或1:100。燃气管道用粗实线，其他轮廓用中实线。如图11-27所示，为某一厨房的燃气平面图，该图中表示燃气管道从室外进入，通过立管进入到各层楼，再进入厨房。另外还表明燃气系统的平面布置相关尺寸及要求。

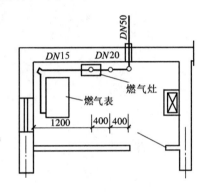

图11-27　燃气平面图

二、燃气系统图

为了清楚地表明燃气管道的空间布置情况，除平面布置图外，还需要有一个同时能反映空间三个方向的图来表达，这种图被称为燃气系统图。它是采用正面斜轴测投影法绘制的立体图。

在图中要注明分层地面相对标高、立管和水平管的走向、管径、管道坡度、管道安装高度以及管附件（燃气表、清扫口、阀门、活接头等）所在的位置，如图11-28所示是某住宅的燃气系统图。

三、详图

在平面图或系统轴测图中的某些部位，当需要放大节点或表达清楚时，可绘制详图。如燃气表安装、燃气入口做法、管道防腐做法等详图。若套用标准图，只需注明所选用的图名和图号。否则需要另行绘制安装或加工详图。

图11-29所示为燃气抽水缸的详图。上部为地面可见的砖砌井，由一根直径为20mm的抽水管通入到下部的凝水器，燃气管道通过凝水器，将凝结水留在凝水器中，由抽水管抽出。图中表明了各元件的尺寸、安装要求及材料，施工人员可按此图进行施工安装。

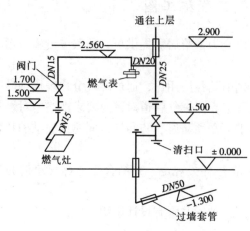
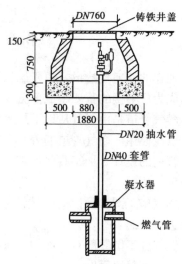

图 11-28　燃气系统图　　　　图 11-29　燃气抽水缸详图

主要参考文献

[1] 中华人民共和国住房和城乡建设部. 房屋建筑制图统一标准 GB/T 50001—2017[S]. 北京：中国建筑工业出版社，2017.
[2] 中国建筑标准设计研究院. 国家建筑标准设计图集 16G101-1[S]. 北京：中国计划出版社，2016.
[3] 中国建筑标准设计研究院. 国家建筑标准设计图集 16G101-2[S]. 北京：中国计划出版社，2016.
[4] 中国建筑标准设计研究院. 国家建筑标准设计图集 16G101-3[S]. 北京：中国计划出版社，2016.
[5] 彭波. 平法钢筋识图算量基础教程(第三版)[M]. 北京：中国建筑工业出版社，2018.

住房和城乡建设部"十四五"规划教材
普通高等教育"十一五"国家级规划教材
高等学校土木工程专业融媒体新业态系列教材

建筑工程制图习题集

（第四版）

主　编　张　英　江景涛
副主编　于洪波　毛新奇　郭全花

中国建筑工业出版社

第四版前言

随着教育部制定的《面向21世纪高等工程教育教学内容和课程体系改革计划》的启动，为适应教学改革的发展，满足工科院校建筑工程类各专业的教学需要，根据高等学校工科制图课程教学指导委员会制定的《画法几何及土木建筑制图课程教学基本要求》的主要精神，结合近年来计算机应用技术的发展，参考国内外同类教材，总结多年的教学经验，邀请了山东奥荣工程项目管理有限公司的技术人员共同编写了此教材。结合工程现场实践，最大限度使教学与工程一线相结合，简单易懂，实用性强。

习题集采用2017年最新颁布的《房屋建筑制图统一标准》，在图例选择方面尽量选用了国家标准上出现的图例，习题集在施工图看图方面采用了两套不同结构的建筑施工图和结构施工图，这样能更好地帮助读者理解房屋施工图的含义。

习题集包含所有的参考答案，并配有三维立体模型，可以对三维动画任意旋转，从不同的角度观看各种构件的造型，并可以任意剖切观看内部结构，形象生动，使课程中的许多难点变得简单易懂（例如截交线、相贯线部分、钢筋配置情况）。部分习题内容配备了二维码，帮助读者提高空间想象能力。

本书由山东奥荣工程项目管理有限公司、山东理工大学、青岛农业大学、河北建筑工程学院、中北大学等企业和院校共同编写，参与本版习题集修订工作的人员有：张英、江景涛、毛新奇、于洪波、刘继淼、李军、郭全花、李素蕾等。全书由张英统稿。

在编写过程中，参考了一些国内同类教材，在此特向有关作者致谢。

由于编者水平有限，本书会存在一些错误和缺点，恳请读者和同行批评指正（编者邮箱：sdlgdxzy@126.com，QQ：1075160657）。

编　者
2020年10月

第三版前言

随着教育部制定的《面向 21 世纪高等工程教育教学内容和课程体系改革计划》的启动，为适应教学改革的发展，满足工科院校建筑工程类各专业的教学需要，根据高等学校工科制图课程教学指导委员会制定的《画法几何及土木建筑制图课程教学基本要求》的主要精神，结合近年来计算机应用技术的发展，参考国内外同类教材，总结多年的教学经验，特别是近年来本课程教学改革的实践经验编写了本书。

习题集采用 2011 年最新颁布的《房屋建筑制图统一标准》，在图例选择方面尽量选用了国家标准上出现的图例，习题集在施工图看图方面采用了两套不同结构的建筑施工图和结构施工图，这样能更好地帮助读者理解房屋施工图的含义。

用 Authorware 制作的课件中含有习题集所有的参考答案，并配有三维立体模型，可以对三维动画任意旋转从不同的角度观看各种构件的造型，并可以任意剖切观看内部结构，形象生动，使课程中的许多难点变得简单易懂（例截交线、相贯线部分、钢筋配置情况）。

参加编写工作的人员有：郭全花（习题集第二、三、四、六章部分、习题集答案第二、三、四、六章）、张英（第一、二、三、四、五、六、九、十章部分、习题集答案第一、二、三、四、五章部分）、江景涛（第七、八、十一章）、毛新奇（第九、十章）、郭树荣（第十二章）、刘永强（第九章部分）、王万月（第四章部分）。董昌利、汪飞、李素蕾、周传鹏、宋亦刚、饶克勤、王万月等绘制了习题集中的部分图形。课件制作人员：张英、江景涛、毛新奇、郭全花、叶玲、张岩、饶静宜、李腾训、张玉涛、张慧、吴化勇等，二维和三维习题答案编写人员有：张英、郭全花、郭树荣、江景涛、胡心洁、刘永强、于洁、韩剑、董祥、喻骁、陈长冰等，翟胜秋、王玉琴、陶峰、董昌利、汪飞、宋亦刚、饶克勤等绘制了书中的部分图形。全书由张英统稿。

在编写过程中，参考了一些国内同类教材，在此特向有关作者致谢。

由于编者水平有限，本书会存在一些错误和缺点，恳请读者和同行批评指正。

编 者
2012 年 8 月

第二版前言

随着教育部制定的《面向 21 世纪高等工程教育教学内容和课程体系改革计划》的启动，为适应教学改革的发展，满足工科院校建筑工程类各专业的教学需要，根据高等学校工科制图课程教学指导委员会制定的《画法几何及土木建筑制图课程教学基本要求》的主要精神，本习题集结合近年来计算机应用技术的发展，总结多年的教学经验，特别是近年来本课程教学改革的实践经验编写而成的。

习题集采用最新颁布的《房屋建筑制图统一标准》，在图例选择方面尽量选用国家标准上出现的图例，1996 年 11 月 28 日，中华人民共和国建设部批准由山东省建筑设计研究院和中国建筑标准研究所编制的《混凝土结构施工图平面整体表示方法制图规则和构造详图》（96G101）图集，作为国家建筑标准设计图集，在全国推广使用。习题集在施工图中采用了二套不同结构类型完整的施工图，可以很好地帮助读者提高阅读施工图的能力。

本习题集由山东理工大学、青岛农业大学、河北建筑工程学院、中北大学等院校共同编写，参加编写工作的人员有：郭全花（习题集第二、三、四、六章部分、习题集答案第二、三、四、六章）、张英（第一、二、三、四、五、六章部分、习题集答案第一、五章）、江景涛（第七、八、十一章、习题集答案七、八、十一章）、毛新奇（第九、十章、习题集答案九、十章）、郭树荣（第十二章、习题集第九、十章部分）、王万月（第四章部分）。钱书香（第一章部分）董昌利、汪飞、李素蕾、周传鹏、宋亦刚、饶克勤、王万月等绘制了习题集中的部分图形。由张英、郭树荣任主编。在编写过程中，得到了淄博市规划设计院、淄博怡康居装饰有限公司的大力支持，在此表示感谢。

在编写过程中，参考了一些国内同类教材，在此特向有关作者致谢。

由于编者水平有限，本书会存在一些错误和缺点，恳请读者和同行批评指正。

编 者
2008 年 8 月

第一版前言

随着教育部制定的《面向 21 世纪高等工程教育教学内容和课程体系改革计划》的启动，为适应教学改革的发展，满足工科院校建筑工程类各专业的教学需要，根据高等学校工科制图课程教学指导委员会制定的《画法几何及土木建筑制图课程教学基本要求》的主要精神，本习题集结合近年来计算机应用技术的发展，总结多年的教学经验，特别是近年来本课程教学改革的实践经验编写而成的。

习题集采用最新颁布的《房屋建筑制图统一标准》，在图例选择方面尽量选用了国家标准上出现的图例，1996 年 11 月 28 日，中华人民共和国建设部批准由山东省建筑设计研究院和中国建筑标准研究所编制的《混凝土结构施工图平面整体表示方法制图规则和构造详图》（96G101）图集，作为国家建筑标准设计图集，在全国推广使用。本书在结构施工图中，详细介绍了平法规则。

本书由山东理工大学、山东农业大学、莱阳农学院等院校共同编写，参加编写工作的人员有：张英（第二章、第四章、第五章、第七章、第八章）、宋亦刚（第六章）、郭树荣（第七章、第十章）、江景涛（第三章、第九章）、钱书香（第一章）、李素蕾（第五章）。由张英任主编，郭树荣、宋亦刚任副主编。此外，董昌利、汪飞等绘制了习题中的部分图形。光盘制作人员：张英、叶玲、张岩、郭树荣、宋亦刚、李素蕾、张玉涛。

在本书编写过程中，得到淄博市规划设计院、淄博怡康居装饰有限公司的大力支持，在此表示感谢；还参考了一些国内同类教材，在此特向有关作者致谢。

由于编者水平有限，本书会存在一些错误和缺点，恳请读者和同行批评指正。

编　者
2004 年 11 月

目 录

第一章　制图的基本知识 ……………………………………………………………………… 1

第二章　点、直线、平面的投影 ……………………………………………………………… 9

第三章　基本形体及截交线、相贯线 ………………………………………………………… 44

第四章　组合体的投影与构型设计 …………………………………………………………… 64

第五章　建筑形体的表达方法 ………………………………………………………………… 89

第六章　轴测图 ………………………………………………………………………………… 109

第七章　阴影 …………………………………………………………………………………… 118

第八章　透视投影 ……………………………………………………………………………… 122

第九章　建筑施工图 …………………………………………………………………………… 126

第十章　结构施工图 …………………………………………………………………………… 155

第十一章　建筑设备施工图 …………………………………………………………………… 178

第一章 制图的基本知识　　　　　　　　　班级　　　　序号　　　姓名

字体练习

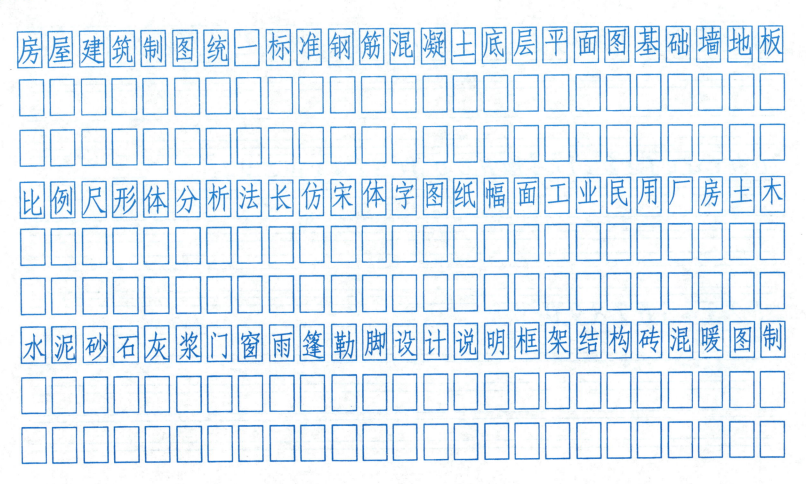

房屋建筑制图统一标准钢筋混凝土底层平面图基础墙地板

比例尺形体分析法长仿宋体字图纸幅面工业民用厂房土木

水泥砂石灰浆门窗雨篷勒脚设计说明框架结构砖混暖图制

第一章　制图的基本知识　　　　　　　　　　　　　　班级　　　　序号　　　姓名

字体练习

第一章　制图的基本知识　　　　　　　　　　　　班级　　　　　序号　　　　姓名

尺寸标注
(1) 标注图形的尺寸。　　　　　　　　　　　　(2) 分析左图尺寸标注的错误，并在右图正确注出。

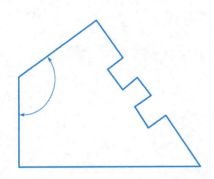
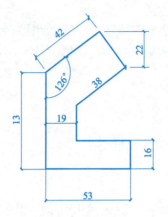

(3) 分析左图尺寸标注的错误，并在右图正确注出。

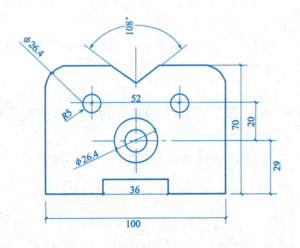
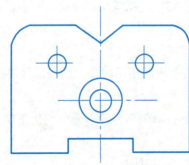

3

第一章　制图的基本知识

班级　　　　序号　　　　姓名

线型练习

一、目的

1. 学习绘图工具和仪器的正确使用方法。
2. 熟悉线型、圆弧、建筑材料的画法和字体写法、尺寸的注写等。
3. 初步掌握制图的基本规格（图纸幅面、线型、比例、字体、尺寸标注、建筑材料等）。

二、内容

线型和常用建筑材料图例。

三、要求

1. 图纸：A3 图幅；标题栏：格式及大小见课本。
2. 图名：线型练习；图别：制图基础。
3. 比例：1∶1。
4. 图线：基本粗实线、粗虚线 $b≈0.7mm$（2B 或 B 铅笔），中实线、中虚线 $0.5b≈0.35mm$（HB 或 B 铅笔），细实线、细虚线、细点画线 $0.35b≈0.18mm$（HB 铅笔）。
5. 字体：字体用 HB 铅笔写长仿宋体，先打格，后写字，字要足格。其中：建筑材料名称写 7 号字，尺寸数字写 3.5 号字，标题栏中的图名、校名写 7 号字，其余字体写 5 号字。
6. 底稿线：用 H 铅笔画图，要求轻、细、准；尽量不用橡皮擦除。
7. 绘图质量：作图准确，布图均匀；图线粗细分明、交接正确，同一线型的宽度保持一致。建筑材料图例线画 45°细实线，要间隔一致，约 2~3mm。字体要认真、整齐、端正。

四、说明

要求用绘图工具和仪器在图板上规规矩矩画图。画底稿和加深图线时，都不准离开图板和丁字尺，且丁字尺尺头始终位于图板的左边缘。

五、制图作业评分标准

1. 图形正确及作图准确，图形投影关系正确、图线交接正确，尺寸标注符合国家标准。
2. 图面布置均匀合理。
3. 线型粗细均匀，色调一致，线型分明。
4. 字体端正、书写认真。
5. 图面整洁。

第一章　制图的基本知识　　　　　　　　　班级　　　序号　　　姓名

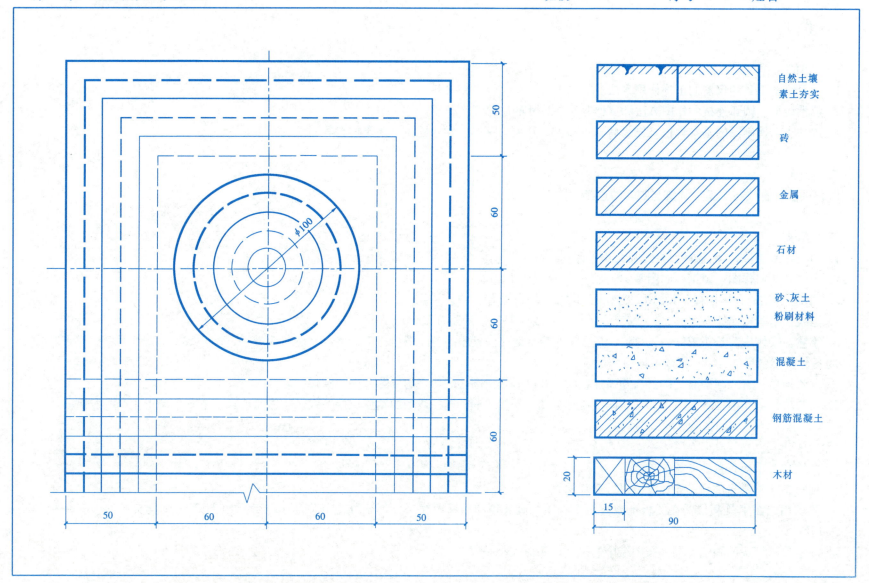

第一章　制图的基本知识　　　　　　　　　　　　　班级　　　　　　序号　　　　　姓名

几何作图

一、目的
1. 学习绘图工具和仪器的正确使用方法。
2. 熟悉线型、圆弧连接的作图方法和字体写法、尺寸的注写等。
3. 进一步掌握制图的基本规格（图纸幅面、线型、比例、字体、尺寸标注、建筑材料等）。

二、内容
图线画法，直线与圆弧、圆弧与圆弧的连接。

三、要求
1. 图纸：A3 图幅；标题栏：格式及大小见课本。
2. 图名：几何作图；图别：制图基础。
3. 比例："花池金属栏杆" 1∶10，"搭钩" 1∶2，其余均为 1∶1。
4. 图线：基本粗实线 $b≈0.7mm$，细实线、细点画线 $0.35b≈0.25mm$。
5. 字体：字体应写长仿宋体，先打格，后写字，字要足格。其中：各图图名写 7 号字，比例写 5 号字，尺寸数字写 3.5 号字，标题栏中的图名、校名写 7 号字，其余字体写 5 号字。
6. 圆弧连接：直线与圆弧、圆弧与圆弧连接时，要准确定出圆心和切点的位置，先画圆弧，后画直线。
7. 绘图质量：作图准确，布图均匀；图线粗细分明、交接正确，同一线型的宽度保持一致。字体要认真、整齐、端正。作图线保留。

四、说明
1. 抄绘时要重新布置各图的位置。
2. 加深图线时要先试画；先加深圆弧，后加深直线。
3. 要求用绘图工具和仪器在图板上规规矩矩画图。画底稿和加深图线时，都不准离开图板和丁字尺，且丁字尺尺头始终位于图板的左边缘。
4. 注意尺寸箭头的画法，同一张图纸中的尺寸箭头应大小一致。

第一章　制图的基本知识　　　　　　　　　　　　　　班级　　　　序号　　　姓名

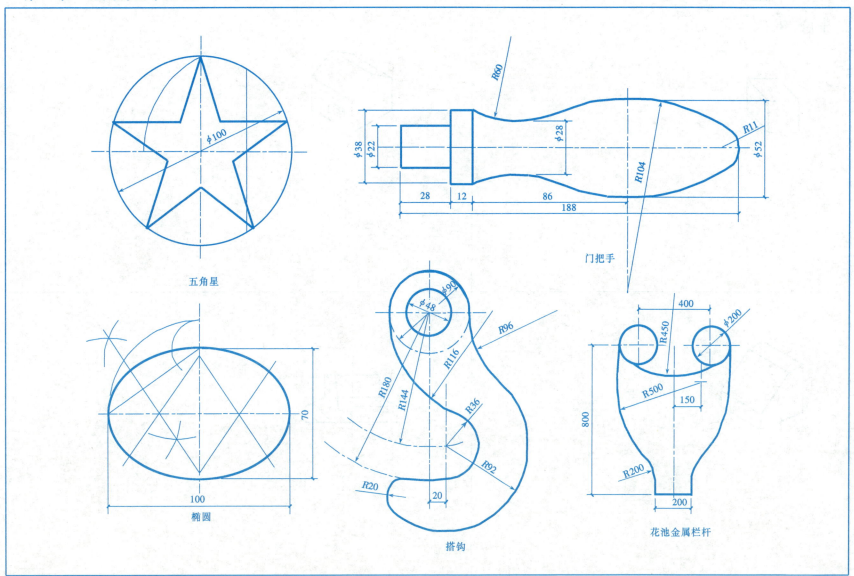

第一章　制图的基本知识　　　　　　　　　　　班级　　　序号　　　姓名

徒手画图

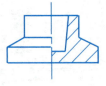

第二章 点、直线、平面的投影——点的投影

2-1 求各点的第三投影，并填上各点到投影面的距离。

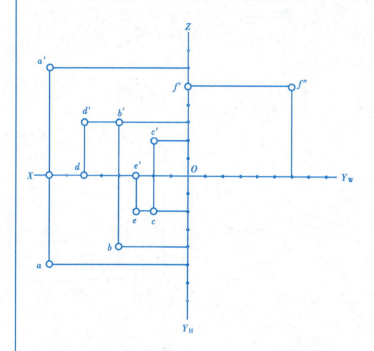

A 点距 V 面（　　）、距 H 面（　　）、距 W 面（　　）
B 点距 V 面（　　）、距 H 面（　　）、距 W 面（　　）
C 点距 V 面（　　）、距 H 面（　　）、距 W 面（　　）
D 点距 V 面（　　）、距 H 面（　　）、距 W 面（　　）
E 点距 V 面（　　）、距 H 面（　　）、距 W 面（　　）
F 点距 V 面（　　）、距 H 面（　　）、距 W 面（　　）

2-2 已知点 K（10，15，20）、M（20，15，8）、N（10，15，8）三点的坐标，作出三面投影和在直观图中的位置，并判别可见性。不可见点用括号括起。

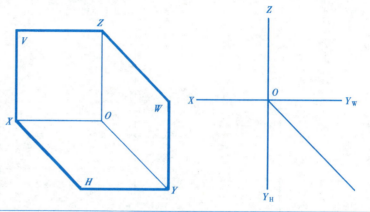

2-3 比较 A、B、C 三点的相对位置。

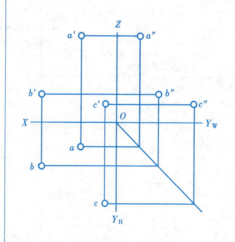

B 点在 A 点 { （上、下）（左、右）（前、后）

B 点在 C 点 { （上、下）（左、右）（前、后）

C 点在 A 点 { （上、下）（左、右）（前、后）

第二章 点、直线、平面的投影——点的投影

2-4 已知 E（22，30，20），F 点在 E 点之左 10mm，之下 10mm，之后 10mm；G 点在 E 点的正右方 12mm，作出点 E、F、G 的三面投影。

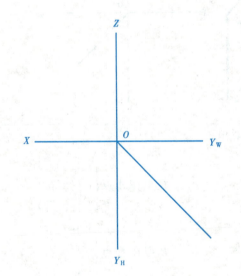

2-5 已知 A（24，18，20），B（24，18，0），以及点 C 在点 A 之右 10mm，之上 16mm，之前 12mm，作出点 A、B、C 的三面投影。

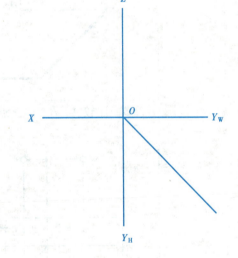

2-6 已知点 D（30，0，20），点 E（0，0，20）以及点 F 在点 D 的正前方 25mm，作出这三个点的三面投影。

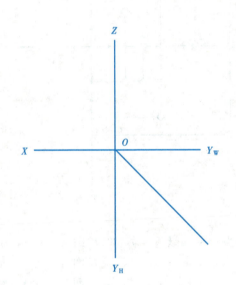

第二章 点、直线、平面的投影——点的投影

2-7 已知物体的立体图和投影图，试把 A、B、C、D、E 各点标注到投影图上的对应位置，并把重影点处不可见点加上括号。

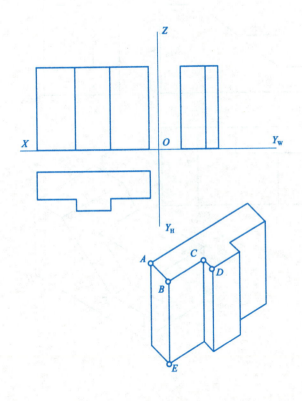

2-8 已知 A、B 两点是一对 V 面重影点，相距 10mm；A、C 两点是一对 H 面的重影点，C 点在 H 面上；D 点在 H 面上，且在 C 点后 15mm，右 15mm，求 B、C、D 三点的三面投影，并判别重影点的可见性。

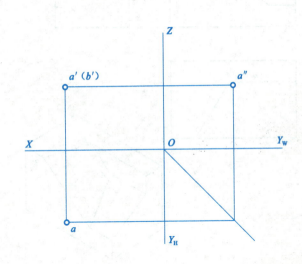

第二章 点、直线、平面的投影——直线的投影

2-9 在立体的投影图上,标出直线的三个投影,并说明其对投影面的相对位置(参照立体图)。

(1)

AB 是_____线;
BK 是_____线;
AC 是_____线。

(2)

DE 是_____线;
DF 是_____线;
GH 是_____线。

第二章 点、直线、平面的投影——直线的投影

2-10 判断下列直线的位置。

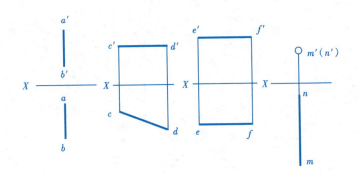

AB 是_____，CD 是_____，EF 是_____，MN 是_____。

2-11 根据已知条件，作直线的投影。

(1) 已知 AB∥H 面及 ab 和 a'，求 a'b'。　(2) 已知 CD∥V 面，且距离 V 面 20mm，求 cd。

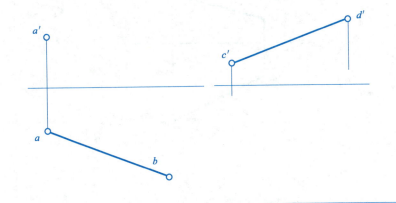

2-12 已知直线 AB 的实长为 15mm，求作其三面投影。

(1) AB∥W 面，$\beta = 30°$；点 B 在点 A 之下、之前。

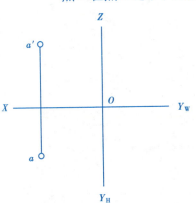

(2) AB∥V 面，$\gamma = 60°$；点 B 在点 A 之下、之右。

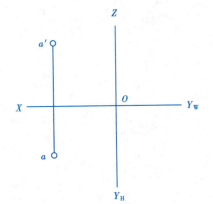

(3) AB⊥H 面，点 B 在点 A 之下。

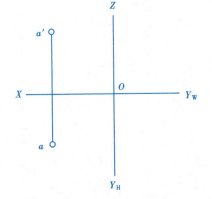

第二章 点、直线、平面的投影——直线的实长

2-13 求直线 AB 的实长以及对 H 面、V 面的倾斜角 α、β。

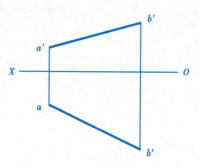

2-14 过点 A 作一直线 AB，AB 的实长为 20mm，倾角 α = 30°，β = 45°，完成它的投影（在图纸上作两个解）。

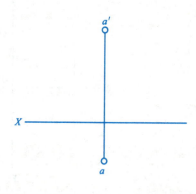

2-15 已知 ABC 为等腰直角三角形，AB⊥BC，求 a'b' 和 b'c'。

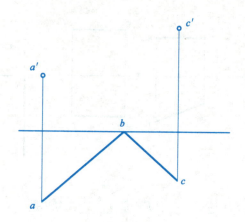

第二章 点、直线、平面的投影——直线的实长

2-16 已知直线 $AB = AC$，求 ac。

(1)

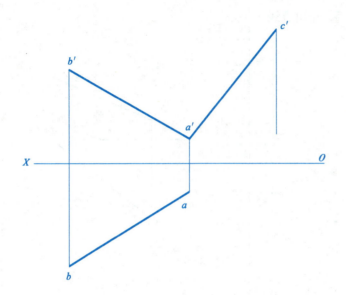

(2)

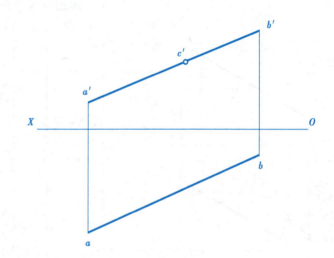

第二章 点、直线、平面的投影——直线上的点

2-17 已知点 C 位于直线 AB 上，AC = 20mm，求点 C 的两面投影。

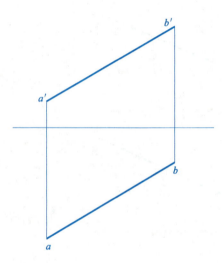

2-18 已知直线 AB 和点 C、D，要求：（1）分别判断点 C、D 是否在直线上，把结果填在下面括号内；（2）已知 E 点在直线 AB 上，分割 AB 成 AE：EB = 3：5，作出直线 AB 的 W 面投影和 E 点的三面投影。

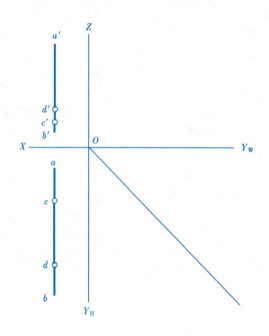

C 点（　　）直线上；D 点（　　）直线上。

2-19 在直线 AB 上取点 C，使 C 点距 V 面 15mm。

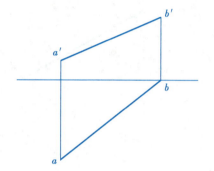

第二章 点、直线、平面的投影——直线上的点

2-20 已知 AB 线上点 K 的 H 投影 k，求 k′。

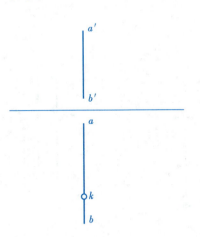

2-21 在直线 AB 上求一点 C 使 C 与 V、H 面等距。

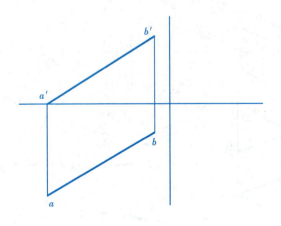

2-22 过 K 点作一直线 KG 与 AB 相交，(1) 端点 G 在 Z 轴上。(2) 端点 G 在 Y 轴上。

(1)

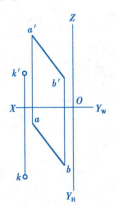

(2)

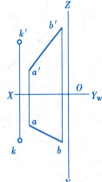

第二章 点、直线、平面的投影——直线的相对位置　　　　班级　　　序号　　　姓名

2-23 判别 AB 和 CD 两直线的相对位置（平行、相交、交叉）。

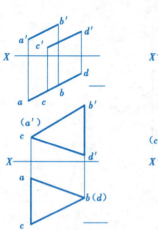 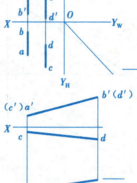 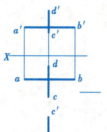 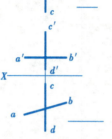 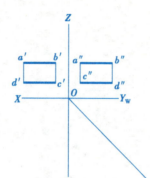 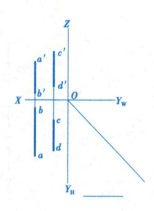

2-24 已知 M 点在 V 面上，E 点在 AB 上，ME//CD，补全所缺的投影。

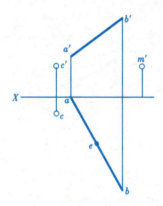

2-25 作一水平线 EF，离 H 面为 15mm，并与直线 AB、CD 相交。

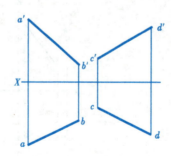

2-26 距 H 面 25mm 作水平线 MN，与 AB、CD 相交。

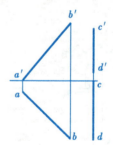

第二章 点、直线、平面的投影——直线的相对位置

2-27 作 MN，使其与 AB 平行，并与直线 CD、EF 都相交。

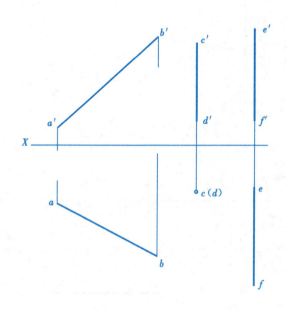

2-28 求作交叉两直线的重影点的投影。

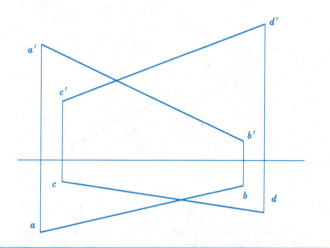

2-29 过点 M 作一长度为 40mm 的侧平线 MN 与 AB 相交。

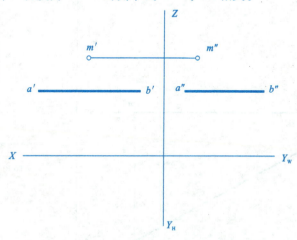

第二章 点、直线、平面的投影——直线的相对位置（垂直）

2-30 求 K 到直线 AB 的距离。

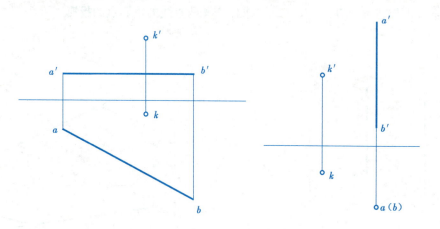

2-31 已知正方形 ABCD 的边 BC 属于 MN，试画出正方形的投影。

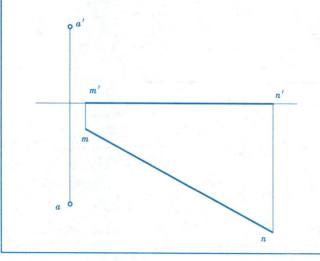

2-32 求直线 AB 与 CD 的真实距离。
(1)　　　　　　　　　　　　(2)

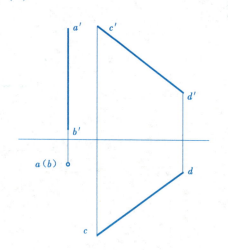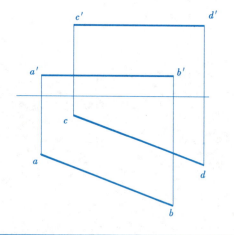

第二章 点、直线、平面的投影——直线的相对位置（垂直）

2-33 已知 AC 为水平线，作出等腰三角形 ABC 的水平投影。

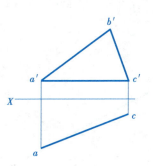

2-34 完成正方形 ABCD 的两面投影。

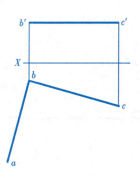

2-35 以正平线 AC 为对角线，作一正方形 ABCD，B 点距 V 面为 25mm。

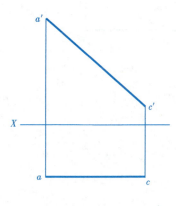

2-36 作交叉线 AB、CD 的公垂线 EF，EF 与 AB 相交于 E，与 CD 交于 F，并注明两交叉线之间的距离。

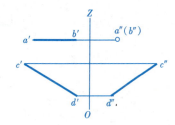

2-37 作一等腰 △ABC，其底边 BC 在正平线 EF 上，底边中点为 D，顶点 A 在直线 GH 上，并已知 AB = AC = 25mm。

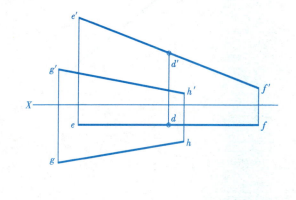

2-38 已知正方形 ABCD 的一边 BC 的 V、H 投影，另一边 AB 的 V 投影方向，求作正方形 ABCD 的投影。

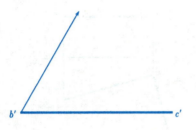
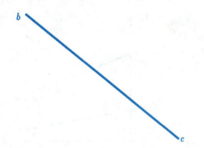

2-39 求作以 BC 为底边的等腰三角形 ABC 的两面投影，三角形的高 AD = BC，AD 的 $\beta = 45°$。有（ ）解？

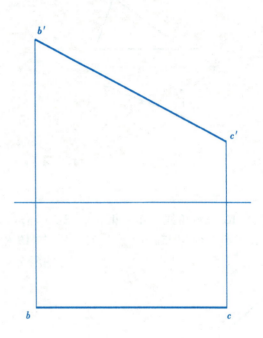

第二章 点、直线、平面的投影——直线的相对位置（垂直）

2-40 从点 C 向室外电线 AB 搭接住户引入线，试问接在 AB 的何处，使引入线最短，引入线的实长是多少？

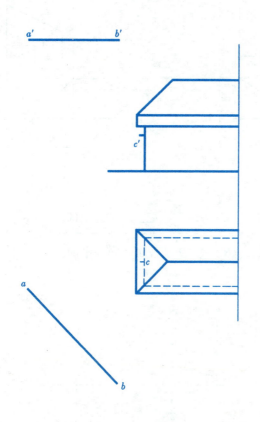

2-41 已知丁字尺的 V 面投影和尺头的实长，求丁字尺的 H 投影和尺身实长。

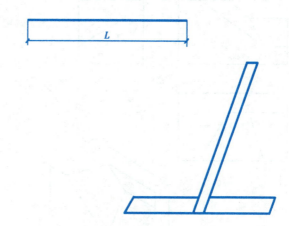

第二章 点、直线、平面的投影——平面的投影

2-42 如图中平面 A 所示，在投影图中标出各平面的三个投影，并写出属于何种位置平面。

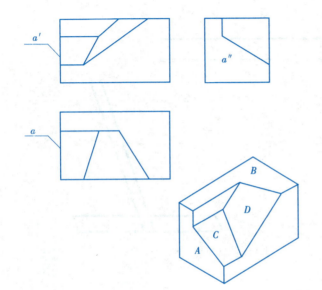

A 是_____面；
B 是_____面；
C 是_____面；
D 是_____面。

2-43 补画各平面图形的第三面投影，并填写它们是何种位置平面。

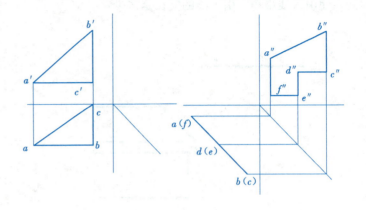

_____面   _____面

2-44 判断四点 A、B、C、D 是否属于同一平面。（   ）

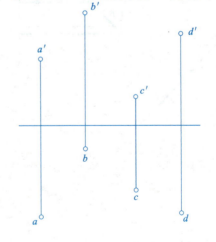

第二章　点、直线、平面的投影——平面的投影　　　　班级　　　序号　　　姓名

2-45　画出平面 ABCD、ABEFG 的三面投影图。

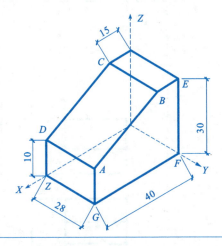
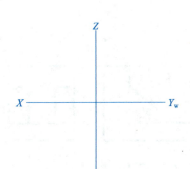
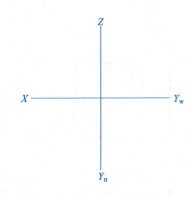

2-46　过直线作出用积聚投影表示的平面。

（1）作投影面的平行面 Q　　　（2）作正垂面 P，使 α = 60°

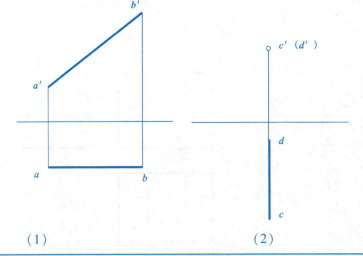

（1）　　　　　　　　　　　（2）

2-47　用迹线表示相交直线 AB 和 CD 组成的平面。

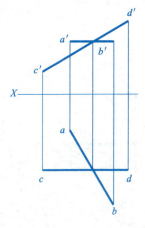

第二章 点、直线、平面的投影——平面的投影

2-48 判别图中所指的表面是曲面或平面，如果为平面，指出它属于哪一类平面。并标注出所指平面的另外两个投影。

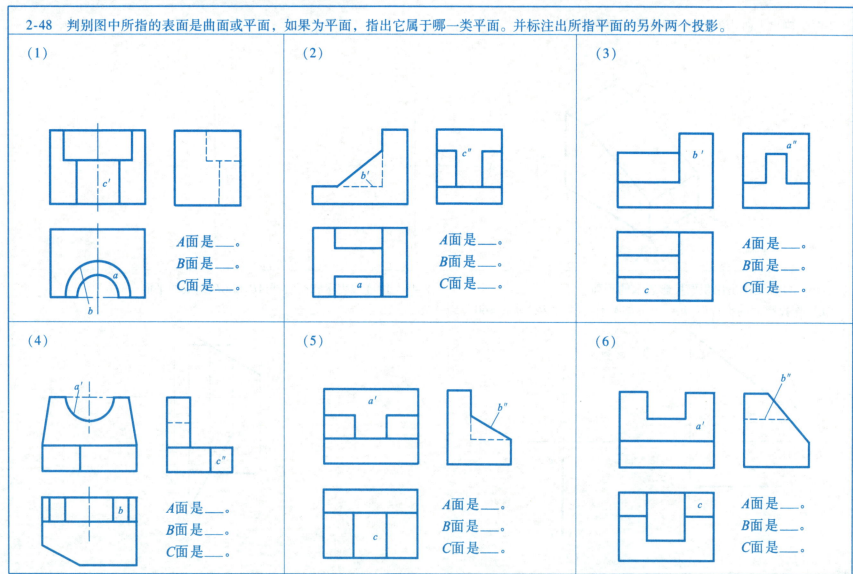

第二章　点、直线、平面的投影——平面的投影　　　　　班级　　　序号　　　姓名

2-49　完成矩形 ABCD 的投影。

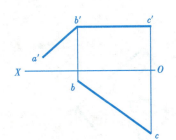

2-50　补画平面的第三投影。

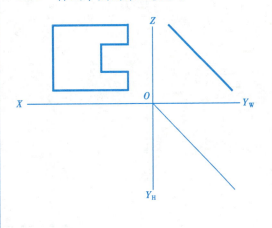

2-51　作等边 △ABC 为水平面。

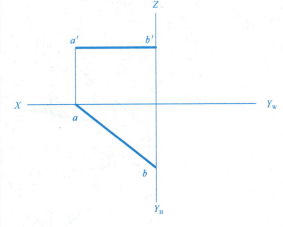

2-52　作 □ABCD 为铅垂面。求正面投影和侧面投影。

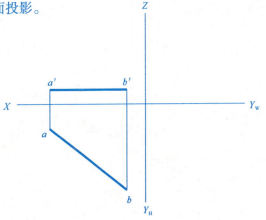

27

第二章 点、直线、平面的投影——平面上的点和直线

2-53 求平面内点的另一个投影。

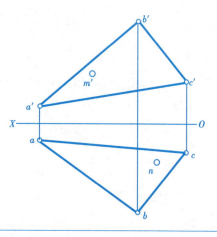

2-54 求平面 ABCD 内字母 A 的另一个投影。

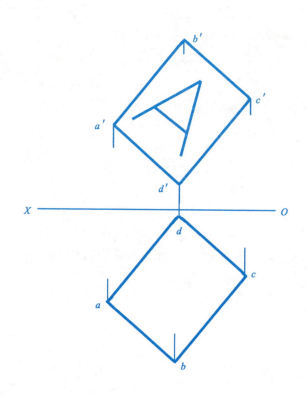

2-55 试在平面 △ABC 内作一正平线 CE，E 点距 H 面 15mm。

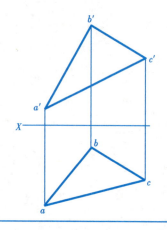

第二章 点、直线、平面的投影——平面上的点和直线   班级   序号   姓名

2-56 已知矩形 PQRS 上的一个五边形 ABCDE 的 V 面投影,作出它的 H 面的投影。

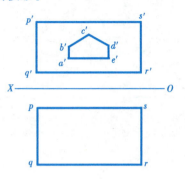

2-57 已知直线 MN 在 △ABC 上,求直线 MN 的 H 投影。

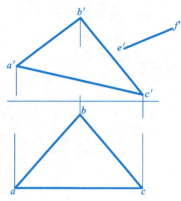

2-58 在平面 ABCD 上找一点 K,使其距离 V、H 面的距离均为 20mm。

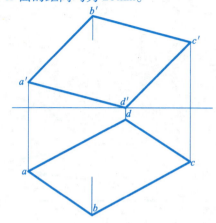

2-59 已知平面 ABCD 的 AD 边平行于 V 面,试补全 ABCD 的水平投影。

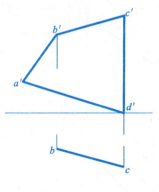

2-60 作平面图形的侧面投影和它上面的一条水平线 AD,一条正平线 CE 和一条水平面的最大斜度线 BN。

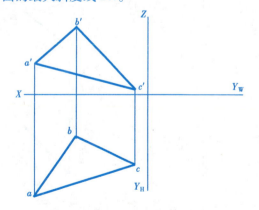

2-61 完成平面五边形 ABCDE 的投影。

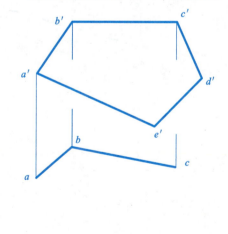

第二章　点、直线、平面的投影——平面上的点和直线　　班级　　　　序号　　　　姓名

2-62　AN 和 AM 分别是△ABC 上的正平线和水平线，试完成△ABC 的水平投影。

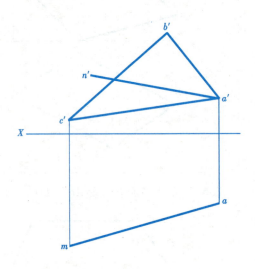

2-63　已知正方形 ABCD 的对角线 AC 的两面投影，正方形与 H 面的倾角为 60°，顶点 B 在后上方，完成正方形的三面投影（提示：正方形的对角线互相垂直平分）。

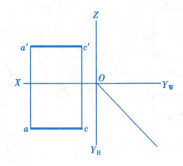

2-64　判断三条平行直线是否属于同一平面。（　　）

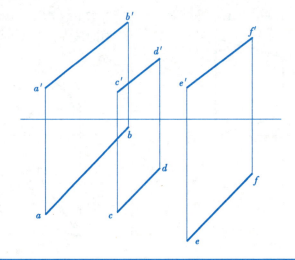

第二章 点、直线、平面的投影——平面上的点和直线

2-65 在 A 点处有一小球沿 ABC 面滚下，求滚动路线。如果不考虑惯性，求继续往下滚到地面（即锥底面 DEF 所在平面），试问球将回落到锥底面 DEF 所在平面上的哪一点？

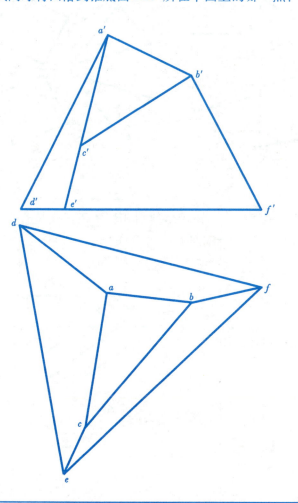

2-66 过 △ABC 的顶点 B 作直线 BD 属于平面 △ABC，并使其与 H 面的倾角 α=45°，其中 D 点落在直线 AC 上。

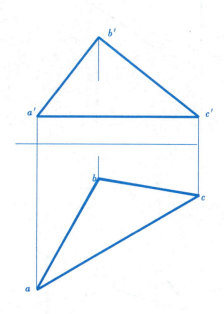

第二章 点、直线、平面的投影——直线、平面的相对位置(平行问题)

2-67 判别下列投影图中各几何元素的相对位置。

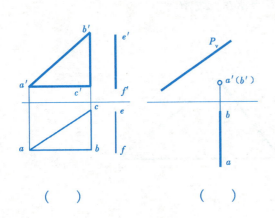
(　)　(　)

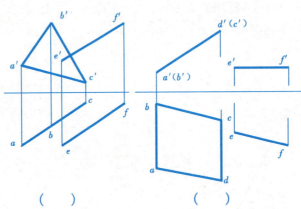
(　)　(　)

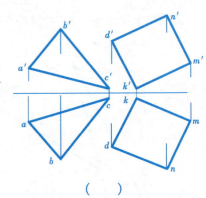
(　)

2-68 过 K 作直线与平面平行。

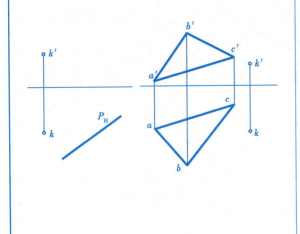

2-69 过 K 点作水平线 KM 和正平线 KN 分别平行于 △ABC。

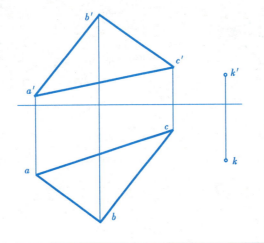

2-70 判别 AB、CD 直线是否平行于平面 P。(　)

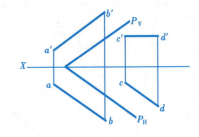

第二章 点、直线、平面的投影——直线、平面的相对位置（相交问题）　班级　　　　序号　　　　姓名

2-71　求直线与平面的交点 K，并判断（1）、（2）、（3）、（4）题的可见性。

(1) 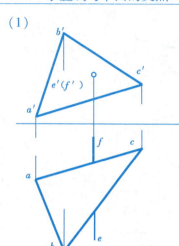　(2) 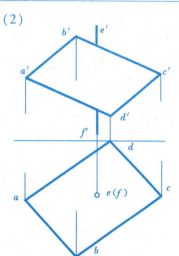　(3) 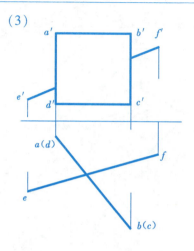　(4)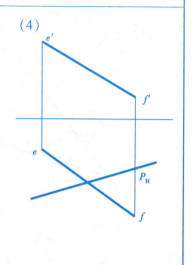

2-72　求直线与平面的交点 K，并判断可见性。

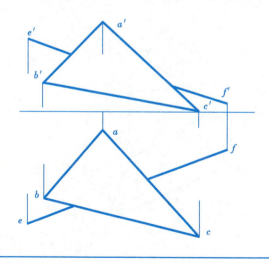　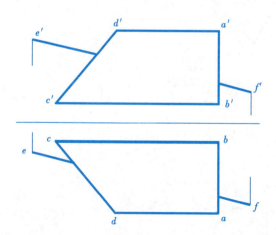　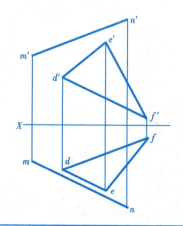

2-73 作出二平面平行四边形 DEFG 与三角形 ABC 的交线。

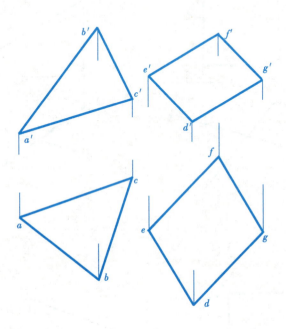

2-74 求作平面与平面的交线。

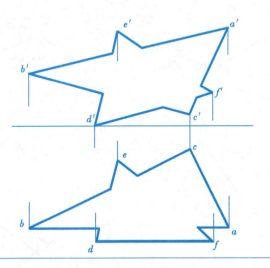

2-75 作平面 ABC 与平面 DEFG 的交线。

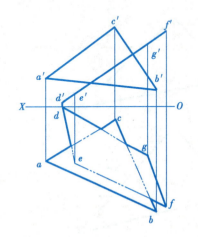

2-76 作图判断直线 MN 是否与 △ABC 垂直。（　　）

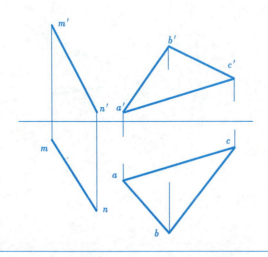

2-77 过 M 点作一直线垂直于已知平面。

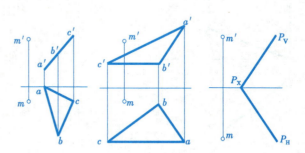

2-78 过点 A 作一平面垂直于直线 AB。

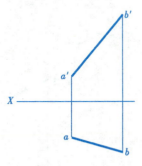

2-79 过点 A 作一迹线平面 P 垂直于直线 DE。

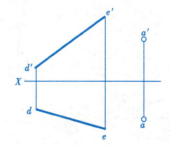

第二章 点、直线、平面的投影——直线、平面的相对位置（垂直问题）

2-80 求点 K 到平面 ABCD 的距离。

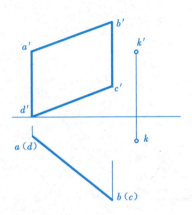

2-81 求 M 点到平面 ABC 的距离。

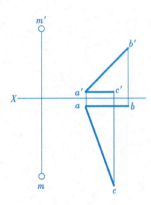

2-82 求交叉二直线 AB、CD 间的距离。

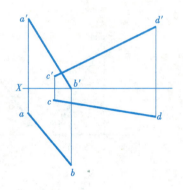

2-83 在直线 AB 上取一点 K，使 K 点与 C、D 二点等距。

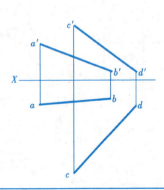

2-84 以 AB 为底边作一等腰三角形 ABC，C 点在直线 DE 上。

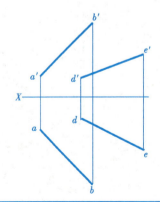

2-85 已知直线 AB⊥BC，作出 b'c'。

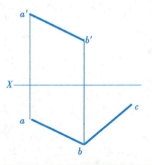

第二章 点、直线、平面的投影——直线、平面的相对位置（垂直问题）   班级   序号   姓名

2-86 已知 K 点与 L 点对称于三角形 ABC，作出 L 点。

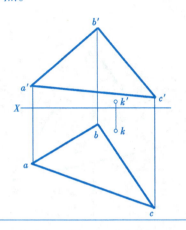

2-87 过点 K 作一般位置平面垂直于 △ABC。

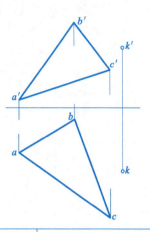

2-88 已知点到平面 △ABC 的距离为 20，求点 K 的水平投影 k。

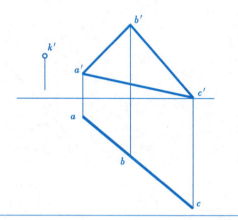

2-89 过直线 KM 作平面垂直于 △ABC。

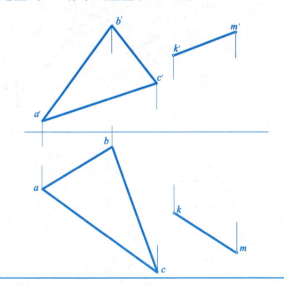

2-90 作一平面平行 △ABC，使 DE 在二平面间的线段实长为 20mm。

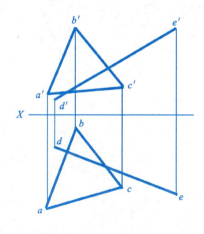

37

第二章 点、直线、平面的投影——直线、平面的相对位置（综合问题）　班级　　　序号　　　姓名

2-91 在△ABC的AB边上找一点D，使点D到AC的距离等于到BC的距离。

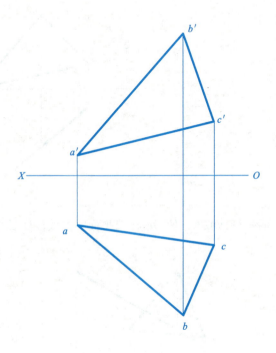

2-92 在直线EF上取一点D，使其与△ABC相距20mm。

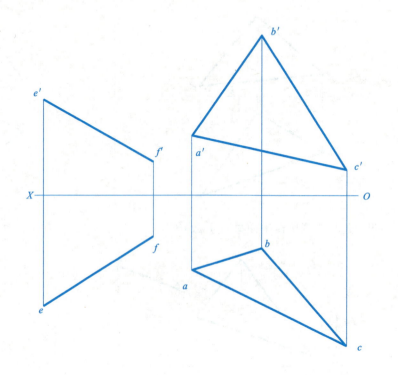

第二章 点、直线、平面的投影——直线、平面的相对位置（换面法）

2-93 用换面法求 AB 线段的实长及对 H 面的倾角。

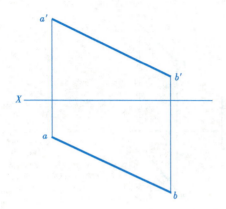

2-94 用换面法求 △ABC 的真实形状。

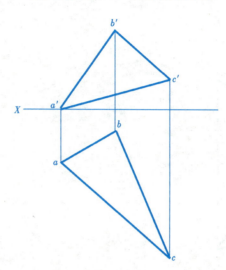

第二章 点、直线、平面的投影——直线、平面的相对位置（换面法）　　班级　　　序号　　　姓名

2-95 用换面法求 D 点到三角形 ABC 的距离。

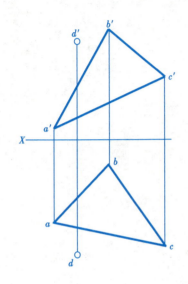

2-96 已知平行的两条直线 AB、CD 的距离为 20mm，用换面法求作直线 CD 的 V 面投影。

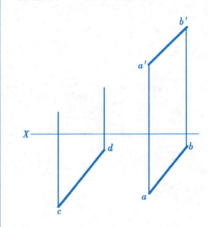

第二章 点、直线、平面的投影——直线、平面的相对位置（换面法）

2-97 用换面法求出交叉两直线 AB、CD 之间的最短距离。

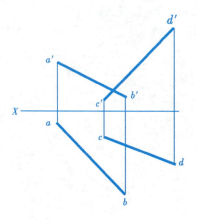

2-98 试以水平线 BC 为底边作一等腰三角形，已知该等腰三角形的高（实长）为 25mm；它与 H 面的倾角 α 为 30°。问有几个解？（用换面法求解）（　　）

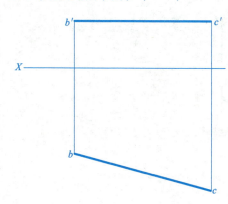

第二章 点、直线、平面的投影——直线、平面的相对位置（换面法）

2-99 用换面法求直线与平面的交点。

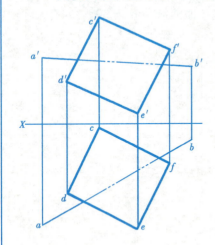

2-100 已知直线 CD 为 △ABC 平面内的正平线，△ABC 对 V 面的倾角 β=30°，求 △a'b'c'。

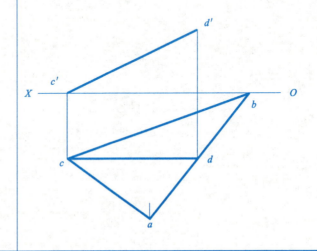

第二章 点、直线、平面的投影——直线、平面的相对位置（换面法）　　班级　　　序号　　　姓名

2-101　在 H 面上求一点 K，使其到 A、B、C 三点等距离。

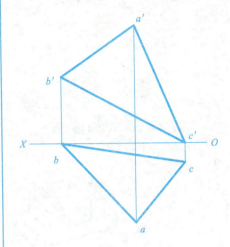

2-102　已知直线 DE 与平面 ABC 的夹角为 60°，试完成直线 DE 的投影。

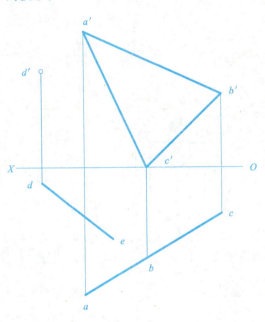

第三章 基本形体及截交线、相贯线——画基本形体的三面投影   班级　　　序号　　　姓名

3-1 画三棱柱的投影图。

3-2 画出六棱柱的投影图。

3-3 画出右下图的投影图。

3-4 画出半圆拱的三面投影。

3-5 画出圆台的三面投影。

3-6 画半圆拱的三面投影。

第三章 基本形体及截交线、相贯线——补画基本形体的第三面投影　　班级　　　序号　　　姓名

3-7 补绘基本形体的第三投影。

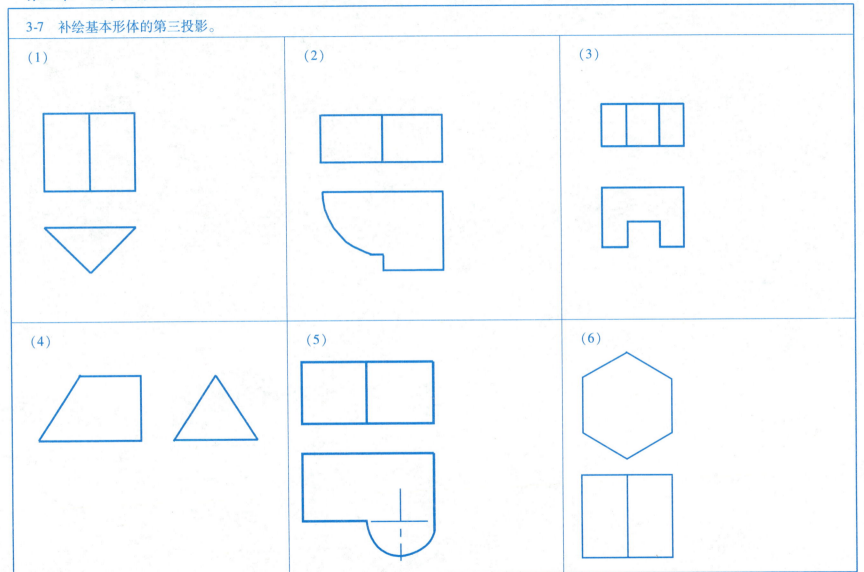

第三章 基本形体及截交线、相贯线——补画基本形体的第三面投影　　班级　　　　序号　　　姓名

3-8 补绘基本形体的第三投影。

(1)　　(2)　　(3)

(4)　　(5)　　(6)

第三章 基本形体及截交线、相贯线——求平面体表面上的点

3-9 已知平面立体的两投影，作出第三投影，并完成立体表面上各点的三面投影。

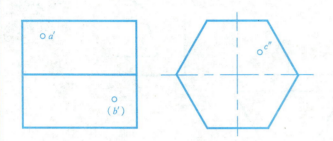
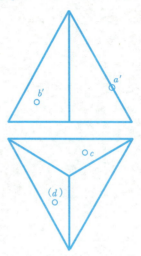

3-10 画出五棱柱的 H 面投影，并补全五棱柱表面上的点 A、B、C、D、E、F 的三面投影。

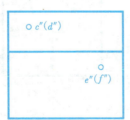

3-11 画棱柱的侧面投影，并求表面上的点的其余投影。

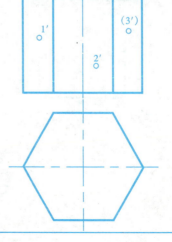

第三章　基本形体及截交线、相贯线——求平面体的截交线　　　　班级　　　序号　　　姓名

3-12 正六棱柱被正垂面 P 截断，补全截断体的 H 面投影，作出截断体的 W 面投影。

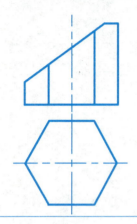

3-13 补全有缺口的三棱柱的 H 面投影和 V 面投影。

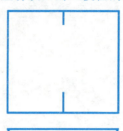 

3-13动画展示

本页习题点拨

3-14 补全平面切割体水平投影、侧面投影中所缺的图线。

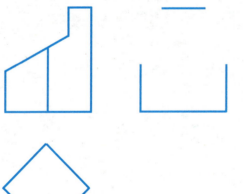

3-14动画展示

3-15 补全平面切割体水平投影、侧面投影中所缺的图线。

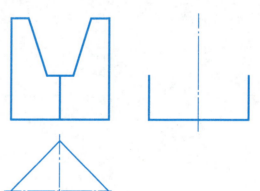

3-15动画展示

48

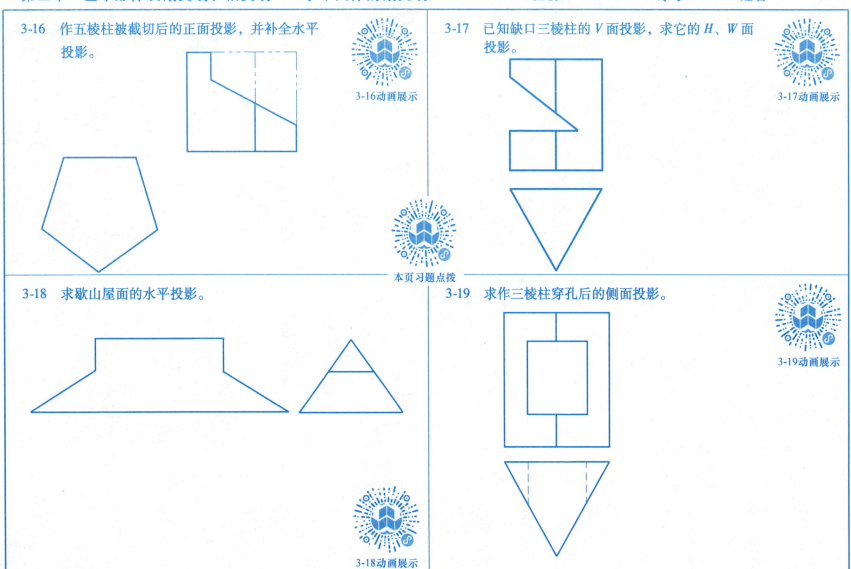

第三章　基本形体及截交线、相贯线——求平面体的截交线　　　　　班级　　　序号　　　姓名

3-20　完成平面体被平面截切后的水平投影并作出侧面投影。

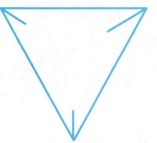

3-20动画展示

3-21　作正垂面截断四棱台后的侧面投影，补全截断后的水平投影。

3-21动画展示

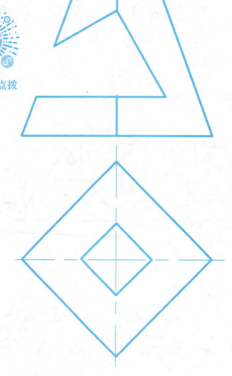

本页习题点拨

3-22　完成平面体被平面截切后的水平投影并作出侧面投影。

3-22动画展示

50

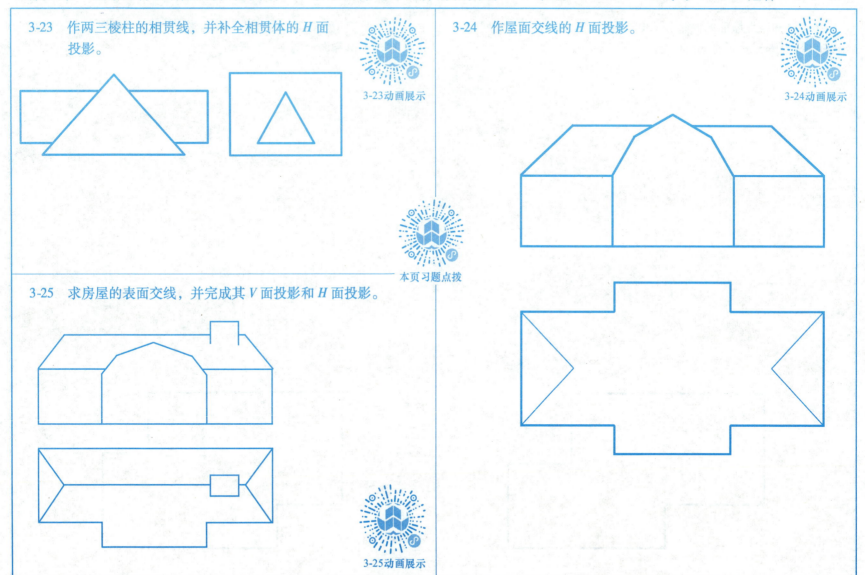

第三章 基本形体及截交线、相贯线——求屋面交线

3-26 已知四坡屋面的倾角 α=30°及檐口线的 H 投影，求屋面交线的 H 投影和屋面的 V、W 投影。

3-26动画展示

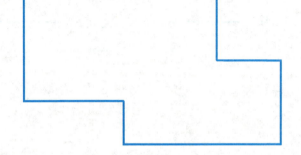

3-27 已知四坡屋面的倾角 α=30°及檐口线的 H 投影，求屋面交线的 H 投影和屋面的 V、W 投影。

第三章 基本形体及截交线、相贯线——求曲面体表面上的点

3-28 求作曲面体表面上点的其余二面投影。

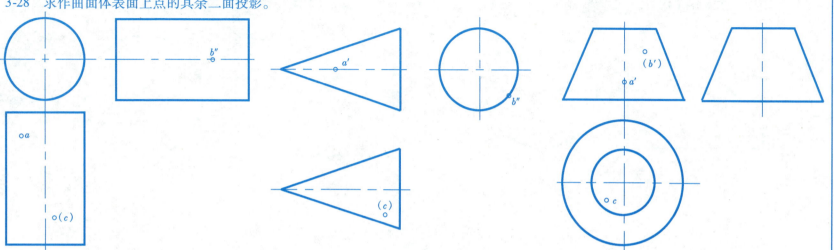

3-29 求作曲面体表面上点的其余二面投影。

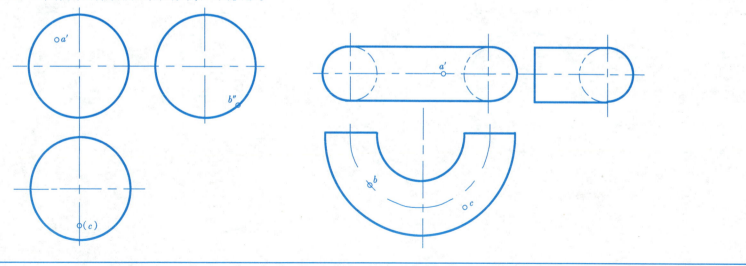

第三章 基本形体及截交线、相贯线——求曲面体的截交线　　　班级　　　序号　　　姓名

3-30　完成圆柱体被截切后的三面投影。(1)、(2)、(3) 题补全侧面投影，完成水平面投影。(4) 题补全水平投影，完成侧面投影。

(1)

(2)

3-30动画展示

本页习题点拨

(3)

(4)

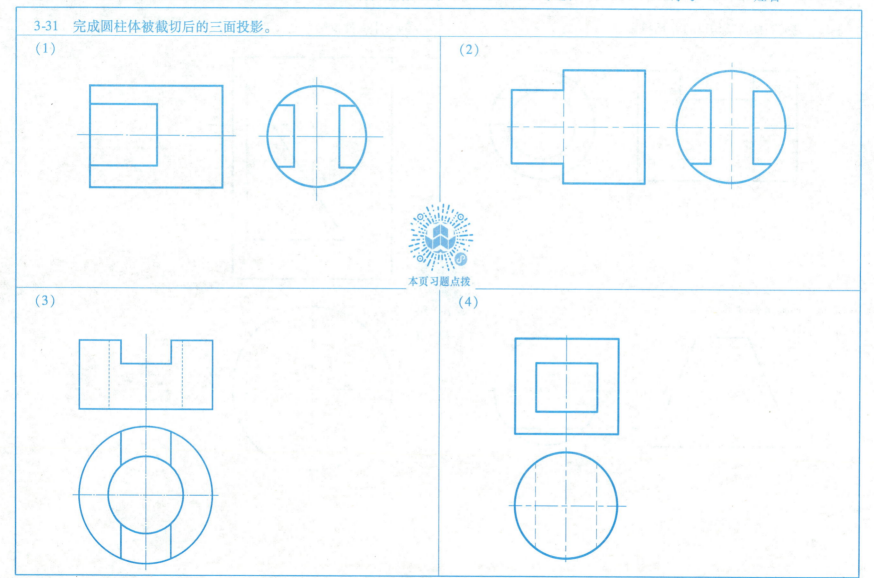

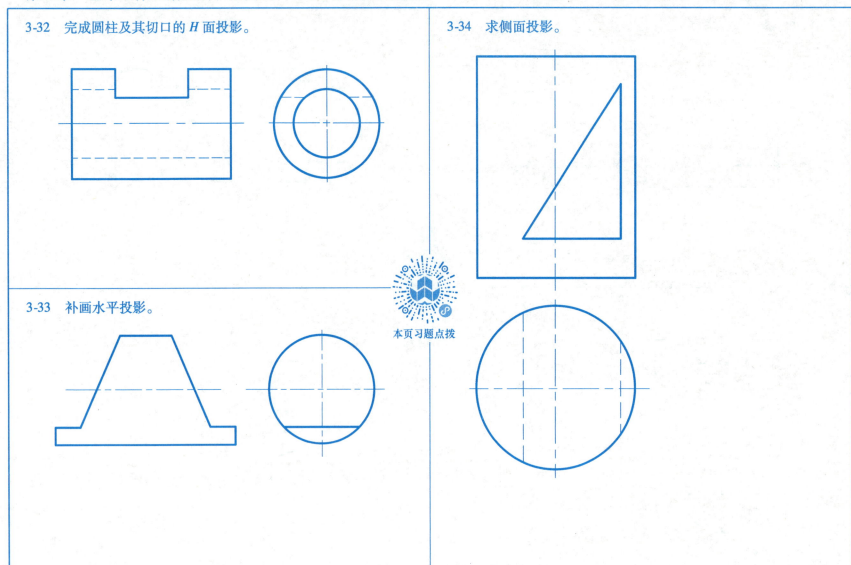

第三章　基本形体及截交线、相贯线——求曲面体的截交线

3-35　完成圆锥体被截切后的三面投影。

(1)
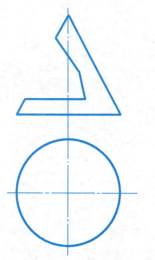

(2)
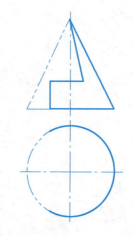

(3)
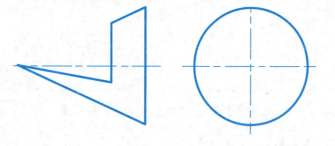

(4)
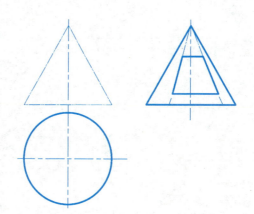

第三章 基本形体及截交线、相贯线——求曲面体的截交线　　　班级　　　序号　　　姓名

3-36 完成圆球被截切后的三面投影。

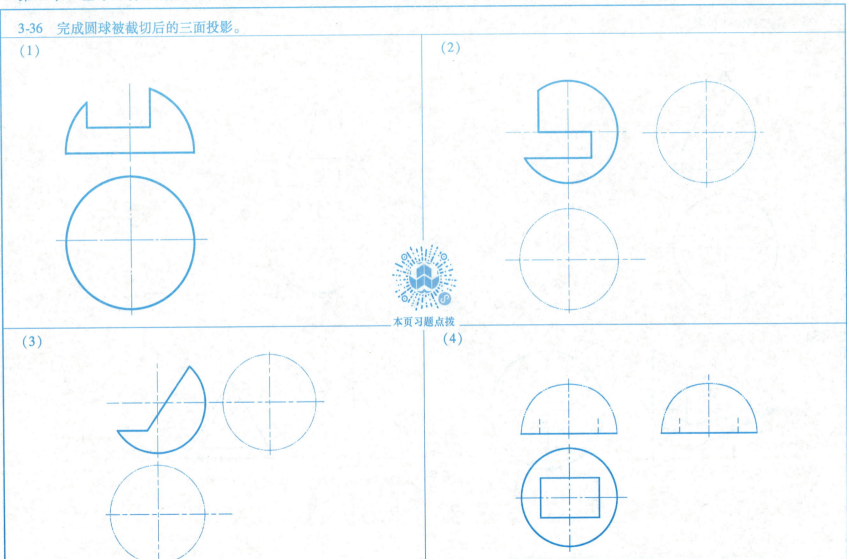

第三章 基本形体及截交线、相贯线——求平面体与曲面体的相贯线　　班级　　　序号　　　姓名

3-37 求作烟囱与圆拱屋面的交线。

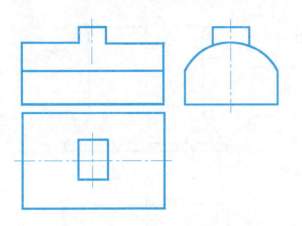

3-38 求作半圆拱屋面与烟囱的交线。

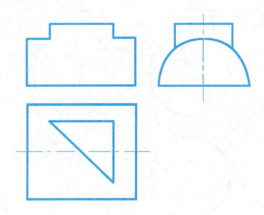

3-39 作半圆拱屋面与坡屋面的交线，并补全这个房屋模型的 H 面投影。

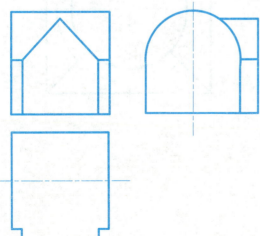

3-40 作半圆球与四棱柱的相贯线，并补全相贯体的 V 面投影和 W 面投影。

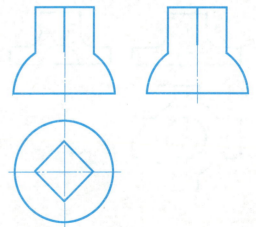

第三章 基本形体及截交线、相贯线——求平面体与曲面体的相贯线

3-41 作球体与四棱柱的相贯线，并补全相贯体的 V 面投影和 W 面投影。

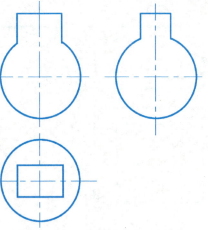

3-42 求作半球与各圆柱表面的交线。

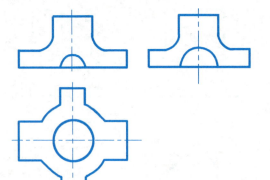

3-43 求作四坡屋面与圆柱墙身的表面交线。

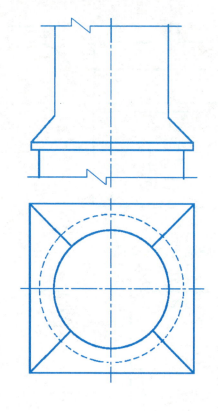

第三章　基本形体及截交线、相贯线——求曲面体与曲面体的相贯线　　班级　　　序号　　　姓名

3-44　求作两圆柱筒 V 面投影。

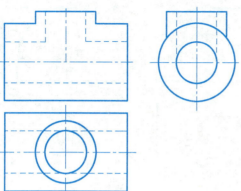

3-45　求作 V 面投影。

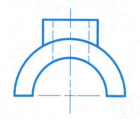

本页习题点拨

3-46　完成圆柱切割后的侧面投影。

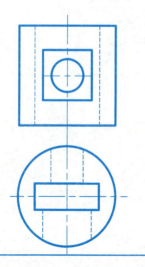

3-47　求作 H 面投影。

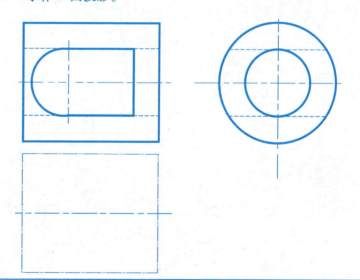

61

第三章　基本形体及截交线、相贯线——曲面体与曲面体的相贯线　　班级　　　序号　　　姓名

3-48 求作 H 面投影。

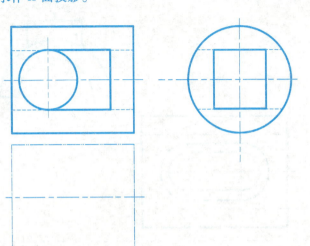

3-49 求作圆拱屋面的交线。

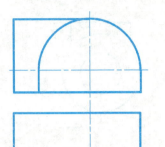
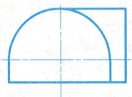

3-50 作房屋模型的拱顶相贯线的 H 面投影。

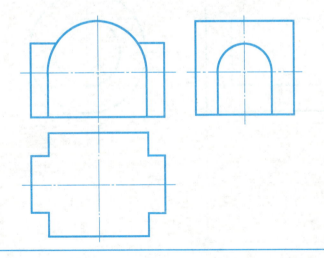

3-51 作两圆柱的相贯线和补全相贯体的 V 面投影。

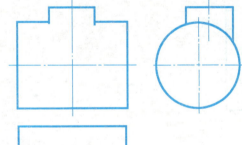
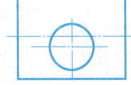

第三章　基本形体及截交线、相贯线——曲面体与曲面体的相贯线　　　班级　　　序号　　　姓名

3-52　作出下列形体相贯线的正面投影。

3-53　作出下列形体相贯线的侧面投影。

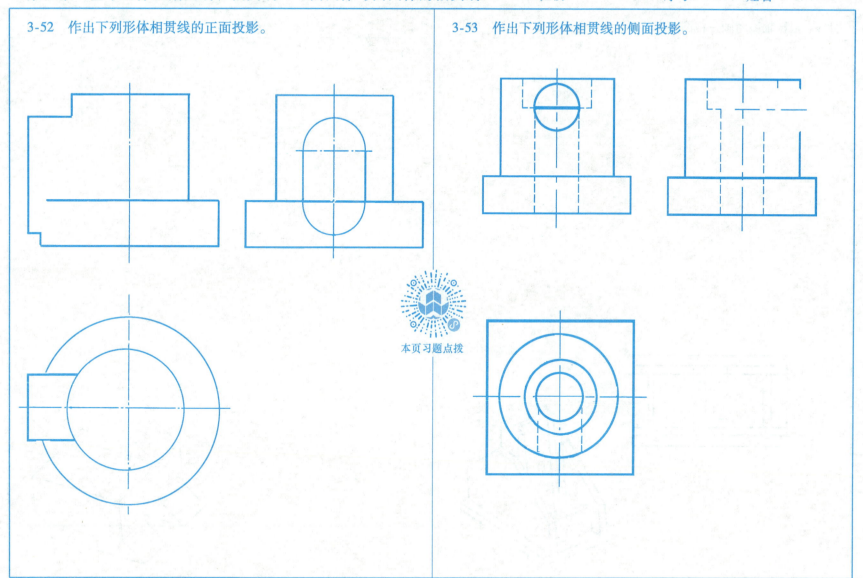

本页习题点拨

第四章　组合体的投影与构型设计——三视图的画法　　　班级　　　序号　　　姓名

4-1　根据轴测图画三视图并标注尺寸。

(1)

(2)

64

第四章 组合体的投影与构型设计——三视图的画法

班级　　　　　序号　　　　　姓名

4-1 根据轴测图画三视图并标注尺寸。

(3)

(4)

第四章　组合体的投影与构型设计——三视图的画法　　　班级　　　序号　　　姓名

4-2　根据建筑形体测绘模型，画出投影图的草图，标注尺寸，并将草图画成仪器图（按1∶1）。

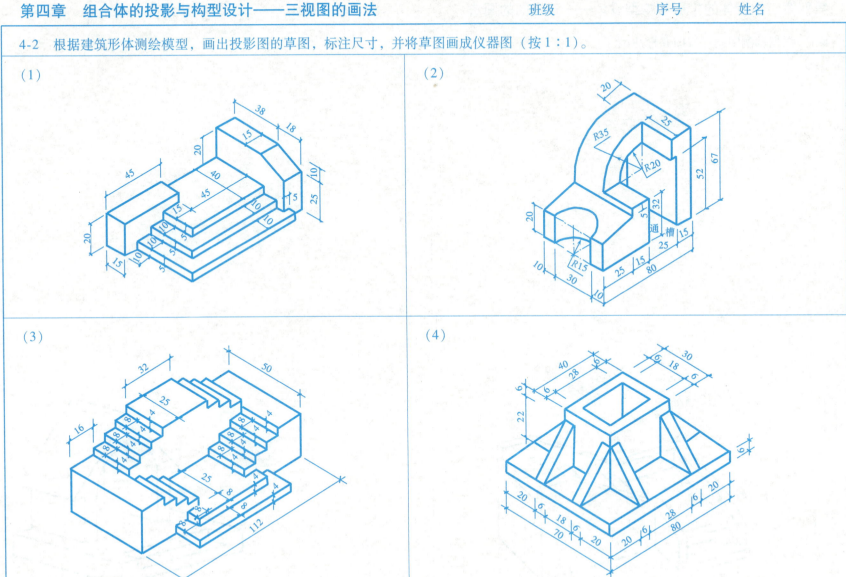

第四章 组合体的投影与构型设计

4-3 看懂立体图，找出相应的投影图，标出号码。

第四章　组合体的投影与构型设计

4-4　看懂立体图，找出相应的投影图，标出号码，并画出第三视图。

第四章 组合体的投影与构型设计

4-5 已知形体的正面投影，试设计形式多样的组合形体，画出侧面和水平投影。

第四章 组合体的投影与构型设计

班级　　　　　序号　　　　　姓名

4-6 根据所给的水平投影进行组合体多种构型设计，画出正面投影。

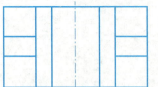 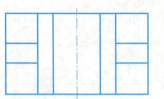 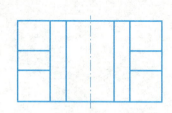

4-7 根据所给的正面投影进行组合体多种构型设计，画出水平和侧面投影。

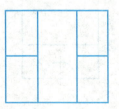 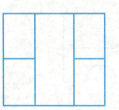 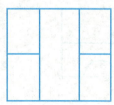

第四章 组合体的投影与构型设计　　　　　　　班级　　　　序号　　　姓名

4-8 根据所给的正面投影进行建筑形体多种构型设计，画出水平面图和左侧立面图。

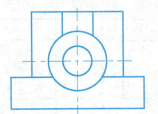

本页习题点拨

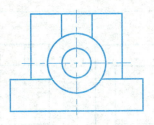

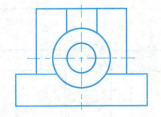

第四章 组合体的投影与构型设计

4-9 求作 H 面投影，构型设计作出四种不同的解答。

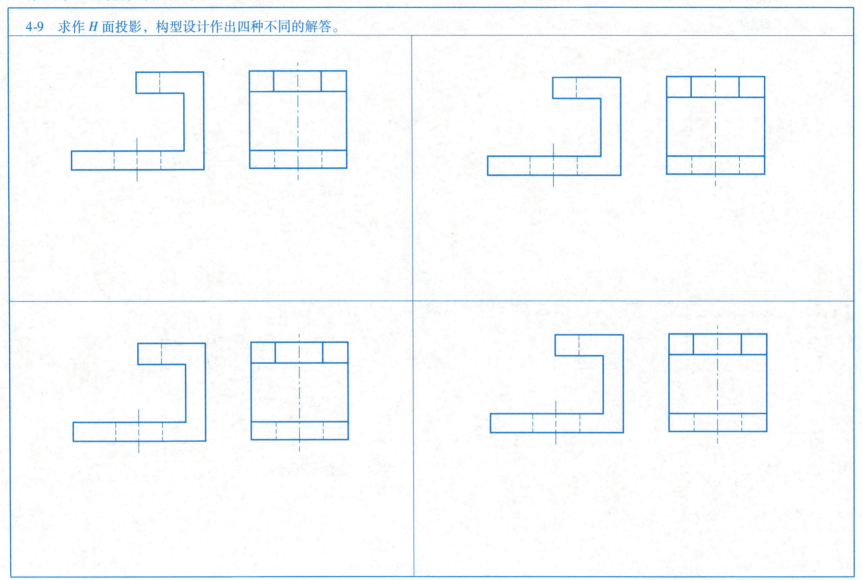

第四章 组合体的投影与构型设计　　　　　班级　　　　序号　　　姓名

4-10 根据两视图，求作第三视图（形体分析法）。

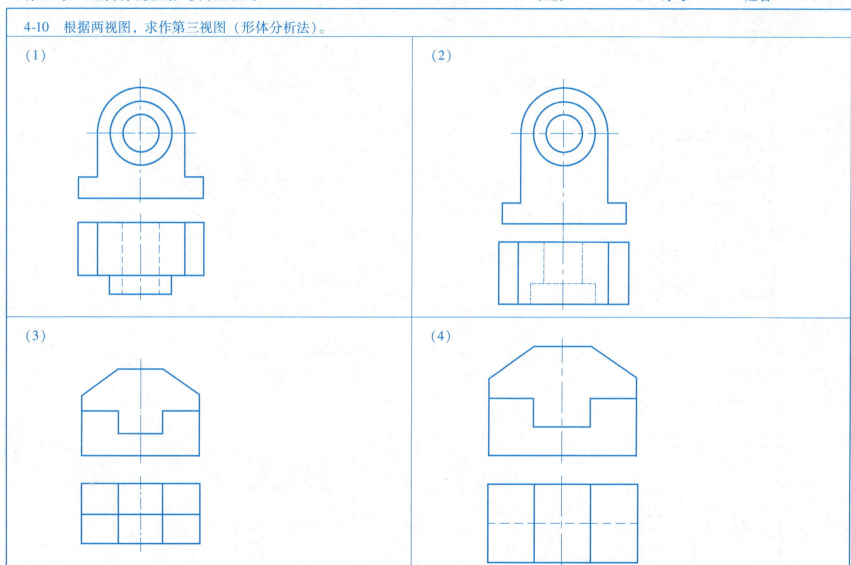

第四章 组合体的投影与构型设计　　　　　　　　班级　　　　　序号　　　姓名

4-11　根据两视图，求作第三视图（形体分析法）。

(1)

(2)

(3)

(4)

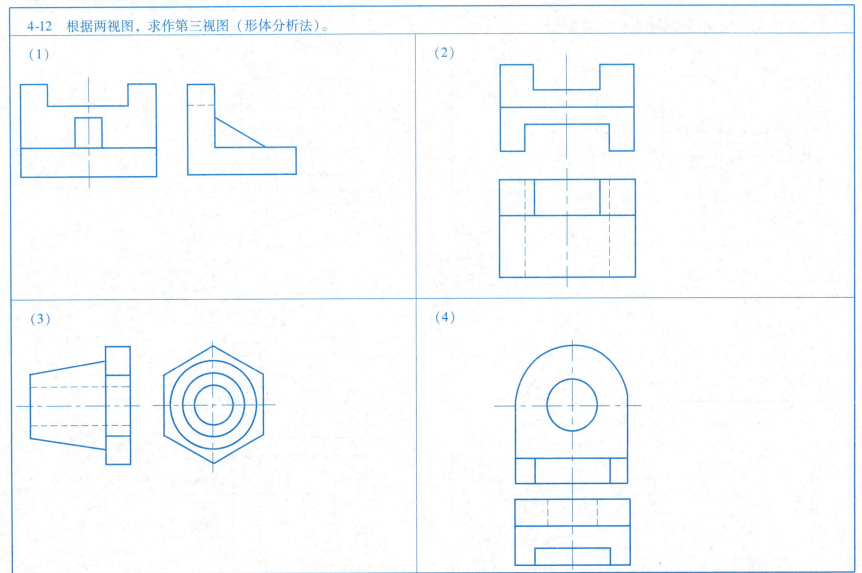

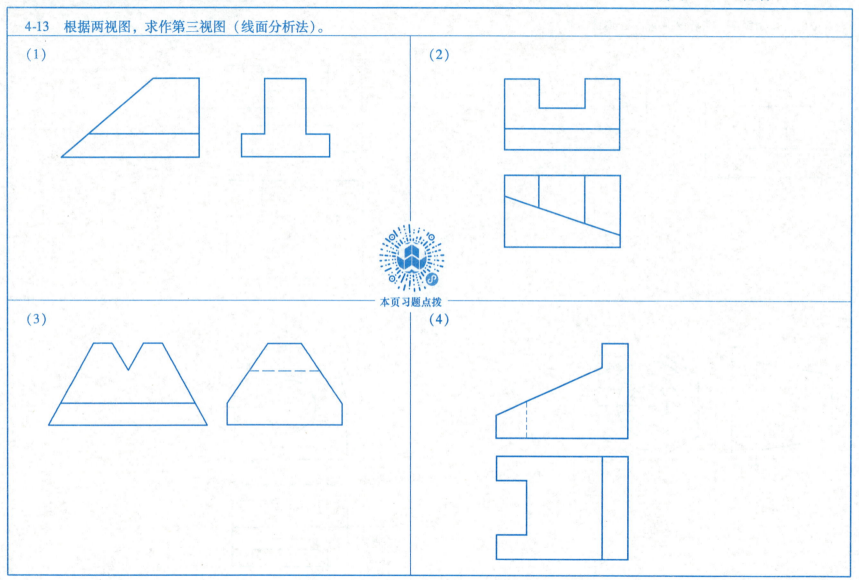

第四章 组合体的投影与构型设计

4-14 根据两视图，求作第三视图（线面分析法）。

(1)

(2)

(3)

(4)

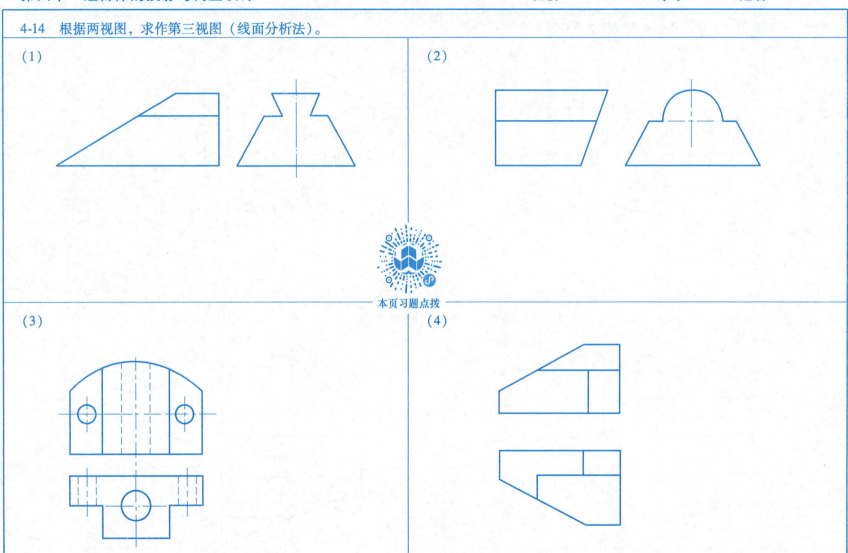

第四章 组合体的投影与构型设计

4-15 根据两视图，求作第三视图（线面分析法）。

(1)

(2)

(3)

(4)

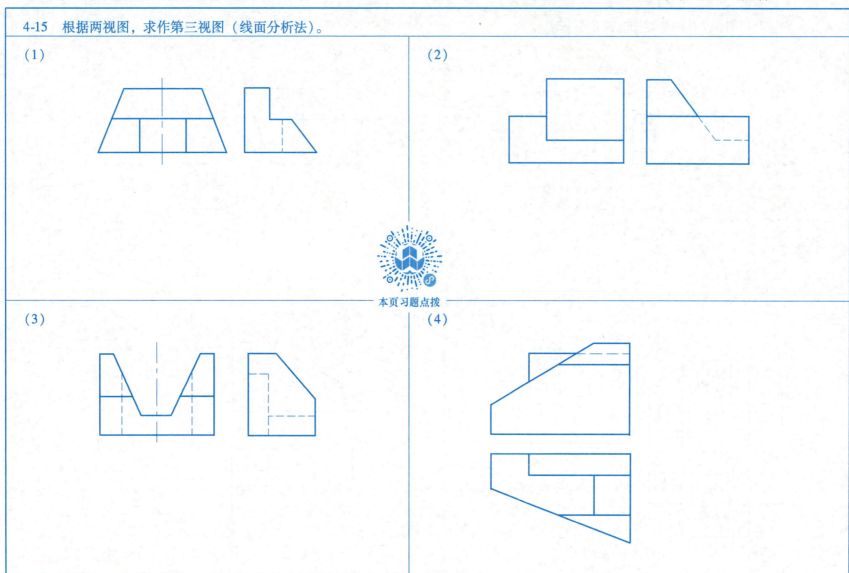

第四章 组合体的投影与构型设计

4-16 补全下列组合体三视图中所缺的线。

(1)

(2)

(3)

(4)

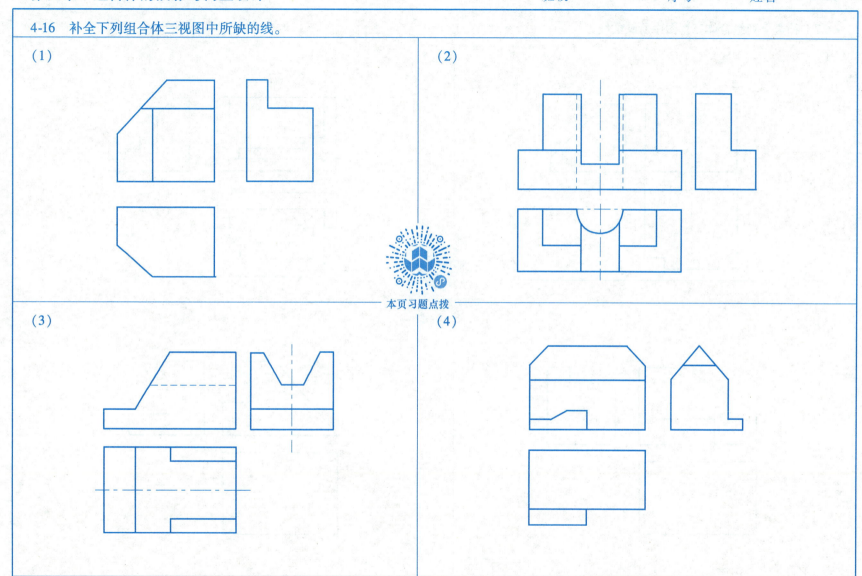

第四章 组合体的投影与构型设计

4-17 补全下列组合体三视图中所缺的线。

(1) (2) (3) (4)

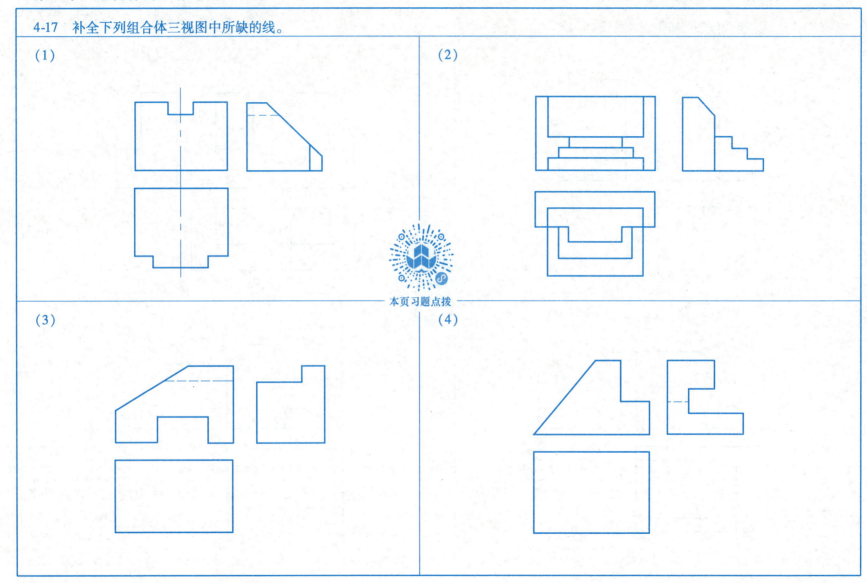

第四章　组合体的投影与构型设计　　　　　班级　　　序号　　　姓名

4-18　根据组合体的两投影画出第三投影。

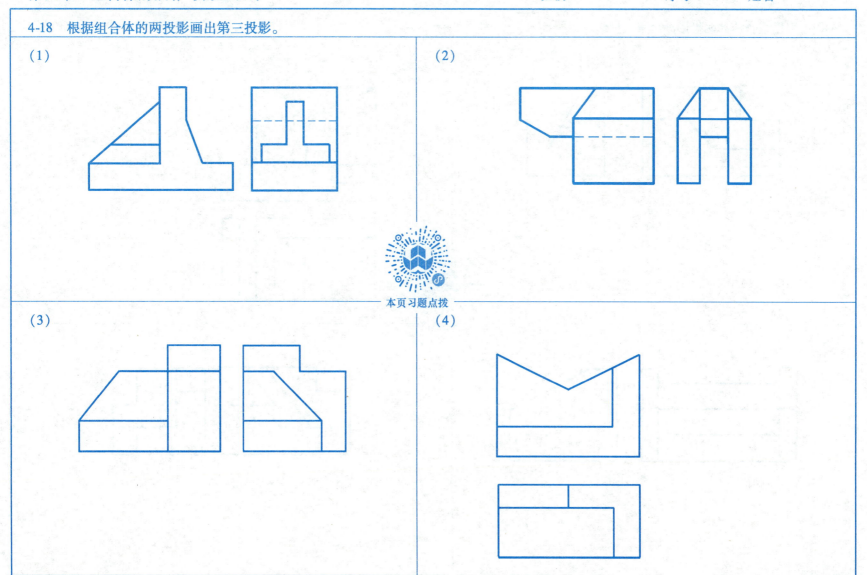

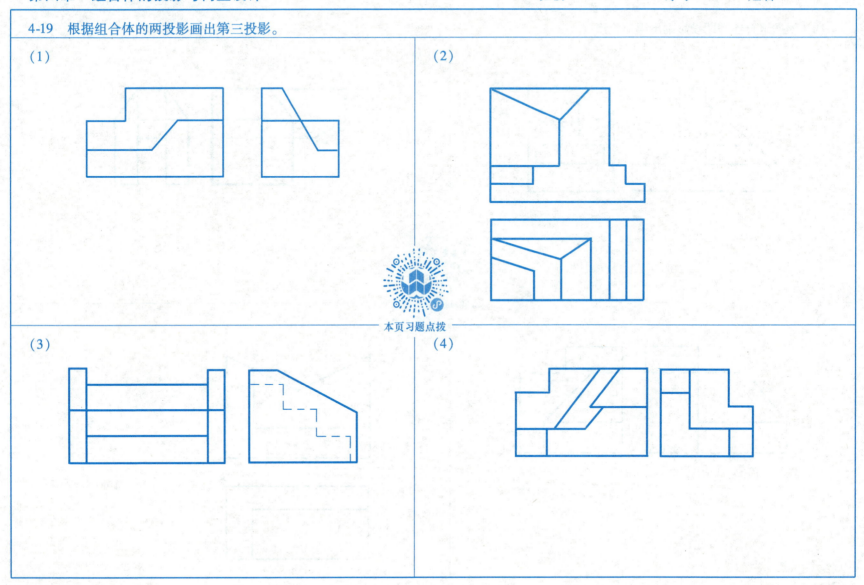

第四章 组合体的投影与构型设计

4-20 根据组合体的两投影画出第三投影。

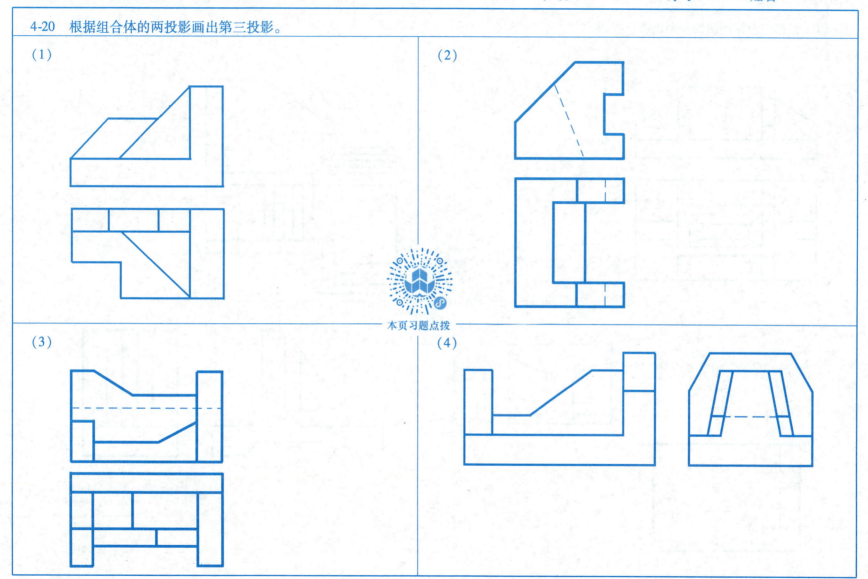

第四章 组合体的投影与构型设计

4-21 根据组合体的两投影画出第三投影。

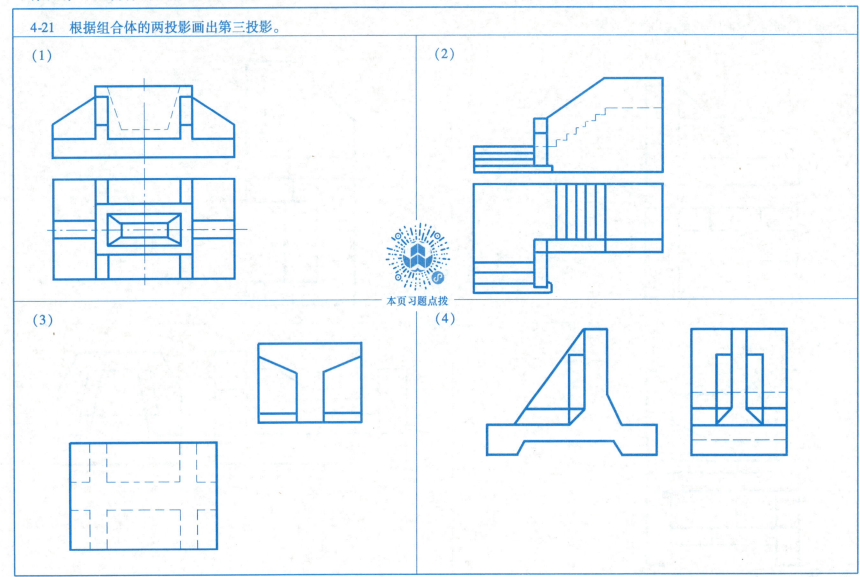

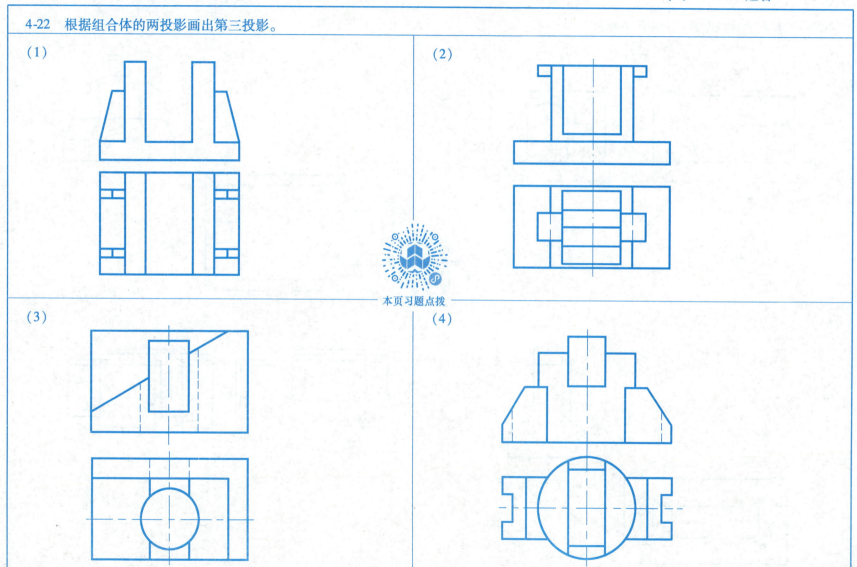

第四章 组合体的投影与构型设计

4-23 根据组合体的两投影画出第三投影。

(1) (2) (3) (4)

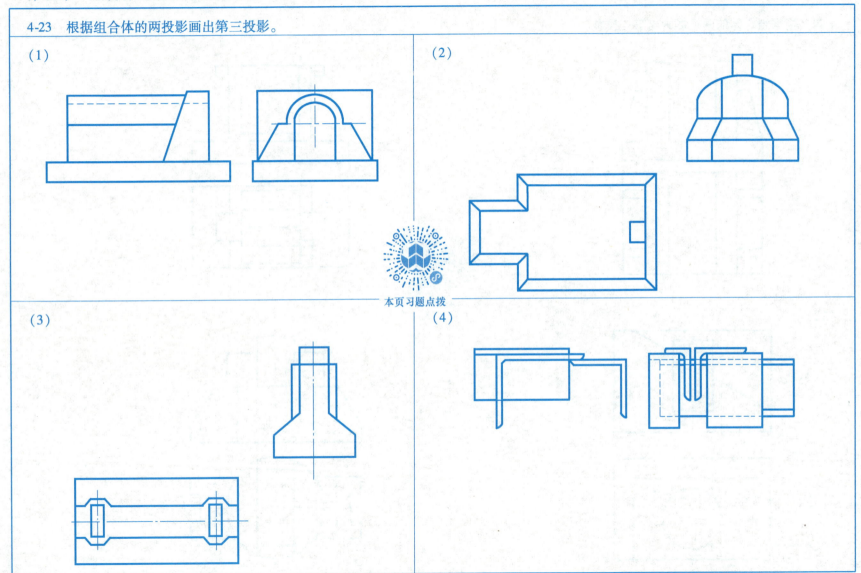

第四章 组合体的投影与构型设计

4-24 根据组合体的两投影画出第三投影。

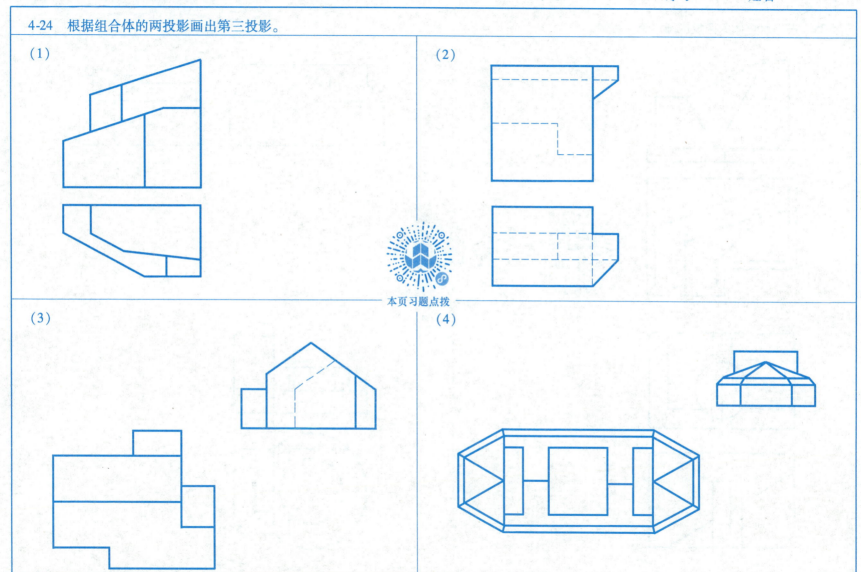

第四章 组合体的投影与构型设计

4-25 根据组合体的两投影画出第三投影。

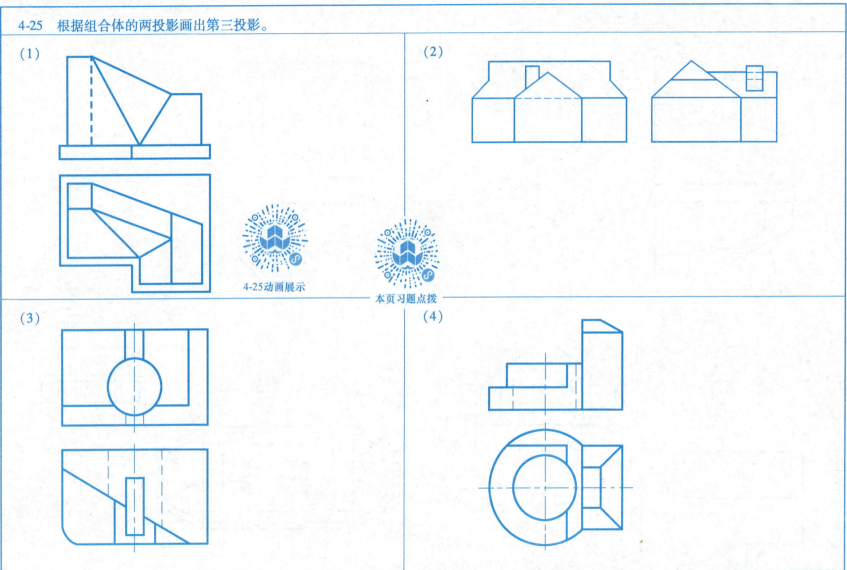

第五章 建筑形体的表达方法

班级　　　　　序号　　　　姓名

5-1 已知房屋的正立面图和左侧立面图，补画右侧立面图、背立面图、屋顶平面图。

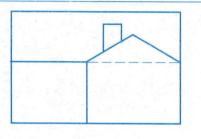

正立面图 1∶100

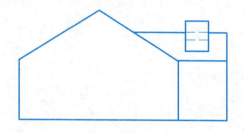

左侧立面图 1∶100

5-1动画展示

第五章　建筑形体的表达方法

5-2　画全建筑形体的六面基本视图。

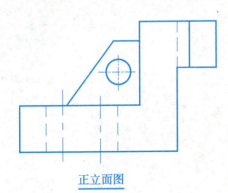

正立面图

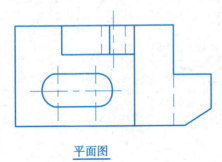

平面图

5-2动画展示

第五章　建筑形体的表达方法

5-3　改正剖面图中的错误（将缺的线补上，多余的线上打"✗"）。

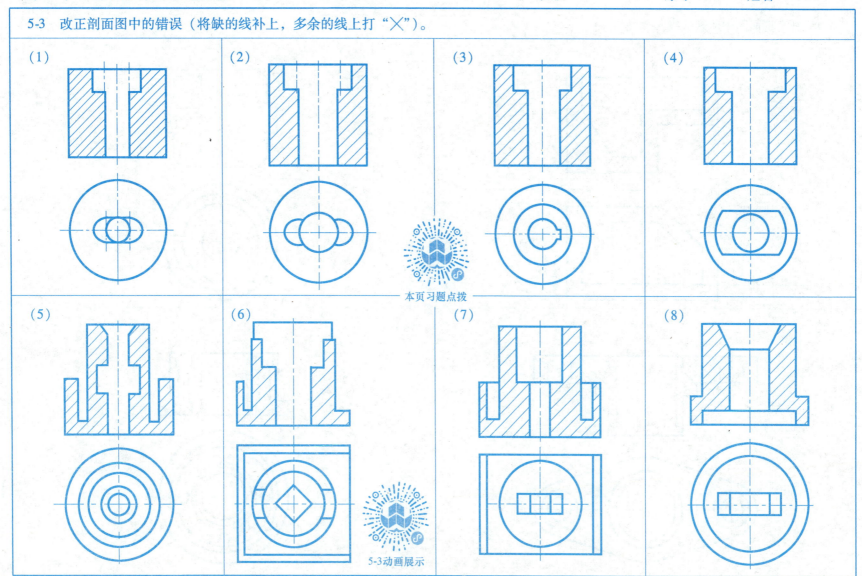

第五章　建筑形体的表达方法

5-4　补全剖面图中所缺的线。

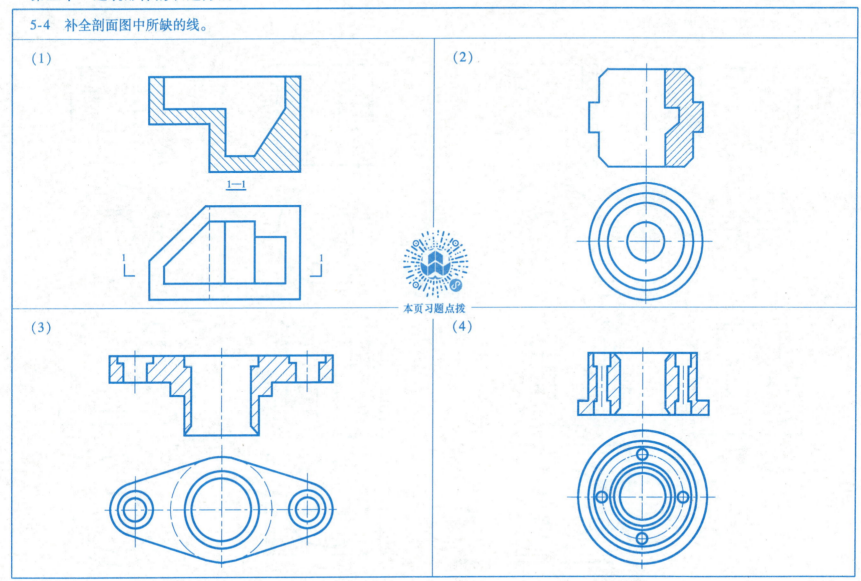

第五章 建筑形体的表达方法

班级　　　序号　　　姓名

5-5-1　作 1—1 剖面图。

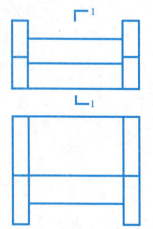

5-5-2　补绘 W 投影，并将 V、W 投影改作合适的剖面。材料为混凝土。

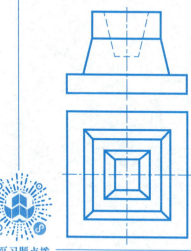

本页习题点拨

5-5-3　作组合体的 1—1 剖视。

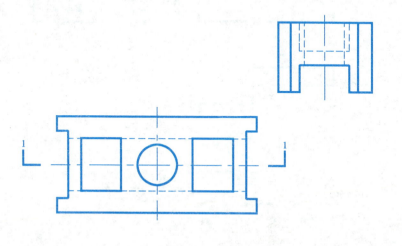

5-5-4　补绘 W 投影，并将 V、W 投影改作合适的剖面。材料为混凝土。

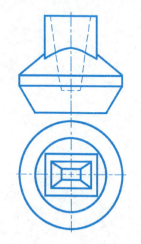

第五章　建筑形体的表达方法

5-6　将形体的正立面图改画为全剖面图。

5-6动画展示

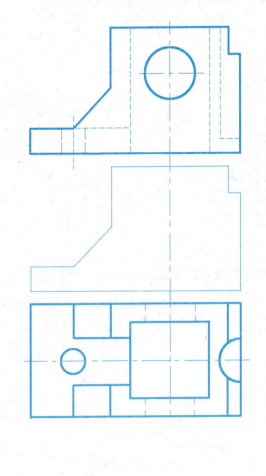

5-7　根据三视图将正面图、左侧立面图改为全剖面图。

5-7动画展示

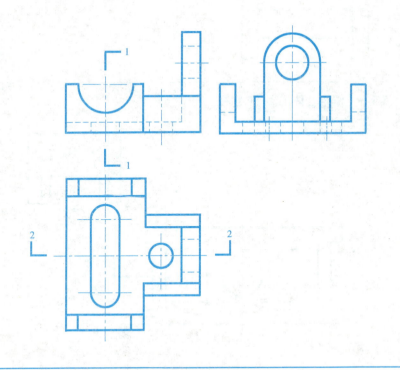

第五章　建筑形体的表达方法

5-8　作建筑形体的 2—2、3—3 剖面图。

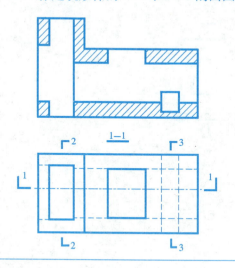

5-9　求作正面图的全剖面图。

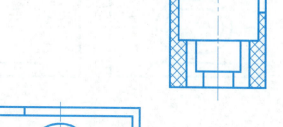

5-10　作 2—2 剖面图。

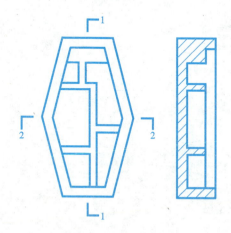

5-11　画出水平面图（全剖）。

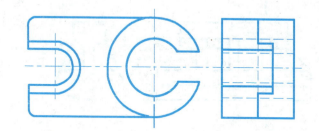

本页习题点拨

第五章 建筑形体的表达方法

5-12 将左侧面图改成全剖面图。画出水平面图。

5-13 作建筑形体的 1—1、2—2 剖面图。

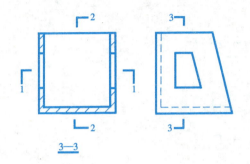

5-14 作支架的 1—1、2—2 剖面图。

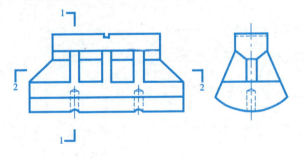

5-14动画展示

5-15 将形体的正立面图改画为全剖面图,左侧立面图画为半剖面图。

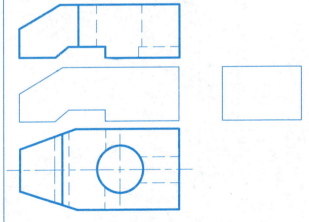

第五章　建筑形体的表达方法

5-16 在适当位置作局部剖面图。

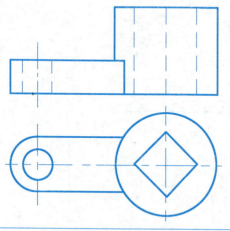

5-18 在适当位置作局部剖面图。

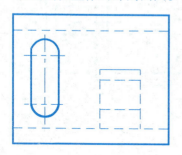 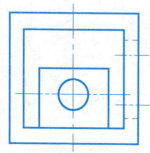

5-17 作建筑形体局部剖面图。

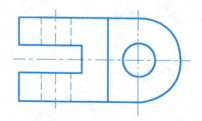

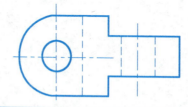

5-19 分析建筑形体局部剖面图中的错误，在右侧作出正确局部剖面图。材料为混凝土。

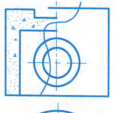

第五章　建筑形体的表达方法

5-20　选择合适的阶梯剖面将正面图画成全剖面。多孔材料，并加标注。

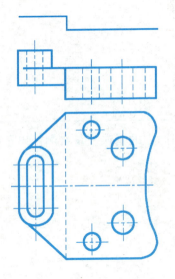

5-21　将正立面图改为 1—1 剖面。材料为钢筋混凝土。

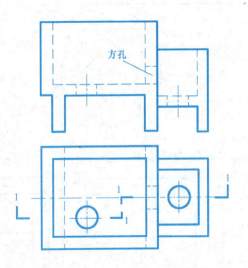

第五章　建筑形体的表达方法

5-22 作建筑形体的 2—2、3—3 剖面。

5-22动画展示

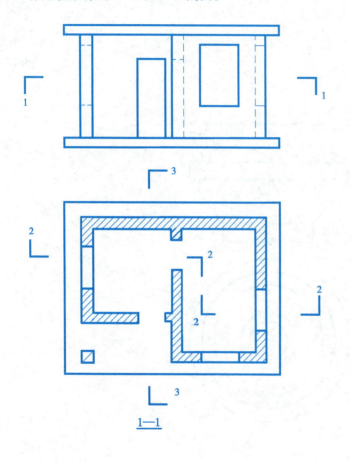

1—1

第五章 建筑形体的表达方法

5-23 根据给出的三视图，作出 1—1、2—2 剖面图。

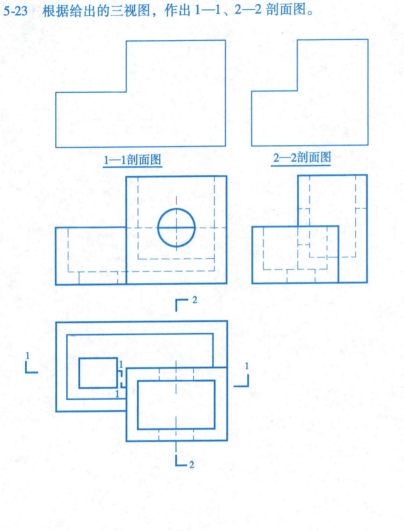

5-24 在上方画出过滤池 1—1 旋转剖面图（展开）。材料为混凝土。

5-24动画展示

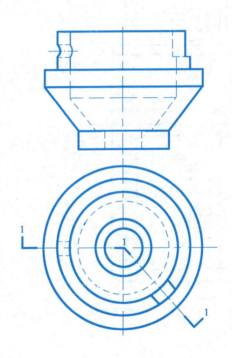

第五章　建筑形体的表达方法

5-25 根据给出的视图，作出 2—2 剖面图。

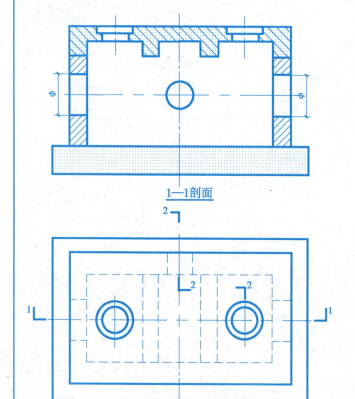

1—1剖面

5-25动画展示

第五章 建筑形体的表达方法

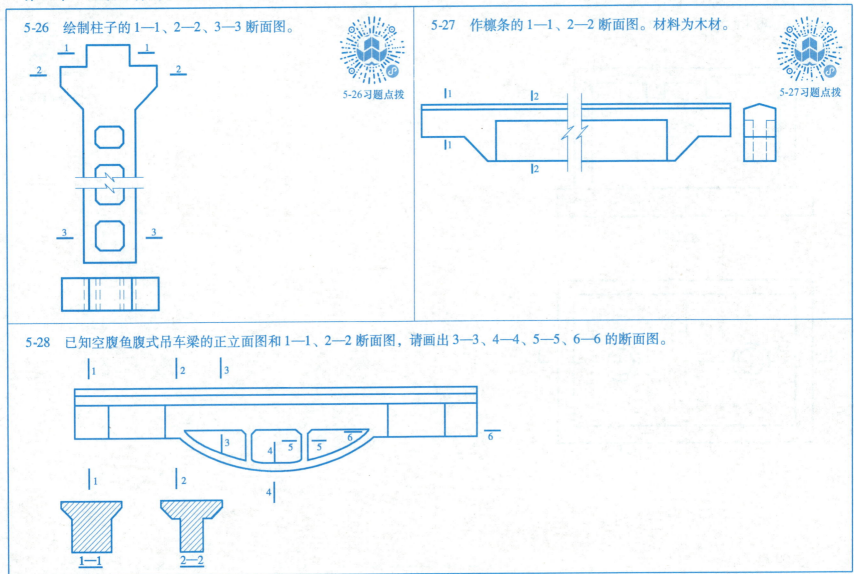

第五章 建筑形体的表达方法

班级　　　　序号　　　　姓名

5-29 画出 1—1 断面图、2—2 剖面图。

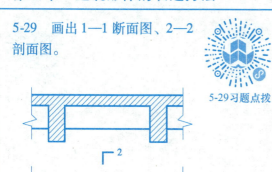

5-30 作出 1—1 剖面图。

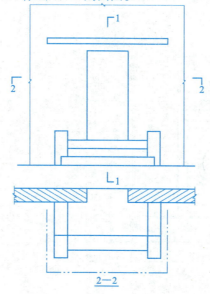

5-31 作给水栓的 1—1 断面图。材料为金属。

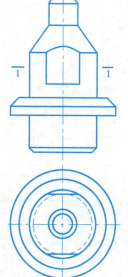

103

第五章　建筑形体的表达方法　　　　　　　　　班级　　　　　序号　　　　姓名

5-32　根据已知视图在图纸上画出化污池的剖面图形并补画左侧立面图。各视图要选择合适的表达方法。比例1∶1。图纸大小自定。材料为钢筋混凝土。标注尺寸。

5-32动画展示

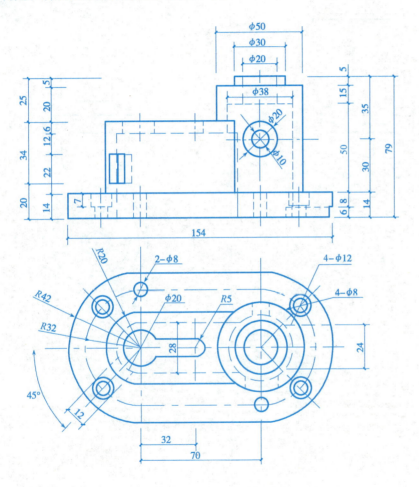

104

第五章 建筑形体的表达方法

5-33 用合适的比例将检查井的三面投影图改画成合适的剖面图，并标注尺寸（井身为标准砖，底板为混凝土，垫层为碎砖三合土，圆管为钢筋混凝土）。

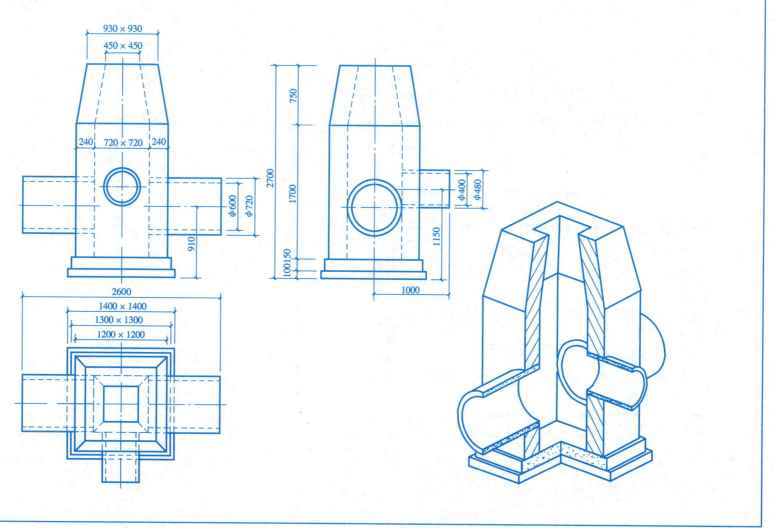

第五章 建筑形体的表达方法

5-34 补绘 1—1 剖面，用 1∶100 的比例抄绘平面图、立面图和剖面图。图中缺少的尺寸根据建筑规范可自行确定。

5-34动画展示

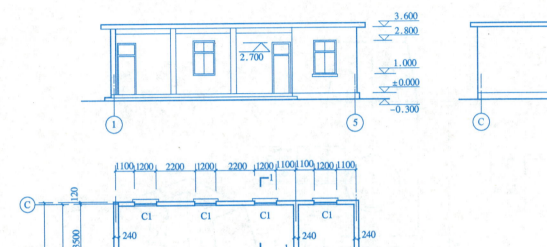

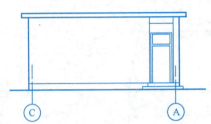

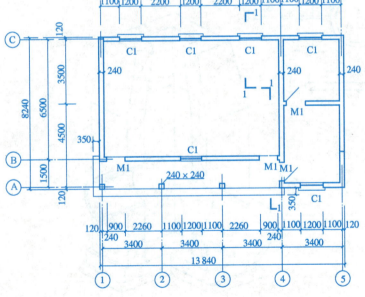

第五章 建筑形体的表达方法

5-35 单层住宅如下图所示，补绘出 1—1 剖面图。图中缺少的尺寸根据建筑规范可自行确定。

5-35动画展示

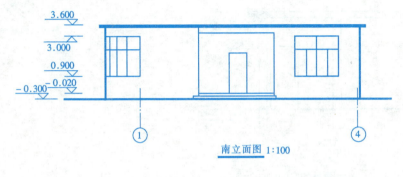

南立面图 1:100

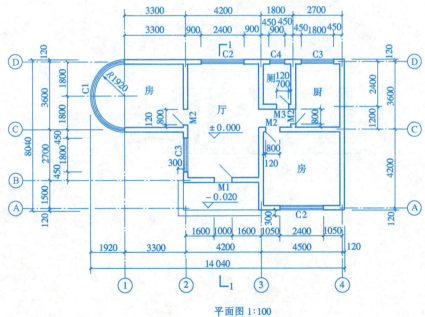

平面图 1:100

说明：
1. 屋面板厚 100mm。
2. 屋面板伸出外墙 300mm。
3. 墙厚均为 240mm。

107

第五章　建筑形体的表达方法

5-36　抄绘房屋的平面图、立面图、1—1剖面图，补绘2—2剖面图，并标注尺寸、定位轴线等。绘图比例为1∶50，图纸幅面为A3。

5-36动画展示

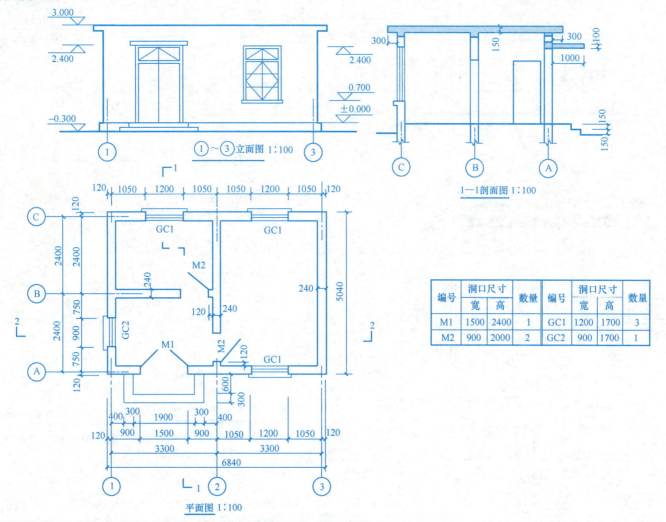

第六章　轴测图

6-1　根据下列视图，画出正等轴测图。

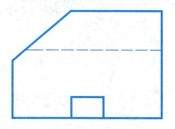 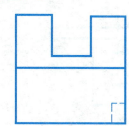

6-2　根据下列视图，画出正等轴测图。

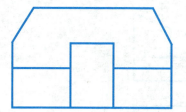 

第六章 轴测图　　　　　　　　　　　　　　　　　　　班级　　　　　序号　　　　姓名

6-3 根据下列视图，画出正等轴测图。

6-4 根据下列视图，画出正等轴测图（仰视）。

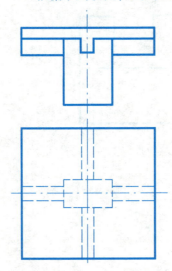

第六章 轴测图

6-5 根据下列视图，画出正等轴测图。

6-6 根据下列视图，画出正等轴测图。

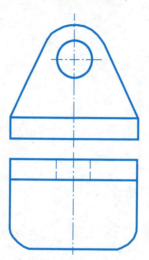

第六章 轴测图

6-7 根据下列视图，画出正等轴测图。

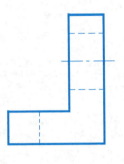
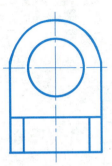

6-8 根据下列视图，画出正等轴测图。

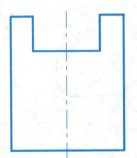
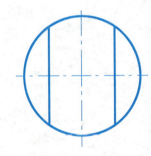

第六章 轴测图

6-9 根据下列视图，在 A3 图纸上画出休息亭的正等轴测图。比例为 4∶1，尺寸从图中量取。

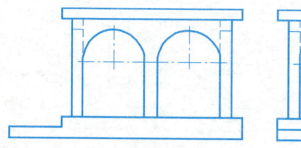
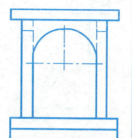
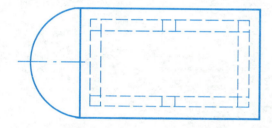

6-10 在 A3 图纸上作单层房屋模型的斜二等轴测图（门、窗都只画门洞、窗洞），比例为 4∶1，尺寸从图中量取。

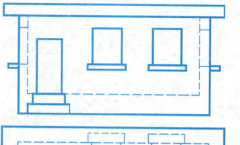
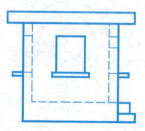
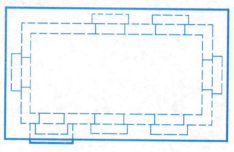

第六章 轴测图　　　　　　　　　　　　　　　　班级　　　　　序号　　　　姓名

6-11 根据下列视图，画出斜二等轴测图。

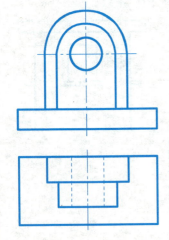

6-12 根据下列视图，画出斜二等轴测图。

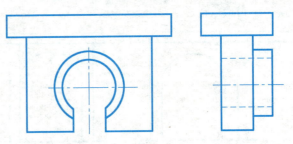

第六章 轴测图　　　　　　　　　　　　　　　　　班级　　　　　　序号　　　　姓名

6-13 作挂板的斜二等轴测图。

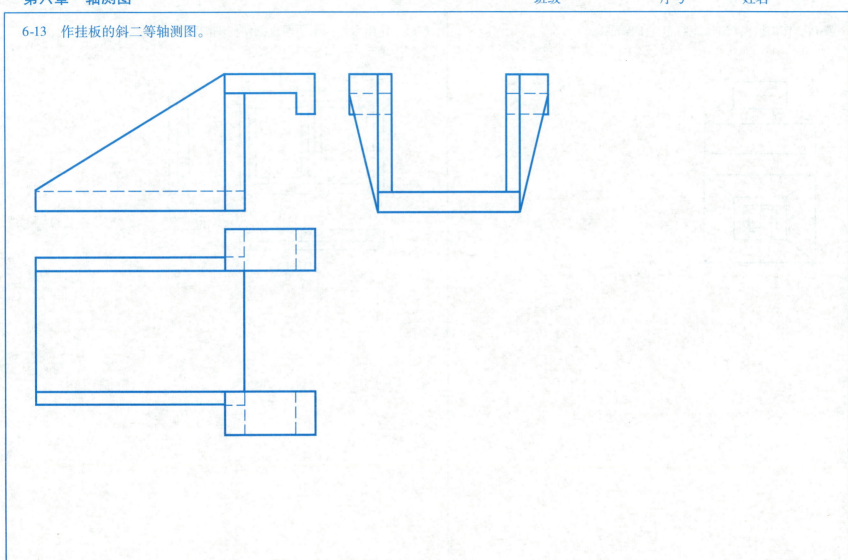

第六章 轴测图

6-14 作出形体被剖切掉 1/4 后的轴测图。

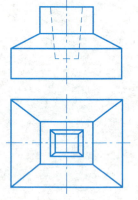

6-15 作出形体按图示两次剖切的轴测图。

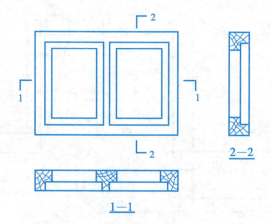

第六章　轴测图　　　　　　　　　　　　　　　　　　　班级　　　　　　序号　　　　姓名

6-16　根据正投影图，作出十字街口的水平斜轴测图（尺寸由图中量取）。

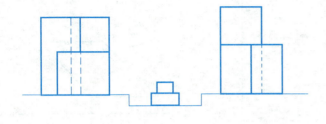

第七章　阴影　　　　　　　　　　　　　　　　班级　　　　　　　序号　　　　姓名

7-1　求 A、B 两点落于投影面上的影子。

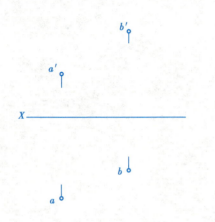

7-2　求 A 点落于 P 面上的影子。

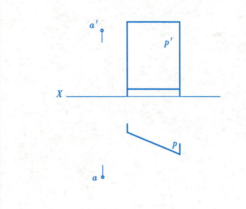

7-3　求 A 点落于 Q 面上的影子。

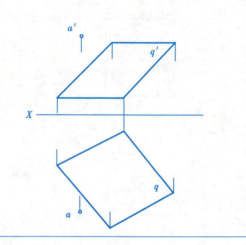

7-4　求直线 CD、GH 落于投影面上的影子。

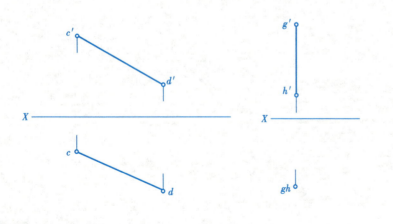

7-5　求直线 EF、MN 落于投影面上的影子。

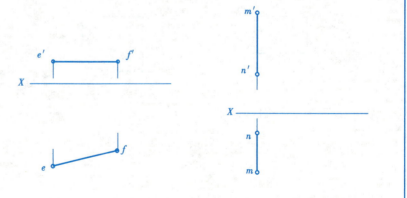

第七章 阴影

班级　　　　　序号　　　　　姓名

7-6 求直线 AB 落于 P 面上的影子。

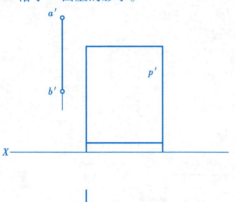

7-7 求水平圆落于投影面上的影子。

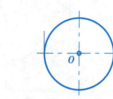

7-8 求下列平面图形落于投影面上的影子。

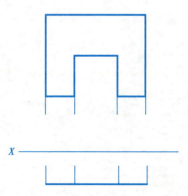

7-9 求长方体的阴影。

第七章 阴影

班级　　　　序号　　　　姓名

7-10 求圆柱的阴影。

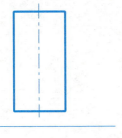

7-11 求门洞、窗洞的阴影。

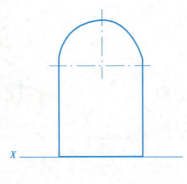
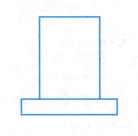
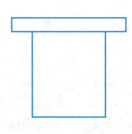

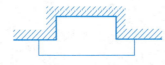

7-12 求方帽落在方柱和投影面上的阴影。

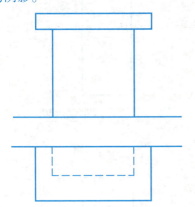

第七章 阴影

班级　　　　　序号　　　　　姓名

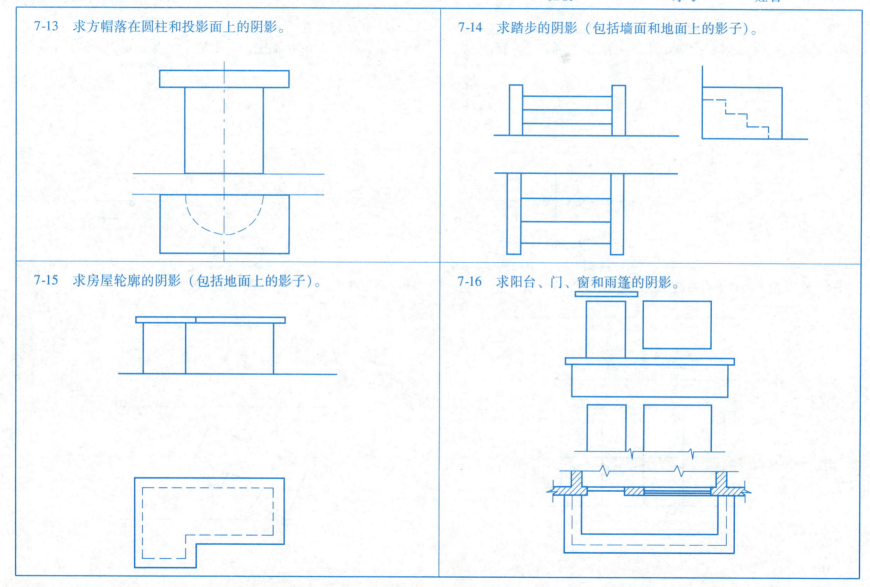

7-13 求方帽落在圆柱和投影面上的阴影。

7-14 求踏步的阴影（包括墙面和地面上的影子）。

7-15 求房屋轮廓的阴影（包括地面上的影子）。

7-16 求阳台、门、窗和雨篷的阴影。

第八章 透视投影

8-1 已知 H 面平行线 AB 高于 H 面 25mm，求 A^0B^0 及 a^0b^0。

8-2 已知画面垂直线 CD 高于 H 面 25mm，求 C^0D^0 及 c^0d^0。

8-3 已知 H 面垂直线 EF 长 30mm，下端 F 点在 H 面上，求 E^0F^0 及 e^0f^0。

8-4 直线 GH 平行于画面，下端 G 点在 H 面上，倾角 $\alpha = 30°$，求 G^0H^0 及 g^0h^0。

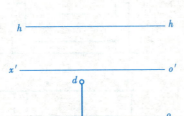

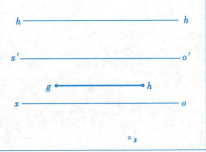

8-5 求 H 面上网格平面的透视。

8-6 求距 H 面 5mm 的平面图形的透视。

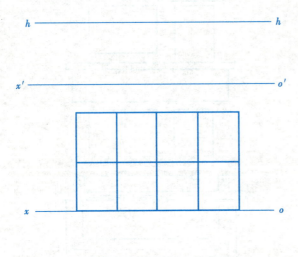
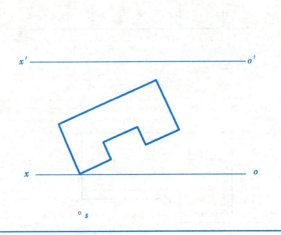

第八章 透视投影

8-7 以方块 A、B、C、D 为底作高为 50mm 的方柱的透视；在 1、2、…、9 处竖高 80mm 立杆。

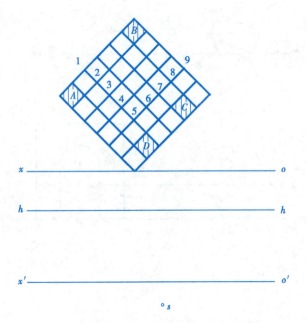

8-8 求组合体的透视。

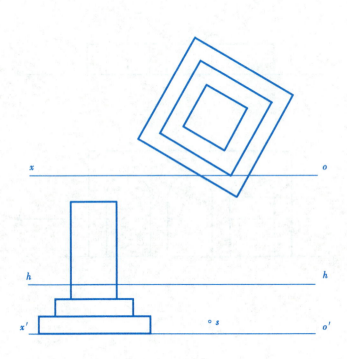

第八章　透视投影

8-9　作拱形门的一点透视。

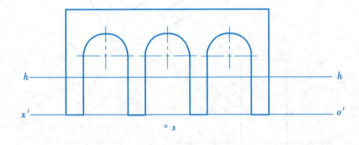

8-10　作拱形门的两点透视。

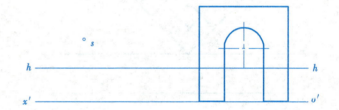

第八章　透视投影

8-11　作建筑形体的透视图。

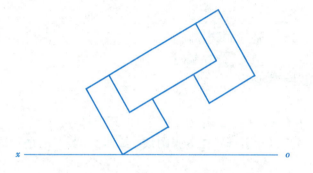

8-12　作建筑形体的透视图。

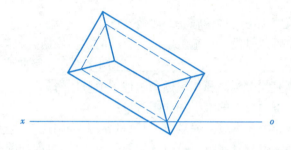

第九章 建筑施工图

9-1 建筑施工图的基本知识

建筑施工图自测练习题

1. 房屋按其使用功能可分为_____、_____和_____。
2. 一套完整的施工图由各种不同专业内容和作用的图样组成，一般包括图纸目录、_____、_____、_____和_____。
3. 建筑施工图简称建施。一般包括_____、_____、_____、_____、_____和_____。
4. 定位轴线是设计和施工定位、放线的重要依据。定位轴线采用_____表示。轴线的端部画细_____。在平面图上横向编号采用_____，_____顺序编写，竖向编号采用_____，_____顺序编写。
5. 标高有绝对标高和相对标高两种。绝对标高是指_____；相对标高是指_____。
6. 画出下面要求的索引和详图符号：
(1) 画详图在本页、编号为"3"的索引符号：_____；(2) 画详图在第五张图纸、编号为"4"号的索引符号：_____；
(3) 画索引符号在第二张图纸、编号为"1"号的详图符号：_____；(4) 画索引符号在本张图纸、编号为"2"号的详图符号：_____。
7. 建筑总平面图中的尺寸标注以_____为单位。总平面图中应注出各建筑物和构筑物的名称，并_____表示其层数。
8. 建筑平面图实际上是房屋的_____（屋顶平面图除外）。它是假想用一水平的剖切面在房屋的_____将整幢房屋剖开后，向下在水平投影面上作正投影图。一般地说，对于多层房屋应画出_____的平面图。但当有些楼层的平面布置相同时，或者仅有局部不同时，则可以_____。对于局部不同之处，只需另画_____。
9. 建筑平面图中凡被剖到的墙、柱的断面轮廓线以及剖切符号用_____线表示；未剖切到的可见轮廓线，如窗台、花台、台阶、梯段等用_____线画出，门的开启符号和尺寸起止符号采用_____线画出；其他图形线，如图例线、尺寸线、尺寸界线、标高符号、轴线圆圈等用_____线表示。
10. 建筑平面图中，一般应在图形的下方和左方标注相互平行的三道尺寸。最外面的一道是_____尺寸，表示_____；中间一道尺寸是_____，表示_____；最内的一道是_____尺寸，表示门窗洞口、洞间墙的尺寸。
11. 在与房屋各立面平行的投影面上所作的房屋正投影图，称为_____。其中反映主要出入口或房屋显著外貌特征的那一面称为_____，其余的立面图相应地称为背立面图和侧立面图。有定位轴线的建筑物，立面图也宜按轴线编号来命名，如_____或_____等。无定位轴线的建筑物也可按房屋的朝向来命名。

第九章 建筑施工图

班级　　　　　序号　　　　　姓名

12. 为使图面清晰、层次分明，立面图中采用各种线型表示不同的内容。建筑立面图的外形轮廓线用_____线表示；室外地坪线用_____线表示；立面上凸出或凹进墙面的轮廓线、门窗洞口、台阶、雨篷、阳台、檐口等较大建筑构配件的轮廓线用_____线表示；较小的建筑构配件以及门窗扇、墙面分格线、雨水管、文字说明引出线等均用_____线表示。

13. 楼梯详图主要表明楼梯形式、结构类型、楼梯间各部位的尺寸及装修做法，为楼梯的施工制作提供依据。它一般包括_____、_____及栏杆或栏板、扶手、踏步等大样图。

9-2　画出下列建筑构配件或建筑材料的图例。

1. 双面开启双扇门	2. 楼梯（底层、标准层、顶层）
3. 单层推拉窗	4. 电梯
5. 自然土壤	6. 塑料、有机玻璃

第九章　建筑施工图

9-3　完成标准平面图的内容。（1）画出门窗——C1 是单层推拉窗，M5 是墙中双扇推拉门，其余都是一般门窗；（2）标注定位轴线；（3）标注外部尺寸；（4）完成楼梯处的内容；（5）在平面图上画出门窗图例；（6）标注平面图图名及比例；（7）标注 10 个内部尺寸。

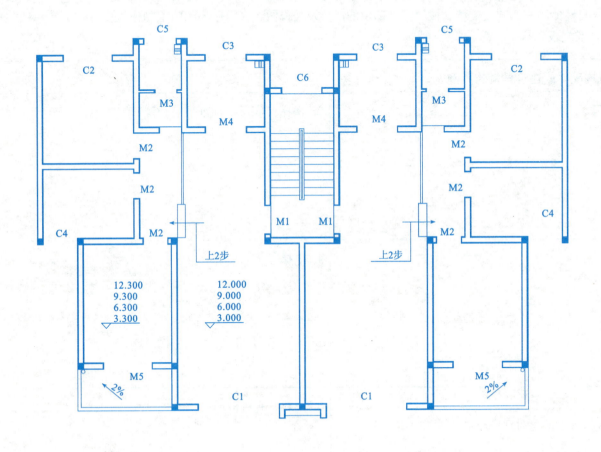

第九章 建筑施工图

9-4 已知楼梯的平面图，层高3m，共6层，要求完成以下内容：（1）补全楼梯平面图所缺的线型；（2）完成上下楼方向和楼梯平面图标高的标注；（3）根据剖切位置完成楼梯1—1剖面图。要求画出踏步（均分）、楼层、休息平台部分、栏板（高度自定），要求标注1—1剖面图定位轴线、尺寸和各楼层及休息平台的标高。

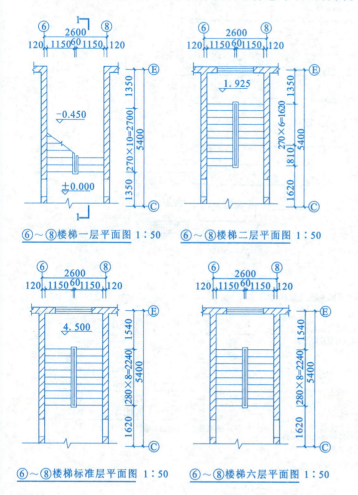

第九章　建筑施工图

班级　　　　序号　　　　姓名

9-5　（一）阅读一套完整的建筑施工图（砖混结构）——首页图（图纸目录、总平面图、建筑设计说明、门窗表）。首先在每页右下角编上图号（如建施10-1）。

图纸目录	
图号	图名
建施10-1	图纸目录 总平面图 建筑设计说明 门窗表
建施10-2	底层平面图
建施10-3	标准层平面图
建施10-4	顶层平面图
建施10-5	屋顶平面图
建施10-6	①~⑫立面图 1—1剖面图 ⓖ~ⓐ立面图
建施10-7	⑫~①立面图 2—2剖面图 栏杆详图
建施10-8	墙身详图 节点详图
建施10-9	楼梯详图
建施10-10	木窗详图
结施9-1	结构设计说明 预制构件表
结施9-2	基础平面图 基础圈梁详图
结施9-3	基础详图
结施9-4	标准层结构布置平面图
结施9-5	屋面结构布置图
结施9-6	构件安装详图
结施9-7	楼梯结构详图
结施9-8	预制构件详图
结施9-9	现浇构件详图

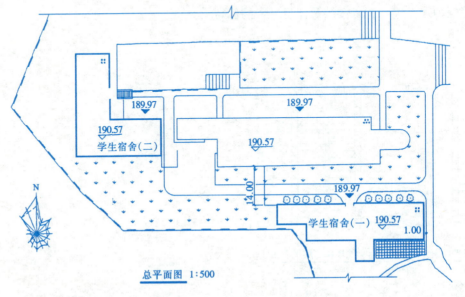

总平面图 1:500

建筑设计说明

一、设计依据：
1. ×××公司计财字[1997]×××号文件。
2. ×××市规划局建审字[1997]×××号文件。

二、建筑面积：
该建筑物占地面积　　㎡，建筑面积为　　㎡。

三、标高：
相对标高±0.000相当于绝对标高190.570m，即原有教学楼标高，施工放线的依据见总平面图。

四、一般地面素土夯实基层，70厚C10混凝土垫层，垫层上做法同楼面。
卫生间楼面做法，见第六条。

五、一般楼地面：在结构层上做25厚1:2.5水泥砂浆找平层，素水泥浆结合层一道，15厚1:2水泥瓜米石地面。

六、卫生间地面：基层为素土夯实，80厚C10混凝土垫层，25厚1:2.5水泥砂浆找平，素水泥浆结合层一道，陶瓷马赛克面层。
卫生间楼面在结构层上做法同卫生间地面。

七、内墙面
墙面：中级抹灰，803涂料面层。
墙裙：用于卫生间，高1800白色瓷砖面层。
踢脚：150高，1:2水泥砂浆面层。

八、油漆：凡木制品均刷三遍调和漆，凡铁制品均刷防锈漆一道，调和漆二道，颜色为棕红色。

九、本工程施工要求均按现行施工验收规范执行，图中不详之处，请与设计单位联系，共同研究解决，不得擅自处理。

门窗表

型号	单位	数量	采用图集	图中代号
M1	樘		西南J601	PX-3027
M2	樘		西南J601	X-1527
M3	樘		西南J601	X-1027
M4	樘		西南J601	X-0920
C1	樘		西南J701	B-1818
C2	樘	17	西南J701	B-1518

注：门窗数量由学生查图后填写。

第九章 建筑施工图

9-5 （二）阅读一套完整的建筑施工图（砖混结构）——底层平面图。

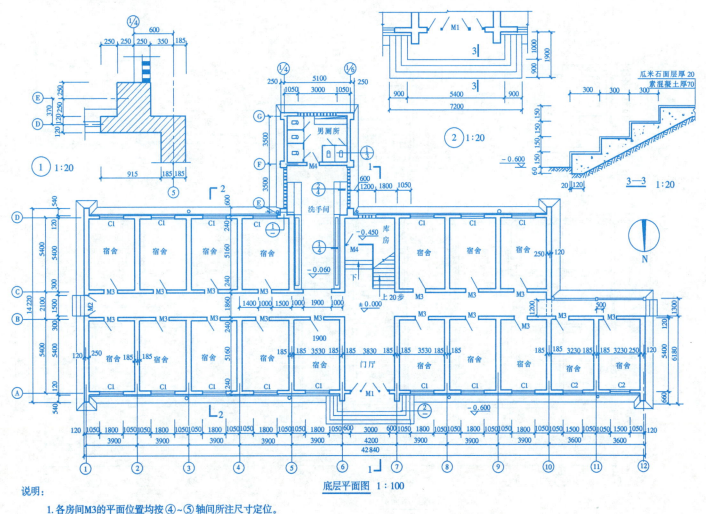

底层平面图 1:100

说明：
1. 各房间M3的平面位置均按④~⑤轴间所注尺寸定位。
2. 1—1剖面图详见建施10-6，2—2剖面图详见建施10-7。

第九章 建筑施工图

9-5 （三）阅读一套完整的建筑施工图（砖混结构）——标准层平面图。

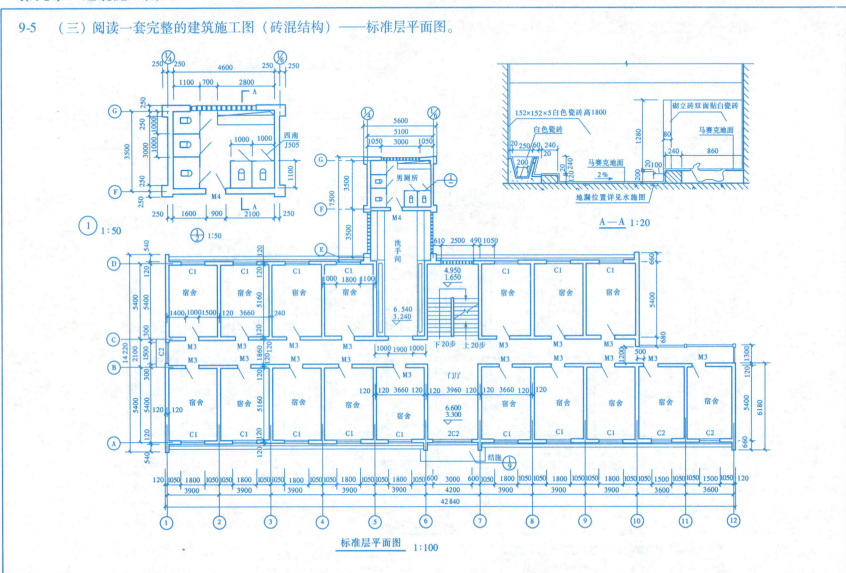

标准层平面图 1:100

第九章 建筑施工图

9-5 （四）阅读一套完整的建筑施工图（砖混结构）——顶层平面图。

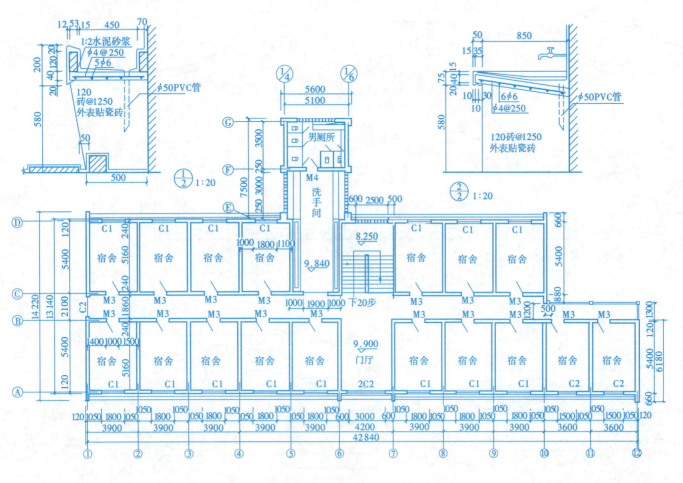

顶层平面图 1:100

第九章　建筑施工图

9-5　（五）阅读一套完整的建筑施工图（砖混结构）——屋顶平面图。

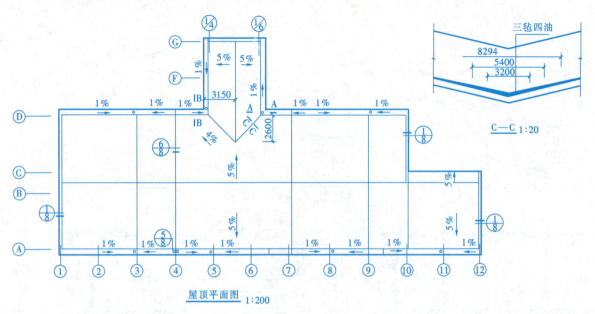

屋顶平面图 1:200

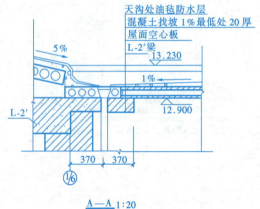

A—A 1:20

B—B 1:20

说明：
1. 屋面构造详见建施10-8。
2. 屋面伸缩缝在③、④、⑦、⑨、⑩轴。
   檐沟伸缩缝在④、⑦轴。
3. A—A、B—B 大样图中未画出隔热层。

第九章 建筑施工图

9-5 （六）阅读一套完整的建筑施工图（砖混结构）——①~⑫立面图、Ⓖ~Ⓐ立面图、1—1 剖面图。

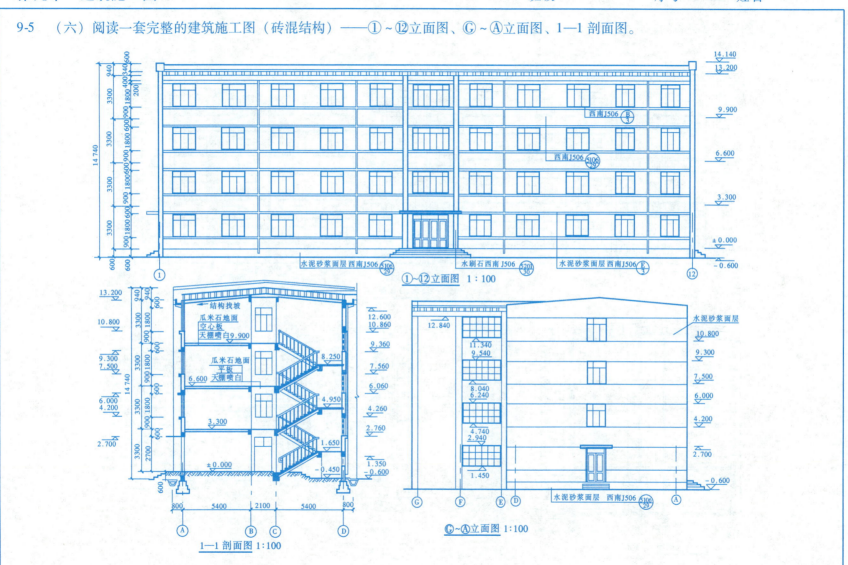

第九章 建筑施工图

9-5 (七)阅读一套完整的建筑施工图(砖混结构)——⑫~①立面图、2—2剖面图。

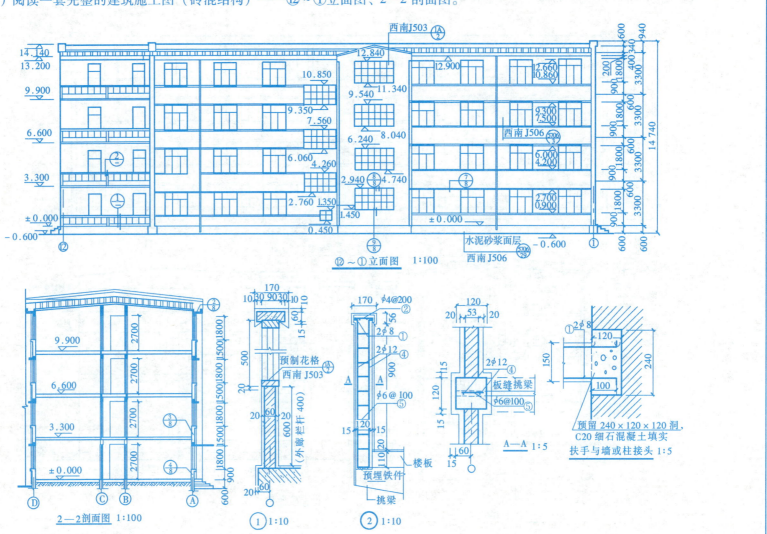

第九章　建筑施工图

9-5　（八）阅读一套完整的建筑施工图（砖混结构）——墙身详图、节点详图。

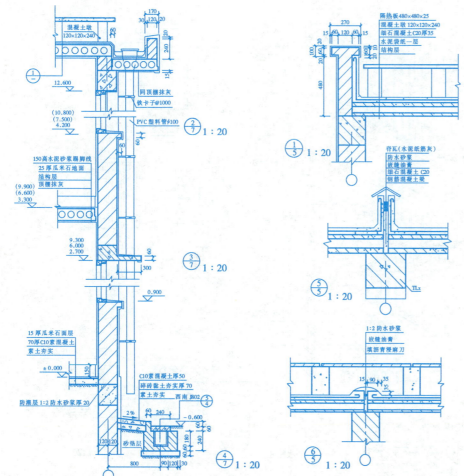
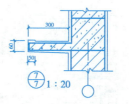
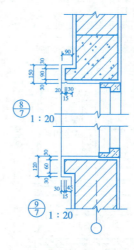

说明

1. 室外排水暗沟用MU7.5砖，M2.5水泥砂浆砌筑，沟内抹15厚1:3水泥砂浆，坡度为3%。
2. 外墙线脚为掺30%白灰的水泥砂浆。
3. ①、⑤、⑥中钢筋为φ6@200双向，混凝土为C20细石混凝土。

137

第九章 建筑施工图

9-5 （九）阅读一套完整的建筑施工图（砖混结构）——楼梯详图。

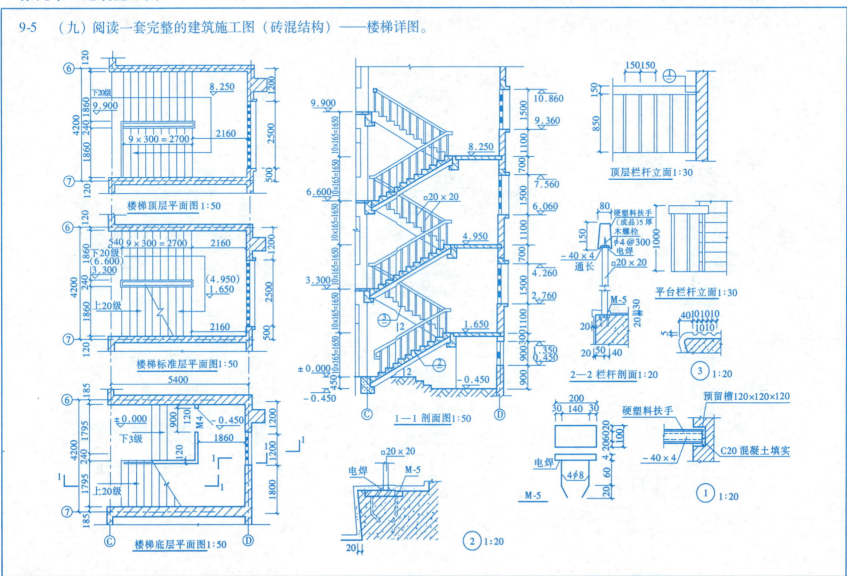

第九章 建筑施工图

9-5 (十) 阅读一套完整的建筑施工图（砖混结构）——门窗详图。

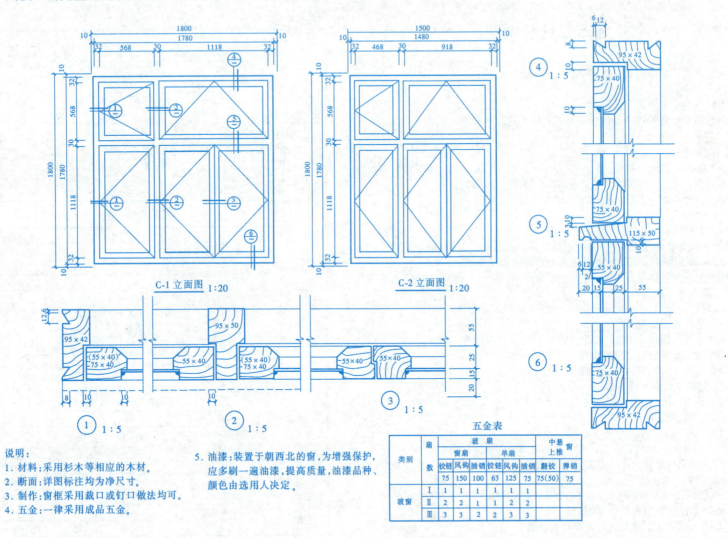

第九章　建筑施工图

9-6　(一) 阅读一套完整的施工图 (框架结构)——首页图 (建筑设计总说明)。

建筑设计总说明

一、设计依据
1. 规划建设管理局规划审批意见；
2. 业主确认的设计方案；
3. 院内各专业提供的设计条件；
4. 国家颁发的有关建筑设计规范及有关城市建设之规定。

二、工程概况
1. 本工程为×××厂区办公楼工程，位于××工业园内，建筑面积：$2793m^2$；
2. 本楼相对标高±0.000相当于绝对标高数值：14.950；
3. 防火分类：属于多层公共建筑，耐火等级为二级。

三、建筑说明
1. 0.500以下室内外墙体均为240厚烧结黏土多孔砖，0.500以上室内外墙体均为240厚混凝土砌块，砌块及砂浆强度等级见结构图；
2. 所有室内外墙体均在-0.030处设墙身防潮层一道，材料为1:2水泥砂浆内掺5%防水剂；
3. 室外散水：宽800，环建筑一周，做法见L96J002 散4；
4. 框架柱位置以结施为准；
5. 图中未注明门垛为120，未注明墙厚240，轴线居中；
6. 图中预留孔洞位置见水施电施图，管道井层层封闭；
7. 卫生间，完成后标高均比同楼层楼地面标高低30，地面向地漏以1%坡度找坡，地漏位置以水施为准；
8. 雨水管为φ100白色硬聚氯乙烯管 (PVC)，女儿墙泛水参99J201-1 第24页 C项，屋面水落口参第29页1项；
9. 楼梯栏杆详见L96J401 P7 T-5；
10. 雨篷1%坡向泄水管，泄水管采用φ38PVC管，外伸50；
11. 门窗均采用墨绿色中空双玻高级铝合金门窗，白色玻璃，低于900的窗台均设1100高护栏；
12. 主入口雨篷采用玻璃网架，由甲方联系厂家，式样经设计签字同意后方可施工；
13. 外墙做法涂料颜色见立面图；
14. 本图未尽事宜，请及时与本院联系解决。

图纸目录

序号	图号	名称	张数
1	建施-0	建筑设计总说明　图纸目录　建筑作法一览表	1
2	建施-1	总平面图	1
3	建施-2	一层平面图	1
4	建施-3	二层平面图	1
5	建施-4	三层平面图	1
6	建施-5	四层平面图	1
7	建施-6	屋顶平面图	1
8	建施-7	南立面图　北立面图	1
9	建施-8	东立面图　西立面图　1—1剖面　详图	1
10	建施-9	楼梯详图	

建筑作法一览表

部位名称	适用部位	建筑作法	选用图集	备注
地面	走廊		L96J002 楼17	
	办公室		L96J002 楼21	
	其他		L96J002 楼17	
楼面	卫生间	1. 现浇混凝土楼板；2. 刷素水泥浆一道；3. 20厚1:3水泥砂浆找平；4. 水乳型橡胶沥青一布 (玻纤布) 四涂防水层，撒砂一层粘牢；5. C20细石混凝土随打随抹 (最低处30厚)，1%坡向地漏；6. 刷素水泥浆一道；7. 15厚1:2干硬性水泥砂浆；8. 撒素水泥浆；9. 粘贴防滑釉面地瓷砖，稀水泥浆填缝		
内墙	卫生间		L96J002 内墙41	
	公用楼梯间	刮白色仿瓷涂料	L96J002 内墙11	
	其他内墙	刮白色涂料	L96J002 内墙11	
踢脚	全部		L96J002 踢10	
天棚	全部	刮白色水泥腻子	L96J002 棚4	
外墙	涂料墙面		L96J002 外墙25	
屋面	平屋面 (上人屋面)		L96J002 屋48	
	平屋面 (非上人屋面)		L96J002 屋30	

第九章 建筑施工图

9-6 （二）阅读一套完整的施工图（框架结构）——总平面图。

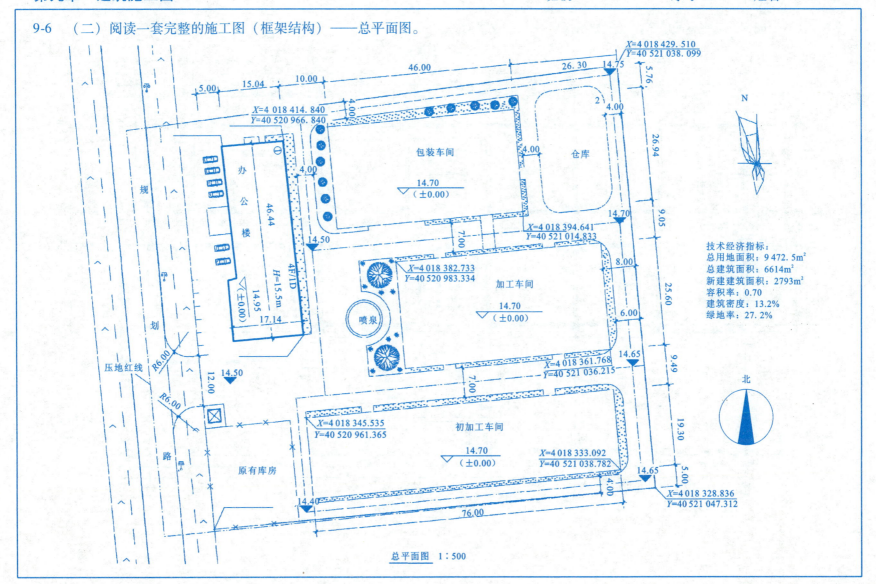

总平面图 1:500

第九章　建筑施工图

9-6　（三）阅读一套完整的施工图（框架结构）—— 一层平面图。

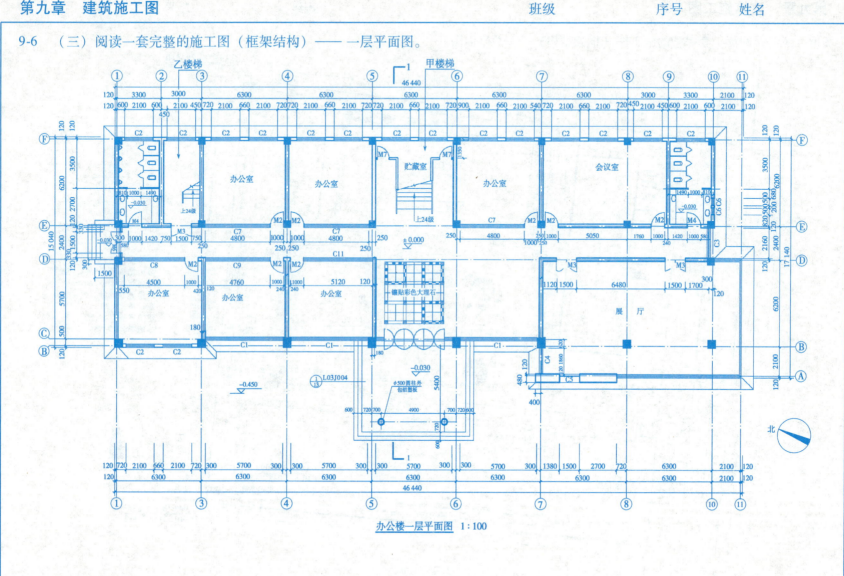

办公楼一层平面图　1:100

第九章　建筑施工图

9-6　（四）阅读一套完整的施工图（框架结构）——二层平面图。

办公楼二层平面图　1:100

第九章 建筑施工图

9-6 （五）阅读一套完整的施工图（框架结构）——三层平面图。

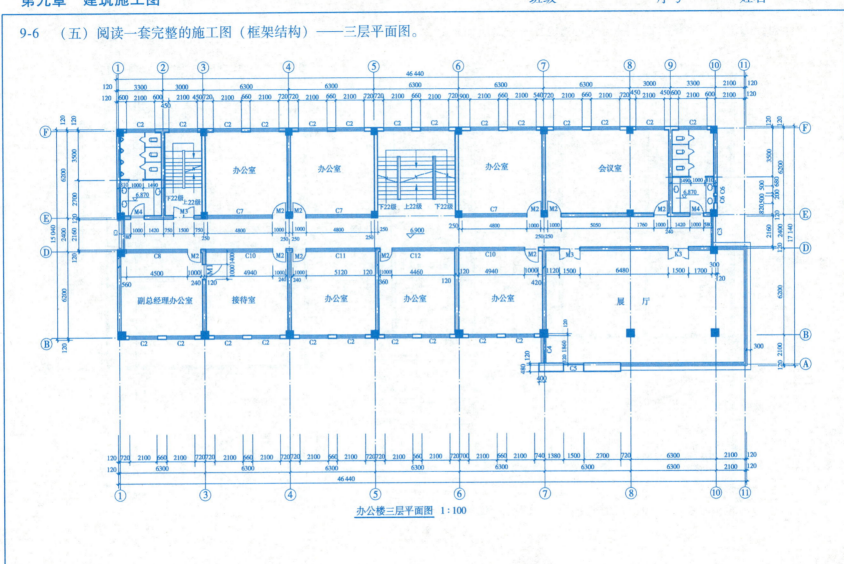

办公楼三层平面图 1:100

第九章 建筑施工图

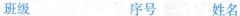

9-6 （六）阅读一套完整的施工图（框架结构）——四层平面图。

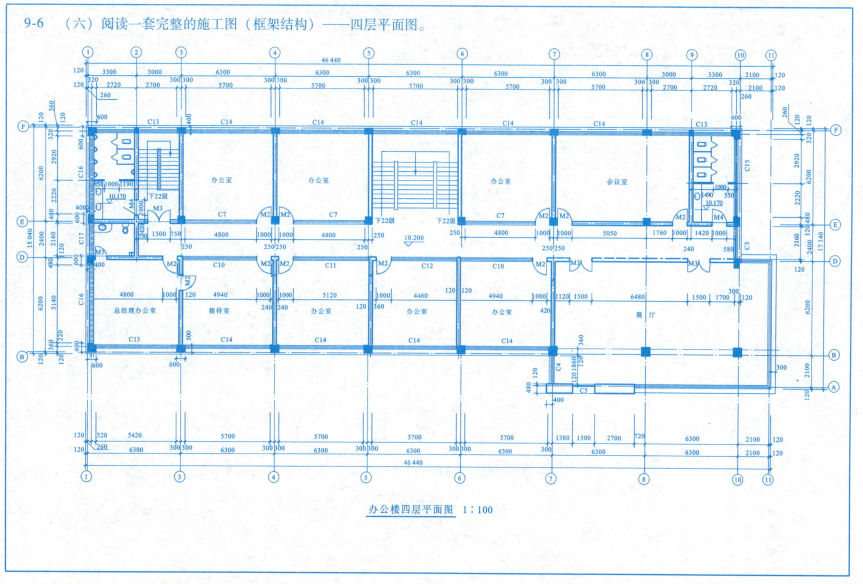

办公楼四层平面图 1:100

145

第九章 建筑施工图

9-6 （七）阅读一套完整的施工图（框架结构）——屋顶平面图。

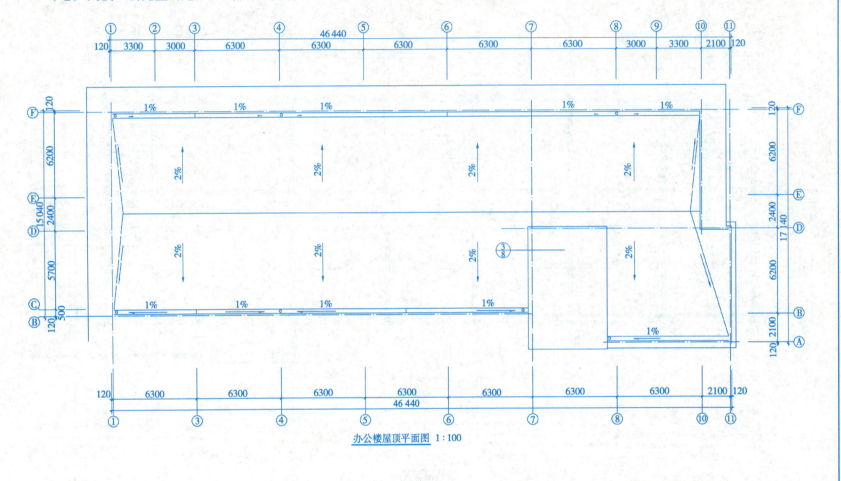

办公楼屋顶平面图 1:100

第九章 建筑施工图

9-6　（八）阅读一套完整的施工图（框架结构）——东、西立面图。

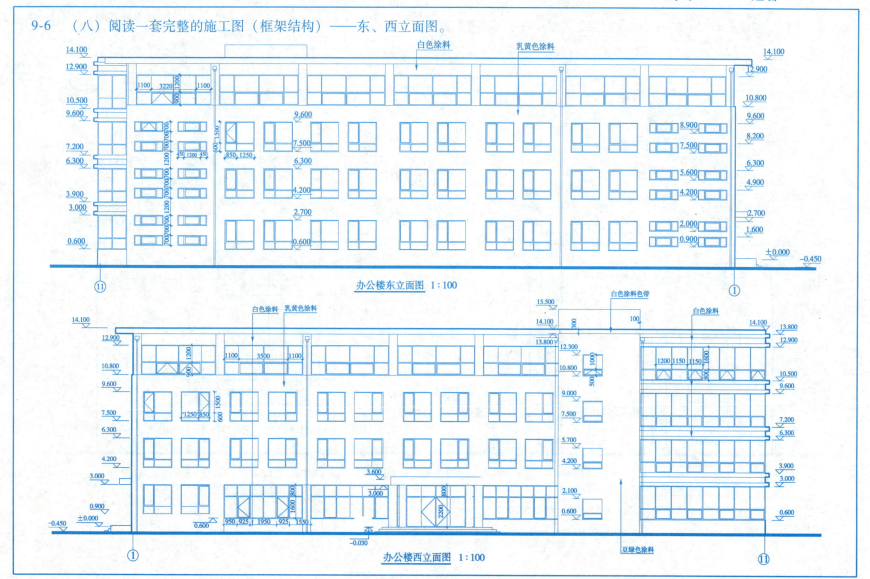

第九章 建筑施工图

9-6 （九）阅读一套完整的施工图（框架结构）——南、北立面图。

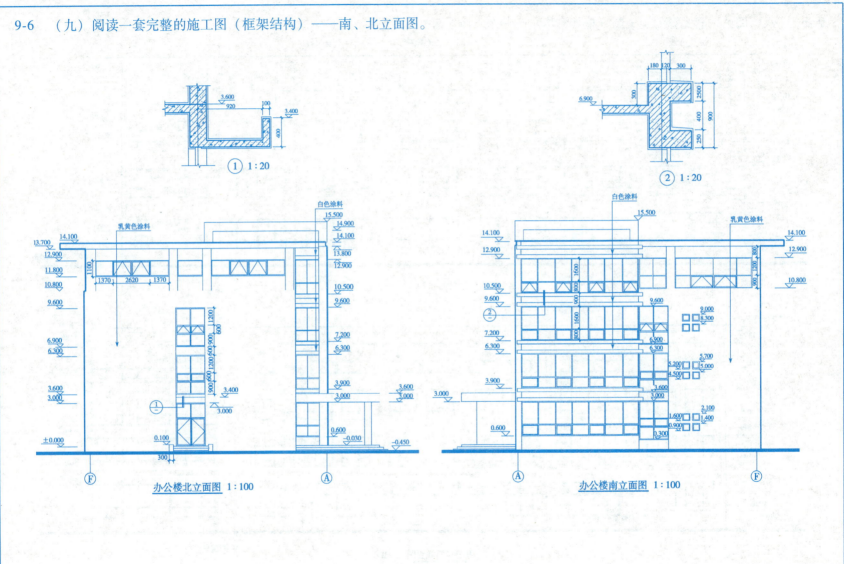

第九章 建筑施工图

9-6 （十）阅读一套完整的施工图（框架结构）——1—1 剖面图。

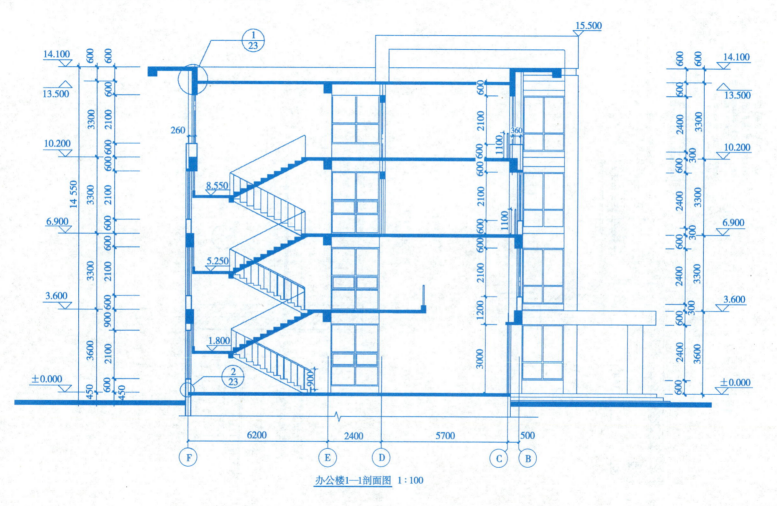

办公楼1—1剖面图 1:100

第九章 建筑施工图

9-6　（十一）阅读一套完整的施工图（框架结构）——墙身节点详图。

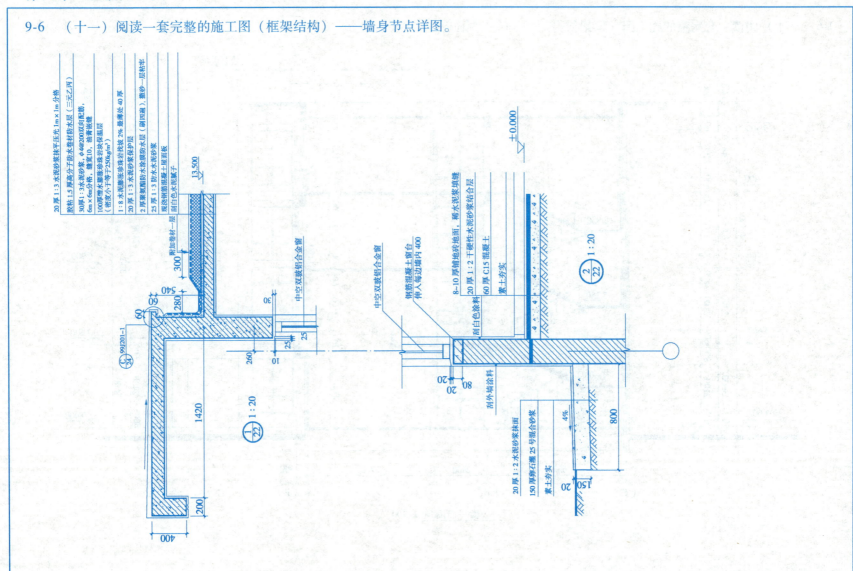

第九章 建筑施工图

9-6 (十二) 阅读一套完整的施工图（框架结构）——楼梯详图。

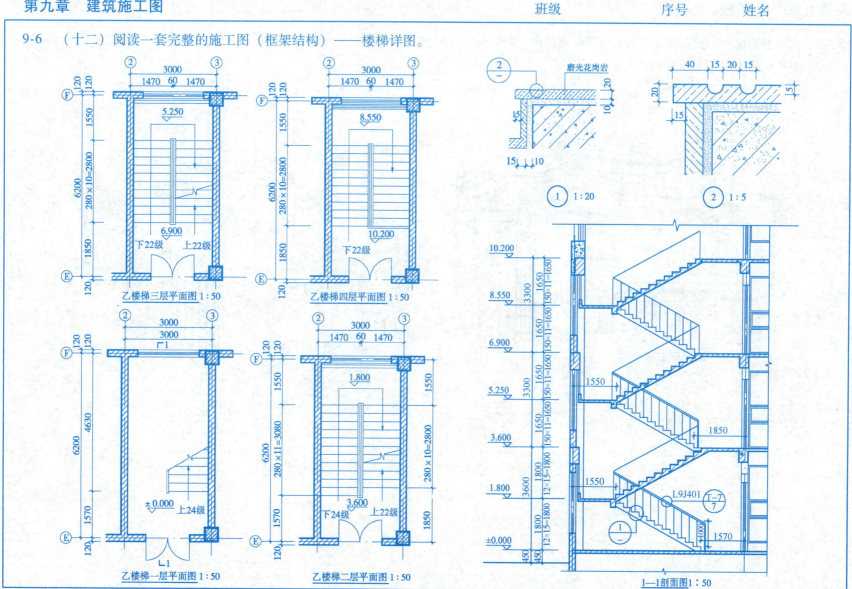

第九章 建筑施工图

班级　　　　　序号　　　　　姓名

9-7　大作业测绘——根据所提供的某别墅的立体图，结合别墅的一、二层平面图、东立面图、南立面图，画出三层平面图、北立面图、西立面图、屋顶平面图、1—1剖面图。

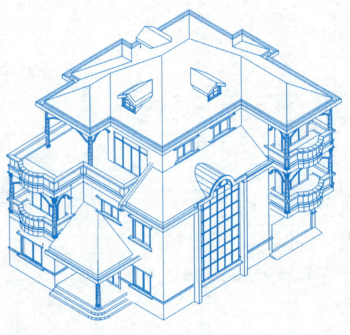

第九章　建筑施工图

9-7　大作业测绘——根据所提供的某别墅的立体图，结合别墅的一、二层平面图、东立面图、南立面图，画出三层平面图、北立面图、西立面图、屋顶平面图、1—1 剖面图。

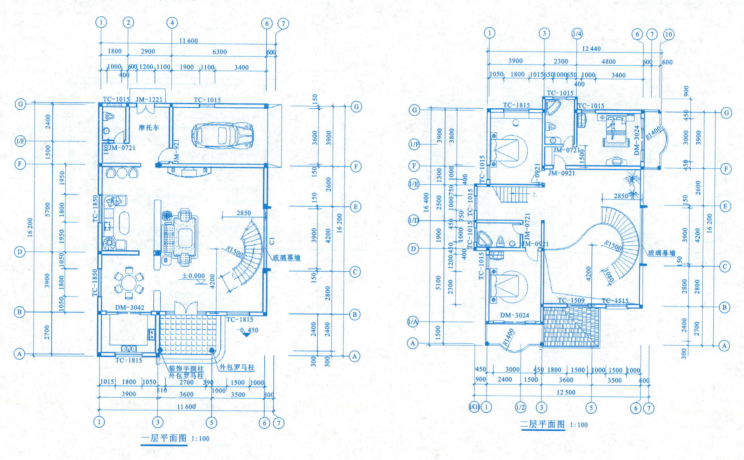

第九章　建筑施工图

9-7　大作业测绘——根据所提供的某别墅的立体图，结合别墅的一、二层平面图、东立面图、南立面图，画出三层平面图、北立面图、西立面图、屋顶平面图、1—1 剖面图。

第十章　结构施工图

10-1　房屋结构施工图基本知识——结构施工图自测练习题。

1. 结构施工图主要表达结构设计的内容，它是表示建筑物_____的布置、形状、大小、材料、构造及其相互关系的图样。结构施工图一般包括：_____、_____、_____。

2. 结构施工图中房屋结构的每类构件都给予了代号，如屋面板为_____、楼梯板为_____、圈梁为_____、连系梁为_____、框架梁为_____、基础为_____、雨篷为_____。

3. 配置在钢筋混凝土构件中的钢筋，按其所起的作用可分为_____、_____、_____、_____和_____。

4. 钢筋按抗拉强度和品种分为不同的等级，HPB300级钢筋的符号为_____、HRB335级钢筋的符号为_____、HRB400级钢筋的符号为_____、HRB500级钢筋的符号为_____、冷拉RRB400级钢筋的符号为_____。

5. 常用的钢筋图例中，无弯钩的钢筋搭接应表示为_____，带半圆形弯钩的钢筋的端部表示为_____。

6. 请分别解释下面钢筋的尺寸标注的含义：

(1) 3Φ16：_____；

(2) φ6@200：_____。

7. 为了突出表示钢筋的配置状况，在钢筋混凝土构件的立面图和断面图上，轮廓线用_____画出，材料图例_____，而用_____（立面图上）和_____（断面图上）表示钢筋。

8. 基础图是表示建筑物_____的平面布置和详细构造的图样。基础图通常包括_____和_____。

9. 结构平面图是假想沿着_____将建筑物水平剖开，向下投影所作的水平剖面图。主要用来表示各层_____、_____、_____、_____、过梁和圈梁等的平面布置情况，以及现浇楼板、梁的构造与配筋情况。

10. 柱平法施工图是在柱的结构平面布置图上，采用列表注写方式或截面注写方式表达的柱配筋图。列表注写方式中柱表注写内容应包括：_____、_____、_____、_____、_____、_____。

11. 梁平法施工图是在梁的结构平面布置图上，采用平面注写方式或截面注写方式表达的梁配筋图。采用平面注写方式时，梁集中标注的内容有：_____、_____、_____、_____、_____和_____。原位标注的内容有：_____、_____、_____、_____。施工时应按_____数值取用。

第十章 结构施工图

班级　　　序号　　　姓名

10-2 阅读钢筋混凝土结构构件图，画出 3—3 断面图。

钢筋表

编号	简 图	规格	长度	根数
①	——	φ22	4075	4
②	——	φ18	7500	4
③	——	φ16	7500	4
④	——	φ10	7500	2
⑤	ロ	φ6	1500	14
⑥	ロ	φ8	放样确定	5
⑦	ロ	φ6	1900	2
⑧	ロ	φ6	2700	26
⑨	フ	φ12	1920	4
⑩	フ	φ12	1600	4
⑪	——	φ6	250	12

说明：

1. 混凝土采用 C20。
2. 埋件用 I 级钢板。

第十章 结构施工图

10-3 画出梁的 2—2、3—3 断面图及钢筋分离图。

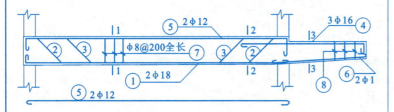

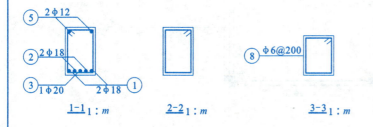

10-4 补全梁的断面 2—2、3—3。

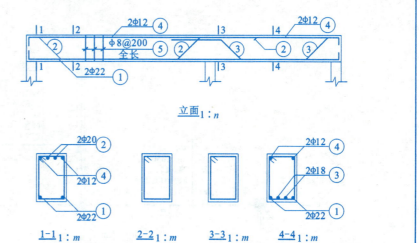

10-5 将以下配筋要求标注在相应的钢筋上。
（1）底层钢筋均为 $\phi 8@150$。（2）顶层钢筋均为 $\phi 6@200$。

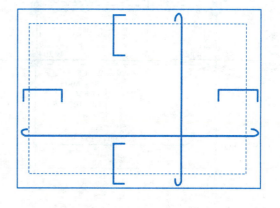

第十章 结构施工图

10-6 根据梁的平法标注画出④轴之间的截面图，截面图的数量根据梁内的钢筋配置自己决定。并说明梁 WKL3 集中标注和原位标注的含义。

屋面梁结构图

第十章 结构施工图

班级　　　序号　　　姓名

10-7 描述梁集中标注的含义。

KL5（3A） 300×500

φ8@100/200（4）

2Φ20；4Φ20（-2）

10-8 描述梁集中标注的含义。

KL2（2） 300×600

φ8@100/200（4）

2Φ20+（2Φ14）；4Φ20（-2）

10-9 绘制出②③支座钢筋的示意图。

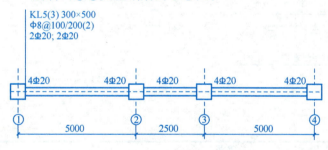

10-10 描述下图原位标注的含义。

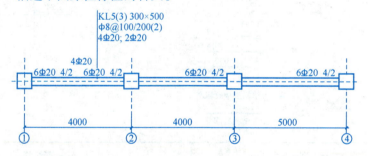

第十章 结构施工图

10-11 分别标注出下图 KZ1 在 -1 层、1 层、8 层、14 层的集中标注并画出截面注写方式,并标注尺寸。在柱平法施工图上标注出芯柱 XZ1 的集中标注(可在另外纸上绘制)。

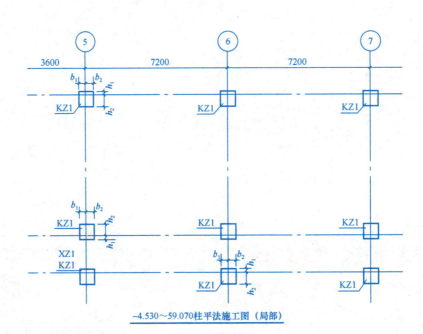

层号	标高(m)	层高(m)
屋面2	65.670	
塔层2	62.370	3.30
屋面1(塔层1)	59.070	3.30
16	55.470	3.60
15	51.870	3.60
14	48.270	3.60
13	44.670	3.60
12	41.070	3.60
11	37.470	3.60
10	33.870	3.60
9	30.270	3.60
8	26.670	3.60
7	23.070	3.60
6	19.470	3.60
5	15.870	3.60
4	12.270	3.60
3	8.670	3.60
2	4.470	4.20
1	-0.030	4.50
-1	-4.530	4.50
-2	-9.030	4.50

结构层楼面标高
结构层高
上部结构嵌固部位 -4.530

-4.530～59.070柱平法施工图(局部)

柱号	标高	$b \times h$ (圆柱直径D)	b_1	b_2	h_1	h_2	全部纵筋	角筋	b边一侧中部筋	h边一侧中部筋	箍筋类型号	箍筋	备注
KZ1	-4.530～0.030	750×700	375	375	150	550	28Φ25				1(6×6)	ϕ10@100/200	
	-0.030～19.470	750×700	375	375	150	550	24Φ25				1(5×4)	ϕ10@100/200	—
	19.470～37.470	650×600	325	325	150	450		4Φ22	5Φ22	4Φ20	1(4×4)	ϕ10@100/200	
	37.470～59.070	550×500	275	275	150	350		4Φ22	5Φ22	4Φ20	1(4×4)	ϕ8@100/200	
XZ1	-4.530～8.670						8Φ25				按标准构造详图	ϕ10@100	③×⑧轴 KZ1 中设置

第十章 结构施工图

班级　　　　　序号　　　　　姓名

10-12 说明下列板构件的名称，并解释 LB1 集中标注的含义。

LB——

WB——

XB——

ZSB——

KZB——

LB1 $h=120$

B：$X\&Y\phi12@150$

T：$X\phi10@200$

10-13 描述基础集中标注各个数据的含义，并指出是什么基础。

BJ_p2，800/1200，500/1500

B：$X\phi14@200$

$Y\phi16@150$

$Sn2\phi14$

O：$4\phi16/\phi16@200/\phi16@180$

$\phi10@100/200$

10-14 描述基础集中标注的含义，并指出是什么基础。

$TJB_p03(2A)$　250/200

B：$\Phi14@150/\phi8@250$

T：$\Phi14@200/\phi8@250$

10-15 描述下图基础梁集中标注和原位标注的含义（可做在另外纸上）。

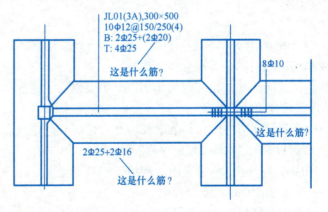

第十章　结构施工图

10-16　（一）阅读一套完整的结构施工图（砖混结构）——结构设计说明、预制构件表。

一、基础工程

1. 本工程基础根据××建筑勘测设计院提供的《××地区工程地质勘测报告》，设计地耐力按 0.28MPa 计算。
2. 基础应置于老土上，若埋深超过设计标注尺寸时，应按地质情况确定基础的实际埋深。
3. 基础用 C10 毛石混凝土，毛石用量不得超过 30%，基础垫层为 100 厚 C10 混凝土，比基础两边宽出 100mm。
4. 地坪以下基础砖墙用 MU10 煤矸石砖，M5 水泥砂浆砌筑。
5. 基础底槽土质不一致时，必须做成踏步基础并按 1:2 放坡。
6. 基础圈梁用 C15 混凝土浇筑，钢筋用 HPB300 级钢筋，圈梁按构造规定进行转角及丁字接头处理，钢筋的搭接长度不小于 $35d$，主筋保护层厚度为 35mm。

二、上部结构

1. 墙体：1~2 层采用 MU15 煤矸石砖，M5 混合砂浆砌筑，3~4 层采用 MU10 黏土砖，M2.5 混合砂浆砌筑。
2. 圈梁材料：混凝土为 C20，钢筋用 HPB300 级钢筋。钢筋搭接及圈梁转角应按有关构造处理。
3. 楼层结构：除标准构件外，其余梁板构件均采用 C20 混凝土制作，凡现浇部分混凝土必须按规定保养。
4. 钢筋：图中 φ 为 HPB300 级钢筋，Φ 为 HRB335 级钢筋。
5. 钢筋保护层：板 10mm，梁 25mm。
6. 厕所：洗手间的楼板应按水施预留孔洞，不得事后打孔。

三、其他

1. 本图应与建施、水施和电施密切配合施工。
2. 本工程应严格执行国家现行施工及验收规范，对使用于结构所有材料必须有出厂合格证及复验报告。
3. 本图中未尽事宜或不详之处，要与设计人员联系，不得擅自处理。

预制构件表

构件名称	代号	数量	所在图集（纸）	备注
预应力混凝土多孔板	Y-KB4252	9	G201	
	Y-KB4262	18	G201	
	Y-KB4254		G201	
	Y-KB4262		G201	
	Y-KB3952		G201	
	Y-KB3962		G201	
	Y-KB3954		G201	
	Y-KB3964		G201	
	Y-KB3064		G201	
	Y-KB2764		G201	
走道板	YB-1		结施 9—8	
休息平台	YB-2		结施 9—8	
挑梁	TL-1		结施 9—8	
	TL-2		结施 9—8	
梁	L-1		结施 9—8	
	L-2（L-2'）		结施 9—8	
楼梯梁	YTL-1		结施 9—7	
	YTL-2		结施 9—7	
楼梯板	TB-1		结施 9—7	
	TB-2		结施 9—7	

第十章 结构施工图

10-16 (二)阅读一套完整的结构施工图(砖混结构)——基础平面图、基础圈梁详图。

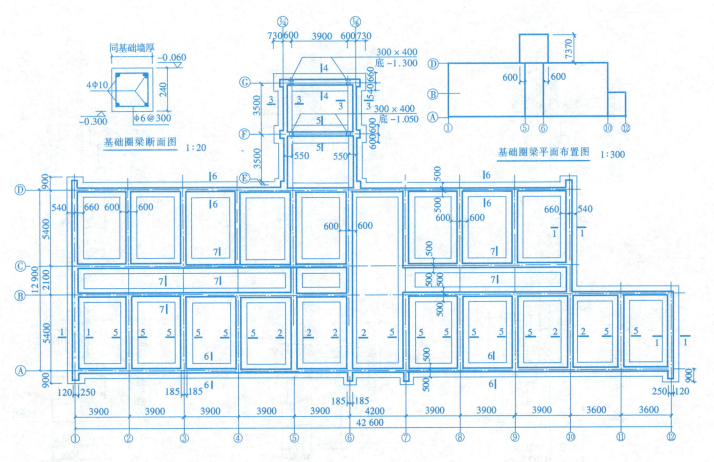

基础圈梁断面图 1:20

基础圈梁平面布置图 1:300

基础平面图 1:100

第十章 结构施工图

10-16 （三）阅读一套完整的结构施工图（砖混结构）——基础详图。

说明：
1. 防潮层为1:2水泥砂浆掺5%防潮剂。
2. 下水管穿基础墙时，管位置于大放脚第二阶上。

第十章 结构施工图

10-16 （四）阅读一套完整的结构施工图（砖混结构）——标准层结构布置平面图。

标准层结构布置平面图
(3.260、6.560、9.860)
洗手间均低 0.06m

说明：
1. 图中连续粗虚线为圈梁的平面布置位置，圈梁遇窗洞按有关构造要求处理。
2. 过梁 GL 制作采用"国标 G322"标准图。

第十章 结构施工图

10-16 (五)阅读一套完整的结构施工图(砖混结构)——屋面结构平面图。

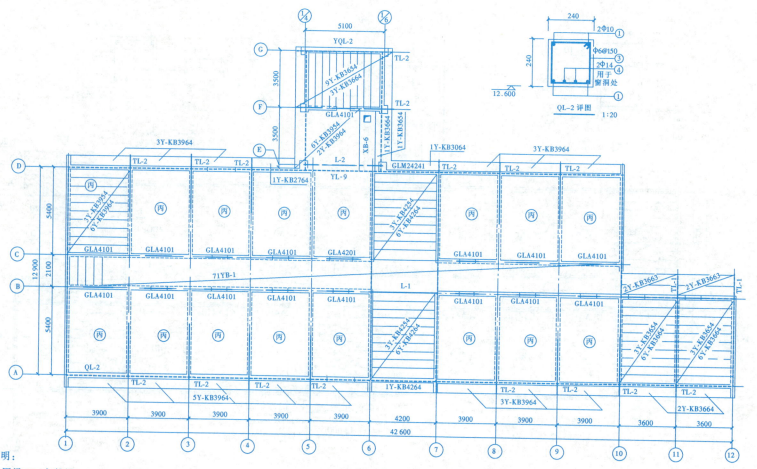

屋面结构布置图
檐口板上皮标高为 12.960

说明:
1. 圈梁 QL_2 与挑梁 TL-1、TL-2 同现浇。
2. 施工中檐口板待挑梁强度达到设计要求后方可就位。

第十章　结构施工图

10-16　（六）阅读一套完整的结构施工图（砖混结构）——节点详图。

① / 4　板端搁置内墙构造（一）（仅用于二层）

② / 4　板端搁置内墙构造（二）

③ / 4　板端搁置内墙构造（三）

④ / 4　板端搁置外墙构造（一）

⑤ / 4　板端搁置外墙构造（二）

⑥ / 4　板端搁置外墙构造（三）（仅用于二层）

167

第十章　结构施工图

10-16　（七）阅读一套完整的结构施工图（砖混结构）——楼梯结构详图。

说明：
1. 混凝土为C20。
2. 钢筋φ为HPB300级，Φ为HRB335级。

第十章 结构施工图

10-16　（八）阅读一套完整的结构施工图（砖混结构）——预制构件详图。

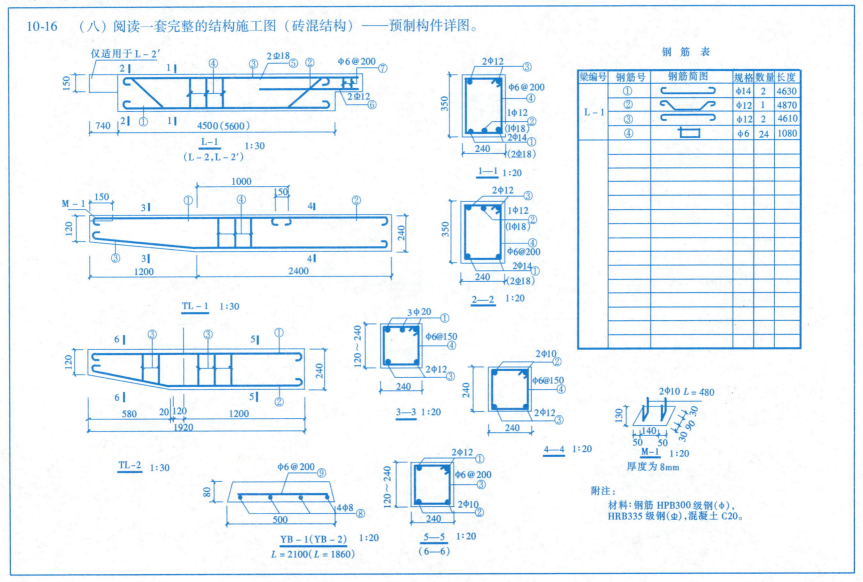

第十章 结构施工图

10-16 （九）阅读一套完整的结构施工图（砖混结构）——现浇构件详图。

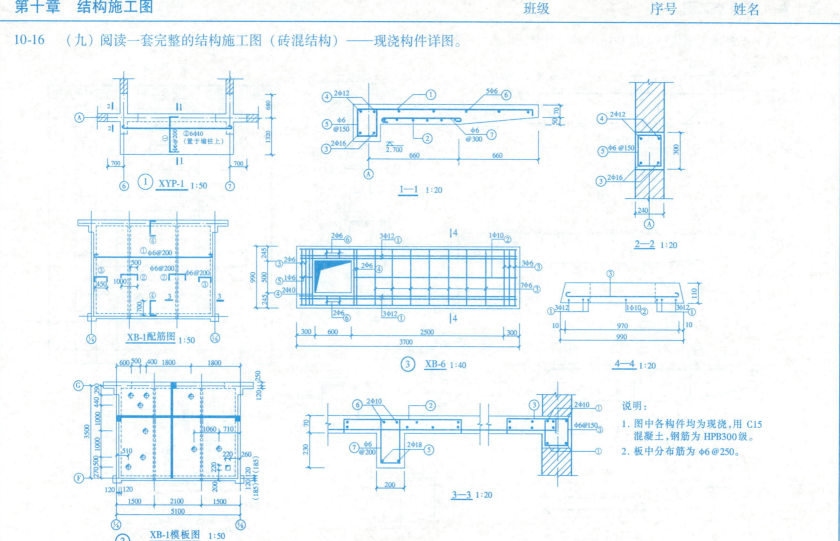

第十章 结构施工图

班级　　　序号　　　姓名

10-17　（一）阅读一套完整的施工图（框架结构）——基础平面图。

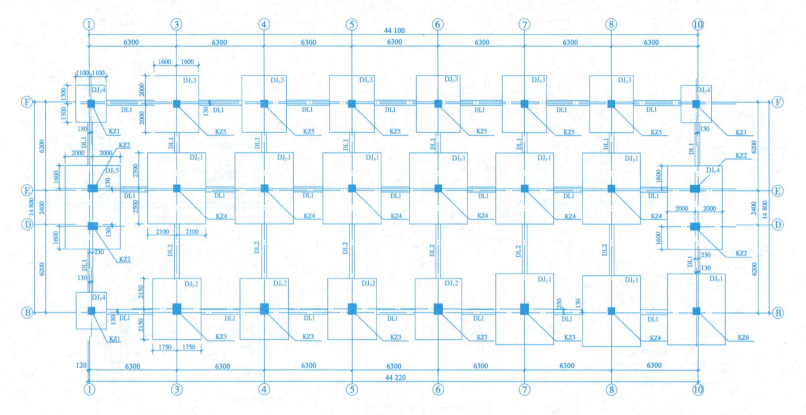

基础平面图 1:100

注：1. 所有 DL1 外轮廓线与柱外侧轮廓线对齐，DL2 轴线居中。
　　2. 其他未尽事宜，应按照《建筑地基基础设计规范》GB 50007—2011 及《建筑地基处理技术规范》JGJ 79—2012 的相关规定进行。

第十章 结构施工图

10-17 (二)阅读一套完整的施工图(框架结构)——基础详图。

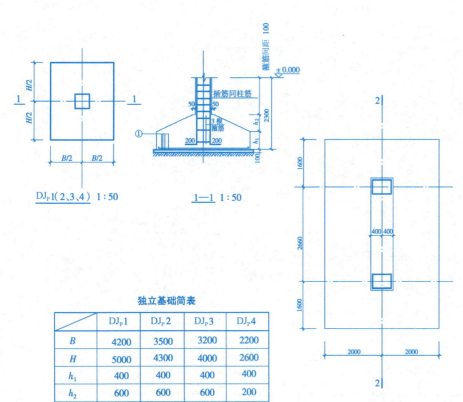
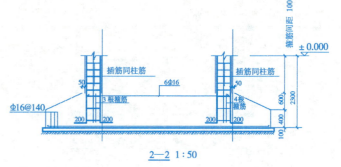
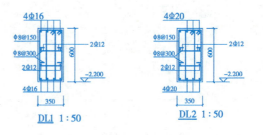

独立基础简表

	DJ_P1	DJ_P2	DJ_P3	DJ_P4
B	4200	3500	3200	2200
H	5000	4300	4000	2600
h_1	400	400	400	400
h_2	600	600	600	200
钢筋①	$\Phi16@100$	$\Phi16@120$	$\Phi16@140$	$\Phi14@150$

注:DL与柱节点同框架梁与柱节点。 注:DL与柱节点同框架梁与柱节点。
混凝土强度等级为C35。

第十章 结构施工图

10-17 （三）阅读一套完整的施工图（框架结构）——楼层平面结构布置图。

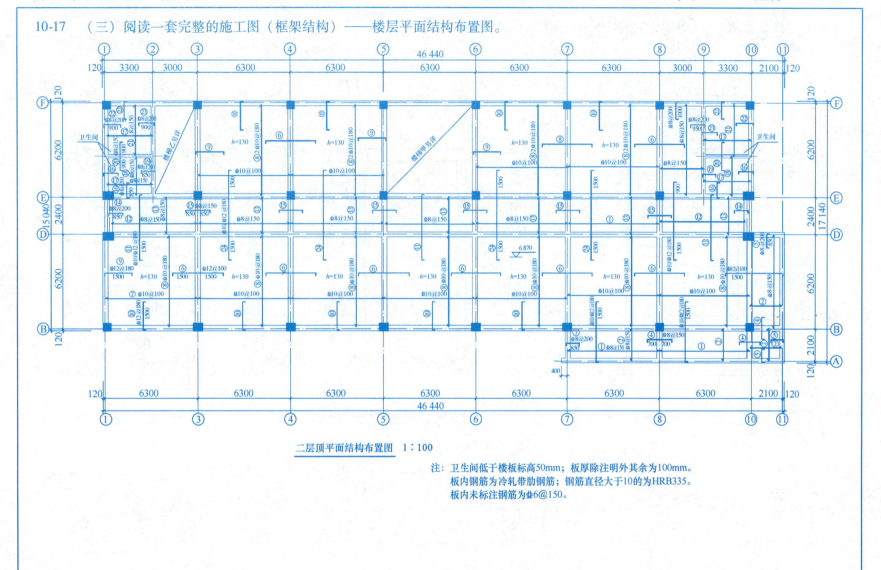

二层顶平面结构布置图 1:100

注：卫生间低于楼板标高50mm；板厚除注明外其余为100mm。
板内钢筋为冷轧带肋钢筋；钢筋直径大于10的为HRB335。
板内未标注钢筋为Φ6@150。

第十章 结构施工图

10-17 （四）阅读一套完整的施工图（框架结构）——楼梯结构平面图。

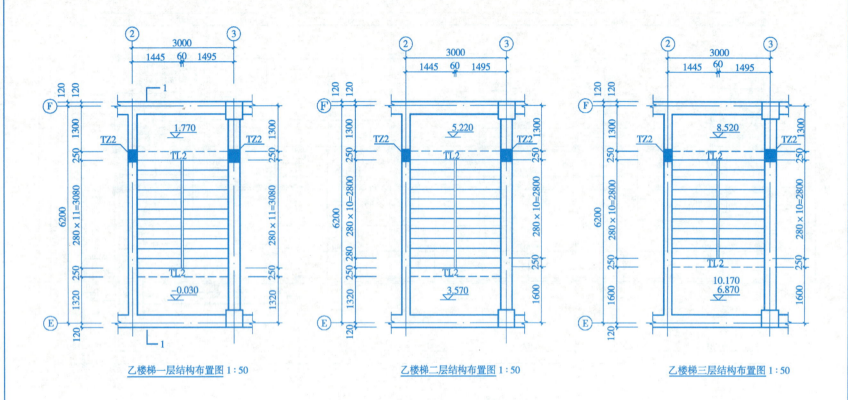

乙楼梯一层结构布置图 1:50　　乙楼梯二层结构布置图 1:50　　乙楼梯三层结构布置图 1:50

第十章 结构施工图

10-17 （五）阅读一套完整的施工图（框架结构）——楼梯结构剖面图。

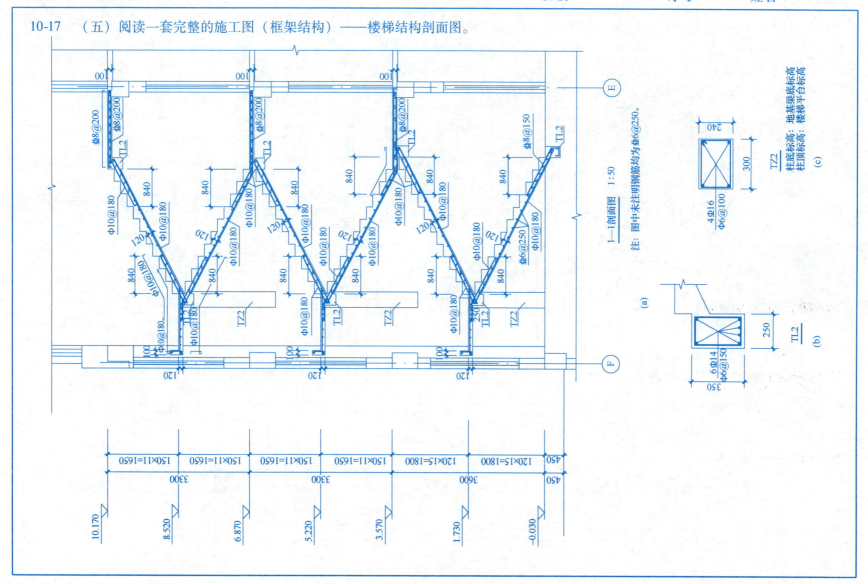

第十章 结构施工图

10-17 (六)阅读一套完整的施工图(框架结构)——柱平法施工图。

柱平法表示配筋图(列表法)——柱表

柱号	标高	b×h (圆柱直径D)	b_1	b_2	h_1	h_2	全部纵筋	角筋	b边一侧中部筋	h边一侧中部筋	箍筋类型号	箍筋	备注
KZ1	−1.700~10.170	500×500	120	380	120	380	12Φ18				1(4×4)	Φ8@100/200	
	10.170~13.470	400×400	70	330	70	330	12Φ18				1(4×4)	Φ8@100/200	
KZ2	−1.300~6.870	700×500	120	580	120	380		4Φ20	3Φ22	2Φ18	1(4×4)	Φ8@100/200	
	6.870~10.170	500×500	120	380	120	380		4Φ20	2Φ20	2Φ18	1(4×4)	Φ8@100/200	
	10.170~13.470	400×500	70	330	120	380		4Φ20	2Φ20	2Φ18	1(4×4)	Φ8@100/200	
KZ3	−1.300~3.570	600×740	300	300	240	500		4Φ25	3Φ22	3Φ18	1(4×4)	Φ8@100/200	
	6.870~10.170	600×500	300	300	120	380		4Φ25	3Φ22	2Φ18	1(4×4)	Φ8@100/200	
	10.170~13.470	600×400	300	300	70	330		4Φ25	3Φ22	2Φ18	1(4×4)	Φ8@100/200	
KZ4	−1.300~13.470	500×500	250	250	120	380		4Φ20	2Φ20	2Φ18	1(4×4)	Φ8@100/200	
KZ5	−1.700~10.170	500×500	250	250	120	380	12Φ18				1(4×4)	Φ8@100/200	
	10.170~13.470	500×400	250	250	70	330	12Φ18				1(4×4)	Φ8@100/200	
KZ6	−1.300~13.470	500×500	120	380	120	380		4Φ20	2Φ20	2Φ18	1(4×4)	Φ8@100/200	

层号	标高(m)	层高(m)
屋面	13.470	3.30
4	10.170	3.30
3	6.870	3.30
2	3.570	3.30
1	−0.030	3.60

结构层楼面标高 结构层高

箍筋类型1(m×n)　箍筋类型2
箍筋类型3　箍筋类型4
箍筋类型5　箍筋类型6　箍筋类型7

柱平法表示配筋图(列表法)——平面布置图

第十章 结构施工图

10-17 (七) 阅读一套完整的施工图（框架结构）——梁平法施工图。

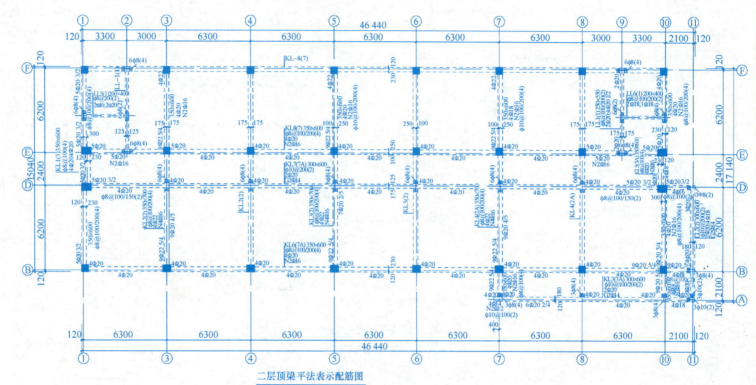

二层顶梁平法表示配筋图

注：梁顶标高除注明外均与楼板顶一致。
　　混凝土为C30。

第十一章 建筑设备施工图

11-1 简述设备施工图的组成及特点。

11-2 简述室内外给水排水平面图和系统图的主要内容及特点。

11-3 下图表示给水排水进出口编号，试说明每一个符号的意义。

11-4 如图所示，为一某学生宿舍的给水排水施工图，试对该套图纸进行识读。

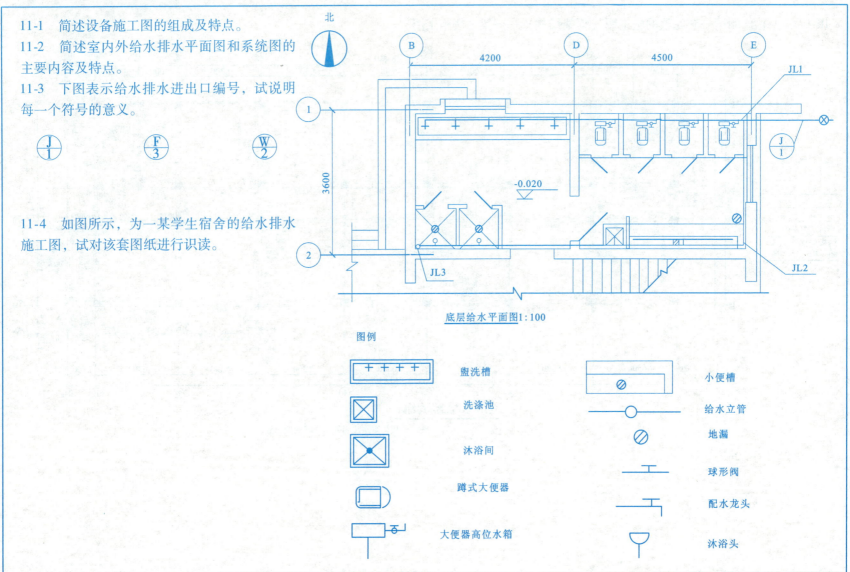